Inhalt

Simon Singh

Geheime Botschaften

Die Kunst der Verschlüsselung
von der Antike bis in die
Zeiten des Internet

Aus dem Englischen
von Klaus Fritz

Büchergilde Gutenberg

Lizenzausgabe für die Büchergilde Gutenberg
Frankfurt am Main und Wien
mit freundlicher Genehmigung des
Carl Hanser Verlags, München

Titel der Originalausgabe:
The Code Book.
The Science of Secrecy from Ancient Egypt to Quantum Cryptography
Fourth Estate, London 1999

Satz: Fotosatz Reinhard Amann, Aichstetten
Druck und Bindung: Franz Spiegel Buch GmbH, Ulm
Printed in Germany 2000
ISBN 3 7632 5067 0

Für meine Mutter und meinen Vater,
Sawaran Kaur und Mehnga Singh

Der Drang, Geheimnisse aufzudecken, ist im Wesen des Menschen tief eingewurzelt; schon die einfachste Neugier beruht ja auf der Aussicht, ein Wissen zu teilen, das andere uns vorenthalten. Einige sind glücklich genug, einen Beruf zu finden, der in der Lösung von Rätseln besteht. Aber die meisten von uns müssen diesen Drang mit der Lösung künstlich zu unserer Unterhaltung ausgedachter Rätselaufgaben stillen. Detektivgeschichten und Kreuzworträtsel werden vielen nutzen; einige wenige mögen sich der Entschlüsselung von Geheimschriften hingeben.

John Chadwick
Linear B: Die Entzifferung der mykenischen Schrift

Einleitung

Jahrtausende schon verlassen sich Herrscher und Generäle auf schnelle und sichere Nachrichtenwege, um ihre Länder und Armeen zu führen. Und seit jeher wissen sie, welch schwerwiegende Folgen es haben könnte, sollten ihre Botschaften in die falschen Hände geraten. Dann wären den rivalisierenden Staaten oder gegnerischen Streitkräften wohlgehütete Geheimnisse und entscheidende Informationen preisgegeben. Die Gefahr, daß ein Gegner solch wichtige Nachrichten abfangen könnte, war und ist Ansporn für die Entwicklung der Verschlüsselungsverfahren. Diese Techniken des Verbergens sollen gewährleisten, daß nur der eigentliche Empfänger die Botschaft lesen kann.

Der Wunsch, bestimmte Nachrichten geheimzuhalten, führte dazu, daß Staaten ihre eigenen Verschlüsselungsdienste einrichteten, die die bestmöglichen Codes entwickeln sollten und verantwortlich waren für den sicheren Nachrichtenverkehr. Zugleich versuchten die gegnerischen Codebrecher, diese Codes zu entschlüsseln und die Geheimnisse zu stehlen. Codebrecher sind Alchemisten der Sprache, ein mythenumwobener Stamm, der versucht, sinnvolle Worte aus bedeutungslosen Symbolreihen hervorzuzaubern. Die Geschichte der Geheimschriften, der Codes und Chiffren ist die Geschichte des jahrhundertealten Kampfes zwischen Verschlüßlern und Entschlüßlern, eines geistigen Rüstungswettlaufs, der dramatische Auswirkungen auf den Gang der Geschichte hat.

Bei der Arbeit an diesem Buch verfolgte ich hauptsächlich zwei Ziele. Zum einen wollte ich die Evolution der Codes nachzeichnen. Evolution ist ein durchaus angemessener Begriff, denn die Entwicklung von Codes kann als evolutionärer Kampf betrachtet werden. Ein Code ist ständigen Angriffen der Codebrecher ausgesetzt. Wenn die Codebrecher eine neue Waffe entwickelt haben, die die Schwäche eines Codes bloßlegt, ist dieser nutzlos geworden. Entweder stirbt er aus oder er entwickelt sich zu einem neuen, stärkeren Code fort. Dieser neue Code wiederum wird nur so lange überdauern, bis die Codebrecher seine Schwachpunkte ausfindig gemacht haben, und so weiter. Vergleichen läßt sich diese Lage etwa mit der eines Stammes infektiöser Bakterien. Die Bakterien leben und pflanzen sich nur so lange fort, bis die Mediziner ein Antibiotikum entdecken, das einen Schwachpunkt der Bakterien angreift und sie tötet. Die Bakterien sind gezwungen, sich zu verändern und dem Antibiotikum ein Schnippchen zu schlagen, und wenn dies gelingt, werden sie sich von neuem fortpflanzen und ausbreiten können. Die Bakterien sind ständig gezwungen, sich zu verändern, um die Angriffe neuer Antibiotika zu überleben.

Der unablässige Kampf zwischen Verschlüßlern und Entschlüßlern hat zu einer Reihe bemerkenswerter wissenschaftlicher Durchbrüche geführt. Die einen sind ständig auf der Suche nach neuen Verschlüsselungsverfahren, während die anderen immer stärkere Methoden entwickeln, um sie anzugreifen. Beide Seiten, die eine um Geheimhaltung, die andere um deren Zerstörung bemüht, bedienen sich einer ganzen Reihe wissenschaftlicher Disziplinen und Verfahren, von der Mathematik bis zur Linguistik und von der Informatik bis zur Quantentheorie. Verschlüßler und Entschlüßler bereichern wiederum diese Fachgebiete, und ihre Arbeit beschleunigt die technische Entwicklung, ganz besonders die des modernen Computers.

Codes sind in die Geschichte eingewoben, sie haben Schlachten entschieden und den Tod gekrönter Häupter herbeigeführt. Deshalb kann ich aus einer Fülle von politischen Intrigen, von Dramen um Leben und Tod schöpfen und damit die entscheidenden Wendepunkte in der evolutionären Entwicklung der Codes anschaulich machen. So ungewöhnlich reichhaltig ist die Geschichte der Verschlüsselung, daß ich viele spannende Episoden weglassen mußte und meine Darstellung also keineswegs die endgültige ist. Ich bitte um Nachsicht, sollte ich Ihre Lieblingsgeschichte oder den von Ihnen besonders geschätzten Codeknacker unerwähnt lassen. Im Anhang finden Sie weiterführende Literatur, und ich hoffe, dies wird auch jene Leser besänftigen, die sich eingehender mit der Sache beschäftigen wollen.

Nach der Darstellung der Evolution der Codes und ihrer historischen Rolle ist es das zweite Ziel des Buches zu zeigen, daß dieses Thema heute bedeutsamer ist denn je. Information wird zu einer immer wertvolleren Ware, und die Kommunikationsrevolution verändert die Gesellschaft: Daher werden Techniken zur Verschlüsselung von Nachrichten eine wachsende Rolle im alltäglichen Leben spielen. Satelliten übermitteln heute unsere Telefongespräche, und unsere elektronische Post durchläuft verschiedene Computer. Und da beide ohne großen Aufwand belauscht oder abgefangen werden können, ist unsere Privatsphäre in Gefahr. Immer mehr Geschäfte werden über das Internet abgewickelt, und wenn Firmen und ihre Kunden geschützt werden sollen, müssen Sicherungen eingebaut werden. Die Verschlüsselung ist die einzige Möglichkeit, unsere Privatsphäre zu schützen und den Erfolg des digitalen Marktes zu gewährleisten. Die Kunst der geheimen Kommunikation, auch als Kryptographie bezeichnet, wird die Schlösser und die Schlüssel des Informationszeitalters bereitstellen.

Allerdings kollidiert der wachsende öffentliche Bedarf an Kryptographie mit den Notwendigkeiten der Strafverfolgung und dem Sicherheitsbedürfnis der Staaten. Seit Jahrzehnten zapfen Polizei und Geheimdienste Telefonleitungen an, um Beweismaterial gegen Terroristen und das organisierte Verbrechen zu sammeln, doch die jüngste Entwicklung ultrastarker Codes droht solche Abhörverfahren wertlos zu machen. Beim Eintritt ins 21. Jahrhundert fordern Bürgerrechtler den allgemeinen Gebrauch der Kryptographie, um das Privatleben der Bürger zu schützen. Ihr Mitstreiter ist die Wirtschaft, die starke kryptographische Verfahren braucht, um ihre Transaktionen in der rasch wachsenden Welt des Internet-Handels zu sichern. Zugleich jedoch verlangen die Sicherheitsbehörden von den Regierungen, den Gebrauch der Kryptographie einzuschränken. Die Frage lautet: Was schätzen wir höher ein, unser Privatleben oder eine wirksame Verbrechensbekämpfung, oder gibt es einen Kompromiß?

Zwar hat die Kryptographie inzwischen starken Einfluß im zivilen Leben gewonnen, doch es darf nicht unerwähnt bleiben, daß die militärische Kryptographie nach wie vor eine wichtige Rolle spielt. Es heißt, der Erste Weltkrieg sei der Krieg der Chemiker gewesen, weil zum ersten Mal Senfgas und Chlor eingesetzt wurden, der Zweite Weltkrieg der Krieg der Physiker, weil die Atombombe abgeworfen wurde. Der Dritte Weltkrieg würde der Krieg der Mathematiker werden, weil die Mathematiker die nächste große Kriegswaffe, die Information, kontrollieren würden. Mathematiker haben die Codes entwickelt, die gegenwärtig militärische Informationen schützen. Es überrascht nicht, daß sie auch an vorderster Front im Kampf um die Entschlüsselung dieser Codes stehen.

Bei der Darstellung der Evolution von Codes und ihrer Auswirkungen auf die Geschichte erlaube ich mir einen kleinen Abstecher. Kapitel 5 behandelt die Entzifferung verschiedener antiker Schriften, darunter Linear B und die ägyptischen Hieroglyphen. Technisch gesehen, geht es in der Kryptographie um Botschaften, die absichtlich so gestaltet sind, daß ihre Geheimnisse einem Gegner verborgen bleiben. Dagegen waren die Schriften der alten Kulturen nicht absichtlich unentzifferbar, allerdings hatten wir die Fähigkeit verloren, sie zu verstehen. Und doch ist die Kunst der Entschlüsselung archaischer Texte eng verwandt mit der Kunst des Codebrechens. Seit ich John Chadwicks Buch *Linear B: Die Entzifferung der mykenischen Schrift* gelesen habe, verblüffen mich immer wieder die erstaunlichen intellektuellen Leistungen jener Männer und Frauen, die in der Lage waren, die Schriften unserer Vorfahren zu entziffern, und uns damit die Möglichkeit gaben, etwas über ihre Kulturen, ihre Religionen und ihr alltägliches Leben zu erfahren.

Bei den Puristen möchte ich mich für meinen recht lockeren Sprachgebrauch in dieser Einleitung entschuldigen. In diesem Buch geht es um mehr als nur um Codes. Das Wort *Code* bezeichnet eigentlich einen besonderen Fall der geheimen Kommunikation, der seit Jahrhunderten im Niedergang begriffen ist. Dabei wird ein Wort oder Satz durch ein anderes Wort, eine Zahl oder ein Symbol ersetzt. So besitzen etwa Geheimagenten Codenamen, also Tarnnamen an Stelle ihrer richtigen Namen. Auch kann der Satz Angriff bei Morgengrauen durch das Codewort Jupiter ersetzt werden, und dieses Wort könnte einem Befehlshaber auf dem Schlachtfeld übermittelt werden, um den Gegner, der es abhört, zu verwirren. Wenn das Hauptquartier und der Kommandeur sich zuvor abgesprochen haben, wird dem eigentlichen Empfänger die Bedeutung von Jupiter klar sein, dem Gegner jedoch wird die Meldung unverständlich bleiben. Die Alternative zum Code ist die Chiffre, ein Verfahren, das auf tieferer Ebene ansetzt und zum Beispiel Buchstaben statt ganzer Wörter ersetzt. So kann jeder Buchstabe in einem Satz durch den nächsten Buchstaben im Alphabet ersetzt werden, A durch B, B durch C und so weiter. Dann wird Angriff bei Morgengrauen zu Bohsjgg cfj Npshfohsbvfo. Chiffren spielen in der Kryptographie eine wesentliche Rolle, und so sollte dieses Buch eigentlich *Das Buch der Codes und Chiffren* heißen. Ich habe jedoch die Genauigkeit der Griffigkeit geopfert und hoffe, Sie verzeihen mir die Wahl des Titels.

Je nach Bedarf erläutere ich die verschiedenen Fachbegriffe, die in der Kryptographie verwendet werden. Zwar halte ich mich im allgemeinen an diese Definitionen, doch gebrauche ich gelegentlich auch einen Begriff, der technisch vielleicht nicht ganz treffend ist, von dem ich jedoch glaube, daß er den Laien vertrauter ist. Geht es etwa um jemanden, der versucht, eine Chiffre zu entschlüsseln, verwende ich häufig das Wort *Codebrecher* und nicht das genauere *Chiffrenbrecher.* Ich tue dies nur dann, wenn die Bedeutung des Wortes klar aus dem Zusammenhang hervorgeht. Am Schluß des Buches findet sich ein Glossar, doch häufig ist die kryptographische Fachsprache selbsterklärend; so ist der *Klartext* die Botschaft vor, der *Geheimtext* die Botschaft nach der Verschlüsselung.

Zum Schluß möchte ich Ihre Aufmerksamkeit auf ein Problem lenken, vor dem jeder Autor steht, der sich mit dem Thema Kryptographie befaßt, die Tatsache nämlich, daß sie eine weitgehend geheime Wissenschaft ist. Viele Helden dieses Buches fanden zu ihren Lebzeiten nie Anerkennung für ihre Arbeit, weil ihre Leistungen öffentlich nie dargestellt werden durften, während ihre Erfindungen gleichwohl von diplomatischem oder militärischem Wert waren. Während der Recherchen für dieses Buch konnte ich mit Fachleuten im britischen Government Communications Headquarters (GCHQ) sprechen, die mir Einzelheiten erstaunlicher Forschungsarbeiten aus den siebziger Jahren enthüllten, die erst vor kurzem freigegeben wurden. Dank dieser Aufhebung der Geheimhaltung können jetzt drei der besten Kryptographen der Welt die Anerkennung erhalten, die sie verdienen. Allerdings hat mir diese jüngste Enthüllung nur deutlich gemacht, daß noch eine Menge mehr vor sich geht, von dem weder ich noch irgendein anderer Wissenschaftsautor Ahnung haben. Organisationen wie das GCHQ und die amerikanische National Security Agency (NSA) betreiben auch weiterhin geheime kryptographische Forschung, und das heißt, ihre bahnbrechenden Erkenntnisse bleiben geheim und die Menschen, denen sie gelingen, bleiben anonym. Trotz dieser Probleme mit staatlich verfügter Geheimhaltung und geheimer Forschung mutmaße ich im letzten Kapitel des Buches ausgiebig über die Zukunft der Codes und Chiffren. Im Grunde geht es darum, abzuschätzen, wer den evolutionären Kampf zwischen Verschlüßlern und Entschlüßlern gewinnen wird. Werden die Verschlüßler jemals einen wirklich unentschlüsselbaren Code entwickeln und in ihrem Streben nach absoluter Geheimhaltung den Sieg davontragen? Oder werden die Codebrecher eines Tages eine Maschine bauen, die jede Botschaft entschlüsseln kann? Wenn wir uns vor Augen halten, daß einige der besten Köpfe in geheimen Forschungsstätten arbeiten und daß sie auch den Großteil der Forschungsmittel erhalten, ist klar, daß einige der Thesen im letzten Kapitel vielleicht unzutreffend sind. So behaupte ich etwa, daß Quantencomputer – Maschinen, die potentiell in der Lage sind, alle heutigen Chiffren zu entschlüsseln – noch in einem sehr frühen Entwicklungsstadium sind, doch ist es durchaus möglich, daß die NSA bereits einen gebaut hat. Die einzigen Menschen, die mir meine Irrtümer nachweisen könnten, sind dieselben, die nicht frei sind, es zu tun.

1
Die Geheimschrift der Maria Stuart

Am Morgen des 15. Oktober 1586 betrat die schottische Königin Maria Stuart den überfüllten Gerichtssaal von Fotheringhay Castle. Jahrelange Haft und eine beginnende rheumatische Erkrankung hatten ihr schwer zugesetzt, doch ihre Würde, ihre Fassung und ihr unverkennbar herrschaftliches Auftreten hatte sie nicht verloren. Gestützt auf ihren Arzt, schritt sie an den Richtern, Hofbeamten und Zuschauern vorbei auf den Thron in der Mitte des langen, schmalen Saals zu. Sie hielt ihn für eine Geste der Hochachtung, doch sie irrte. Der leere Thron vertrat die abwesende Königin Elisabeth, Marias Gegnerin und Anklägerin. Mit sanfter Gewalt führte man Maria weiter auf die andere Seite des Saals, zu dem scharlachroten Samtstuhl, der für die Angeklagten bestimmt war.

Maria Stuart, Königin von Schottland, war des Verrats angeklagt. Sie wurde beschuldigt, an einer Verschwörung zur Ermordung von Königin Elisabeth I. beteiligt gewesen zu sein, mit dem Ziel, selbst die englische Krone an sich zu reißen. Sir Francis Walsingham, der für die Sicherheit zuständige Minister Elisabeths, hatte die anderen Verschwörer bereits verhaften lassen, ihnen Geständnisse abgepreßt und sie hingerichtet. Nun wollte er beweisen, daß Maria das Herz des Komplotts war, damit gleichermaßen schuldig und des Todes würdig.

Walsingham wußte genau, daß er Königin Elisabeth von der Schuld Marias überzeugen mußte, wenn er sie hinrichten lassen wollte. Zwar verabscheute Elisabeth Maria, doch sie hatte gute Gründe, vor einem Todesurteil zurückzuschrecken. Zum einen war Maria eine schottische Königin, und viele bezweifelten, daß ein englisches Gericht befugt war, ein ausländisches Staatsoberhaupt zum Tode zu verurteilen. Zum andern würde die Hinrichtung Marias einen peinlichen Präzedenzfall schaffen – wenn es dem Staat erlaubt war, diese Königin zu töten, dann würden die Aufständischen vielleicht weniger Skrupel haben, eine andere Monarchin zu töten, nämlich Elisabeth selbst. Zudem waren Elisabeth und Maria Kusinen, und diese Blutsverwandtschaft ließ Elisabeth erst recht vor der letzten Konsequenz zurückscheuen. Kurz, Elisabeth würde Marias Hinrichtung nur gutheißen, wenn Wal-

Abbildung 1: Maria Stuart.

singham ohne einen Hauch des Zweifels beweisen konnte, daß sie in die Mordverschwörung verstrickt war.

Die Verschwörer waren eine Gruppe junger katholischer englischer Adliger, die Elisabeth, eine Protestantin, beseitigen und an ihrer Stelle die Katholikin Maria auf den Thron setzen wollten. Für das Gericht stand außer Zweifel, daß Maria für die Verschwörer eine Lichtgestalt war, doch daß sie dem Vorhaben wirklich ihren Segen erteilt hatte, war nicht bewiesen. Tatsächlich hatte Maria das Mordkomplott abgesegnet. Walsingham stand nun vor der Aufgabe, eine greifbare Verbindung zwischen Maria und den Verschwörern nachzuweisen.

Maria, in trauerschwarze Seide gekleidet, saß allein vor ihren Richtern. In Verratsfällen waren den Angeklagten weder Rechtsbeistände erlaubt, noch durften sie Zeugen benennen. Zur Vorbereitung ihrer Verteidigung war Maria nicht einmal die Hilfe eines Sekretärs zugestanden worden. Allerdings wußte sie, daß ihre Lage nicht hoffnungslos war, denn umsichtigerweise hatte sie die gesamte Korrespondenz mit den Verschwörern in Geheimschrift geführt. Diese Geheimschrift verwandelte Wörter in Ketten von Symbolen, die keinen Sinn ergaben. Walsingham mochte die Briefe erbeutet haben, doch Maria war fest davon überzeugt, daß er die Symbolfolgen niemals würde entziffern können. Wenn ihr Sinn verborgen blieb, dann konnten die Briefe nicht als Beweise gegen sie verwendet werden. Allerdings beruhte all dies auf der Voraussetzung, daß die Geheimschrift nicht entziffert worden war.

Zu Marias Unglück war Walsingham nicht nur der Erste Minister Elisabeths, sondern auch Englands oberster Agentenführer. Er hatte Marias Briefe an die Verschwörer abgefangen und wußte genau, wer das Zeug dazu hatte, sie zu entziffern. Thomas Phelippes war der beste Fachmann des Landes für die Entschlüsselung chiffrierter Texte; seit Jahren bereits entzifferte er die Botschaften der Verschwörer und trug die Beweise für ihre Verurteilung zusammen. Wenn er auch die belastenden Briefe zwischen Maria und den Verschwörern entschlüsseln konnte, dann war sie dem Tode geweiht. Wenn Marias Geheimschrift jedoch stark genug war, um ihre Geheimnisse zu bewahren, dann konnte sie vielleicht mit dem Leben davonkommen. Nicht zum ersten Mal entschied die Stärke einer Geheimschrift über Leben und Tod.

Die Entwicklung der Geheimschriften

Die ersten Beschreibungen von Geheimschriften finden sich schon bei Herodot, dem »Vater der Geschichtsschreibung«, wie ihn der römische Philosoph und Staatsmann Cicero nennt. Der Autor der *Historien* war Chronist der Kriege zwischen Griechenland und Persien im 5. Jahrhundert v. Chr., die er als Auseinandersetzung zwischen Freiheit und Sklaverei verstand. Herodot zufolge rettete die Kunst der Geheimschrift Griechenland vor der Eroberung durch Xerxes, den König der Könige und despotischen Führer der Perser.

Der weit zurückreichende Zwist zwischen Griechenland und Persien erreichte seinen Höhepunkt, als Xerxes begann, bei Persepolis eine neue Stadt zu bauen, die künftige Hauptstadt seines Königreichs. Aus dem ganzen Reich und den angrenzenden Staaten trafen Abgaben und Geschenke ein, nur Athen und Sparta hielten sich auffällig zurück. Entschlossen, diese Überheblichkeit zu rächen, verkündete Xerxes: »Wir werden den Himmel des Zeus zur Grenze des Perserreichs machen; denn dann soll die Sonne kein Land, das an unseres grenzt, mehr bescheinen.« Während der nächsten fünf Jahre stellte er die größte Streitmacht der Geschichte zusammen, und 480 v. Chr. schließlich war er zu einem Überraschungsangriff bereit.

Einem Griechen jedoch, der aus seiner Heimat verstoßen worden war und der in der persischen Stadt Susa lebte, war die Aufrüstung der Perser nicht entgangen. Demaratos lebte zwar im Exil, doch tief in seinem Herzen fühlte er sich Griechenland noch immer verbunden. So beschloß er, den Spartanern eine Nachricht zu schicken und sie vor Xerxes' Invasion zu warnen. Die Frage war nur, wie er diese Botschaft übermitteln sollte, ohne daß sie in die Hände der persischen Wachen gelangen würde. Herodot schreibt:

> Da er das auf andere Weise nicht konnte – er mußte fürchten, dabei ertappt zu werden –, half er sich durch eine List. Er nahm nämlich eine zusammengefaltete kleine Schreibtafel, schabte das Wachs ab und schrieb auf das Holz der Tafel, was der König vorhatte. Darauf goß er wieder Wachs über die Schrift, damit die Wachen an den

Straßen die leere Tafel unbedenklich durchließen. Sie kam auch an, doch man wußte nicht, was man damit anfangen sollte, bis, wie man sagt, Kleomenes' Tochter Gorgo, die Gemahlin des Leonidas, dahinterkam und riet, das Wachs abzukratzen, damit man dann die Schrift auf dem Holz fände. Das tat man, und nachdem man die Nachricht gefunden und gelesen hatte, schickte man diese auch den anderen Griechen.

Aufgrund dieser Warnung begannen die bis dahin wehrlosen Griechen, sich zu bewaffnen. So wurden etwa die Erträge der athenischen Silberbergwerke nicht unter den Bürgern verteilt, sondern verwendet, um eine Flotte von 200 Kriegsschiffen zu bauen.

Xerxes hatte den entscheidenden Vorteil des Überraschungsangriffs verloren, und als die persische Flotte am 23. September 480 v. Chr. auf die Bucht von Salamis bei Athen zulief, spornten die Griechen die persischen Schiffe auch noch an, in die Bucht einzufahren. Die Griechen wußten, daß ihre Schiffe, kleiner und der Zahl nach unterlegen, auf offener See zerstört worden wären, doch im Schutz der Bucht konnten sie die Perser möglicherweise ausstechen. Als nun noch der Wind drehte, sahen sich die Perser plötzlich in die Bucht getrieben, und jetzt mußten sie sich auf einen Kampf nach den Spielregeln der Griechen einlassen. Das Schiff der persischen Prinzessin Artemisia, von drei Seiten eingeschlossen, wollte zurück auf die offene See, doch es rammte dabei nur eines der eigenen Schiffe. Daraufhin brach Panik aus, noch mehr persische Schiffe stießen zusammen, und die Griechen starteten einen erbitterten Angriff. Binnen eines Tages wurde die gewaltige Streitmacht der Perser auf demütigende Weise geschlagen.

Demaratos' Verfahren der geheimen Nachrichtenübermittlung bestand einfach darin, die Botschaft zu verbergen. Bei Herodot findet sich auch eine andere Episode, bei der das Verbergen der Nachricht ebenfalls genügte, um ihre sichere Übermittlung zu gewährleisten. Er schildert die Geschichte des Histiaeus, der Aristagoras von Milet zum Aufstand gegen den persischen König anstacheln wollte. Um seine Botschaft sicher zu übermitteln, ließ Histiaeus den Kopf des Boten rasieren, brannte die Nachricht auf seine Kopfhaut und wartete dann ab, bis das Haar nachgewachsen war. Offensichtlich haben wir es mit einer historischen Epoche zu tun, in der man es nicht so eilig hatte. Der Bote jedenfalls hatte dem Augenschein nach nichts Verdächtiges bei sich und konnte ungehindert reisen. Als er am Ziel ankam, rasierte er sich den Kopf und hielt ihn dem Empfänger der Botschaft hin.

Die Übermittlung geheimer Nachrichten, bei der verborgen wird, daß überhaupt eine Botschaft existiert, heißt *Steganographie,* abgeleitet von den griechischen Wörtern *steganos,* bedeckt, und *graphein,* schreiben. In den zwei Jahrtausenden seit Herodot wurden rund um den Globus mannigfaltige Spielarten der Steganographie eingesetzt. Die alten Chinesen etwa schrieben Botschaften auf feine Seide, rollten sie zu Bällchen und tauchten sie in Wachs. Diese Wachskügelchen schluckte dann der Bote. Im 15. Jahrhundert beschrieb der italienische Wissenschaftler Giovanni Porta, wie man eine Nachricht in einem hartgekochten Ei verbergen kann. Man mische eine Unze Alaun in einen Becher Essig und schreibe mit dieser Tinte auf die Eischale. Die Lösung dringt durch die poröse Schale und hinterläßt eine Botschaft auf der Oberfläche des gehärteten Eiweißes, die nur gelesen werden kann, wenn die Schale entfernt wird. Zur Steganographie gehört auch der Gebrauch unsichtbarer Tinte. Schon im 1. Jahrhundert n. Chr. erläutert Plinius der Ältere, wie die »Milch« der Thithymallus-Pflanze als unsichtbare Tinte verwendet werden kann. Sie ist nach dem Trocknen durchsichtig, doch durch leichtes Erhitzen verfärbt sie sich braun. Viele organische Flüssigkeiten verhalten sich ähnlich, weil sie viel Kohlenstoff enthalten und daher leicht verrußen. Tatsächlich weiß man von einigen Spionen des 20. Jahrhunderts, daß sie, wenn ihnen die gewöhnliche unsichtbare Tinte ausgegangen war, ihren eigenen Urin verwendet haben.

Daß sich die Steganographie so lange gehalten hat, zeigt, daß sie immerhin ein gewisses Maß an Sicherheit bietet. Doch leidet sie unter einer entscheidenden Schwäche. Wenn der Bote durchsucht und die Nachricht entdeckt wird, liegt der Inhalt der geheimen Mitteilung sofort zutage. Wird die Botschaft abgefangen, ist alle Sicherheit dahin. Ein gewissenhafter Grenzposten wird routinemäßig alle Personen durchsuchen, alle Wachstäfelchen abschaben, leere Blätter erwärmen, gekochte Eier schälen, Köpfe scheren und so weiter, und bisweilen wird er eine geheime Botschaft entdecken.

Daher entstand zugleich mit der Steganographie auch die *Kryptographie*, abgeleitet vom griechischen *kryptos*, verborgen. Nicht die Existenz einer Botschaft zu verschleiern ist Ziel der Kryptographie, sondern ihren Sinn zu verbergen, und dies mittels eines Verfahrens der Verschlüsselung. Um eine Nachricht unverständlich zu machen, muß sie nach einem bestimmten Verfahren »verwürfelt« werden, das zuvor zwischen dem Sender und dem Empfänger abgesprochen wurde. Dann kann der Empfänger dieses Verfahren umgekehrt anwenden und die Botschaft lesbar machen. Der Vorteil einer kryptographisch verschlüsselten Botschaft ist, daß der Gegner, der sie abfängt, nichts damit anfangen kann. Ohne Kenntnis des Verschlüsselungsverfahrens wird es ihm schwerfallen oder gar unmöglich sein, aus dem Geheimtext die ursprüngliche Nachricht herauszulesen.

Kryptographie und Steganographie sind zwar unabhängige Disziplinen, doch ist es möglich, eine Nachricht sowohl zu verschlüsseln als auch zu verbergen, um ein Höchstmaß an Sicherheit zu gewinnen. Im Zweiten Weltkrieg etwa wurde häufig der Mikropunkt eingesetzt, eine Spielart der Steganographie. Deutsche Spione in Südamerika verkleinerten eine Textseite fotografisch auf einen Punkt mit kaum einem Millimeter Durchmesser und verwendeten dann diesen Mikropunkt als Punkt auf einem scheinbar harmlosen Brief. Das FBI machte 1941 den ersten Mikropunkt ausfindig, nachdem die Amerikaner einen anonymen Tip erhalten hatten, sie sollten Briefe auf kaum wahrnehmbare schimmernde Stellen absuchen, die von glattem Filmpapier herrührten. Danach konnten die Amerikaner den Inhalt der meisten Mikropunkte lesen, außer wenn die deutschen Spione so vorsichtig waren, ihre Nachricht zu verschlüsseln, bevor sie sie auf einen Mikropunkt verkleinerten. Wenn sie auf diese Weise Kryptographie und Steganographie verknüpften, mochten die Amerikaner die Botschaft immer noch abfangen, doch sie gewannen keine neuen Informationen über die Spionagetätigkeit der Deutschen. Von den beiden Säulen der geheimen Kommunikation ist die Kryptographie die mächtigere, weil sie verhindern kann, daß Informationen in gegnerische Hände geraten.

In der Kryptographie selbst gebraucht man hauptsächlich zwei Verfahren, die *Transposition* und die *Substitution.* Bei der Transposition werden die Buchstaben einer Botschaft einfach anders angeordnet, was nichts anderes ergibt als ein Anagramm. Bei sehr kurzen Mitteilungen, etwa einem einzigen Wort, ist dieses Verfahren relativ unsicher, weil es nur eine begrenzte Zahl von Möglichkeiten gibt, einige wenige Buchstaben umzustellen. Ein Wort mit drei Buchstaben etwa kann nur auf sechs verschiedene Weisen umgestellt werden, zum Beispiel nur, nru, rnu, run, urn, unr. Steigert man jedoch die Zahl der Buchstaben allmählich, explodiert gleichsam die Zahl der möglichen neuen Anordnungen, und es wird fast unmöglich, die ursprüngliche Botschaft wiederherzustellen, wenn man das Umstellungsverfahren nicht genau kennt. Betrachten wir zum Beispiel diesen Satz. Er enthält nur 34 Buchstaben, und doch gibt es mehr als 14 830 000 000 000 000 000 000 000 000 000 verschiedene Anordnungsmöglichkeiten. Könnte ein Mensch eine Anordnung pro Sekunde prüfen, und arbeiteten alle Menschen der Erde Tag und Nacht, dann würde immer noch die fünfhundertfache Lebensspanne des Universums nötig sein, um alle Möglichkeiten durchzuprüfen.

Eine Zufallstransposition von Buchstaben scheint ein sehr hohes Maß an Sicherheit zu bieten, weil es für einen gegnerischen Abhörer praktisch unmöglich wäre, selbst einen kurzen Satz wiederherzustellen. Doch die Sache hat einen Haken. Die Transposition erzeugt im Grunde ein unglaublich schwieriges Anagramm, und wenn die Buchstaben einfach ohne Sinn und Verstand nach Zufallsprinzip durcheinandergewürfelt werden, dann kann der eigentliche Empfänger ebensowenig wie der gegnerische Abhörer die Nachricht entschlüsseln. Damit eine Transposition brauchbar ist, müssen die Buchstaben nach einem handhabbaren System umgestellt werden, über das sich Sender und Empfänger zuvor geeinigt haben. Schulkinder zum Beispiel schicken sich manchmal Botschaften mittels der »Gartenzaun«-Transposition. Dabei werden die Buchstaben des Texts abwechselnd auf zwei Zeilen geschrieben. Um die endgültige Geheimbotschaft herzustellen, wird die Reihe der Buchstaben auf der unteren Zeile an die Buchstabenreihe der oberen Zeile angehängt. Zum Beispiel:

NAHT IHR EUCH WIEDER, SCHWANKENDE GESTALTEN

↓

N H I R U H I D R C W N E D G S A T N
A T H E C W E E S H A K N E E T L E

↓

NHIRUHIDRCWNEDGSATN ATHECWEESHAKNEETLE

Der Empfänger kann die Nachricht entschlüsseln, indem er dieses Verfahren einfach umkehrt. Es gibt verschiedene andere Formen einer geregelten Transposition, darunter die dreizeilige Gartenzaun-Verschlüsselung, bei der drei Zeilen untereinander geschrieben und dann aneinandergehängt werden. Man kann auch jedes Buchstabenpaar vertauschen, so daß der erste und der zweite Buchstabe die Plätze wechseln, der dritte und der vierte und so weiter.

Eine andere Form der Transposition ist das erste militärische Kryptographie-Verfahren, die *Skytale,* wie sie schon im 5. Jahrhundert die Spartaner gebrauchten. Die Skytale ist ein Holzstab, um den ein Streifen Leder oder Pergament gewickelt wird (Abbildung 2). Der Sender schreibt die Nachricht der Länge des Stabes nach auf den Streifen und wickelt ihn dann ab. Danach scheint er nur eine sinnlose Aufreihung von Buchstaben zu enthalten. Der Nachrichtentext wurde also durcheinandergewirbelt. Der Bote übernahm den Streifen und gab der Sache vielleicht noch einen kleinen steganographischen Dreh, indem er ihn

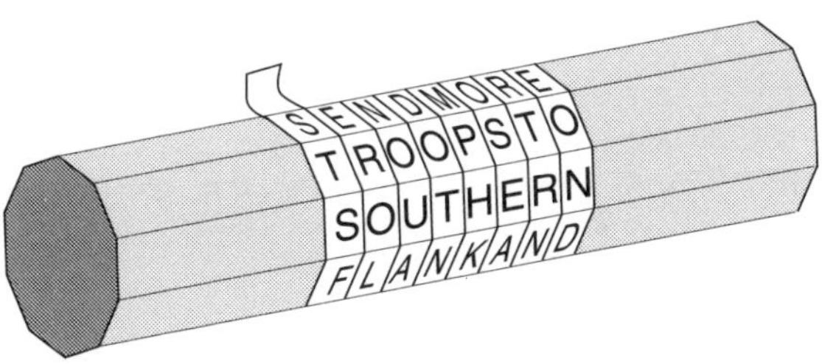

Abbildung 2: Wenn der Lederstreifen von der Skytale (Holzstab) des Absenders gelöst wird, scheint er mit einer willkürlichen Reihe von Buchstaben bedruckt; S, T, S, F, ... Nur wenn der Streifen um eine andere Skytale mit dem richtigen Durchmesser gewickelt wird, taucht die Nachricht wieder auf: SEND MORE TROOPS TO SOUTHERN FLANK AND (schickt Verstärkung zur Südflanke).

als Gürtel mit nach innen gekehrten Buchstaben benutzte. Um die Nachricht wiederherzustellen, wickelte der Empfänger den Lederstreifen einfach um eine Skytale mit demselben Durchmesser, den der Sender benutzt hatte. Im Jahre 404 v. Chr. traf Lysander von Sparta auf einen blutig geschundenen Boten, einen von nur fünfen, die den kräftezehrenden Marsch von Persien überlebt hatten. Der Bote überreichte Lysander seinen Gürtel, der ihn um seine Skytale wickelte und sogleich erfuhr, daß Pharnabasus von Persien einen Angriff gegen ihn plante. Dank der Skytale konnte sich Lysander auf den Angriff vorbereiten und wehrte ihn ab.

Die Alternative zur Transposition ist die Substitution. Eine der frühesten Beschreibungen der Verschlüsselung durch Substitution erschien im *Kāmasūtra*, einem Text, den der brahmanische Gelehrte Wātsjājana im 4. Jahrhundert n. Chr. schrieb, allerdings unter Rückgriff auf Handschriften, die auf das 4. Jahrhundert v. Chr. zurückgingen. Das *Kāmasūtra* empfiehlt, daß Frauen 64 Künste studieren sollen, darunter Kochen, Bekleidung, Massage und die Zubereitung von Parfümen. Die Liste enthält auch etwas weniger bekannte Künste, darunter Beschwörung, Schach, Buchbinderei und Teppichweberei. Die Nummer 45 auf der Liste ist *Mlecchita-vikalpā*, die Kunst der Geheimschrift, den Frauen anheimgelegt, um ihre Affären geheimzuhalten. Ein Vorschlag lautet, die Buchstaben des Alphabets nach dem Zufallsprinzip zu paaren und dann jeden Buchstaben in der Nachricht durch sein Gegenüber zu ersetzen. Wenden wir dieses Verfahren auf das deutsche Alphabet an, könnten wir die Buchstaben wie folgt paaren:

A	D	H	I	K	M	O	R	S	U	W	Y	Z
↕	↕	↕	↕	↕	↕	↕	↕	↕	↕	↕	↕	↕
V	X	B	G	J	C	Q	L	N	E	F	P	T

Dann würde der Sender statt »Treffen um Mitternacht« »zluwwus ec cgzzulsvmbz« schreiben. Dieser Geheimtext entstand mittels Substitution, denn jeder Buchstabe im Klartext wird durch einen anderen Buchstaben ersetzt, ein Verfahren, das gleichsam spiegelverkehrt zur Transposition ist. Bei dieser bleibt sich jeder Buchstabe gleich, doch er wechselt seinen Platz, während bei der Substitution jeder Buchstabe seine Gestalt wechselt, doch seinen Platz behält.

Diese Form der Verschlüsselung für militärische Zwecke beschreibt erstmals Julius Caesar im *Gallischen Krieg.* Er verfaßt eine Nachricht an den mit seinen Leuten belagerten Quintus Cicero, der kurz davor ist, sich zu ergeben. Caesar ersetzt die Buchstaben des römischen Alphabets durch griechische und macht damit die Botschaft für den Gegner unlesbar. Er schildert die dramatische Überbringung: »Wenn (der gallische Bote) nicht persönlich herankommen könne, solle er, wie ich ihm riet, einen Wurfspieß mit dem am Wurfriemen befestigten Brief in das befestigte Lager schleudern ... Aus Furcht vor der Gefahr schleuderte der Gallier auftragsgemäß den Wurfspieß hinein. Dieser blieb durch Zufall in einem Turme stecken, wurde zwei Tage lang von niemandem bemerkt. Erst am dritten Tag sah ein Soldat den Brief, nahm ihn ab und brachte ihn zu Cicero. Er las die Mitteilung, gab sie dann den Soldaten bekannt und löste größte Freude im Lager aus.«

Caesar benutzte so häufig Geheimschriften, daß Valerius Probus eine ganze Abhandlung darüber schrieb, die leider nicht erhalten geblieben ist. Allerdings verdanken wir dem im zweiten Jahrhundert verfaßten *Caesarenleben* des Sueton die genaue Beschreibung der von Caesar eingesetzten Substitutions-Chiffre. Der Kaiser ersetzte einfach jeden Buchstaben der Nachricht durch den Buchstaben, der drei Stellen weiter im Alphabet folgt. Kryptographen sprechen häufig vom *Klartextalphabet,* mit dem die ursprüngliche Nachricht geschrieben ist, und dem *Geheimtextalphabet,* der Buchstabenfolge, die an die Stelle der Klarbuchstaben tritt. Wenn das Klartextalphabet über das Geheimtextalphabet gelegt wird, wie in Abbildung 3 (s. u.), wird deutlich, daß das Geheimtextalphabet um drei Stellen verschoben ist. Von daher wird diese Form der Substitution oft als *Caesar-Verschiebung* oder einfach als *Caesar* bezeichnet. Geheimschrift oder Chiffre nennen wir das Ergebnis einer Substitution, bei der jeder Buchstabe durch einen anderen Buchstaben oder ein Symbol ersetzt wird.

Klartextalphabet	a b c d e f g h i j k l m n o p q r s t u v w x y z
Geheimtextalphabet	D E F G H I J K L M N O P Q R S T U V W X Y Z A B C

Klartext	v e n i, v i d i, v i c i
Geheimtext	Y H Q L, Y L G L, Y L F L

Abbildung 3: Die Caesar-Verschiebung, angewandt auf einen kurzen Text. Der »Caesar« beruht auf einem Geheimtextalphabet, das um eine bestimmte Stellenzahl gegenüber dem Klartextalphabet verschoben ist, in diesem Falle um drei Stellen. In der Kryptographie ist es üblich, das Klartextalphabet in Kleinbuchstaben, das Geheimtextalphabet in Großbuchstaben zu schreiben, was es dem Leser erleichtert, zwischen den beiden zu unterscheiden. Auch die ursprüngliche Botschaft, der Klartext, wird klein, und die verschlüsselte Botschaft, der Geheimtext, groß geschrieben.

Obwohl Sueton nur eine Caesar-Verschiebung um drei Stellen erwähnt, liegt es auf der Hand, daß es mit Verschiebungen zwischen einer und 25 Stellen möglich ist, 25 verschiedene Geheimschriften zu erzeugen. Und wenn wir uns nicht darauf beschränken, das Alphabet zu verschieben, und als Geheimtextalphabete beliebige Umstellungen des Klartextalphabets zulassen, dann können wir eine sehr viel größere Zahl unterschiedlicher Geheimschriften erzeugen. Es gibt über 400 000 000 000 000 000 000 000 000 solcher Neuanordnungen und damit eine entsprechend hohe Zahl unterschiedlicher Geheimschriften.

Jede einzelne Geheimschrift entsteht aus der Verknüpfung einer allgemeinen Verschlüsselungsmethode, dem *Algorithmus,* mit einem *Schlüssel,* der die Einzelheiten jeder bestimmten Verschlüsselung festlegt. Im vorliegenden Fall besteht der Algorithmus aus der Ersetzung jedes Buchstabens des Klartextalphabets durch einen Buchstaben eines Geheimtextalphabets, wobei letzteres eine beliebige Neuanordnung des Klartextalphabets sein kann. Der Schlüssel ist das jeweilige Geheimtextalphabet, das für eine bestimmte Verschlüsselung verwendet wird. Das Verhältnis von Algorithmus und Schlüssel ist in Abbildung 4 dargestellt.

Wenn der Gegner eine verschlüsselte Nachricht abfängt, mag er zwar plausible Vermutungen über den Algorithmus anstellen, doch besteht durchaus Hoffnung, daß er den genauen Schlüssel nicht kennt. So könnte er vermuten, daß jeder Buchstabe des Klartexts durch einen anderen Buchstaben eines Geheimtextalphabets ersetzt wurde, doch wird er wahrscheinlich nicht wissen, welches bestimmte Geheimtextalphabet verwendet wurde. Wenn das Geheimtextalphabet, der Schlüssel, ein streng bewachtes Geheimnis zwischen Sender und Empfänger bleibt, dann kann der Gegner die abgefangene Nachricht nicht entschlüsseln. Die Bedeutung des Schlüssels im Gegensatz zum Algorithmus ist ein bis heute unumstrittener Grundsatz der Kryptographie, dem der holländische Linguist Auguste Kerckhoffs von Nieuwenhof in seinem Buch *La Cryptograhie Militaire* die endgültige Gestalt gab. Kerckhoffs' Maxime: »Die Sicherheit eines Kryptosystems darf nicht von der Geheimhaltung des Algorithmus abhängen. Die Sicherheit gründet sich nur auf die Geheimhaltung des Schlüssels.«

Die Sicherheit eines Verschlüsselungssystems wird nicht allein durch die Geheimhaltung des jeweiligen Schlüssels gewährleistet, nötig ist auch eine Vielzahl möglicher Schlüssel. Verwendet der Sender zum Beispiel die Caesar-Verschiebung, um eine Nachricht zu verschlüsseln, dann ist die Verschlüsselung recht schwach, weil es nur 25 mögliche

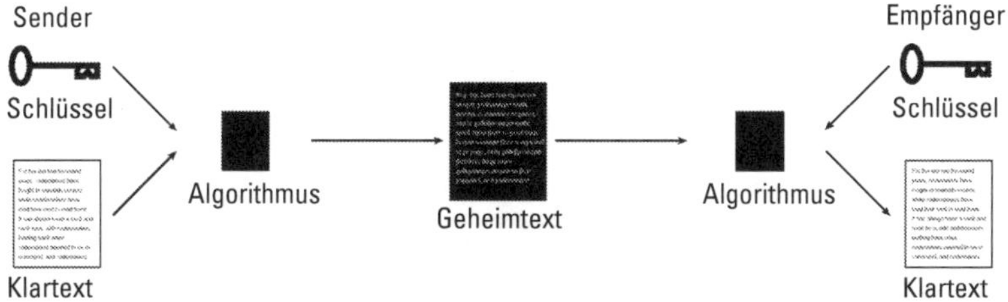

Abbildung 4: Um einen Klartext zu verschlüsseln, führt ihn der Sender durch einen Verschlüsselungs-Algorithmus. Der Algorithmus ist ein allgemeines Verfahren zur Verschlüsselung, das durch die Wahl eines Schlüssels genau bestimmt werden muß. Wendet man Schlüssel und Algorithmus zusammen auf einen Klartext an, erhält man die verschlüsselte Botschaft, die auch als Geheimtext oder als Chiffre bezeichnet wird. Der Geheimtext kann von einem Gegner abgefangen werden, doch er sollte nicht in der Lage sein, die Botschaft zu entschlüsseln. Der Empfänger jedoch kennt den Schlüssel und den Algorithmus und kann den Geheimtext in den Klartext zurückverwandeln.

Schlüssel gibt. Wenn der Gegner die Nachricht abfängt und vermutet, daß die Caesar-Verschiebung als Algorithmus gebraucht wurde, muß er nur diese 25 Möglichkeiten prüfen. Verwendet der Sender jedoch den allgemeineren Substitutions-Algorithmus, bei dem das Geheimtextalphabet eine beliebige Neuanordnung des Klartextalphabets sein kann, dann gibt es 400 000 000 000 000 000 000 000 000 mögliche Schlüssel, aus denen er wählen kann. Fängt der Gegner die Nachricht ab und kennt den Algorithmus, dann steht er immer noch vor der überwältigenden Aufgabe, alle möglichen Schlüssel durchzuprobieren. Könnte ein gegnerischer Agent jede Sekunde einen der 400 000 000 000 000 000 000 000 000 möglichen Schlüssel prüfen, würde er grob gerechnet die milliardenfache Lebensdauer des Universums benötigen, um sie alle zu testen und die Nachricht zu entschlüsseln.

Klartextalphabet	a b c d e f g h i j k l m n o p q r s t u v w x y z
Geheimtextalphabet	J L P A W I Q B C T R Z Y D S K E G F X H U O N V M

Klartext	e t t u, b r u t u s ?
Geheimtext	W X X H, L G H X H F ?

Abbildung 5: Ein Beispiel für den Substitutions-Algorithmus, ein monoalphabetisches Verfahren, bei dem jeder Buchstabe des Klartexts durch einen anderen Buchstaben gemäß einem Schlüssel ersetzt wird. Dieser Schlüssel ist das Geheimtextalphabet.

Das Schöne an dieser Verschlüsselung ist, daß sie leicht anzuwenden ist und zugleich ein hohes Maß an Sicherheit gewährleistet. Für den Sender ist es einfach, den Schlüssel festzulegen, er muß nur die Reihenfolge der 26 Buchstaben im Geheimtextalphabet bestimmen. Und doch ist es für den Gegner praktisch unmöglich, mit der sogenannten Exhaustionsmethode, also buchstäblich bis zur Erschöpfung, alle möglichen Schlüssel durchzuprobieren. Wichtig ist, daß der Schlüssel einfach ist, weil Sender und Empfänger sich über den Schlüssel verständigen müssen, und je simpler er ist, desto geringer ist die Gefahr von Mißverständnissen.

Tatsächlich ist es möglich, einen noch einfacheren Schlüssel zu erzeugen, wenn der Sender bereit ist, eine leichte Verringerung der Zahl möglicher Schlüssel in Kauf zu nehmen. Anstatt die Buchstaben des Klartextalphabets einfach zufällig anzuordnen, wählt der Sender ein *Schlüsselwort* oder einen *Schlüsselsatz.* Wenn wir zum Beispiel »Julius Caesar« als Schlüsselwort nehmen, lassen wir im ersten Schritt die Wortzwischenräume und die wiederholten Buchstaben weg (JULISCAER). Dann verwenden wir das Wort als Beginn des Geheimtextalphabets. Die restliche Buchstabenfolge ist nichts weiter als ein verschobenes Alphabet, das dort beginnt, wo das Schlüsselwort endet, wobei die Buchstaben, die schon im Schlüsselwort vorkommen, weggelassen werden. Das Geheimtextalphabet würde daher wie folgt aussehen:

Klartextalphabet	a	b	c	d	e	f	g	h	i	j	k	l	m	n	o	p	q	r	s	t	u	v	w	x	y	z
Geheimtextalphabet	J	U	L	I	S	C	A	E	R	T	V	W	X	Y	Z	B	D	F	G	H	K	M	N	O	P	Q

Dies hat den Vorteil, daß man sich das Schlüsselwort oder den Schlüsselsatz und damit das ganze Geheimtextalphabet leicht einprägen kann. Wenn der Sender das Geheimtextalphabet auf einem Blatt Papier aufbewahren muß, könnte es dem Gegner in die Hände fallen, dem dann alle Geheimbotschaften preisgegeben wären. Natürlich ist die Zahl der Geheimtextalphabete, die mit Schlüsselwörtern erzeugt werden können, kleiner als die Zahl der überhaupt möglichen Buchstabenkombinationen, doch immer noch überwältigend groß. Für einen Gegner wäre es praktisch unmöglich, eine abgefangene Nachricht zu dechiffrieren, indem er alle möglichen Schlüsselwörter durchprobiert.

Diese Verbindung von Einfachheit und Stärke ließ das Substitutionsverfahren im ersten Jahrtausend zur Königin der Verschlüsselungskunst werden. Die Verschlüßler hatten ein Verfahren entwikkelt, das den sicheren Nachrichtenverkehr gewährleistete, und weil man damit gute Erfahrungen machte, fehlte der Druck, etwas Besseres zu erfinden. Den Schwarzen Peter hatte man den Codebrechern zugeschoben, die versuchen mußten, diese Verschlüsselung zu knakken. Hatte ein Gegner überhaupt die Chance, eine chiffrierte Botschaft zu entschlüsseln? Viele Gelehrte der alten Zeit hielten die Substitution dank der gigantischen Zahl möglicher Schlüssel für unüberwindlich, und über die Jahrhunderte schien sich diese Annahme zu bestätigen. Allerdings sollten die Codebrecher schließlich doch einen Weg finden, der ihnen die erschöpfende Prüfung aller Schlüssel ersparte. Es würde nun nicht mehr Milliarden von Jahren dauern, bis eine Geheimschrift geknackt war, sondern ein paar Minuten. Der Durchbruch gelang im Orient und verdankte sich einer genialen Mischung aus Sprachwissenschaft, Statistik und religiöser Hingabe.

Die arabischen Kryptoanalytiker

Im Alter von rund vierzig Jahren begann Mohammed regelmäßig eine abgelegene Höhle am Berg Hira unweit von Mekka zu besuchen. Es war eine Einsiedelei, ein Ort des Gebets, des Nachdenkens und der Meditation. Um 610 n. Chr., in einer Zeit tiefer Reflexion, erschien Mohammed dort der Erzengel Gabriel, der ihm verkündete, er solle der Prophet Gottes werden. Dies war die erste einer ganzen Folge von Offenbarungen, die Mohammed bis zu seinem Tod zwei Jahrzehnte später zuteil werden sollten.

Die Offenbarungen wurden von verschiedenen Schreibern zu Lebzeiten des Propheten festgehalten, allerdings nur bruchstückhaft, und es blieb Abū Bakr, dem ersten Kalifen des Islam, überlassen, sie in einer Schrift zusammenzufassen. Omar, der zweite Kalif, und seine Tochter Hafsa setzten dieses Werk fort, und Othmān, der dritte Kalif, vollendete es schließlich. Jede Offenbarung wurde zu einem der 114 Kapitel des *Koran.*

Der amtierende Kalif hatte die Aufgabe, das Werk des Propheten fortzusetzen, seine Lehren zu verteidigen und sein Wort zu verbreiten. Zwischen der Ernennung von Abū Bakr im Jahr 632 und dem Tod des vierten Kalifen, Alī, im Jahr 661, verbreitete sich der Islam so schnell, daß schließlich die Hälfte der bekannten Welt unter muslimischer Herrschaft stand. Im Jahr 750 dann, nach einem Jahrhundert der Festigung, läutete der Beginn des abbasidischen Kalifats (oder Dynastie) das »Goldene Zeitalter« der islamischen Kultur ein. Künste und

Wissenschaften erblühten gleichermaßen. Die islamischen Künstler und Handwerker hinterließen uns herrliche Gemälde, opulente Schnitzereien und die raffiniertesten Webstoffe der Geschichte, und das Vermächtnis der islamischen Wissenschaftler kommt in der Vielzahl der arabischen Wörter zum Ausdruck, die den Wortschatz der modernen Wissenschaft würzen, etwa *Algebra, alkalisch* und *Zenit.*

Der Reichtum der islamischen Kultur verdankte sich zu einem großen Teil einer wohlhabenden und friedlichen Gesellschaft. Die abbasidischen Kalifen waren weniger an Eroberungszügen interessiert als ihre Vorgänger und setzten ihre Kräfte statt dessen für ein wohlgeordnetes und florierendes Gemeinwesen ein. Niedrigere Steuern ließen die Wirtschaft gedeihen, Handel und Handwerk blühten auf, während strengere Gesetze die Korruption eindämmten und die Bürger schützten. All dies war nicht denkbar ohne eine effiziente Verwaltung, bei der man auch schon Verschlüsselungsverfahren anwandte. Nicht allein geheime Angelegenheiten der Obrigkeit unterlagen der Verschlüsselung, es ist dokumentiert, daß die Beamten auch die Steuerunterlagen schützten, was auf einen verbreiteten und regelmäßigen Gebrauch der Verschlüsselung schließen läßt. Weitere Hinweise liefern viele Verwaltungshandbücher, etwa das *Adab al-Kuttāb* (Handbuch des Sekretärs) aus dem zehnten Jahrhundert mit einem eigenen Abschnitt über Kryptographie.

Die Bürokraten nahmen als Schlüssel meist ein umgestelltes Alphabet, doch auch andere Symbole fanden Verwendung. So mochte zum Beispiel das a im Klartextalphabet durch ein # im Geheimtextalphabet ersetzt werden, ein b durch + und so weiter. Der Oberbegriff für eine Substitution, bei der das Geheimtextalphabet aus Buchstaben, anderen Symbolen oder aus Zahlen bestehen kann, lautet *monoalphabetische Verschlüsselung.* Alle Verschlüsselungen durch Substitution, die wir in diesem Buch bisher kennengelernt haben, gehören zu dieser Gattung des monoalphabetischen Verschlüsselungsverfahrens.

Hätten die Araber allein die monoalphabetische Verschlüsselung gebraucht, dann hätten sie keine besondere Erwähnung in der Geschichte der Kryptographie verdient. Allerdings waren die arabischen Gelehrten nicht nur in der Lage, Geheimschriften zu verwenden, sie konnten deren Gebrauch genausogut auch wertlos machen. Sie erfanden die *Kryptoanalyse,* die Wissenschaft von der Entschlüsselung ohne Kenntnis des Schlüssels. Während der Kryptograph neue Methoden der Verschlüsselung entwickelt, sucht der Kryptoanalytiker nach Schwächen in ebendiesen Verfahren, um in die geheimen Botschaften einzubrechen. Den arabischen Kryptoanalytikern gelang es, ein Verfahren zu entwickeln, das es erlaubte, die monoalphabetische Verschlüsselung, die mehrere Jahrhunderte lang als uneinnehmbar gegolten hatte, endlich zu stürmen.

Die Kryptoanalyse konnte erst erfunden werden, als die kulturelle Entwicklung in mehreren Wissenschaften, vor allem in der Mathematik, Statistik und Sprachwissenschaft, eine gewisse Stufe erreicht hatte. Die islamische Kultur war ein fruchtbarer Schoß für die Kryptoanalyse, denn der Islam verlangt Gerechtigkeit in allen Bereichen menschlicher Tätigkeit, und dazu ist Wissen oder *ilm* erforderlich. Jeder Muslim ist verpflichtet, Wissen auf allen Gebieten zu erwerben, und der wirtschaftliche Erfolg des abbasidischen Kalifats bot den Gelehrten die Zeit, das Geld und die stofflichen Voraussetzungen, um dieser Pflicht nachzukommen. Sie bemühten sich, das Wissen vorangegangener Kulturen zu erwerben, und verschafften sich ägyptische, babylonische, indische, chinesische, neupersische, syrische, armenische, hebräische und römische Schriften und übersetzten sie ins Arabische. Im Jahre 815 errichtete der Kalif al-Ma'mūn in Bagdad das Bait al-Hikmah (Haus der Weisheit), eine Bibliothek und ein Übersetzungszentrum.

Die islamische Kultur erwarb nicht nur Wissen, sie war auch in der Lage, es zu verbreiten, denn von den Chinesen hatte man die Kunst der Papierherstellung gelernt. So entstand der Beruf der *warraqīn,* derer, »die mit Papier umgehen«, menschliche Kopiermaschinen, die Manuskripte abschrieben und das blühende Publikationswesen versorgten. Auf dem Höhepunkt dieser Kultur wurden jährlich Tausende Bücher veröffentlicht, und in einem Viertel von Bagdad gab es allein über hundert Buchläden. Neben Klassikern wie *Tausendundeine Nacht* verkauften sie auch Lehrbücher zu allen erdenklichen Themen, geistige Nahrung für die belesenste und gebildetste Gesellschaft der Welt.

Die Erfindung der Kryptoanalyse verdankte sich nicht nur einem besseren Verständnis weltlicher Dinge, sondern auch der Blüte des religiösen Gelehrtentums. In Basra, Kufa und Bagdad entstanden bedeutende theologische Schulen, in denen man die Offenbarungen Mohammeds, wie sie im Koran standen, eifrig studierte. Die Theologen wollten die zeitliche Reihenfolge dieser Offenbarungen erkunden, und sie taten dies, indem sie die Häufigkeit der einzelnen Wörter in jeder Offenbarung zählten. Dahinter steckte der Gedanke, daß bestimmte Wörter erst in jüngster Zeit entstanden waren. Wenn eine Offenbarung eine höhere Zahl dieser seltenen Wörter enthielt, dann würde dies darauf hindeuten, daß sie chronologisch später einzuordnen war. Die Theologen studierten auch die *Hadīth,* in der die täglichen Äußerungen des Propheten festgehalten sind. Sie versuchten zu zeigen, daß tatsächlich jede dieser Aussagen Mohammed selbst zuzuschreiben war. Zu diesem Zweck untersuchten sie die Herkunft der Wörter und den Aufbau der Sätze, um zu prüfen, ob bestimmte Texte mit den Sprachmustern des Propheten in Einklang standen.

Wichtig ist nun, daß es die Religionsgelehrten mit ihrer Untersuchung nicht auf der Ebene der Wörter beließen. Sie überprüften auch einzelne Buchstaben und entdeckten dabei insbesondere, daß einige davon häufiger vorkommen als andere. Die Buchstaben »a« und »l« kommen im Arabischen am häufigsten vor, zum Teil wegen des bestimmten Artikels »al«, während der Buchstabe »j« zehnmal weniger auftaucht. Diese scheinbar harmlose Beobachtung sollte zum ersten großen Durchbruch in der Kryptoanalyse führen.

Man weiß zwar nicht, wer zum ersten Mal erkannte, daß die unterschiedliche Häufigkeit der Buchstaben in Texten dazu benutzt werden konnte, Geheimschriften zu entschlüsseln, doch die früheste bekannte Beschreibung dieser Technik stammt von einem Gelehrten des neunten Jahrhunderts namens Abū Yūsūf Ya'qūb ibn Is-hāq ibn as-Sabbāh ibn 'omrān ibn Ismaīl al-Kindī. Al-Kindī, der als »Philosoph der Araber« bezeichnet wurde, hat 290 Bücher über Medizin, Astronomie, Mathematik, Linguistik und Musik verfaßt. Seine bedeutendste Abhandlung, die erst 1987 im Istanbuler Süleiman-Osman-Archiv wiederentdeckt wurde, trägt den Titel »Abhandlung über die Entzifferung kryptographischer Botschaften«. Sie enthält

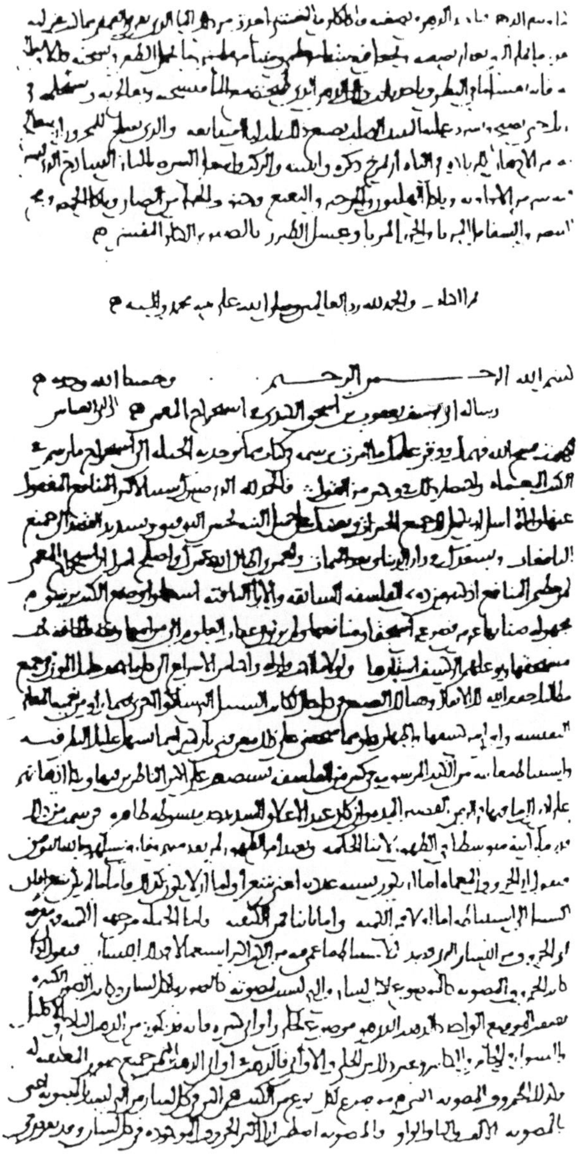

Abbildung 6: Die erste Seite von al-Kindīs Manuskript *Über die Entzifferung kryptographischer Botschaften*, die älteste bekannte Beschreibung der Kryptoanalyse als Häufigkeitsanalyse.

eingehende Untersuchungen über Statistik, arabische Phonetik und arabische Syntax, doch die revolutionäre Methode der Kryptoanalyse liegt in zwei kurzen Abschnitten verborgen:

> Eine Möglichkeit, eine verschlüsselte Botschaft zu entziffern, vorausgesetzt, wir kennen ihre Sprache, besteht darin, einen anderen Klartext in derselben Sprache zu finden, der lang genug ist, um ein oder zwei Blätter zu füllen, und dann zu zählen, wie oft jeder Buchstabe vorkommt. Wir nennen den häufigsten Buchstaben den »ersten«, den zweithäufigsten den »zweiten«, den folgenden den »dritten« und so weiter, bis wir alle Buchstaben in der Klartextprobe durchgezählt haben.
> Dann betrachten wir den Geheimtext, den wir entschlüsseln wollen, und ordnen auch seine Symbole. Wir finden das häufigste Symbol und geben ihm die Gestalt des »ersten« Buchstabens der Klartextprobe, das zweithäufigste Symbol wird zum »zweiten« Buchstaben, das dritthäufigste zum »dritten« Buchstaben und so weiter, bis wir alle Symbole des Kryptogramms, das wir entschlüsseln wollen, auf diese Weise zugeordnet haben.

Am einfachsten ist es, al-Kindīs Verfahren anhand des deutschen Alphabets zu erläutern. Zunächst müssen wir einen gewöhnlichen deutschen Text von einiger Länge untersuchen, vielleicht auch mehrere, um die Vorkommenshäufigkeit eines jeden Buchstabens im Alphabet festzustellen. Im Deutschen ist das e der häufigste Buchstabe, ihm folgt das n, dann das i und so weiter, wie in Tabelle 1 (s. u. S. 36) zusammengestellt. Als nächstes untersuchen wir den fraglichen Geheimtext und stellen die Häufigkeit jedes Buchstabens fest. Wenn der häufigste Buchstabe im Text etwa J ist, dann steht er wahrscheinlich für e. Und wenn der zweithäufigste Buchstabe im Geheimtext P ist, dann ist er wahrscheinlich Stellvertreter für n und so weiter. Al-Kindīs Verfahren, auch als *Häufigkeitsanalyse* bezeichnet, zeigt, daß es nicht nötig ist, jeden einzelnen der Milliarden möglicher Schlüssel durchzuprüfen. Vielmehr läßt sich der Inhalt einer chiffrierten Nachricht einfach durch die Analyse der Häufigkeit der Buchstaben im Geheimtext entschlüsseln.

Buchstabe	Häufigkeit in %	Buchstabe	Häufigkeit in %
a	6,51	n	9,78
b	1,89	o	2,51
c	3,06	p	0,79
d	5,08	q	0,02
e	17,40	r	7,00
f	1,66	s	7,27
g	3,01	t	6,15
h	4,76	u	4,35
i	7,55	v	0,67
j	0,27	w	1,89
k	1,21	x	0,03
l	3,44	y	0,04
m	2,53	z	1,13

Tabelle 1: Häufigkeitsverteilung der Buchstaben des deutschen Alphabets. (Nach A. Beutelspacher, *Kryptologie,* Braunschweig 1993.)

Buchstabe	Häufigkeit in %	Buchstabe	Häufigkeit in %
a	8,2	n	6,7
b	1,5	o	7,5
c	2,8	p	1,9
d	4,3	q	0,1
e	12,7	r	6,0
f	2,2	s	6,3
g	2,0	t	9,1
h	6,1	u	2,8
i	7,0	v	1,0
j	0,2	w	2,4
k	0,8	x	0,2
l	4,0	y	2,0
m	2,4	z	0,1

Tabelle 1a: Zum Vergleich die Häufigkeitsverteilung der Buchstaben des englischen Alphabets. (Ausgewertet wurden über 100 000 Zeichen aus Zeitungstexten und Romanen. Nach H. Beker und F. Piper, *Cipher Systems: The Protection of Communication.*)

Allerdings sollte man al-Kindīs Gebrauchsanleitung für die Kryptoanalyse nicht einfach schablonenhaft anwenden, denn die Häufigkeitstabelle gibt nur die Durchschnittswerte und nicht die genaue Buchstabenhäufigkeit jedes beliebigen Textes wider. Zum Beispiel ließe sich der Zungenbrecher »In Ulm und um Ulm und um Ulm herum« durch schlichte Häufigkeitsanalyse nicht entschlüsseln. Häufig weichen kurze Texte von der Normalverteilung ab, und wenn sie weniger als hundert Buchstaben haben, wird die Entschlüsselung sehr schwierig. Hingegen werden längere eher, wenn auch nicht immer, der Normalverteilung entsprechen. Im Jahr 1969 schrieb der französische Schriftsteller Georges Perec *La Disparition,* einen Roman von 200 Seiten, in dem kein einziges Mal der Buchstabe e vorkommt. Um so bemerkenswerter ist, daß es seinem deutschen Übersetzer Eugen Helmlé gelang, das Werk ins Deutsche zu übertragen und Perecs Originalfassung darin treu zu bleiben, daß das e nicht auftaucht. Helmlés Übertragung mit dem Titel *Anton Voyls Fortgang* liest sich überraschend gut (siehe Anhang A). Wenn das gesamte Buch monoalphabetisch verschlüsselt wäre, würde ein naiver Versuch, es zu dechiffrieren, ins Leere laufen, weil der im Deutschen häufigste Buchstabe überhaupt nicht vorkommt.

Nun, da wir das wichtigste Werkzeug der Kryptoanalyse kennengelernt haben, fahre ich mit einem Beispiel fort, das zeigt, wie die Häufigkeitsanalyse zur Entschlüsselung eines Textes eingesetzt werden kann. Ich wollte das Buch mit solchen Beispielen nicht vollstopfen, doch im Falle der Häufigkeitsanalyse will ich eine Ausnahme machen. Der Grund ist zum einen, daß sie nicht so schwierig ist, wie es sich anhören mag, zum andern, daß sie ein erstrangiges kryptoanalytisches Werkzeug ist. Zudem verdeutlicht das folgende Beispiel die Gedankengänge eines Kryptoanalytikers. Gewiß verlangt die Häufigkeitsanalyse einigen Aufwand an logischem Denken, doch Sie werden sehen, daß Schlauheit, Spürsinn und schlichte Knobelarbeit auch nicht fehl am Platze sind.

Die Entschlüsselung eines Geheimtextes

PR ISRSQ YSPUD SYOCREBS GPS NFRZB GSY NCYBVEYCWDPS SPRS ZVOUDS HVOONVQQSRDSPB, GCZZ GPS NCYBS SPRSY SPRMPESR WYVHPRM GSR YCFQ SPRSY ECRMSR ZBCGB SPRRCDQ FRG GPS NCYBS GSZ YSPUDZ GSR SPRSY WYVHPRM. QPB GSY MSPB ASTYPSGPEBSR GPSZS FSASYQCSZZPE EYVZZSR NCYBSR RPUDB OCSRESY, FRG QCR SYZBSOOBS SPRS NCYBS GSZ YSPUDZ, GPS ESRCF GPS EYVSZZS GSZ YSPUDZ DCBBS.

AVYESZ, HVR GSY ZBYSRES GSY JPZZSRZUDCTB

Stellen Sie sich vor, wir hätten diesen verschlüsselten Text abgefangen und müßten ihn dechiffrieren. Wir wissen, daß es sich um einen deutschen Text handelt, der mittels monoalphabetischer Substitution verschlüsselt wurde, doch vom Schlüssel wissen wir nichts. Alle möglichen Schlüssel durchzuprobieren ist praktisch unmöglich, also müssen wir die Häufigkeitsanalyse einsetzen. Ich gebe im folgenden eine schrittweise Anleitung zur Entschlüsselung dieses Geheimtextes, doch wenn Sie es sich zutrauen, versuchen Sie es doch auf eigene Faust.

Die erste Reaktion jedes Kryptoanalytikers wäre, die Häufigkeit jedes Buchstabens festzustellen. Dann ergibt sich Tabelle 2.

Wie erwartet, kommen die Buchstaben unterschiedlich oft vor. Die Frage ist nur, ob wir aufgrund dieser Häufigkeiten wirklich ausfindig machen können, wofür zumindest einige dieser Buchstaben stehen? Es wäre naiv zu glauben, wir könnten alle Buchstaben auf mechanische Weise identifizieren und etwa sagen, der achthäufigste Buchstabe im Geheimtext, E, stehe für den achthäufigsten Buchstaben im Deutschen, nämlich d. Eine sture Anwendung der Häufigkeitsanalyse würde zu Kauderwelsch führen.

Wir können jedoch beginnen, indem wir uns den fünf häufigsten Buchstaben zuwenden, nämlich S, R, P, Y und Z. Wir können mit guten Gründen davon ausgehen, daß der bei weitem häufigste Buchstabe, S, für den mit Abstand häufigsten Klartextbuchstaben im

Buchstabe	Häufigkeit	in %	Buchstabe	Häufigkeit	in %
A	3	0,9	N	7	2,1
B	20	6,1	O	7	2,1
C	18	5,5	P	30	9,1
D	11	3,3	Q	8	2,4
E	12	3,6	R	32	9,7
F	6	1,8	S	67	20,4
G	20	6,1	T	2	0,6
H	4	1,2	U	7	2,1
I	1	0,3	V	10	3,1
J	1	0,3	W	3	0,9
K	0	0,0	X	0	0,0
L	0	0,0	Y	29	8,8
M	5	1,5	Z	24	7,3

Tabelle 2: Häufigkeitsanalyse der verschlüsselten Botschaft (gerundete Prozentwerte)

Deutschen, nämlich e steht. Bei den folgenden vier Buchstaben können wir zwar annehmen, daß es sich um die zweit- bis fünfthäufigsten Buchstaben handelt, doch nicht unbedingt in der richtigen Reihenfolge. Mit anderen Worten, wir können nicht sicher sein, daß R = n, P = i, Y = s und Z = r.

Wir können jedoch die Annahme wagen, daß es sich um die nach e häufigsten Buchstaben im deutschen Alphabet handelt, also:

R = n, i, s oder r, P = n, i, s oder r Y = n, i, s oder r, Z = n, i, s oder r.

Um auf einigermaßen sicherem Grund weiterzugehen, müssen wir die Häufigkeitsanalyse ein wenig verfeinern. Anstatt einfach von der Häufigkeit dieser vier Geheimbuchstaben auf die Klartextbuchstaben zu schließen, suchen wir nach den im Deutschen häufigsten sogenannten *Bigrammen,* Zweierkombinationen von Buchstaben. Wir nehmen den mutmaßlichen Geheimtextbuchstaben für e, also S, und fragen, wie oft er zusammen mit den oben genannten zweit- bis fünfthäufigsten Geheimbuchstaben auftritt. Dann ergibt sich folgende Häufung von Bigrammen:

Bigramme	RS / SR	PS / SP	YS / SY	ZS / SZ
Häufigkeit	7 / 13	8 / 13	5 / 11	4 / 7

Zu vermuten ist, daß die drei häufigsten Bigramme, nämlich SR, SP und SY, den häufigsten Bigrammen mit e im Deutschen, er, en und ei entsprechen. (Siehe zu den Häufigkeiten F. L. Bauer, *Kryptologie,* Kap. 15). Damit wäre unsere Annahme abgesichert. Von den beiden weniger häufigen Bigrammen, ZS und SZ, können wir annehmen, daß es sich um *se* und *es* handelt, und sie zunächst beiseite lassen.

Wir gehen nun einen Schritt weiter und versuchen, n und i ausfindig zu machen, indem wir nach dem im Deutschen häufigsten Trigramm, nämlich ein suchen. Hier ist das Ergebnis eindeutig: SPR kommt siebenmal vor, SRP, SPY, SYP, SRY und SYR überhaupt nicht. Wir entschlüsseln also P = i und R = n. Zusammen mit S = e haben wir nun mit einiger Sicherheit drei Buchstaben dingfest gemacht. Wie finden wir nun heraus, ob die verbleibenden häufigen Buchstaben Y und Z für r und s oder für s und r stehen? Am besten, wir gehen einen Umweg und machen zunächst den Buchstaben d ausfindig. Da in der Kryptoanalyse alle Mittel erlaubt sind, nutzen wir den Umstand aus, daß im Geheimtext die Wortzwischenräume beibehalten wurden. Das häufigste Wort im Deutschen ist die, und da wir PS als ie identifiziert haben, sehen wir fast auf den ersten Blick, daß es sich bei G um d handeln muß, denn GPS kommt im Geheimtext allein fünfmal als Einzelwort vor.

Zurück zur Unterscheidung von r und s. Das zweithäufigste Wort im Deutschen ist der, es kommt jedenfalls nach der Statistik sehr viel öfter vor als des. Wir überprüfen die in Frage kommenden Kombinationen GSY und GSZ und stellen fest, daß GSY viermal auftaucht, GSZ jedoch immerhin dreimal. Festigen können wir unsere Vermutung, daß Y = r und Z = s, indem wir uns noch einmal die Häufigkeit anschauen, mit der diese Buchstaben zusammen mit S auftreten. SY, das mutmaßliche er, kommt elfmal vor, SZ, das mutmaßliche es, siebenmal. Da er das häufigste Bigramm im Deutschen ist, können wir nun mit guten Gründen sagen, daß Y = r und Z = s.

Wir haben nun mit einiger Sicherheit fünf Buchstaben identifiziert und können die entsprechenden Geheimbuchstaben durch die Klarbuchstaben ersetzen:

in leneQ reiUD erOCnEBe die NFnsB der NCrBVErCWDie eine sVOUDe HVOONVQQenDeiB, dCss die NCrBe einer einMiEen Wr-VHinM den rCFQ einer ECnMen sBCdB einnCDQ Fnd die NCrBe des reiUDs den einer WrVHinM. QiB der MeiB AeTriediEBen diese FeAer-QCessiE ErVssen NCrBen niUDB OCenEer, Fnd QCn ersBeOOBe eine NCrBe des reiUDs, die EenCF die ErVesse des reiUDs DCBBe.

AVrEes, HVn der sBrenEe der JissensUDCTB

Dieser Schritt hilft uns, einige der anderen Buchstaben einfach zu erraten. Das Wort reiUD etwa wird, da e und n für die letzten beiden Buchstaben ausgeschlossen sind, das Klarwort Reich ergeben. Und dCss wird mit Sicherheit dass bedeuten. Wir bekommen:

in leneQ reich erOanEBe die NFnsB der NarBVEraWhie eine sVOche HVOONVQQenheiB, dass die NarBe einer einMiEen WrVHinM den raFQ einer EanMen sBadB einnahQ Fnd die NarBe des reichs den einer WrVHinM. QiB der MeiB AeTriediEBen diese FeAerQaessiE Er-Vssen NarBen nichB OaenEer Fnd Qan ersBeOOBe eine NarBe des reichs die EenaF die ErVesse des reichs haBBe

AVrEes, HVn der sBrenEe der JissenschaTB

Sobald einige Buchstaben klar sind, geht es mit der Entschlüsselung zügig weiter. Zum Beispiel ergibt sich aus sBadB eindeutig stadt, denn die beiden fehlenden Vokale o und u einzusetzen ergäbe keinen Sinn, und der einzige Konsonant, der nach d noch folgen kann, ist t. Dann allerdings sehen wir auch, daß das letzte Wort wissenschaft lauten muß.

Wir könnten auf diese Weise weitermachen, doch fassen wir statt dessen einmal zusammen, was wir über das Klartextalphabet und das Geheimtextalphabet wissen. Diese beiden Alphabete bilden den Schlüssel, und der Verschlüßler hat sie benutzt, um eine Substitution auszuführen, mit der er die Botschaft unkenntlich gemacht hat. Wir haben bereits einige Buchstaben identifiziert und können sie zusammenstellen:

Klartextalphabet	a b c d e f g h i j k l m n o p q r s t u v w x y z
Geheimtextalphabet	C – U G S T E D P – – – – – – – – – Y Z B – – – – – –

Kenner der Detektivliteratur werden vielleicht erraten, daß der Verschlüßler als Schlüsselwort einen berühmten Namen gewählt hat: C. Auguste Dupin wird uns in Poes Erzählung *Der Doppelmord in der Rue Morgue* erstmals als Meisterdetektiv vorgestellt. Das rätselhafte Kürzel »C.« kam dem Kryptographen entgegen, denn er konnte dadurch vermeiden, den Buchstaben a mit A zu chiffrieren. Endlich können wir das vollständige Geheimtextalphabet erstellen und den gesamten Geheimtext entschlüsseln.

Klartextalphabet	a b c d e f g h i j k l m n o p q r s t u v w x y z
Geheimtextalphabet	C A U G S T E D P I N O Q R V W X Y Z B F H J K L M

In jenem Reich erlangte die Kunst der Kartographie eine solche Vollkommenheit, dass die Karte einer einzigen Provinz den Raum einer ganzen Stadt einnahm und die Karte des Reichs den einer Provinz. Mit der Zeit befriedigten diese uebermaessig grossen Karten nicht laenger, und man erstellte eine Karte des Reichs, die genau die Groesse des Reichs hatte.

(Jorge Luis) Borges, *Von der Strenge der Wissenschaft*

Die Renaissance im Westen

Für die arabischen Gelehrten waren die Jahre von 800 bis 1200 n. Chr. eine Epoche großartiger intellektueller Leistungen. Europa steckte damals noch tief im Mittelalter. Während al-Kindī die Kryptoanalyse erfand, kämpften die Europäer immer noch mit den grundlegenden Verfahren der Kryptographie. Die einzigen europäischen Institutionen, die das Studium der Geheimschriften vorantrieben, waren die Klöster. Die Mönche suchten in der Bibel nach verborgenen Bedeutungen, ein Unterfangen, das bis heute seinen Reiz nicht verloren hat (siehe Anhang C).

Die Mönche des Mittelalters schlug die Tatsache in Bann, daß das Alte Testament durchaus absichtsvoll einige leicht zu durchschauende kryptographische Elemente enthält. Zum Beispiel enthält es Textstellen, die mit *Atbasch* verschlüsselt sind, einer traditionellen Form der hebräischen Substitutions-Geheimschrift. Bei diesem Verfahren wird festgestellt, wie weit jeder Buchstabe vom Beginn des Alphabets entfernt ist, dann ersetzt man ihn durch einen Buchstaben, der die gleiche Zahl von Stellen vom Ende des Alphabets entfernt ist. Im Deutschen hieße das, daß a, eine Stelle vom Beginn des Alphabets, durch Z ersetzt wird, eine Stelle vom Ende des Alphabets, b durch Y und so weiter. Das Wort Atbasch selbst deutet auf die Substitution hin, die es bezeichnet, denn es besteht aus dem ersten Buchstaben des hebräischen Alphabets, dem *Alef,* gefolgt vom letzten Buchstaben, *Taw.* Dann kommt der zweite Buchstabe, *Bet,* dem der vorletzte, *Schin,* folgt. Beispiele für Atbasch sind Jeremia 25,26 und 51,41, wo Babel durch das Wort Scheschach ersetzt wird; der erste Buchstabe von Babel ist *Bet,* der zweite Buchstabe des hebräischen Alphabets, und dieser wird ersetzt durch *Schin,* den vorletzten Buchstaben des hebräischen Alphabets; der zweite Buchstabe ist ebenfalls *Bet,* und auch er wird durch *Schin* ersetzt; der letzte Buchstabe von Babel ist *Lamed,* der zwölfte Buchstabe des hebräischen Alphabets, und dieser wird ersetzt durch *Kaf,* den zwölftletzten Buchstaben.

Atbasch und ähnliche Geheimschriften sollten der Bibel wohl nur eine geheimnisvolle Aura verleihen und nicht den Sinn der Schrift verbergen, doch dies reichte aus, um das Interesse an ernsthafter Kryptographie zu entflammen. Die europäischen Mönche begannen alte Geheimschriften wiederzuentdecken, sie erfanden neue und trugen bald dazu bei, die Kryptographie wieder in die westliche Kultur einzuführen. Im 13. Jahrhundert schrieb der englische Franziskanermönch und Mathematiker Roger Bacon das erste bekannte europäische Werk über Kryptographie. Die *Abhandlung über die geheimen Künste und die Nichtigkeit der Magie* enthält sieben Verfahren, um Botschaften geheimzuhalten, sowie die Warnung: »Ein Mann ist verrückt, wenn er ein Geheimnis nicht so aufschreibt, daß es den Augen der Gewöhnlichen verborgen bleibt.«

Im 14. Jahrhundert fand die Kryptographie zusehends Verbreitung. Alchemisten und Wissenschaftler gebrauchten sie, um ihre Entdeckungen geheimzuhalten. Geoffrey Chaucer, wenn auch besser bekannt für seine literarischen Leistungen, war auch ein Astronom und Kryptograph, und ihm verdanken wir eines der berühmtesten Beispiele der frühеuropäischen Verschlüsselung. Seiner *Abhandlung über den Weltraum* fügte er einige zusätzliche Beobachtungen unter dem Titel *Die Umlaufbahn der Planeten* bei, in denen er mehrere Abschnitte verschlüsselte. Chaucer ersetzte dabei den Klartext durch Symbole. Zum Beispiel schrieb er statt b das Symbol δ. Ein Geheimtext, der nicht aus Buchstaben, sondern aus merkwürdigen Symbolen besteht, mag auf den ersten Blick schwieriger erscheinen, doch im wesentlichen entspricht er dem traditionellen Verfahren, bei dem ein Buchstabe durch einen anderen ersetzt wird. Die Verschlüsselungsarbeit ist die gleiche, ebenso wie das Maß an Sicherheit.

Im 15. Jahrhundert war die europäische Kryptographie ein blühendes Gewerbe. Die Wiederbelebung der Künste, Wissenschaften und des Gelehrtentums in der Renaissance war auch für die Kryptographie fruchtbar, während die wuchernden politischen Intrigen auch gute Gründe für die Geheimhaltung des Nachrichtenverkehrs lieferten. Das denkbar beste Erprobungsfeld für die Kryptographie war Italien. Es war nicht nur das Herz der Renaissance, es bestand auch aus unabhängigen Stadtstaaten, die sich gegenseitig auszustechen suchten. Jeder dieser Staaten schickte seine Botschafter an fremde Höfe, und es entstand ein reges diplomatisches Leben. Die Gesandten erhielten Botschaften von ihren Monarchen, in denen die Einzelheiten der Außenpolitik, die sie durchzusetzen hatten, festgehalten waren. Und die Botschafter mußten alle Informationen, die ihnen zu Ohren kamen, an die Herrscherhäuser weiterleiten. So herrschte Anlaß genug, den Nachrichtenverkehr in beiden Richtungen zu verschlüsseln. Die Höfe legten sich kryptographische Dienste zu, und bald hatte jeder Botschafter seinen eigenen Geheimsekretär.

Nun, da die Kryptographie zum gängigen diplomatischen Handwerkszeug gehörte, machte die wissenschaftliche Kryptoanalyse auch im Westen die ersten Schritte. Gerade hatten die Diplomaten die Fertigkeiten erworben, die für einen sicheren Nachrichtenverkehr nötig waren, traten auch schon Leute auf den Plan, die ebendiese Sicherheit zu zerstören trachteten. Es ist durchaus wahrscheinlich, daß die Kryptoanalyse in Europa unabhängig vom Orient entdeckt wurde, möglich ist jedoch auch, daß man sie aus Arabien einführte. Islamische Entdeckungen in der Wissenschaft und Mathematik hatten starken Einfluß auf die Wiedergeburt der Wissenschaft in Europa, und die Kryptoanalyse könnte zu diesem importierten Wissen gehört haben.

Als erster großer europäischer Kryptoanalytiker wird zu Recht Giovanni Soro bezeichnet, der im Jahre 1506 zum Geheimsekretär Venedigs ernannt wurde. Soros Ruf verbreitete sich in ganz Italien, und befreundete Staaten schickten ihm abgefangene Botschaften zur Entschlüsselung nach Venedig. Selbst der Vatikan, das wahrscheinlich umtriebigste Zentrum der Kryptoanalyse, übermittelte Soro vermeintlich unentschlüsselbare Botschaften, die man in die Hände bekommen hatte. Im Jahre 1526 schickte ihm Papst Clemens VII. zwei Geheimbotschaften, und beide kamen erfolgreich entschlüsselt zurück. Und als die Florentiner eine chiffrierte Botschaft des Papstes abfingen, schickte der Papst Soro eine Abschrift, in der Hoffnung, sie wäre nicht zu knacken. Soro behauptete, er könne die Geheimschrift des Papstes nicht entschlüsseln, und legte ihm damit nahe, daß es den Florentinern ebenfalls nicht gelingen würde. Möglicherweise jedoch war dies nur ein Bluff, um die Kryptographen des Vatikans in falscher Sicherheit zu wiegen: Soro wollte die Schwäche der päpstlichen Geheimschrift vielleicht gar nicht offenlegen, denn dies hätte den Vatikan nur veranlaßt, eine stärkere zu nehmen, die Soro dann vielleicht nicht hätte brechen können.

Auch in anderen europäischen Ländern beschäftigten die Höfe nun in zunehmendem Maße begabte Kryptoanalytiker. Philibert Babou etwa, der in Diensten des französischen Königs Franz I. stand, erwarb sich den Ruf, unglaublich hartnäckig zu sein und wochenlang Tag und Nacht an einer abgefangenen Geheimbotschaft zu arbeiten. Zum Unglück für Babou nutzte der König diese Zeit für eine ausgedehnte Affäre mit seiner Frau. Gegen Ende des 16. Jahrhunderts festigten die Franzosen ihre Position in der Kryptoanalyse mit dem Aufstieg von François Viète, dem es besonderes Vergnügen bereitete, die spanischen Geheimschriften zu knacken. Die spanischen Kryptographen, im Vergleich zu ihren europäischen Kollegen offenbar recht blauäugig, waren bestürzt, als ihnen klar wurde, daß ihre Botschaften für die Franzosen offene Geheimnisse waren. König Philip II. von Spanien ging so weit, eine Beschwerde an den Vatikan zu richten. Die einzige Erklärung für Viètes kryptoanalytische Künste sei, daß dieser ein »Erzfeind im Bunde mit dem Teufel« sei. Ein kirchliches Tribunal solle Viète für seine dämonischen Taten zur Verantwortung ziehen. Doch der Papst wußte genau, daß seine eigenen Kryptoanalytiker schon seit Jahren die spanischen Geheimtexte lasen, und verwarf die spanische Beschwerde. Die Kunde davon verbreitete sich wie ein Lauffeuer unter den Fachleuten in ganz Europa, und die spanischen Kryptographen waren der Lächerlichkeit preisgegeben.

Diese peinliche Überraschung für die Spanier war bezeichnend für den damaligen Stand der Schlacht zwischen Kryptographen und Kryptoanalytikern. Es war eine Zeit des Übergangs, in der die Kryptographen sich immer noch auf die monoalphabetische Substitution verließen, während die Kryptoanalytiker, um die damit verfertigten Geheimschriften zu entschlüsseln, zunehmend die Häufigkeitsanalyse einsetzten. Wer noch nicht entdeckt hatte, welch starkes Werkzeug die Häufigkeitsanalyse war, setzte weiter auf die monoalphabetische Verschlüsselung und hatte keine Ahnung, wie leicht es Kryptoanalytikern wie Soro, Babou und Viète fiel, die chiffrierten Botschaften zu lesen.

Unterdessen mühte man sich dort, wo man die Schwäche der monoalphabetischen Chiffrierung kannte, nach Kräften um eine bessere Verschlüsselung, die den eigenen Nachrichtenverkehr vor der Entschlüsselung durch gegnerische Kryptoanalytiker schützen sollte. Eine ganz einfache Verbesserung der Sicherheit monoalphabetischer Substitution war die Einführung von sogenannten Füllern: Symbolen oder Buchstaben, die keine Klartextbuchstaben vertraten, sondern schlicht für nichts standen. So könnte man etwa jeden Klartextbuchstaben durch eine Zahl zwischen 1 und 99 ersetzen, dann hätte man immer noch 73 Zahlen, die für nichts stehen, und diese könnten nach Gusto mit unterschiedlicher Häufigkeit über den Geheimtext verstreut werden. Die Füller würden für den eigentlichen Empfänger kein Problem darstellen, der ja wissen würde, daß er sie ignorieren mußte. Einen gegnerischen Entschlüßler allerdings sollten sie zur Weißglut treiben, weil sie einen Angriff per Häufigkeitsanalyse erheblich erschwerten. Eine andere, gleichermaßen einfache Fortentwicklung bestand darin, daß die Kryptographen manchmal absichtlich Wörter falsch schrieben, bevor sie die Nachricht verschlüsselten. Dadurch verfällschtn zi di Häufigkeitsvrtilung dir Buchstabin – und erschwerten es dem Kryptoanalytiker, die Häufigkeitsanalyse anzuwenden. Hingegen kann der Empfänger, der den Schlüssel kennt, die Botschaft dechiffrieren und dann die fehlerhafte, aber nicht völlig unklare Schreibweise korrigieren.

Ein weiterer Versuch, die Sicherheit der monoalphabetischen Chiffrierung zu verbessern, war die Einführung von Codewörtern. Der Begriff »Code« hat in der Umgangssprache vielfältige Bedeutungen und steht häufig für irgendeine Art geheimer Kommunikation. Wie ich jedoch in der Einführung bemerkt habe, bezeichnet er strenggenommen nur eine bestimmte Form der Substitution. Bislang haben wir uns bei der Substitution auf ein Verfahren beschränkt, bei dem jeder Buchstabe durch einen anderen Buchstaben, eine Zahl oder ein Symbol ersetzt wird. Allerdings ist es auch möglich, diese Methode auf höherer Ebene anzuwenden und jedes Wort durch ein anderes Wort oder Symbol zu ersetzen. Dies wäre ein Code. Ein Beispiel:

ermorden	= D,	General	= Σ,	sofort	= 08,
Erpressung	= P,	König	= Ω,	heute	= 73,
Gefangennahme	= J,	Minister	= ψ,	heute nacht	= 28,
beschützen	= Z,	Prinz	= θ,	morgen	= 43

Klarbotschaft = Ermordet den König heute nacht
Codierte Botschaft = D–Ω–28

Fachleute bestimmen die *Codierung* als Substitution auf der Ebene der Wörter oder Sätze, die *Chiffrierung* dagegen als Substitution auf der Ebene der Buchstaben. Im Deutschen können *Codierung* und *Chiffrierung* unter dem Begriff Verschlüsselung zusammengefaßt werden, die Ergebnisse dieser Verfahren sind die *Geheimschriften* oder *Chiffren. Decodieren* und *Dechiffrieren* sind die Entschlüsselungsvorgänge. Abbildung 7 enthält eine kurze Zusammenfassung der Definitionen. Im folgenden verwenden wir *verschlüsseln* und *chiffrieren* beziehungsweise *entschlüsseln* und *dechiffrieren* als gleichwertige Begriffe.

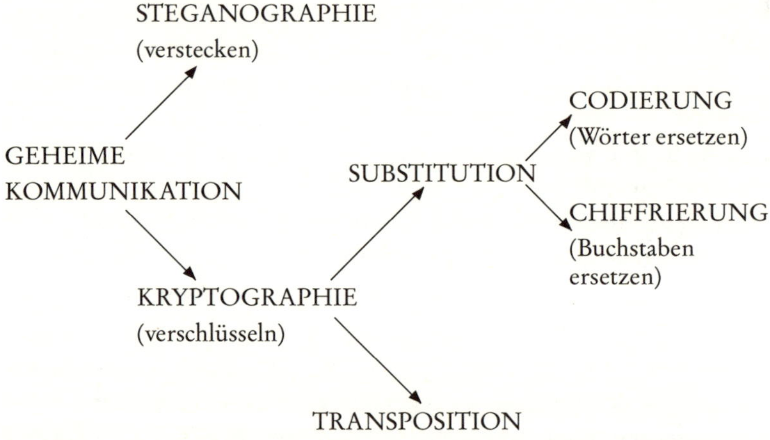

Abbildung 7: Die Kunst der Geheimhaltung von Botschaften in ihren Hauptzweigen.

Auf den ersten Blick bieten Codes größere Sicherheit als Chiffren, weil Wörter der Häufigkeitsanalyse weniger zugänglich sind als Buchstaben. Um eine mittels monoalphabetischer Substitution angefertige Geheimschrift zu dechiffrieren, muß man nur den Klarbuchstaben für jeden der 26 Geheimbuchstaben ausfindig machen, während man zur Entschlüsselung eines Codes die Klarwörter für Hunderte oder gar Tausende von Codewörtern herausfinden muß. Wenn wir uns solche Codes jedoch genauer ansehen, erkennen wir im Vergleich zu den Chiffren zwei schwerwiegende praktische Mängel. Sobald sich Sender und Empfänger auf die 26 Buchstaben des Geheimtextalphabets (den Schlüssel) geeinigt haben, können sie jede Botschaft chiffrieren, doch um bei einem Code das gleiche Maß an Mitteilungsmöglichkeiten zu erreichen, müssen sie zunächst die mühselige Aufgabe bewältigen, ein Codewort für jedes einzelne der vielen Tausend möglichen Klartextwörter festzulegen. Das Codebuch wird dann Hunderte von Seiten lang und ist ein wörterbuchdicker Wälzer. Kurz, die Erstellung eines Codebuchs ist eine langwierige Angelegenheit.

Zudem hat es verheerende Folgen, wenn das Codebuch in die Hände des Gegners fällt. Er könnte sofort alle verschlüsselten Nachrichten lesen. Sender und Empfänger müßten sich von neuem die Mühe machen, ein völlig anderes Codebuch zu erstellen, und dieser neue Wälzer müßte dann auf sicherem Wege an alle Menschen im Nachrichtennetz verteilt werden, also zum Beispiel an die eigenen Botschafter in aller Herren Länder. Wenn es der anderen Seite hingegen gelingen sollte, ein Geheimtextalphabet in die Hände zu bekommen, kann man ohne weiteres ein neues mit 26 Buchstaben erstellen, das sich einprägen und leicht verteilen läßt.

Schon im 16. Jahrhundert kannten die Kryptographen durchaus die unvermeidlichen Schwächen der Codes und verwendeten überwiegend Chiffren und manchmal *Nomenklatoren*. Ein Nomenklator ist ein Verschlüsselungssystem, das auf einem Geheimtextalphabet beruht, mit dem der Großteil der Nachricht chiffriert wird, sowie einer begrenzten Zahl von Codewörtern. Eine Nomenklator-Liste kann zum Beispiel aus einer Titelseite mit einem Geheimschriftalphabet bestehen und aus einer zweiten Seite mit der Liste der Codewörter. Trotz dieser zusätzlichen Codewörter ist ein Nomenklator nicht viel sicherer als eine schlichte monoalphabetische Chiffre, denn der Großteil der Nachricht kann durch Häufigkeitsanalyse entschlüsselt und die verbleibenden Codewörter können aus dem Zusammenhang erschlossen werden.

Die besten Kryptoanalytiker überwanden nicht nur die Hürde des Nomenklators, sie kamen auch mit absichtlich falsch geschriebenen Botschaften und mit Füllern zurecht. Ihrem Geschick verdankten ihre Herren und Meisterinnen einen nicht abreißenden Strom enthüllter Geheimnisse, der ihre Entscheidungen und damit an entscheidenden Punkten auch die europäische Geschichte beeinflußte.

Nirgends zeigte sich dieser Einfluß der Kryptoanalyse auf dramatischere Weise als im Falle der Maria Stuart. Der Ausgang ihres Prozesses hing allein ab vom Kampf zwischen ihren Verschlüßlern und den Codebrechern Königin Elisabeths. Maria war eine der bedeutendsten Gestalten des 16. Jahrhunderts, Königin von Schottland, Königin von Frankreich und Aspirantin auf den englischen Thron, und doch sollte ihr Schicksal von einem Blatt Papier abhängen und von der Frage, ob die darauf geschriebene Botschaft entschlüsselt werden konnte.

Das Babington-Komplott

Am 24. November 1542 vernichteten die englischen Truppen Heinrichs VIII. in der Schlacht von Solway Moss das schottische Heer. Es sah ganz so aus, als wäre Heinrich auf bestem Wege, Schottland zu erobern und König Jakob V. die Krone zu entreißen. Nach der Schlacht erlitt der verzweifelte schottische König einen schweren seelischen und körperlichen Zusammenbruch und zog sich in den Palast von Falkland zurück. Selbst die Geburt seiner Tochter Maria nur zwei Wochen später konnte die Lebensgeister des leidenden Königs nicht wieder beflügeln. Als hätte er auf die Nachricht von der Geburt eines Erben gewartet, um in Frieden und in der Gewißheit sterben zu können, seine Pflicht getan zu haben, starb der König nur eine Woche nach Marias Geburt im Alter von nur dreißig Jahren. Die kleine Prinzessin Maria war nun die Königin der Schotten.

Maria war vorzeitig zur Welt gekommen, und anfangs herrschte beträchtliche Angst um ihr Leben. In England waren schon Gerüchte im Umlauf, das Kind sei gestorben, doch am englischen Hof schenkte man nur allzu gerne allem Glauben, was auf eine Schwächung Schottlands hindeutete. In Wahrheit kam Maria bald zu Kräften und wurde am 9. September 1543 in der Kapelle von Stirling Castle gekrönt, im Kreise von drei Earls, die an ihrer Statt die königliche Krone, das Zepter und das Schwert trugen.

Weil Königin Maria noch so jung war, ließ der Eroberungsdruck der Engländer gegen Schottland eine gewisse Zeit lang nach. Es hätte als unehrenhaft gegolten, wenn Heinrich VIII. versucht hätte, das Land eines jüngst verstorbenen Königs zu unterwerfen, das unter der Herrschaft einer Kinderkönigin stand. Statt dessen beschloß der englische König, Maria zu umwerben in der Hoffnung, eine Ehe zwischen ihr und seinem Sohn Edward arrangieren zu können und damit die beiden Nationen unter einem Tudor-Regenten zu vereinen. Er begann seine Winkelzüge mit der Freilassung der schottischen Edelmänner, die bei Solway Moss in Gefangenschaft geraten waren, unter der Bedingung, daß sie sich für eine Union mit England einsetzten.

Der schottische Hof erwog zwar zunächst Heinrichs Angebot, doch dann verwarf er es zugunsten einer Heirat Marias mit Franz, dem Dauphin von Frankreich. Schottland entschied sich damit für ein Bündnis mit einer ebenfalls katholischen Nation, was Marias Mutter, Maria von Guise, entgegenkam, deren eigene Heirat mit Jakob V. die Verbindung zwischen Schottland und Frankreich unverbrüchlich festigen sollte. Maria und Franz waren noch Kinder, doch es war geplant, daß Franz eines Tages den Thron besteigen und Maria seine Königin sein sollte, um damit Schottland und Frankreich zu vereinen. In der Zwischenzeit sollte Frankreich Schottland gegen den englischen Ansturm verteidigen.

Das Schutzversprechen war beruhigend, besonders da Heinrich VIII. nun von der Diplomatie auf Einschüchterung überging, um den Schotten nahezulegen, daß sein eigener Sohn eine lohnendere Partie für Maria Stuart wäre. Seine Truppen unternahmen Raubzüge, zerstörten Ernten, brannten Dörfer nieder und griffen Städte und Dörfer entlang der Grenze an. Die »rauhe Brautwerbung«, wie es hieß, wurde nach Heinrichs Tod im Jahr 1547 fortgesetzt. Unter Führung seines Sohnes, König Eduard VI. (dem Möchtegern-Gatten), fanden die Attacken ihren Höhepunkt in der Schlacht von Pinkie Cleugh, in der das schottische Heer vernichtend geschlagen wurde. In der Folge dieses Gemetzels beschloß man, daß Maria zu ihrer Sicherheit nach Frankreich gehen solle, wo sie vor der englischen Bedrohung sicher war und sich auf ihre Heirat mit Franz vorbereiten konnte. Am 7. August 1548 stach das Schiff mit der sechsjährigen Maria in See und landete beim bretonischen Dorf Roscoff. Marias erste Jahre am französischen Hof waren die geruhsamste Zeit ihres Lebens. In Sicherheit und umgeben von Luxus wuchs sie auf und lernte dabei ihren künftigen Gatten, den Dauphin, kennen und lieben. Mit sechzehn Jahren heirateten sie, und im folgenden Jahr wurden Franz und Maria König und Königin von Frankreich. Alles schien auf eine triumphale Rückkehr nach Schottland hinzudeuten, doch dann wurde ihr Mann, der immer von schwacher Gesundheit gewesen war, schwer krank. Eine Ohreninfektion, unter der er seit seiner Kindheit gelitten hatte, verschlimmerte sich, die Entzündung griff auf das Gehirn über und führte zu einem Abszeß. Im Jahre 1560, ein Jahr nach der Krönung, starb Franz, und Maria war Witwe geworden.

Seit dieser Zeit trafen Maria immer wieder tragische Schicksalsschläge. Sie kehrte 1561 nach Schottland zurück, wo sie eine verwandelte Nation vorfand. Während ihrer langen Abwesenheit hatte Maria ihren katholischen Glauben gefestigt, ihre schottischen Untertanen jedoch hatten sich zunehmend der protestantischen Kirche zugewandt. Maria duldete die Wünsche der Mehrheit und herrschte anfangs recht erfolgreich, doch als sie 1565 Heinrich Stewart, den Earl von Darnley, heiratete, war dies der Anfang ihres unaufhaltsamen Niedergangs. Darnley war ein hinterhältiger und brutaler Mann, dessen rücksichtslose Machtgier Maria die Treue des schottischen Adels kostete. Im Jahr darauf wurde Maria Zeugin der fürchterlichen Auswüchse des barbarischen Wesens ihres Gemahls, als dieser vor ihren Augen David Riccio, ihren Sekretär, ermordete. Jedem wurde klar, daß man Darnley loswerden mußte, um Schottland zu retten. Es ist eine offene Frage, ob Maria selbst oder die schottischen Adligen die Verschwörung in Gang setzten, doch in der Nacht des 9. Februar 1567 wurde Darnleys Haus gesprengt, und als er versuchte zu fliehen, wurde er erwürgt. Das einzig Gute, das dieser Heirat entsprungen war, war der Sohn und Erbe Jakob.

Marias nächste Heirat, mit James Hepburn, dem vierten Earl von Bothwell, war kaum erfolgreicher. Schon im Sommer 1567 waren die protestantischen Adligen von ihrer katholischen Königin restlos enttäuscht. Sie schickten Bothwell ins Exil, setzten Maria gefangen und zwangen sie, zugunsten ihres vierzehn Monate alten Sohnes Jakob VI. abzudanken, während ihr Halbbruder, der Earl von Moray, als Regent fungierte. Ein Jahr später, 1568, floh Maria aus der Gefangenschaft, stellte ein Heer von 6000 Royalisten zusammen und unternahm einen letzten Versuch, die Krone wiederzugewinnen. Ihre Soldaten stellten sich dem Heer des Regenten bei dem kleinen Dorf Langside entgegen, und Maria beobachtete die Schlacht von einem nahen Hügel aus. Obwohl ihre Truppen zahlenmäßig überlegen waren, mangelte es ihnen an Disziplin, und Maria mußte zusehen, wie sie auseinandergerissen wurden. Als die Niederlage unvermeidlich war, ergriff sie die Flucht. Der Weg nach Osten zur Küste und dann weiter nach Frankreich hätte nahegelegen, doch dann hätte sie einen Landstrich durchqueren müssen, dessen Bewohner ihrem Halbbruder ergeben waren. So wandte sie sich nach Süden, England zu, in der Hoffnung, ihre Kusine Königin Elisabeth I. würde ihr Obhut gewähren.

Maria hatte sich fürchterlich geirrt. Elisabeth hatte Maria nur erneute Gefangenschaft zu bieten. Der offizielle Grund dafür war ihre Verstrickung in den Mord an Darnley, doch in Wahrheit stellte Maria eine Gefahr für Elisabeth dar, denn englische Katholiken betrachteten sie als die wahre Königin von England. Durch ihre Großmutter, Margaret Tudor, die ältere Schwester von Heinrich VIII., hatte Maria in der Tat Anspruch auf den Thron, doch Heinrichs letzter noch lebender Nachkomme, Elisabeth I., schien den Vorrang zu haben. Aus Sicht der Katholiken jedoch saß Elisabeth zu Unrecht auf dem Thron, weil sie die Tochter von Anna Boleyn war, der zweiten Gemahlin Heinrichs nach seiner gegen den päpstlichen Willen vollzogenen Scheidung von Katharina von Aragon. Die englischen Katholiken erkannten Heinrichs Scheidung nicht an, sie hießen seine folgende Heirat mit Anna Boleyn nicht gut und akzeptierten natürlich auch nicht ihre Tochter Elisabeth als Königin. Die Katholiken hielten Elisabeth für eine uneheliche Usurpatorin.

Maria verbrachte ihre Gefangenschaft in verschiedenen Schlössern und Palästen. Zwar hielt Elisabeth ihre Kusine für eine der gefährlichsten Personen in England, doch viele Engländer bekundeten offen, daß sie ihre sanfte Art, ihre erstaunliche Klugheit und ihre große Schönheit bewunderten. William Cecil, Erster Minister Elisabeths, sprach von ihrer »klugen und hinreißenden« Kunst, die Männer zu unterhalten, und Nicholas White, der Gesandte Cecils, stellte Ähnliches fest: »Sie besitzt durchaus verlockenden Charme, einen hübschen schottischen Akzent und einen forschenden Verstand, durchdrungen von Sanftmut.« Doch Jahr um Jahr verging. Ihre Schönheit verblaßte, ihre Gesundheit nahm Schaden, und sie verlor zusehends die Hoffnung. Ihr Bewacher, Sir Amyas Paulet, ein Puritaner, war ihren Reizen nicht zugänglich und behandelte sie zunehmend roher.

Im Jahre 1586, nach achtzehn Jahren Haft, hatte sie alle Vorrechte verloren. Man hielt sie in Chartley Hall in Staffordshire gefangen, und sie durfte nun nicht mehr die Bäder von Buxton aufsuchen, die ihre häufigen Krankheiten immer wieder gelindert hatten. Bei ihrem letzten Besuch in Buxton schrieb sie mit einem Diamanten eine Botschaft auf eine Fensterscheibe: »Buxton, dessen warme Wasser deinen Namen berühmt machten, vielleicht werde ich dich nie mehr wiedersehen – lebwohl.« Offenbar hatte sie damit gerechnet, alle kleinen Freiheiten zu verlieren, die sie noch genoß. Ihr neunzehnjähriger Sohn, König Jakob VI. von Schottland, verschlimmerte noch Marias Trauer. Sie hatte immer gehofft, eines Tages fliehen zu können, um nach Schottland zurückzukehren und die Macht mit ihrem Sohn zu teilen, den sie zum letzten Mal gesehen hatte, als er noch ein einjähriges Kind gewesen war. Allerdings hegte Jakob für seine Mutter keine zarten Gefühle. Erzogen hatten ihn Marias Feinde, und sie hatten ihm eingeprägt, daß seine Mutter seinen Vater ermordet habe, um ihren Liebhaber zu heiraten. James haßte sie und fürchtete, sie wolle nur zurückkehren, um den Thron an sich zu reißen. Seinen Haß auf Maria bewies er damit, daß er keine Skrupel hatte, eine Heirat mit Elisabeth I. anzustreben, der Frau, die für die Gefangenschaft seiner Mutter verantwortlich war (und dreißig Jahre älter war als er). Elisabeth lehnte das Ansinnen ab.

Maria schrieb Briefe an ihren Sohn, mit denen sie ihn auf ihre Seite ziehen wollte, doch sie gelangten nie zur schottischen Grenze. Inzwischen war es um Maria einsamer geworden als je zuvor; alle Briefe, die sie schrieb, wurden beschlagnahmt, und alle für sie bestimmte Post wurde von ihrem Bewacher verwahrt. Marias Moral war auf dem Tiefpunkt, und es schien, als wäre alle Hoffnung verloren. Und dann, am 6. Januar 1568, in dieser schweren und hoffnungslosen Zeit, erhielt sie einen Packen erstaunlicher Briefe.

Sie stammten von Marias Anhängern auf dem Kontinent. Zu ihr in die Gefangenschaft geschmuggelt hatte sie Gilbert Gifford, ein Katholik, der England 1577 verlassen hatte und am englischen Kolleg in Rom zum Priester ausgebildet wurde. Bei seiner Rückkehr nach England 1585 war er offenbar ganz erpicht darauf, Maria zu Diensten zu sein, und wandte sich sofort an die französische Botschaft in London, wo sich ein ganzer Stapel Korrespondenz angesammelt hatte. Wenn man sie auf offiziellem Wege zustellen würde, das wußte man in der Botschaft, dann würde Maria die Briefe nie zu sehen bekommen, und man war von Giffords Angebot, die Briefe nach Chartley Hall zu schmuggeln, durchaus beeindruckt. Diese Lieferung war die erste von vielen, und Gifford trat nun als eine Art Kurier auf, der Maria die Botschaften überbrachte und auch ihre Antworten mitnahm. Dabei stellte er sich recht pfiffig an. Er nahm die Briefe mit zu einem ortsansässigen Brauer, der sie in einen Lederumschlag wickelte und diesen dann in einem ausgehöhlten Spund verbarg, mit dem man damals ein Bierfaß versiegelte. Dann lieferte der Brauer das Bier nach Chartley Hall, wo einer von Marias Dienern den Spund in Augenschein nahm und den Inhalt der Königin der Schotten überbrachte.

Unterdessen heckte man in den Wirtshäusern Londons einen Plan zu Marias Rettung aus, von dem sie nichts wußte. Die Fäden der Verschwörung liefen bei Anthony Babington zusammen, der mit seinen vierundzwanzig Jahren in der Stadt bereits gut bekannt war als hübscher, charmanter und geistreicher Bonvivant. Seinen damaligen Bewunderern entging allerdings, daß er das Establishment zutiefst haßte, weil es ihn, seine Familie und seinen Glauben verfolgt hatte. Die katholikenfeindliche Politik des Staates hatte neue Dimensionen des Schreckens erreicht; man beschuldigte die Priester des Verrats, und jeder, der ihnen Obdach bot, wurde auf die Folterbank gestreckt, verstümmelt und bei lebendigem Leib ausgenommen. Die Messe wurde offiziell verboten, und Familien, die dem Papst treu blieben, zwang man unter eine unerträgliche Steuerlast. Babingtons Haß wurde noch angestachelt durch den Tod seines Urgroßvaters Lord Darcy, der wegen seiner Beteiligung am Pilgerzug der Gnade, einem katholischen Aufstand gegen Heinrich VIII., geköpft wurde.

Die Verschwörung begann an einem Abend im März 1586, als Babington und sechs seiner Vertrauten im einem Londoner Wirtshaus, dem »Pflug«, zusammentrafen. Der Historiker Philip Caraman schildert das Geschehen: »Er zog dank seines außergewöhnlichen Charmes und seiner Persönlichkeit viele junge katholische Gentlemen in seinen Bann, galant wie er selbst, abenteuerlustig und wagemutig, wenn es um die Verteidigung des katholischen Glaubens in Zeiten der Bedrängnis ging, und zu jedem gefährlichen Unternehmen bereit, das die gemeinsame katholische Sache voranbringen konnte.« In den nächsten Monaten entstand ein ehrgeiziger Plan, Maria Stuart zu befreien, Königin Elisabeth umzubringen und einen Aufstand anzuzetteln, der durch eine Invasion von außen unterstützt werden sollte.

Die Verschwörer kamen überein, daß das Babington-Komplott, wie es später genannt wurde, nicht ohne den Segen Marias ausgeführt werden durfte, doch es gab scheinbar keine Möglichkeit, mit ihr Verbindung aufzunehmen. Dann, am 6. Juli 1586, stand Gifford vor Babingtons Tür. Er überbrachte ihm einen Brief von Maria, in dem sie schrieb, sie habe über ihre Anhänger in Paris von Babington gehört und freue sich auf eine Botschaft von ihm. Babington schrieb ihr einen ausführlichen Brief, in dem er seinen Plan darlegte und auf die Exkommunikation Elisabeths durch Papst Pius V. im Jahr 1570 hinwies, die seiner Meinung nach das Attentat rechtfertigte:

> Zur Beseitigung der Usurpatorin, deren Exkommunikation uns von der Gehorsamspflicht entbunden hat, stehen sechs Edelleute zur Verfügung, allesamt gute und verläßliche Freunde von mir, die dank ihres Eifers für die katholische Sache und des Willens, Ihrer Majestät zu dienen, diese tragische Hinrichtung ausführen werden.

Wie schon zuvor steckte Gifford die Botschaft in den Spund eines Bierfasses, um sie an Marias Bewachern vorbeizuschmuggeln. Dies läßt sich als steganographisches Vorgehen betrachten, denn der Brief wurde verborgen. Als zusätzliche Vorsichtsmaßnahme verschlüsselte Babington den Brief, so daß er, selbst wenn er von Marias Aufseher abgefangen würde, unverständlich wäre und die Verschwörung nicht auffliegen würde. Für die Verschlüsselung wählte er keine einfache

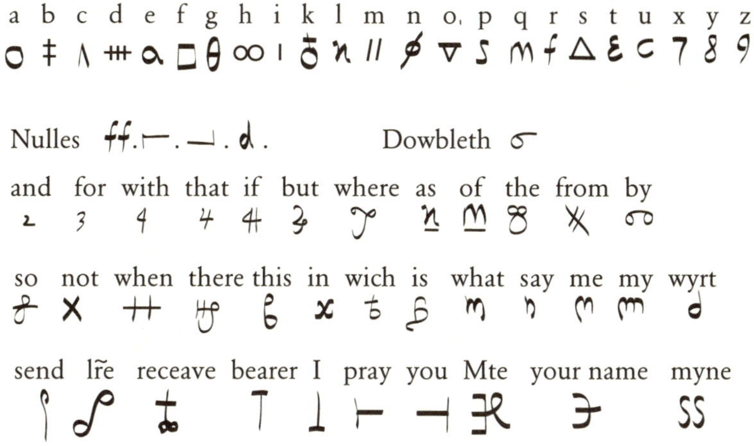

Abbildung 8: Maria Stuarts Nomenklator. Er besteht aus einem Geheimtextalphabet und Codewörtern.

monoalphabetische Substitution, sondern einen Nomenklator, wie ihn Abbildung 8 zeigt. Er bestand aus 23 Symbolen, die für die Buchstaben des Alphabets (ohne j, v und w) standen, sowie 36 Symbolen für Wörter oder Sätze. Zusätzlich gab es vier Füller oder »Nullen« (siehe Abbildung) und ein Symbol (σ), das anzeigte, daß das folgende Symbol für einen Doppelbuchstaben stand (»dowbleth«).

Gifford war noch jünger als Babington, und dennoch erwies er sich als furchtloser und beflissener Bote. Unter seinen Decknamen, etwa Mr. Colerdin, Mr. Pietro oder Mr. Cornelys, konnte er durchs Land reisen, ohne Verdacht auf sich zu ziehen, und seine Beziehungen zur katholischen Gemeinde verhalfen ihm zu einer Reihe sicherer Unterkünfte zwischen London und Chartley Hall. Jedesmal allerdings, wenn Gifford nach Chartley Hall reiste oder von dort kam, machte er einen Umweg. Nur scheinbar stand er nämlich in Marias Diensten; in Wahrheit war er ein Agent der anderen Seite. Schon 1585, vor seiner Rückkehr nach England, hatte Gifford an Sir Francis Walsingham, den Sicherheitsminister Königin Elisabeths, geschrieben und ihm seine Dienste angeboten. Gifford war klar, daß sein katholischer Hintergrund eine perfekte Tarnung wäre, um in die Verschwörungszirkel gegen Königin Elisabeth einzudringen. In einem Brief an Walsingham schrieb er: »Ich habe von Ihrer Arbeit gehört, und ich möchte Ihnen dienen. Ich habe keine Skrupel und fürchte keine Gefahr. Was immer Sie mir befehlen, ich werde es ausführen.«

Walsingham war Elisabeths skrupellosester Minister. Er war eine machiavellische Gestalt und als Agentenführer für die Sicherheit der Monarchin verantwortlich. Von seinem Vorgänger hatte er ein kleines Netz aus Spionen übernommen, das er rasch auf den Kontinent ausdehnte, wo viele Verschwörungen ausgeheckt wurden. Nach seinem Tod wurde entdeckt, daß er regelmäßig Berichte aus zwölf französischen Orten erhalten hatte, dazu aus neun deutschen, vier italienischen und drei holländischen. Zudem saßen seine Informanten in Konstantinopel, Algier und Tripolis.

Walsingham rekrutierte Gifford als Spion, und tatsächlich war es Walsingham, der Gifford befahl, in der französischen Botschaft vorstellig zu werden und seine Dienste als Kurier anzubieten. Folglich brachte Gifford die Botschaften, die er bei Maria abgeholt hatte, erst einmal zu Walsingham. Der wachsame Agentenführer leitete sie an seine Fälscher weiter, die die Briefsiegel erbrachen, eine Abschrift anfertigten und den Originalbrief dann mit einem perfekt gefälschten Stempel versiegelten, bevor sie ihn an Gifford zurückgaben. Die scheinbar unberührten Briefe konnten dann Maria oder ihren Korrespondenzpartnern zugestellt werden, die keine Ahnung hatten, was vor sich ging.

Als Gifford Walsingham den Brief Babingtons an Maria vorlegte, ging es zuerst darum, ihn zu entschlüsseln. Walsingham war durch ein Buch des italienischen Mathematikers und Kryptographen Girolamo Cardano auf Codes und Chiffren gestoßen, der übrigens schon damals eine Art Blindenschrift vorschlug, einen Vorläufer der Brailleschrift. Cardanos Arbeit weckte Walsinghams Interesse, doch es war eine Entschlüsselung des flämischen Kryptoanalytikers Philip van Marnix, die ihm wirklich zeigte, welche Macht man erwarb, wenn man sich der Dienste eines Codebrechers versicherte. Im Jahr 1577 korrespondierte König Philipp II. von Spanien mit seinem Halbbruder Don Juan d'Austria, einem Katholiken, der in den Niederlanden herrschte. Philipp legte in seinem Brief einen Plan zur Invasion Englands vor, doch er wurde von Wilhelm von Oranien abgefangen, der ihn seinem Geheimsekretär Marnix anvertraute. Marnix legte den Plan offen, und Wilhelm benachrichtige Daniel Rogers, einen englischen Agenten, der auf dem Kontinent arbeitete. Dieser wiederum warnte Walsingham vor der Invasion. Die Engländer stärkten ihre Verteidigungskräfte, was genügte, um die Invasoren abzuschrecken.

Walsingham, dem die Bedeutung der Kryptoanalyse jetzt klar war, gründete in London eine Chiffrierschule und stellte Thomas Phelippes als seinen Geheimsekretär ein, einen Mann »von kleiner Statur, mager in jeder Hinsicht, mit dunkelgelbem Haar auf dem Kopf und hellgelbem Bart, das Gesicht von Pockennarben zerfressen, kurzsichtig und dem Anschein nach um die dreißig Jahre alt«. Phelippes war ein Sprachwissenschaftler, der Französisch, Italienisch, Spanisch, Latein und Deutsch beherrschte, und vor allem war er einer der besten Kryptoanalytiker Europas.

Kaum hatte er eine Botschaft an oder von Maria erhalten, nahm Phelippes sie unter seine Fittiche. Er war ein Meister der Häufigkeitsanalyse, und es war nur eine Frage der Zeit, bis er die Lösung fand. Er stellte fest, wie oft jeder Geheimbuchstabe vorkam und probierte dann vorsichtig einen möglichen Klartextbuchstaben aus. Wenn ein bestimmter Versuch nur Unsinn ergab, fing er von neuem und mit anderen Klartextbuchstaben an. Schrittweise machte er die Füller ausfindig, das Blendfeuerwerk der Kryptographie, und legte sie beiseite. Am Ende blieb nur noch die Handvoll Codewörter, deren Bedeutung aus dem Zusammenhang erschlossen werden konnte.

Phelippes entschlüsselte Babingtons Botschaft an Maria, in der unzweideutig die Ermordung Elisabeths vorgeschlagen wurde, und schickte den verhängnisvollen Text umgehend an seinen Meister. An diesem Punkt hätte Walsingham sofort die Schlinge um Babingtons Hals zuziehen können, doch er wollte mehr als die Hinrichtung einer Handvoll Rebellen. Geduldig wartete er ab, in der Hoffnung, Maria würde antworten, die Verschwörung absegnen und sich damit selbst zur Mittäterin machen. Schon lange wünschte Walsingham den Tod Maria Stuarts, doch er wußte, daß es Elisabeth widerstrebte, ihre Kusine hinrichten zu lassen. Wenn er allerdings beweisen konnte, daß

Maria Stuart einen Anschlag auf das Leben Elisabeths guthieß, dann würde seine Königin die Hinrichtung ihrer katholischen Rivalin gewiß erlauben.

Am 17. Juli antwortete Maria und unterschrieb damit im Grunde ihr eigenes Todesurteil. Sie schrieb offene Worte über Babingtons »Vorhaben« und legte besonderen Wert darauf, noch vor oder während des Attentats auf Elisabeth befreit zu werden. Andernfalls könnte ihrem Bewacher die Nachricht zu Ohren kommen, und sie liefe Gefahr, umgebracht zu werden. Bevor der Brief zu Babington gelangte, machte er seinen üblichen Umweg über Phelippes. Da er die erste Botschaft schon entschlüsselt hatte, dechiffrierte er mühelos auch die neue, las ihren Inhalt und setzte ein »Π« hinzu – das Zeichen für den Galgen.

Walsingham hatte jetzt genügend Beweise in der Hand, um Maria und Babington zu verhaften, doch noch immer war er nicht zufrieden. Um die Verschwörung mit der Wurzel auszureißen, brauchte er die Namen aller Beteiligten. Er bat Phelippes, ein Postskriptum zu Marias Brief zu fälschen, das Babington veranlassen würde, die gewünschten Namen zu enthüllen. Phelippes war auch ein begnadeter Fälscher, es hieß, er könne »in der Handschrift eines jeden Menschen schreiben, wenn er sie einmal gesehen hatte, als ob dieser Mensch selber geschrieben hätte«. Abbildung 9 zeigt das Postskriptum, das zu Marias Brief an Babington hinzugefügt wurde. Es kann anhand von Marias Nomenklator (Abbildung 8) entschlüsselt werden und ergibt folgenden Klartext:

> Ich wüßte gern den Namen und den Rang eines jeden der sechs Männer, die den Plan ausführen sollen, denn nur so wird es möglich sein, Ihnen weitere Ratschläge in dieser Frage zukommen zu lassen. Ferner bitte ich Sie, mir von Zeit zu Zeit zu berichten, wie es um Ihre Pläne steht, und mir so bald wie möglich mitzuteilen, welche Personen von dem Vorhaben unterrichtet sind.

Die Geheimschrift Maria Stuarts macht deutlich, daß eine schwache Verschlüsselung folgenschwerer sein kann als gar keine. Maria und Babington ließen sich freimütig über ihre Absichten aus, weil sie glaubten, ihre Korrespondenz wäre sicher. Hätten sie einander Klar-

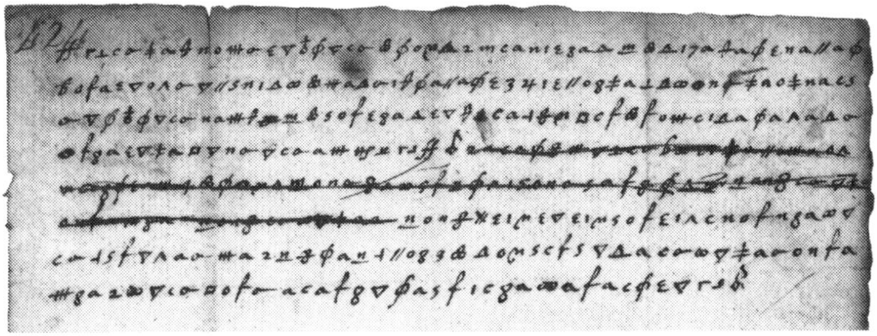

Abbildung 9: Das gefälschte Postskriptum, das Thomas Phelippes Marias Nachricht hinzufügte. Es kann anhand von Marias Nomenklator (Abbildung 8) entziffert werden.

text geschrieben, dann hätten sie ihren Plan diskreter behandelt. Zudem setzten sie so viel Vertrauen in ihre Geheimschrift, daß sie Phelippes Fälschung arglos auf den Leim gingen. Sender und Empfänger sind oft so felsenfest von ihrer Geheimschrift überzeugt, daß sie es für unmöglich halten, daß der Gegner sie nachahmt und gefälschten Text einfügt. Der richtige Gebrauch einer starken Geheimschrift ist für Sender und Empfänger eindeutig von Vorteil, doch der Mißbrauch einer schwachen Geheimschrift kann ein trügerisches Sicherheitsgefühl erzeugen.

Babington mußte bald nach Erhalt der Nachricht ins Ausland gehen, um die Invasion vorzubereiten, und um einen Paß zu erhalten, mußte er sich in Walsinghams Ministerium melden. Dies wäre der ideale Zeitpunkt gewesen, um den Verräter festzusetzen, doch der zuständige Beamte, John Scudamore, hatte natürlich nicht erwartet, daß sich der meistgesuchte Verräter Englands in seinem Büro melden würde. Scudamore hatte keine Hilfe zur Verfügung, und um Zeit zu gewinnen, nahm er den ahnungslosen Babington mit in ein nahegelegenes Gasthaus, während sein Gehilfe eine Gruppe Soldaten auftrieb. Binnen kurzem wurde im Wirtshaus eine Nachricht abgegeben, in der Scudamore angewiesen wurde, Babington sofort zu verhaften. Dieser jedoch konnte einen kurzen Blick auf das Blatt werfen. Er erhob sich mit der beiläufigen Entschuldigung, er wolle nur eben sein Bier und sein Essen bezahlen, und ließ Schwert und Mantel am Tisch. Er kam jedoch nicht zurück, sondern entwischte durch die Hintertür und entkam, erst nach St. John's Wood und dann nach Harrow. Er versuchte seine Erscheinung zu ändern, schnitt sich das Haar kurz und befleckte seine Haut mit Walnußsaft, um seine aristokratische Herkunft zu verbergen. Zehn Tage lang gelang es ihm, der Gefangennahme zu entgehen, doch am 15. August waren Babington und seine sechs Mitverschwörer gefangen und wurden nach London gebracht. Kirchenglocken im ganzen Land läuteten zur Feier dieses Triumphs. Ihre Hinrichtungen waren äußerst grauenhaft, wie der elisabethanische Historiker William Camden schreibt: »Sie wurden gehenkt und noch lebend wieder heruntergeholt, dann schnitt man ihre Geschlechtsteile ab, kochte sie bei lebendigem Leib und vierteilte sie.«

Unterdessen war Maria Stuart und ihrer Entourage am 11. August das außergewöhnliche Privileg gewährt worden, auf den Ländereien von Chartley Hall auszureiten. Als Maria das Moor überquerte, sah sie in der Ferne einige Reiter, und sie glaubte sofort, es wären Babingtons Männer, gekommen, um sie zu retten. Bald jedoch wurde klar, daß diese Männer nicht gekommen waren, um sie zu befreien, sondern um sie zu verhaften. Maria war in das Babington-Komplott verstrickt und wurde nach dem »Gesetz für die Sicherheit der Königin« angeklagt, das 1585 eigens zur Abwehr solcher Verschwörungen eingeführt worden war.

Der Prozeß fand in Fotheringhay Castle statt, einem düsteren, bedrückenden Gebäude inmitten der endlosen Marschlandschaft der Fens in East Anglia. Er begann am Mittwoch, dem 15. Oktober, vor zwei Lordrichtern, vier beisitzenden Richtern, dem Lordkanzler, dem Schatzminister, Walsingham und verschiedenen Earls, Rittern und Baronen. Im Hintergrund des Gerichtssaals gab es Platz für die Zuschauer, etwa die örtlichen Dorfbewohner und die Diener der Würdenträger, alle erpicht darauf mitzuerleben, wie die gedemütigte schottische Königin um Vergebung bat und um ihr Leben flehte. Allerdings blieb Maria während des ganzen Prozesses würdevoll und gefaßt. Zu ihrer Verteidigung bestritt sie vor allem jede Verbindung zu Babington. »Kann ich verantwortlich sein«, rief sie aus, »für die verbrecherischen Pläne einiger verzweifelter Männer, die sie ohne mein Wissen und meine Beteiligung ausgeheckt haben?« Ihre Aussage hatte wenig Gewicht, verglichen mit der Beweislast gegen sie.

Maria und Babington hatten darauf vertraut, ihre Geheimschrift würde ihre Pläne verborgen halten, doch sie lebten in einer Zeit, in der die Fortschritte in der Kryptoanalyse die Kryptographie schwächten. Ihre Geheimschrift hätte sie wohl vor den naseweisen Blicken eines Laien geschützt, doch gegen einen Experten der Häufigkeitsanalyse hatte sie keine Chance. Auf den Zuschauerrängen saß Phelippes und verfolgte stumm, wie die Beweise vorgelegt wurden, die er aus den verschlüsselten Briefen zusammengetragen hatte.

Auch am zweiten Prozeßtag leugnete Maria jedes Wissen vom Babington-Komplott. Am Ende überließ sie es den Richtern, über ihr Schicksal zu entscheiden, wobei sie ihnen im voraus ihre unvermeidliche Entscheidung verzieh. Zehn Tage später trat die Sternkammer in Westminster zusammen und kam zu dem Schluß, Maria habe »seit dem 1. Juni mit Leidenschaft die Vernichtung der Königin von England betrieben«. Sie empfahl die Todesstrafe, und Elisabeth unterschrieb das Todesurteil.

Am 8. Februar 1587 versammelte sich in der Großen Halle von Fotheringhay Castle eine dreihundertköpfige Menge, um der Enthauptung beizuwohnen. Walsingham war entschlossen, Marias Rolle als Märtyrerin möglichst kleinzuhalten, und ordnete an, den Richtblock, Marias Kleidung und alles, was mit der Hinrichtung zu tun hatte, zu verbrennen, damit keine heiligen Reliquien in die Welt gesetzt würden. Er plante zudem für die folgende Woche eine großangelegte Beerdigungsfeier für seinen Schwiegersohn, Sir Philip Sidney. Sidney, eine populäre Heldengestalt, war im Kampf gegen die Katholiken in den Niederlanden gestorben, und Walsingham glaubte, eine glanzvolle Parade zu seinen Ehren würde die Sympathien für Maria dämpfen. Allerdings war Maria gleichermaßen darauf bedacht, aus ihrem letz-ten Auftritt eine Geste des Widerstands zu machen, ihren katholischen Glauben noch einmal zu bekräftigen und ihre Gefolgsleute anzufeuern.

Während der Dekan von Peterborough die Fürbitte anstimmte, sprach Maria mit lauter Stimme ihre eigenen Gebete zur Rettung der katholischen Kirche Englands, für ihren Sohn und für Elisabeth. In Gedanken an den Wahlspruch der Familie, »In meinem Ende ist mein Anfang«, faßte sie sich ein Herz und trat auf den Richtblock zu. Die

Abbildung 10: Maria Stuarts Hinrichtung

Henker baten sie um Vergebung, und sie antwortete: »Ich vergebe Euch von ganzem Herzen, denn ich hoffe, Ihr werdet nun all meinem Leiden ein Ende bereiten.« In seiner *Schilderung der letzten Tage der Königin der Schotten* beschreibt Richard Wingfield ihre letzten Augenblicke:

> Dann legte sie sich ganz ruhig auf den Block und rief, die Arme und Beine ausstreckend, *In manus tuas domine,* drei oder vier Mal, und endlich, während einer der Henker sie sacht mit einer Hand festhielt, schlug der andere zweimal mit der Axt zu, erst dann hatte er ihren Kopf abgeschnitten. Und doch blieb ein kleiner Knorpel zurück, und nun machte sie sehr leise Geräusche und lag ganz reglos da ... Ihre Lippen zuckten noch fast eine Viertelstunde, nachdem ihr Kopf abgeschlagen worden war.
>
> Als dann einer der Henker ihr die Strümpfe löste, da sah er ihr Hündchen, das unter ihren Rock gekrochen war, und man konnte es nur mit Gewalt hervorholen, und hinfort wollte es sich nicht von ihrer Leiche trennen. Es kam herbei und legte sich zwischen ihren Kopf und ihre Schulter, was aufmerksam beobachtet wurde.

2
Le Chiffre indéchiffrable

Die einfache monoalphabetische Verschlüsselung gewährte jahrhundertelang ausreichend Sicherheit, bis sie durch die Entwicklung der Häufigkeitsanalyse in Arabien und Europa untergraben wurde. Das tragische Ende Maria Stuarts machte die Schwächen dieser Verschlüsselung dramatisch deutlich. Im Kampf zwischen den Kryptographen und Kryptoanalytikern hatten letztere offenbar die Oberhand gewonnen. Wer immer eine verschlüsselte Botschaft verschickte, mußte damit rechnen, daß ein fachkundiger Codebrecher des Gegners die Nachricht abfangen und die heikelsten Geheimnisse entschlüsseln würde.

Jetzt lag der Schwarze Peter wieder bei den Kryptographen. Sie mußten eine neue, stärkere Verschlüsselung entwickeln, eine Nuß, die die Kryptoanalytiker nicht knacken konnten. Zwar wurde dieses neue Verfahren erst Ende des 16. Jahrhunderts zur Reife entwickelt, doch seine Ursprünge reichen zurück ins 15. Jahrhundert zu dem Florentiner Mathematiker Leon Battista Alberti. Der 1404 geborene Alberti war eine herausragende Gestalt der Renaissance: Maler, Komponist, Dichter und Philosoph sowie Verfasser der ersten wissenschaftlichen Analyse der Perspektive, einer Abhandlung über die Hausfliege und einer Grabrede für seinen Hund. Am besten bekannt ist er wohl als Architekt, der den ersten römischen Trevi-Brunnen entwarf und *De Re Aedificatoria* verfaßte, das erste gedruckte Werk über Architektur, das als Katalysator des Übergangs vom gotischen Baustil zur Renaissance wirkte.

Um das Jahr 1460 wandelte Alberti durch die Gärten des Vatikans und traf dabei auf seinen Freund Leonardo Dato, den Geheimsekretär des Papstes. Sie plauderten ein wenig über Fragen der Kryptographie, und Alberti sah sich schließlich veranlaßt, eine Abhandlung über das Thema zu schreiben, in der er nach eigenem Bekunden eine neue Form der Verschlüsselung entwickelte. Bis dahin hatte man im Substitutionsverfahren ein einziges Geheimtextalphabet zur Verschlüsselung der Botschaft verwendet. Alberti schlug nun vor, zwei oder mehr Geheimtextalphabete zu verwenden und während der Verschlüsselung zwischen ihnen hin und her zu springen, was die etwaigen Entschlüßler erheblich verwirren dürfte.

Klartextalphabet	a	b	c	d	e	f	g	h	i	j	k	l	m	n	o	p	q	r	s	t	u	v	w	x	y	z
Geheimtextalphabet 1	F	Z	B	V	K	I	X	A	Y	M	E	P	L	S	D	H	J	O	R	G	N	Q	C	U	T	W
Geheimtextalphabet 2	G	O	X	B	F	W	T	H	Q	I	L	A	P	Z	J	D	E	S	V	Y	C	R	K	U	H	N

Hier zum Beispiel haben wir zwei mögliche Geheimtextalphabete, und wir könnten eine Botschaft verschlüsseln, indem wir sie abwechselnd verwenden. Um die Botschaft Hallo zu verschlüsseln, würden wir den ersten Buchstaben mit dem ersten Geheimtextalphabet chiffrieren, so daß aus h der Buchstabe A wird. Den zweiten Klarbuchstaben jedoch chiffrieren wir anhand des zweiten Geheimtextalphabets, und aus a wird G. Beim dritten Buchstaben kehren wir zum ersten und beim vierten wiederum zum zweiten Geheimtextalphabet zurück. Das erste l würde dann zu P, das zweite würde als A verschlüsselt. Der letzte Buchstabe, o, wird anhand des ersten Geheimtextalphabets mit D chiffriert. Der gesamte Geheimtext lautet AGPAD. Der entscheidende Vorteil von Albertis Verfahren besteht darin, daß der gleiche Buchstabe im Klartext nicht unbedingt immer mit dem gleichen Buchstaben im Geheimtext chiffriert wird.

Alberti war zwar der bedeutendste Durchbruch in der Kryptographie seit über einem Jahrtausend gelungen, doch er entwickelte sein Verfahren nicht zu einem ausgereiften Verschlüsselungssystem weiter. Diese Aufgabe fiel einer bunten Gruppe von Gelehrten zu, die auf Albertis ursprünglicher Idee aufbauten. Zunächst trat Johannes Trithemius auf den Plan, ein 1492 geborener deutscher Abt, dann der italienische Wissenschaftler Giovanni Porta (*1535) und schließlich der französische Diplomat Blaise de Vigenère (*1523).

Abbildung 11: Blaise de Vigenère

Vigenère stieß im Alter von sechsundzwanzig Jahren, während einer zweijährigen diplomatischen Mission in Rom, auf die Schriften von Alberti, Trithemius und Porta. Anfangs hatte er aufgrund seiner diplomatischen Tätigkeit nur praktisches Interesse an der Kryptographie. Dann, im Alter von neununddreißig Jahren, beschloß Vigenère, daß er nun genügend Vermögen erworben habe und sein Leben künftig der Wissenschaft widmen wolle. Erst jetzt studierte er die Schriften Albertis, Trithemius' und Portas gründlicher, und es gelang ihm, sie zu einem in sich stimmigen und mächtigen Chiffriersystem zu verbinden.

Zwar stammen wichtige Beiträge von Alberti, Trithemius und Porta, das Verfahren jedoch trägt zu Ehren des Mannes, der ihm die ausgereifte Gestalt gab, den Namen Vigenère-Verschlüsselung. Ihre Stärke beruht darauf, daß nicht nur ein, sondern 26 verschiedene Geheimtextalphabete benutzt werden, um eine Botschaft zu verschlüsseln. Im ersten Schritt zeichnet man ein sogenanntes Vigenère-Quadrat, wie in Tabelle 3 (S. 69) dargestellt. Unter einem Klartextalphabet sind 26 Geheimtextalphabete aufgelistet, jedes davon um einen Buchstaben gegenüber dem vorhergehenden verschoben. So enthält Zeile 1 ein Geheimtextalphabet mit einer Caesar-Verschiebung von 1, es könnte also für eine Caesar-Verschlüsselung verwendet werden, bei der jeder Buchstabe im Klartext durch den Buchstaben ersetzt wird, der eine Stelle später im Alphabet folgt. Zeile 2 stellt ein Geheimtextalphabet mit einer Caesar-Verschiebung von 2 dar, und so weiter. Die oberste Zeile des Quadrats enthält die kleingeschriebenen Klarbuchstaben, so daß man jeden Klarbuchstaben anhand jedes beliebigen der 26 Geheimtextalphabete verschlüsseln könnte. Wenn zum Beispiel das Geheimtextalphabet in Reihe 2 verwendet wird, dann wird der Buchstabe a als C verschlüsselt, wenn jedoch Reihe 12 benutzt wird, dann wird a zu M.

Wenn der Sender nur eines der Geheimtextalphabete verwenden würde, um eine ganze Botschaft zu verschlüsseln, handelte es sich im Grunde nur um einen einfachen »Caesar«, eine sehr schwache Form der Verschlüsselung, die von einem gegnerischen Entschlüßler mühelos geknackt werden könnte. Allerdings geht man bei der Vigenère-Verschlüsselung anders vor. Jeden Buchstaben der Botschaft ver-

Klar	a	b	c	d	e	f	g	h	i	j	k	l	m	n	o	p	q	r	s	t	u	v	w	x	y	z
1	B	C	D	E	F	G	H	I	J	K	L	M	N	O	P	Q	R	S	T	U	V	W	X	Y	Z	A
2	C	D	E	F	G	H	I	J	K	L	M	N	O	P	Q	R	S	T	U	V	W	X	Y	Z	A	B
3	D	E	F	G	H	I	J	K	L	M	N	O	P	Q	R	S	T	U	V	W	X	Y	Z	A	B	C
4	E	F	G	H	I	J	K	L	M	N	O	P	Q	R	S	T	U	V	W	X	Y	Z	A	B	C	D
5	F	G	H	I	J	K	L	M	N	O	P	Q	R	S	T	U	V	W	X	Y	Z	A	B	C	D	E
6	G	H	I	J	K	L	M	N	O	P	Q	R	S	T	U	V	W	X	Y	Z	A	B	C	D	E	F
7	H	I	J	K	L	M	N	O	P	Q	R	S	T	U	V	W	X	Y	Z	A	B	C	D	E	F	G
8	I	J	K	L	M	N	O	P	Q	R	S	T	U	V	W	X	Y	Z	A	B	C	D	E	F	G	H
9	J	K	L	M	N	O	P	Q	R	S	T	U	V	W	X	Y	Z	A	B	C	D	E	F	G	H	I
10	K	L	M	N	O	P	Q	R	S	T	U	V	W	X	Y	Z	A	B	C	D	E	F	G	H	I	J
11	L	M	N	O	P	Q	R	S	T	U	V	W	X	Y	Z	A	B	C	D	E	F	G	H	I	J	K
12	M	N	O	P	Q	R	S	T	U	V	W	X	Y	Z	A	B	C	D	E	F	G	H	I	J	K	L
13	N	O	P	Q	R	S	T	U	V	W	X	Y	Z	A	B	C	D	E	F	G	H	I	J	K	L	M
14	O	P	Q	R	S	T	U	V	W	X	Y	Z	A	B	C	D	E	F	G	H	I	J	K	L	M	N
15	P	Q	R	S	T	U	V	W	X	Y	Z	A	B	C	D	E	F	G	H	I	J	K	L	M	N	O
16	Q	R	S	T	U	V	W	X	Y	Z	A	B	C	D	E	F	G	H	I	J	K	L	M	N	O	P
17	R	S	T	U	V	W	X	Y	Z	A	B	C	D	E	F	G	H	I	J	K	L	M	N	O	P	Q
18	S	T	U	V	W	X	Y	Z	A	B	C	D	E	F	G	H	I	J	K	L	M	N	O	P	Q	R
19	T	U	V	W	X	Y	Z	A	B	C	D	E	F	G	H	I	J	K	L	M	N	O	P	Q	R	S
20	U	V	W	X	Y	Z	A	B	C	D	E	F	G	H	I	J	K	L	M	N	O	P	Q	R	S	T
21	V	W	X	Y	Z	A	B	C	D	E	F	G	H	I	J	K	L	M	N	O	P	Q	R	S	T	U
22	W	X	Y	Z	A	B	C	D	E	F	G	H	I	J	K	L	M	N	O	P	Q	R	S	T	U	V
23	X	Y	Z	A	B	C	D	E	F	G	H	I	J	K	L	M	N	O	P	Q	R	S	T	U	V	W
24	Y	Z	A	B	C	D	E	F	G	H	I	J	K	L	M	N	O	P	Q	R	S	T	U	V	W	X
25	Z	A	B	C	D	E	F	G	H	I	J	K	L	M	N	O	P	Q	R	S	T	U	V	W	X	Y
26	A	B	C	D	E	F	G	H	I	J	K	L	M	N	O	P	Q	R	S	T	U	V	W	X	Y	Z

Tabelle 3: Ein Vigenère-Quadrat

schlüsselt man anhand einer anderen Zeile des Vigenère-Quadrats (also mit einem anderen Geheimtextalphabet). So kann der Sender den ersten Buchstaben nach Zeile 5, den zweiten nach Zeile 14, den dritten nach Zeile 21 und so weiter verschlüsseln.

Um die Botschaft zu entschlüsseln, muß der Empfänger wissen, welche Zeile des Vigenère-Quadrats für den jeweiligen Buchstaben benutzt wurde. Deshalb müssen Sender und Empfänger zuvor abstimmen, nach welcher Regel zwischen den Zeilen hin und her gewechselt wird. Diese Übereinkunft legen sie anhand eines Schlüsselworts fest. Um zu zeigen, wie ein solches Schlüsselwort in Verbindung mit dem Vigenère-Quadrat benutzt wird, verschlüsseln wir die Meldung Truppenabzug nach Osten anhand des Schlüsselworts LICHT.

Zunächst wird das Schlüsselwort über die Nachricht geschrieben und so lange wiederholt, bis jeder Buchstabe der Nachricht mit einem Buchstaben des Schlüsselworts verknüpft ist. Der Geheimtext wird dann folgendermaßen erzeugt: Um den ersten Buchstaben, t, zu verschlüsseln, stellen wir zunächst fest, daß über ihm der Buchstabe L steht, der wiederum auf eine bestimmte Zeile des Vigenère-Quadrats verweist. Die mit L beginnende Reihe 11 enthält das Geheimtextalphabet, das wir benutzen, um den Stellvertreter des Klarbuchstabens t zu finden. Also folgen wir der Spalte unter t bis zum Schnittpunkt mit der Zeile L, und dort befindet sich der Buchstabe E. Daher steht für den Buchstaben t im Klartext der Buchstabe E im Geheimtext.

Schlüsselwort	L I C H T L I C H T L I C H T L I C H T L
Klartext	t r u p p e n a b z u g n a c h o s t e n
Geheimtext	E Z W W I P V C I S F O E H V S W U A X Y

Genauso gehen wir vor, um den zweiten Buchstaben der Botschaft, r, zu verschlüsseln. Der Schlüsselbuchstabe über r ist I und verweist auf eine andere Zeile der Vigenère-Tafel, nämlich die achte, die mit I beginnt und ein anderes Geheimtextalphabet enthält. Um r zu verschlüsseln, folgen wir der Spalte r, bis sie sich mit der Zeile I kreuzt, und dieser Schnittpunkt liegt beim Buchstaben Z. Jeder Buchstabe des Schlüsselworts verweist auf ein bestimmtes Geheimtextalphabet des Vigenère-Quadrats, und weil das Schlüsselwort aus fünf Buchstaben besteht, verschlüsselt der Sender die Nachricht, indem er zwischen fünf Reihen des Quadrats hin und her springt. Der fünfte Buchstabe der Botschaft wird also gemäß dem fünften Buchstaben des Schlüsselworts, T, verschlüsselt, doch um den sechsten Buchstaben zu chiffrieren, müssen wir zum ersten Buchstaben des Schlüssel-

Klar	a	b	c	d	e	f	g	h	i	j	k	l	m	n	o	p	q	r	s	t	u	v	w	x	y	z
1	B	C	D	E	F	G	H	I	J	K	L	M	N	O	P	Q	R	S	T	U	V	W	X	Y	Z	A
2	C	D	E	F	G	H	I	J	K	L	M	N	O	P	Q	R	S	T	U	V	W	X	Y	Z	A	B
3	D	E	F	G	H	I	J	K	L	M	N	O	P	Q	R	S	T	U	V	W	X	Y	Z	A	B	C
4	E	F	G	H	I	J	K	L	M	N	O	P	Q	R	S	T	U	V	W	X	Y	Z	A	B	C	D
5	F	G	H	I	J	K	L	M	N	O	P	Q	R	S	T	U	V	W	X	Y	Z	A	B	C	D	E
6	G	H	I	J	K	L	M	N	O	P	Q	R	S	T	U	V	W	X	Y	Z	A	B	C	D	E	F
7	H	I	J	K	L	M	N	O	P	Q	R	S	T	U	V	W	X	Y	Z	A	B	C	D	E	F	G
8	I	J	K	L	M	N	O	P	Q	R	S	T	U	V	W	X	Y	Z	A	B	C	D	E	F	G	H
9	J	K	L	M	N	O	P	Q	R	S	T	U	V	W	X	Y	Z	A	B	C	D	E	F	G	H	I
10	K	L	M	N	O	P	Q	R	S	T	U	V	W	X	Y	Z	A	B	C	D	E	F	G	H	I	J
11	L	M	N	O	P	Q	R	S	T	U	V	W	X	Y	Z	A	B	C	D	E	F	G	H	I	J	K
12	M	N	O	P	Q	R	S	T	U	V	W	X	Y	Z	A	B	C	D	E	F	G	H	I	J	K	L
13	N	O	P	Q	R	S	T	U	V	W	X	Y	Z	A	B	C	D	E	F	G	H	I	J	K	L	M
14	O	P	Q	R	S	T	U	V	W	X	Y	Z	A	B	C	D	E	F	G	H	I	J	K	L	M	N
15	P	Q	R	S	T	U	V	W	X	Y	Z	A	B	C	D	E	F	G	H	I	J	K	L	M	N	O
16	Q	R	S	T	U	V	W	X	Y	Z	A	B	C	D	E	F	G	H	I	J	K	L	M	N	O	P
17	R	S	T	U	V	W	X	Y	Z	A	B	C	D	E	F	G	H	I	J	K	L	M	N	O	P	Q
18	S	T	U	V	W	X	Y	Z	A	B	C	D	E	F	G	H	I	J	K	L	M	N	O	P	Q	R
19	T	U	V	W	X	Y	Z	A	B	C	D	E	F	G	H	I	J	K	L	M	N	O	P	Q	R	S
20	U	V	W	X	Y	Z	A	B	C	D	E	F	G	H	I	J	K	L	M	N	O	P	Q	R	S	T
21	V	W	X	Y	Z	A	B	C	D	E	F	G	H	I	J	K	L	M	N	O	P	Q	R	S	T	U
22	W	X	Y	Z	A	B	C	D	E	F	G	H	I	J	K	L	M	N	O	P	Q	R	S	T	U	V
23	X	Y	Z	A	B	C	D	E	F	G	H	I	J	K	L	M	N	O	P	Q	R	S	T	U	V	W
24	Y	Z	A	B	C	D	E	F	G	H	I	J	K	L	M	N	O	P	Q	R	S	T	U	V	W	X
25	Z	A	B	C	D	E	F	G	H	I	J	K	L	M	N	O	P	Q	R	S	T	U	V	W	X	Y
26	A	B	C	D	E	F	G	H	I	J	K	L	M	N	O	P	Q	R	S	T	U	V	W	X	Y	Z

Tabelle 4: Bei diesem Vigenère-Quadrat sind die Zeilen hervorgehoben, die durch das Schlüsselwort LICHT bestimmt sind. Bei der Verschlüsselung wechselt man zwischen den Geheimtextalphabeten, die mit L, I, C, H und T beginnen.

worts zurückkehren. Ein längeres Schlüsselwort oder gar ein Schlüsselsatz würde noch mehr Zeilen in den Chiffriervorgang einbeziehen und die Komplexität der Verschlüsselung steigern. Tabelle 4 zeigt eine Vigenère-Tafel, bei der die fünf Zeilen (also die fünf Geheimtextalphabete) hervorgehoben sind, die dem Schlüsselwort LICHT entsprechen.

Der große Vorteil der Vigenère-Verschlüsselung besteht nun darin, daß sie anhand der im ersten Kapitel erläuterten Häufigkeitsanalyse nicht zu knacken ist. Ein Kryptoanalytiker, der diese Methode auf einen Geheimtext anwendet, wird normalerweise zunächst den häufigsten Buchstaben im Geheimtext feststellen, in diesem Falle W, und dann annehmen, es handle sich um e, den im Deutschen häufigsten Buchstaben. In Wahrheit steht der Buchstabe W für drei verschiedene Buchstaben, nämlich u, p und o. Offensichtlich eine harte Nuß für den Kryptoanalytiker. Daß ein Buchstabe, der mehrmals im Geheimtext auftaucht, jeweils für einen anderen Klarbuchstaben stehen kann, bereitet ihm gewaltige Schwierigkeiten. Gleichermaßen verwirrend ist, daß ein Buchstabe, der mehrmals im Klartext vorkommt, durch unterschiedliche Buchstaben im Geheimtext dargestellt werden kann. Zum Beispiel kommt der Buchstabe p in »truppen« doppelt vor, doch wird er von zwei verschiedenen Buchstaben dargestellt – das pp wird mit WI verschlüsselt.

Gegen die Vigenère-Verschlüsselung läßt sich mit der Häufigkeitsanalyse nichts ausrichten, und hinzu kommt, daß sie auch eine enorme Zahl von Schlüsseln bietet. Sender und Empfänger können sich auf ein Wort aus dem Wörterbuch einigen, auf irgendeine Wortverbindung oder auch eigene Wörter bilden. Ein Kryptoanalytiker wäre nicht in der Lage, die Nachricht zu entschlüsseln, indem er alle möglichen Wörter durchprobiert, weil die Zahl der Möglichkeiten einfach zu groß ist.

Vigenère krönte sein Werk 1586 mit dem *Traicté des Chiffres,* einer Abhandlung über die Geheimschriften. Es ist eine Ironie der Geschichte, daß Thomas Phelippes in ebenjenem Jahr die Geheimschrift der Maria Stuart entschlüsselte. Wenn Marias Sekretär nur diese Abhandlung gelesen hätte, dann hätte er vielleicht die Vigenère-Tafel anwenden können, Phelippes hätte sich an Marias Botschaften für Babington die Zähne ausgebissen, und sie wäre mit dem Leben davongekommen.

Es würde uns nicht überraschen, wenn sich die Vigenère-Verschlüsselung wegen ihrer Stärke und ihrer großen Sicherheit rasch in den Geheimkabinetten ganz Europas verbreitet hätte. Gewiß war man froh, endlich wieder eine sichere Chiffriermethode zu haben. Das Gegenteil trifft zu: Die Geheimkabinette legten die Vigenère-Verschlüsselung schlicht beiseite. Das scheinbar makellose System sollte auch in den nächsten beiden Jahrhunderten keine Rolle spielen.

Der Mann mit der eisernen Maske

Die traditionellen Formen der Substitutions-Chiffren, die vor der Vigenère-Verschlüsselung gebräuchlich waren, werden als monoalphabetische Chiffren bezeichnet, weil hier nur ein Geheimtextalphabet für jede Nachricht verwendet wird. Hingegen gilt die Vigenère-Methode als *polyalphabetische* Verschlüsselung, weil hier mehrere Geheimtextalphabete für eine Nachricht verwendet werden. Dies ist ihre Stärke, macht sie jedoch viel komplizierter in der Anwendung. Die mühselige Arbeit schreckte viele davon ab, die Vigenère-Verschlüsselung einzusetzen.

Im 17. Jahrhundert reichte die monoalphabetische Substitution für die meisten Zwecke vollkommen aus. Wollte man sichergehen, daß die Dienstboten die eigene Privatkorrespondenz nicht lesen konnten, oder wollte man sein Tagebuch vor den forschenden Augen des Gemahls schützen, dann war diese althergebrachte Geheimschrift das Mittel der Wahl. Die monoalphabetische Verschlüsselung war schnell, einfach und schützte vor Leuten, die in der Kryptoanalyse nicht geschult waren. Tatsächlich überdauerte sie in verschiedenen Gestalten mehrere Jahrhunderte (siehe Anhang D).

Wenn es ernster zuging, etwa im staatlichen und militärischen Nachrichtenverkehr, wo die Sicherheit an erster Stelle stand, reichte die einfache monoalphabetische Verschlüsselung nicht aus. Professionelle Kryptographen im Kampf mit professionellen Kryptoanalytikern brauchten etwas Besseres, und doch zögerten sie, die polyalphabetische Verschlüsselung einzusetzen, weil sie so kompliziert war. Vor allem der militärische Nachrichtenverkehr mußte schnell und einfach vonstatten gehen, und eine diplomatische Vertretung mochte täglich Hunderte von Botschaften senden und empfangen, weshalb die Zeit eine entscheidende Rolle spielte. So suchten die Kryptographen nach einem Mittelweg, einer Verschlüsselung, die schwerer zu knacken war als die schlichte monoalphabetische und zugleich einfacher in der Anwendung als die polyalphabetische.

Verschiedene Möglichkeiten boten sich an, darunter auch die erstaunlich zuverlässige *homophone Verschlüsselung.* Dabei wird jeder Buchstabe durch mehrere Stellvertreter ersetzt, wobei die Zahl der möglichen Stellvertreter im Verhältnis zur Häufigkeit der Buchstaben steht. Zum Beispiel macht der Buchstabe r etwa sieben Prozent aller Buchstaben in deutschen Texten aus, daher würden wir ihm sieben Symbole als Stellvertreter zuordnen. Jedesmal, wenn das r im Klartext auftaucht, wird er im Geheimtext durch eines der sieben Symbole ersetzt, die man willkürlich auswählt, und am Ende der Verschlüsselung würde jedes Symbol etwa ein Prozent des verschlüsselten Textes ausmachen. Hingegen beträgt die Häufigkeit des Buchstaben b knapp zwei Prozent, deshalb würden wir ihm nur zwei Symbole zuordnen. Jedesmal, wenn b im Klartext erscheint, wählen

a	b	c	d	e	f	g	h	i	j	k	l	m	n	o	p	q	r	s	t	u	v	w	x	y	z
09	78	48	13	45	25	39	65	83	51	84	22	58	71	95	29	35	40	76	49	61	89	28	21	52	66
12	92	81	41	79	23	50	68	88			27	59	91	94			42	86	69	63					
33			62	14		56	32	93			18		00				77	96	75	34					
47			01	16			70	15					05				80	17	85	60					
53			03	24			73	04					07				11	20	97						
67				44				26					54				19	30	08						
				46				37					72				36	43							
				55				58					90												
				57									99												
				64									38												
				74																					
				82																					
				87																					
				98																					
				10																					
				31																					
				06																					

Tabelle 5: Beispiel für eine homophone Verschlüsselung.

wir eines der Symbole, und im verschlüsselten Text würde jedes Symbol ebenfalls grob ein Prozent des Umfangs ausmachen. Dieses Verfahren, den Buchstaben unterschiedlich viele Symbole als Stellvertreter zuzuordnen, setzen wir durch das ganze Alphabet fort, bis wir zum z gelangen, das so selten ist, daß es nur ein Symbol als Stellvertreter bekommt. In Tabelle 5 sind die Stellvertreter im Geheimtextalphabet zweistellige Zahlen, und es gibt zwischen 1 und 17 Stellvertreter für jeden Buchstaben des Klartextalphabets, je nachdem, wie oft er vorkommt.

Alle zweistelligen Zahlen für den Klartextbuchstaben a stehen gleichsam für denselben Laut oder Klang im Geheimtext. Daher der Name *homophone* Verschlüsselung, von griechisch *homos,* gleich, und *phone,* Klang. Daß für die häufigen Buchstaben mehrere Stellvertreter zugelassen werden, hat den Zweck, die Häufigkeiten im Geheimtext auszugleichen. Wenn wir eine Nachricht anhand des obigen Geheimtextalphabets verschlüsseln, würde jede Zahl mit der Häufigkeit von ungefähr einem Prozent vorkommen. Wenn aber kein Symbol häufiger als ein anderes auftaucht, dann, so scheint es, muß die Häufigkeitsanalyse scheitern. Vollkommene Sicherheit? Nicht ganz.

Tatsächlich enthält der Geheimtext für den findigen Kryptoanalytiker immer noch viele unscheinbare Spuren. Jeder Buchstabe in der deutschen Sprache hat gegenüber allen anderen eine unverwechselbare Gestalt. Diese charakteristischen Eigenschaften des Buchstaben können aufgespürt werden, selbst wenn die Verschlüsselung durch homophone Substitution erfolgte. Ein gutes Beispiel für einen solchen Buchstaben mit eigener Persönlichkeit ist q, dem im Deutschen immer nur ein bestimmter Buchstabe folgt, nämlich u. Wenn wir versuchen, eine homophone Verschlüsselung zu knacken, könnten wir erst einmal davon ausgehen, daß q selten vorkommt und deshalb wahrscheinlich nur von einem Symbol dargestellt wird. Wir nehmen weiterhin an, daß das u mit seiner Häufigkeit von gut vier Prozent von vier Symbolen dargestellt wird. Wenn wir also ein Symbol im Geheimtext finden, dem insgesamt nur vier bestimmte Symbole unmittelbar folgen, liegt der Schluß nahe, daß das erste Symbol das q darstellt und die vier anderen Symbole das u. Andere Buchstaben sind nicht so leicht zu erschließen, doch auch sie verraten sich durch ihre Beziehungen untereinander. Zwar läßt sich die homophone Chiffrierung knacken, doch ist sie viel sicherer als die schlichte monoalphabetische Verschlüsselung.

Eine homophone Verschlüsselung mag einer polyalphabetischen auf den ersten Blick ähneln, da jeder Klarbuchstabe auf viele Weisen verschlüsselt werden kann, doch gibt es einen entscheidenden Unterschied, der darauf hinausläuft, daß die homophone Verschlüsselung letztlich eine monoalphabetische ist. In der obigen Tabelle der Homophone kann der Buchstabe a durch sechs Zahlen dargestellt werden. Wichtig vor allem ist, daß diese sechs Zahlen nur für den Buchstaben a stehen können. Mit anderen Worten, ein Klarbuchstabe kann zwar durch mehrere Symbole dargestellt werden, doch jedes Symbol kann nur für einen Buchstaben stehen. In einer polyalphabetischen Verschlüsselung wird ein Klarbuchstabe ebenfalls durch verschiedene Symbole dargestellt, doch noch verwirrender ist, daß diese Symbole im Laufe der Verschlüsselung auch unterschiedliche Klarbuchstaben darstellen.

Der wesentliche Grund, warum die homophone Verschlüsselung als monoalphabetische bezeichnet wird, ist wohl, daß das Geheimtextalphabet, sobald es einmal festgelegt ist, während der ganzen Verschlüsselung dasselbe bleibt. Daß das Geheimtextalphabet mehrere Möglichkeiten der Verschlüsselung für jeden Buchstaben bietet, tut nichts zur Sache. Ein Kryptograph hingegen, der polyalphabetisch verschlüsselt, muß dabei ständig zwischen verschiedenen Geheimtextalphabeten hin und her wechseln.

Indem man die grundlegende monoalphabetische Chiffrierung auf die eine oder andere Weise verstärkte, etwa Homophone hinzufügte, konnte man Nachrichten sicher verschlüsseln, ohne auf die unhandlichere polyalphabetische Verschlüsselung zurückgreifen zu müssen. Ein gutes Beispiel für eine starke monoalphabetische Verschlüsselung ist die »Große Chiffre« von Ludwig XIV. Die geheimsten Botschaften des Königs, seine Pläne, Ränke und Intrigen wurden mit ihr verschlüsselt. In einer dieser Botschaften taucht eine äußerst rätselhafte Gestalt der französischen Geschichte auf, der Mann mit der eisernen Maske, doch dank der Stärke der Großen Chiffre blieb die Botschaft und ihr erstaunlicher Inhalt zwei Jahrhunderte lang unentschlüsselt.

Die Erfinder der Großen Chiffre waren Antoine und Bonaventure Rossignol, eine Equipe aus Vater und Sohn. Antoine war 1626 zu Berühmtheit gelangt, als man ihm einen verschlüsselten Brief aushändigte, den man bei einem Boten aus der belagerten Stadt Réalmont erbeutet hatte. Der Tag war noch nicht zu Ende, da hatte er den Brief schon entschlüsselt und enthüllt, daß das Hugenottenheer, das die Stadt verteidigte, vor dem Zusammenbruch stand. Die katholischen Belagerer, die nicht gewußt hatten, daß es um die Verteidiger so verzweifelt stand, schickten den Brief zusammen mit der Entschlüsselung zurück. Den Hugenotten wurde nun klar, daß ihr Feind nicht nachgeben würde, und sie ergaben sich. Die Entschlüsselung hatte zu einem mühelosen Sieg der katholischen Belagerer geführt.

So trat zutage, welche Macht die Codebrecher besaßen, und die Rossignols bekamen hohe Ämter am Hofe verliehen. Zunächst dienten sie Ludwig XIII., dann wurden sie Kryptoanalytiker unter Ludwig XIV., der so beeindruckt war, daß er ihnen Arbeitsräume neben seinen eigenen Gemächern gab, wo Rossignol Vater und Sohn eine entscheidende Rolle in der französischen Diplomatie spielen sollten. Als großer Tribut an ihre Fähigkeiten ist das Wort »Rossignol« in die französische Umgangssprache eingegangen. Es bezeichnet einen Dietrich, mit dem man Schlösser knackt, eben wie die Rossignols Geheimschriften knackten.

Die Rossignols erwarben so viel Erfahrung mit Geheimschriften, daß sie stärkere Verschlüsselungsmethoden entwickelten, und so erfanden sie die sogenannte Große Chiffre. Sie war so sicher, daß sich gegnerische Kryptoanalytiker, die sich in den Besitz französicher Geheimnisse setzen wollten, daran die Zähne ausbissen. Nach dem Tod von Vater und Sohn kam sie leider außer Gebrauch, die Einzelheiten gingen rasch verloren, und die verschlüsselten Papiere in den französischen Archiven konnten nicht mehr gelesen werden. Die Große Chiffre war so stark, daß sich selbst die folgenden Generationen von Codebrechern vergeblich daran abmühten.

Die Historiker wußten, daß die Papiere, die mit der Großen Chiffre verschlüsselt waren, unschätzbare Einblicke in die französischen Intrigen des 17. Jahrhunderts bieten würden, doch selbst Ende des 19. Jahrhunderts konnten sie noch nicht entziffert werden. Dann, im

Jahr 1890, grub Victor Gendron, ein Militärhistoriker, der die Feldzüge Ludwigs XIV. erforschte, einige bisher unentdeckte Briefe aus, die mit der Großen Chiffre verschlüsselt waren. Er selbst konnte nichts damit anfangen und überreichte sie dem französischen Offizier Etienne Bazeries, einem angesehenen Fachmann in der Kryptographie-Abteilung der französischen Armee. Für Bazeries waren diese Briefe die Herausforderung seines Lebens, und er opferte drei Jahre, um sie zu entziffern.

Die verschlüsselten Seiten enthielten Tausende von Zahlen, doch nur 587 verschiedene. Es lag auf der Hand, daß die Große Chiffre keine schlichte monoalphabetische Substitution war, denn diese hätte nur 26 verschiedene Zahlen verlangt, eine für jeden Buchstaben. Anfangs arbeitete Bazeries mit der Annahme, daß die überschüssigen Zahlen für Homophone standen und also mehrere Zahlen denselben Buchstaben darstellten. Monatelang lotete er diese Möglichkeit aus, doch ohne greifbares Ergebnis. Die Große Chiffre war keine homophone Verschlüsselung.

Jetzt kam Bazeries auf die Idee, jede Zahl könne ein Buchstabenpaar, ein sogenanntes *Bigramm* darstellen. Es gibt nur 26 verschiedene Buchstaben, doch 676 mögliche Buchstabenpaare, und dies entsprach ungefähr der Anzahl verschiedener Zahlen in den verschlüsselten Briefen. Bazeries setzte bei den häufigsten Zahlen in den Texten an (22, 42, 124, 125 und 341) und vermutete, sie stünden für die häufigsten französischen Bigramme (-es , -en, -ou, -de, -nt). Dies war nichts anderes als Häufigkeitsanalyse auf der Ebene von Buchstabenpaaren. Nach monatelanger Arbeit trug leider auch diese Theorie keine brauchbaren Früchte.

Bazeries muß seine Leidenschaft schon fast aufgegeben haben, als ihm ein neuer Einfall kam. Vielleicht lag er mit den Bigrammen gar nicht so falsch. Vielleicht stellten die Zahlen nicht Buchstabenpaare, sondern ganze Silben dar. Er versuchte jede Zahl einer Silbe zuzuordnen, wobei die am häufigsten vorkommenden Zahlen die häufigsten französischen Silben darstellen sollten. Er probierte verschiedene Kombinationen durch, doch alle ergaben Unsinn, bis es ihm schließlich gelang, ein bestimmtes Wort zu identifizieren. Eine Gruppe von Zahlen (124-22-125-46-345) erschien mehrmals auf jeder Seite, und

Bazeries vermutete, sie könnten für les-en-ne-mi-s, die Feinde, stehen. Und das erwies sich als entscheidender Durchbruch.

Bazeries nahm sich nun die anderen Partien der Geheimtexte vor, wo diese Zahlen in verschiedenen Wörtern auftauchten. Er fügte die Silbenwerte aus »les ennemies« ein, und ganze Wortteile traten hervor. Wer jemals ein Kreuzworträtsel gelöst hat, weiß, daß man aus Wortteilen das ganze Wort erschließen kann. Bazeries vervollständigte verschiedene Wörter und machte dabei neue Silben ausfindig, die wiederum neue Wörter enthüllten, und so weiter. Oft geriet er dabei in Sackgassen, zum einen, weil manche Zahlen einzelne Buchstaben und keine Silben darstellten, zum andern, weil die Rossignols Fallen in die Geheimschrift eingebaut hatten: Beispielsweise stellte eine Zahl weder eine Silbe noch einen Buchstaben dar, sondern löschte heimtückischerweise die vorhergehende Zahl.

Endlich gelang Bazeries die vollständige Entschlüsselung, und damit war er der erste Mensch seit zweihundert Jahren, dem die Geheimnisse Ludwigs XIV. preisgegeben waren. Die entzifferten Dokumente schlugen die Historiker in Bann. Besonders angetan hatte es ihnen ein erstaunlicher Brief, der eines der großen Geheimnisse des 17. Jahrhunderts aufzuklären schien. Der Brief enthüllte die wahre Identität des Mannes mit der eisernen Maske.

Über den Mann mit der eisernen Maske war schon gerätselt worden, seit er in der französischen Festung Pignerol im heute italienischen Savoyen inhaftiert worden war. Als man ihn 1698 in die Bastille überführte, versuchten Bauern, einen Blick auf ihn zu erhaschen, und später hieß es, er sei klein, groß, blond, dunkelhaarig, jung und alt. Manche behaupteten gar, er sei eine Sie. Mit so wenigen handfesten Tatsachen brauten sich von Voltaire bis Benjamin Franklin viele Autoren ihre eigene Theorie, um den Fall des Mannes mit der eisernen Maske zu erklären. Die beliebteste Verschwörungstheorie über die Maske (wie er manchmal genannt wurde) lautet, er sei der Zwilling Ludwigs XIV., acht Stunden jünger als er und zur Gefangenschaft verdammt, um jeden Streit darüber zu vermeiden, wer der rechtmäßige Thronfolger sei. In einer Spielart dieser Theorie wurde behauptet, es gebe Nachfahren der Maske und somit eine verborgene königliche Abstammungslinie. In einem 1801 erschienen Pamphlet wird behauptet, Napoleon selbst sei ein Nachfahre der Maske, ein Gerücht, das der Kaiser, da es seine Stellung festigte, nicht bestritt.

Der Mythos der Maske inspirierte sogar die Dichter und Dramatiker. Victor Hugo begann 1848 ein Stück mit dem Titel *Zwillinge*, doch als er erfuhr, daß Alexandre Dumas bereits dieselbe Geschichte auswertete, ließ er die beiden Akte, die er geschrieben hatte, unvollendet liegen. So ist es Dumas' Name, der mit der Geschichte des Mannes mit der eisernen Maske verbunden ist. Der Erfolg seines Romans bekräftigte die Vorstellung, die Maske sei mit dem König verwandt, und dieser Glaube hält sich bis heute, trotz der gegenteiligen Beweise, die einer der von Bazeries entschlüsselten Texte enthält.

Bazeries entzifferte einen Brief von François de Louvois, Kriegsminister unter Ludwig XIV., der mit der Schilderung der Verbrechen von Vivien de Bulonde beginnt, des Kommandeurs, der für den Angriff auf die Stadt Cuneo an der französisch-italienischen Grenze verantwortlich war. Obwohl er Befehl hatte, seine Stellung zu halten, beunruhigte ihn der Anmarsch feindlicher Truppen aus Österreich so sehr, daß er floh und seine Munition und viele seiner verwundeten Soldaten zurückließ. Dem Kriegsminister zufolge gefährdete dieses Verhalten den gesamten Feldzug im Piemont, und der Brief macht deutlich, daß der König Bulondes Gebaren für äußerst feige hielt:

> Seine Majestät kennt die Folgen dieser Tat besser als jeder andere und ist sich auch im klaren darüber, wie sehr unsere Sache in Mitleidenschaft gezogen wurde, weil es uns nicht gelungen ist, die Stadt einzunehmen. Dieser Fehler muß während des Winters wiedergutgemacht werden. Seine Majestät wünscht, daß Sie General Bulonde sofort festsetzen und veranlassen, daß man ihn in die Festung Pignerole überführt, wo er des Nachts unter Bewachung in eine Zelle gesperrt werden soll und des Tags die Erlaubnis hat, mit einer Maske an den Zinnen entlangzugehen.

Offenbar geht es hier um einen maskierten Häftling in Pignerole, der eines hinreichend schweren Verbrechens schuldig war. Auch die Daten passen offenbar zum Mythos vom Mann mit der eisernen Maske. Ist das Rätsel damit gelöst? Es überrascht nicht, daß diese Lösung verschwörungstheoretisch nicht jeden befriedigte und man dieses und jenes an Bulonde als Maskenmann auszusetzen fand. So lautet zum Beispiel ein Einwand, wenn Ludwig XIV. wirklich versucht haben sollte, seinen verleugneten Zwillingsbruder in Gefangenschaft zu halten, dann hätte er sicher eine Reihe falscher Spuren gelegt. Vielleicht war der verschlüsselte Brief eigens dazu bestimmt, dechiffriert werden. Vielleicht war Bazeries, der Codebrecher aus dem 19. Jahrhundert, in eine Falle aus dem 17. Jahrhundert getappt.

Die schwarzen Kammern

Im 16. Jahrhundert mochte es noch genügt haben, die monoalphabetische Verschlüsselung zu festigen, indem man sie auf Silben anwendete oder Homophone hinzufügte. Doch mit der Wende zum nächsten Jahrhundert wurde aus der Kryptoanalyse ein ausgewachsenes Gewerbe mit ganzen Arbeitsgruppen aus Kryptoanalytikern, die sich daranmachten, selbst die komplexesten monoalphabetischen Verschlüsselungen zu knacken. Alle europäischen Mächte hatten ihre sogenannten Schwarzen Kammern, Nervenzentren, in denen Botschaften entschlüsselt und Informationen zusammengetragen wurden. Die berühmteste, disziplinierteste und schlagkräftigste Schwarze Kammer war die Geheime Kabinettskanzlei in Wien.

Man arbeitete nach einem strengen Terminplan, denn die ruchlose Tätigkeit des Geheimkabinetts durfte den reibungslosen Postbetrieb keinesfalls beeinträchtigen. Die Briefe für die Wiener Botschaften wurden über die Schwarze Kammer umgeleitet, wo sie um sieben Uhr morgens ankamen. Die Sekretäre schmolzen die Siegel, und eine Gruppe von Stenographen fertigte Abschriften der Briefe an – wenn nötig, besorgte ein Sprachenspezialist Abschriften ungewöhnlicher Dokumente. Innerhalb von drei Stunden steckte man die Briefe wieder in ihre Umschläge, versiegelte sie und lieferte sie zurück ins Hauptpostamt, von wo aus sie den eigentlichen Adressaten zugestellt wurden. Post auf dem Transitweg durch Österreich kam um zehn Uhr morgens an, die fürs Ausland bestimmte Korrespondenz aus den Wiener Botschaften um vier Uhr nachmittags. Auch diese Briefe wurden kopiert, bevor sie ihre Reise fortsetzen durften. Täglich gingen hundert Briefe durch die Wiener Schwarze Kammer.

Die Abschriften gab man zur Entschlüsselung an die Kryptoanalytiker weiter, die in kleinen Kabinen saßen und den Sinn aus den Botschaften herauskitzelten. Die Wiener Schwarze Kammer lieferte nicht nur den österreichischen Kaisern unschätzbares Aufklärungsmaterial, sie verkaufte die Informationen, die sie sammelte, auch an fremde Mächte. Im Jahr 1774 traf man ein Abkommen mit Abbot Georgel, dem Sekretär der französischen Botschaft, das ihm gegen 1000 Dukaten zweimal wöchentlich Zugang zu einem Informationspaket gewährte. Er schickte die Abschriften der Briefe, die vermeintlich geheime Machenschaften diverser Monarchen enthielten, direkt nach Paris an den Hof Ludwigs XV.

Die Schwarzen Kammern machten praktisch alle Formen der monoalphabetischen Verschlüsselung wertlos. Mit einem derart professionellen kryptoanalytischen Gegner konfrontiert, sahen sich die Kryptographen endlich gewungen, die Vigenère-Verschlüsselung einzuführen, eine kompliziertere, doch stärkere Verschlüsselung. Allmählich setzten nun die Geheimsekretäre die polyalphabetische Verschlüsselung ein. Neben der immer schlagkräftigeren Kryptoanalyse begünstigte auch Druck von anderer Seite den Übergang zu stärkeren Verfahren der Kryptoanalyse, nämlich die Entwicklung der Telegrafie. Telegramme durften nicht abgefangen und entschlüsselt werden, und es galt, entsprechende Verfahren dafür zu entwickeln.

Zwar sind die Telegrafie und der mit ihr einhergehende Aufbruch der Telekommunikation eine Entwicklung des 19. Jahrhunderts, doch die Ursprünge können bis ins Jahr 1753 zurückverfolgt werden. Damals wurde in einem anonymen Brief an eine schottische Zeitschrift beschrieben, wie eine Botschaft über große Entfernungen geschickt werden könnte, indem man Sender und Empfänger mit 16 Kabeln verbindet, einem für jeden Buchstaben. Der Sender würde dann jede Nachricht buchstabieren, indem er Stromstöße durch das entsprechende Kabel schickt. Um etwa »hallo« zu buchstabieren, würde der Sender zunächst ein Signal durch das »h«-Kabel schicken, dann durch das »a«-Kabel, und so weiter. Der Empfänger würde die Stromimpulse in den Kabeln aufzeichnen und die Botschaft lesen können. Diese »bequeme Methode, Nachrichten zu übermitteln«, wie der Erfinder schrieb, wurde nie in die Praxis umgesetzt, weil es einige technische Hürden zu überwinden gab.

Zum Beispiel brauchten die Ingenieure ein hinreichend empfindliches Empfangsgerät für die elektrischen Signale. In England bauten Sir Charles Wheatstone und William Fothergill Cooke Detektoren aus magnetisierten Nadeln, die bei einem eingehenden Stromimpuls abgelenkt wurden. Im Jahr 1839 setzte man das Wheatstone-Cooke-Verfahren für die Nachrichtenübermittlung zwischen den Bahnhöfen West Drayton und Paddington ein, auf einer Entfernung von dreißig Kilometern. Bald verbreitete sich der Ruf des Telegrafen und seiner erstaunlichen Übertragungsgeschwindigkeit. Ungemein populär wurde er anläßlich der Geburt von Königin Viktorias zweitem Sohn, Prinz Alfred, am 6. August 1844 in Windsor. Die Nachricht von der Geburt wurde nach London telegrafiert, und eine Stunde später schon verkündete die *Times* auf den Straßen die frohe Botschaft. Die Zeitung vergaß nicht, die Technik zu loben, der sie ihren journalistischen Coup zu verdanken hatte, nämlich die »erstaunliche Macht des elektro-magnetischen Telegrafen«. Im Jahr darauf mehrte der Telegraf seinen Ruhm, als er half, John Tawell zu fassen, der seine Mätresse in Slough ermordet und versucht hatte, durch einen Sprung auf einen Zug nach London zu entkommen. Die örtliche Polizei telegrafierte Tawells Beschreibung nach London, und man verhaftete ihn schon bei der Ankunft in Paddington.

Unterdessen hatte Samuel Morse in Amerika gerade seine erste Telegrafenleitung gebaut, die sich über die sechzig Kilometer zwischen Baltimore und Washington erstreckte. Morse verwendete einen Elektromagneten, der das Signal verstärkte, so daß es bei der Ankunft am anderen Ende stark genug war, um eine Reihe kurzer und langer Markierungen, Punkte und Striche, auf einem Stück Papier zu hinterlassen. Auch entwickelte er den inzwischen vertrauten Morsecode, mit dem jeder Buchstabe in eine Reihe von Punkten und Strichen übersetzt wird (s. u., Tabelle 6). Um das System zu vervollständigen, entwarf er einen Klopfer, so daß der Empfänger jeden Buchstaben als eine Reihe akustischer Punkte und Striche hören konnte.

Symbol	Code	Symbol	Code
A	.–	W	.––
B	–...	X	–..–
C	–.–.	Y	–.––
D	–..	Z	––..
E	.	1	.––––
F	..–.	2	..–––
G	––.	3	...––
H	....	4	...–
I	..	5	.....
J	.–––	6	–....
K	–.–	7	––...
L	.–..	8	–––..
M	––	9	––––.
N	–.	10	–––––
O	–––	Punkt	.–.–.–
P	.––.	Komma	––..––
Q	––.–	Fragezeichen	..––..
R	.–.	Doppelpunkt	–––...
S	...	Semikolon	–.–.–.
T	–	Trennung	–...–
U	..–	Bruchstrich	–..–.
V	...–	Anführungszeichen	.–..–.

Tabelle 6: Der internationale Morsecode.

In Europa wiederum wurde Morses Verfahren gegenüber dem Wheatstone-Cook-System immer beliebter, und im Jahr 1851 wurde eine europäische Form des Morsecodes, mit dem sich auch mit Akzent versehene Buchstaben verschlüsseln ließen, auf dem ganzen Kontinent übernommen. Jahr für Jahr gewannen Morsecode und Telegraf mehr Einfluß in der Welt. Sie halfen der Polizei, Verbrecher zu fangen, den Zeitungen, die neuesten Nachrichen zu verbreiten, lieferten wertvolles Wissen für die Wirtschaft und erlaubten es weit entfernten Unternehmen, auf der Stelle Geschäfte zu tätigen.

Allerdings war es ein gewaltiges Problem, diese oft heiklen Nachrichten zu schützen. Der Morsecode selbst ist keine kryptographische Anwendung, denn er hat nicht den Zweck, die Nachricht geheimzuhalten. Die Punkte und Striche sind einfach ein handliches Verfahren, die Buchstaben für das technische Medium Telegrafie aufzubereiten. Der Morsecode ist im Grunde nichts weiter als eine andere Form des Alphabets. Das Sicherheitsproblem entstand vor allem deshalb, weil Menschen, die eine Nachricht verschicken wollten, diese zunächst einem Telegrafisten übergeben mußten, der nicht umhin konnte, sie zu lesen, wenn er sie übermitteln wollte. Den Telegrafisten blieb keine Botschaft verborgen, und so entstand das Risiko, Unternehmen könnten die Telegrafisten bestechen, um an den Nachrichtenverkehr der Konkurrenz heranzukommen. Dieses Problem wird in einem Artikel über Telegrafie aufgeworfen, der 1853 in der englischen *Quarterly Review* erschien:

> Auch sollten Maßnahmen ergriffen werden, um einen schwerwiegenden Einwand zu entkräften, der gegenwärtig im Blick auf die telegrafische Versendung privater Botschaften erhoben wird: der Bruch jeglicher Geheimhaltung. Denn in jedem Fall müssen ein halbes Dutzend Personen jedes Wort erfahren, das eine Person an die andere richtet. Die Beamten der Englischen Telegrafengesellschaft werden auf Geheimhaltung eingeschworen, doch schreiben wir oft Dinge, bei denen es unerträglich wäre, wenn wir sehen würden, daß Fremde es vor unseren Augen lesen. Dies ist ein bedauerlicher Mangel der Telegrafie, und er *muss* durch das eine oder andere Mittel behoben werden.

Die Lösung war, eine Botschaft zu verschlüsseln, bevor man sie dem Telegrafisten übergab. Der Telegrafist verwandelte dann den verschlüsselten Text in Morsecode, bevor er ihn übermittelte. Die Verschlüsselung sorgte nicht nur dafür, daß der Telegrafist kein geheimes Material zu Gesicht bekam, sie verdarb auch Spionen, die womöglich die Telegrafenleitung angezapft hatten, das Geschäft. Die polyalphabetische Vigenère-Verschlüsselung war eindeutig das beste Verfahren, um die Geheimhaltung im geschäftlichen Nachrichtenverkehr zu garantieren. Man glaubte, sie sei nicht zu brechen und nannte sie »le chiffre indéchiffrable«. Die Kryptographen hatten zumindest vorläufig einen klaren Vorsprung gegenüber den Kryptoanalytikern gewonnen.

Mr. Babbage gegen die Vigenère-Verschlüsselung

Die faszinierendste Gestalt der Kryptographie des 19. Jahrhunderts ist das exzentrische britische Genie Charles Babbage, der vor allem für den ersten Entwurf eines modernen Computers bekannt ist. Babbage wurde 1791 als Sohn des reichen Londoner Bankiers Benjamin Babbage geboren. Als Charles sich ohne Erlaubnis des Vaters verheiratete, verlor er zwar den Zugang zu dessen Vermögen, doch er hatte immer noch genug Geld, um finanziell auf dem trockenen zu sein, und führte das Leben eines geistig vagabundierenden Gelehrten, der sich über jedes Problem hermachte, das seinen Verstand reizte. Unter anderem erfand er den Tachometer und den »Kuhfänger«, einen Schienenräumer für die Stirnseite von Dampflokomotiven. Ein wissenschaftlicher Durchbruch gelang ihm, indem er nachwies, daß die Breite eines Jahresrings vom Wetter des jeweiligen Jahres beeinflußt wird und es damit auch möglich ist, anhand uralter Bäume das Klima längst vergangener Zeiten zu bestimmen. Auch die Statistik schlug ihn in den Bann. So stellte er die ersten Sterblichkeitstabellen zusammen, ein unentbehrliches Werkzeug für die heutige Versicherungswirtschaft.

Babbage beschränkte sich jedoch nicht auf wissenschaftliche und technische Probleme. Zu seiner Zeit hing der Preis für einen Brief von der Entfernung ab, die er zurücklegen sollte, doch Babbage wies nach, daß die Arbeitskosten, die anfielen, um den Preis für jeden einzelnen Brief zu berechnen, größer waren als der Preis der Briefmarke. Statt dessen schlug er das Verfahren vor, das heute gebräuchlich ist, nämlich einen Einheitspreis für alle Briefe, unabhängig von ihrem Bestimmungsort. Auch politische und soziale Fragen interessierten ihn, und gegen Ende seines Lebens begann er einen Feldzug gegen die Drehorgelspieler und Straßenmusikanten, die durch die Straßen Lon-

Abbildung 12: Charles Babbage.

dons zogen. Ihre Musik, klagte er, gebe »nicht selten Anlaß zu einem Tanz zerlumpter Bengel oder angetrunkener Männer, die den Lärm gelegentlich auch mit ihrem mißstimmigen Gesang begleiten ... Eine weitere Personengruppe, die große Anhänger der Straßenmusik sind, besteht aus Damen mit flexibler Tugend und kosmopolitischen Neigungen, denen sie einen willkommenen Grund bietet, ihre Reize am offenen Fenster zur Schau zu stellen«. Zum Pech für Babbage schlugen die Musiker zurück, versammelten sich in großen Scharen um sein Haus und spielten auf, so laut sie konnten.

Der Wendepunkt in seiner wissenschaftlichen Laufbahn kam 1821. Babbage überprüfte zusammen mit dem Astronomen John Herschel eine Reihe mathematischer Tabellen, wie sie als Grundlage für astronomische, technische und navigatorische Berechnungen verwendet wurden. Die beiden waren entsetzt über die Vielzahl von Fehlern in den Tabellen, die wiederum zu Fehlern in wichtigen Berechnungen führten. Eine der Zahlentafeln, die *Nautischen Ephemeriden zur Bestimmung von Länge und Breite auf See,* enthielt über tausend Fehler. In der Tat schrieb man den mangelhaften Tabellen viele Schiffsuntergänge und technische Katastrophen zu.

Diese mathematischen Tabellen wurden von Hand berechnet, und die Fehler waren einfach menschliche Rechenfehler. Das veranlaßte Babbage zu dem Ausruf: »Ich wünschte bei Gott, diese Berechnungen wären per Dampf ausgeführt worden!« Dies war der Beginn des erstaunlichen Unternehmens, eine Maschine zu bauen, die in der Lage war, die Tabellenwerte fehlerlos und hochgradig genau zu berechnen. Babbage entwarf 1823 die »Differenz-Maschine No. 1«, einen gewaltigen Rechner aus 25000 Präzisionsteilen, der mit staatlichen Mitteln gebaut werden sollte. Babbage war zwar ein brillanter Erfinder, doch kein großer Praktiker. Nach zehn Jahren mühseliger Arbeit gab er die »Differenz-Maschine No. 1« auf, zeichnete einen völlig neuen Entwurf und machte sich an den Bau der »Differenz-Maschine No. 2«.

Als Babbage die erste Maschine aufgab, verlor die Regierung das Vertrauen in ihn und beschloß, die Verluste zu kappen und sich aus dem Projekt zurückzuziehen. Man hatte bereits 17470 Pfund ausgegeben, genug, um zwei Schlachtschiffe zu bauen. Vermutlich war es dieser Schritt, der Babbage später zu der Klage veranlaßte: »Schlage einem Engländer irgendeinen Grundsatz oder ein Werkzeug vor, und du wirst feststellen, daß er die ganze Kraft seines englischen Schädels daransetzen wird, ein Hindernis, einen Mangel oder eine Unmöglichkeit darin zu finden. Schlägst du ihm eine Maschine zum Kartoffelschälen vor, wird er verkünden, sie sei unmöglich: Schälst du damit vor seinen Augen eine Kartoffel, wird er sie für nutzlos erklären, weil sie keine Ananas in Scheiben schneiden kann.«

Wegen der fehlenden staatlichen Gelder stellte Babbage die »Differenz-Maschine No. 2« nie fertig. Eine wissenschaftliche Tragödie, denn Babbages Maschine hätte den einzigartigen Vorzug gehabt, programmierbar zu sein. Sie hätte nicht nur die Werte einer bestimmten Tabelle berechnet, sondern je nach Einstellung eine ganze Reihe verschiedener mathematischer Berechnungen ausgeführt. Tatsächlich war die »Differenz-Maschine No. 2« der erste Entwurf eines modernen Computers. Er sah einen »Speicher« und eine »Mühle« (Prozessor) vor, der es ihm erlauben würde, Entscheidungen zu fällen und Vorgänge zu wiederholen, vergleichbar den »WENN – DANN«-Anweisungen und den »Schleifen« in den heutigen Programmen.

Ein Jahrhundert später, während des Ersten Weltkriegs, sollten die ersten elektronischen Verkörperungen von Babbages Maschine tiefgreifende Wirkung auf die Kryptoanalyse haben, doch noch zu Lebzeiten leistete er einen gleichermaßen wichtigen Beitrag zur Entschlüsselung von Geheimschriften. Charles Babbage gelang es, die Vigenère-Verschlüsselung zu brechen, und dies war der größte Durchbruch in der Kryptoanalyse seit den arabischen Gelehrten des 9. Jahrhunderts, die die monoalphabetische Verschlüsselung mittels der Häufigkeitsanalyse brachen. Babbage brauchte dafür keine mechanischen Berechnungen oder komplizierte Mathematik, sondern nichts weiter als puren Scharfsinn.

Schon als kleiner Junge hatte sich Babbage für Geheimschriften interessiert. Später dann erinnerte er sich, wie die Leidenschaft seiner Kindheit ihm damals Ärger eingebracht hatte: »Die größeren Jungen fertigten Geheimschriften an, doch wenn ich ein paar Worte zu Gesicht bekam, fand ich meist den Schlüssel heraus. Die Folge dieser Fähigkeit war gelegentlich schmerzhaft: Die Besitzer der geknackten Schlüssel schlugen mich manchmal windelweich, obwohl alles an ihrer eigenen Dummheit lag.« Diese Abreibungen entmutigten ihn jedoch nicht, die Kryptoanalyse fesselte ihn auch weiterhin. In seiner Autobiographie schrieb er: »Die Entschlüsselung ist in meinen Augen eine der faszinierendsten Künste.«

Bald gewann er in der Londoner Gesellschaft den Ruf, ein Kryptoanalytiker zu sein, der es mit jeder verschlüsselten Botschaft aufnehmen könne, und wildfremde Leute traten mit allen möglichen Problemen an ihn heran. So half Babbage einem verzweifelten Biographen, der versuchte, die stenographischen Notizen von John Flamsteed zu entziffern, Englands erstem Königlichen Astronomen. Auch eilte er einem Historiker zu Hilfe und dechiffrierte die Geheimschrift von Henriette Maria, der Frau Karls I. Im Jahr 1854 schließlich arbeitete er mit einem Anwalt zusammen und lieferte in einer Gerichtssache entscheidendes kryptographisches Beweismaterial. Im Laufe der Jahre sammelte sich bei ihm ein dicker Ordner mit verschlüsselten Botschaften an, die er als Material für ein Standardwerk über Kryptoanalyse mit dem Titel *Philosophie der Entschlüsselung* verwenden wollte. Das Buch sollte zwei Beispiele für jede Art von Verschlüsselung enthalten, wovon eines mustergültig gelöst, das andere jedoch dem Leser zur Übung anheimgelegt werden sollte. Leider wurde das Buch, wie so viele seiner anderen großen Vorhaben, nie fertiggestellt.

Die meisten Kryptoanalytiker hatten inzwischen die Hoffnung aufgegeben, die Vigenère-Verschlüsselung zu brechen, doch ein Briefwechsel mit einem Zahnarzt aus Bristol regte Babbage dazu an, es selbst zu versuchen. John Hall Brock Thwaites, in Sachen Kryptographie mit Vorwissen nicht allzusehr belastet, behauptete 1854, eine neue Verschlüsselungsmethode entdeckt zu haben, die allerdings der Vigenère-Verschlüsselung entsprach. Er schrieb an das *Journal of the Society of Arts* mit der Absicht, seine Idee patentieren zu lassen, offenbar ohne zu wissen, daß er mehrere Jahrhunderte zu spät kam. Babbage teilte der Gesellschaft mit, die Verschlüsselung sei »sehr alt und findet sich in den meisten Büchern«. Thwaites war empört und forderte Babbage heraus, seine Verschlüsselung zu knacken. Ob dies möglich war, hatte zwar nichts mit der Frage zu tun, ob sie neu war, doch Babbages Neugier war jetzt angestachelt, und er machte sich auf die Suche nach einem Schwachpunkt in der Vigenère-Verschlüsselung.

Eine schwierige Verschlüsselung zu knacken ist vergleichbar mit dem Aufstieg an einer glatten Felswand. Der Kryptoanalytiker sucht nach jeder Unebenheit, nach jedem Spalt, die den kleinsten Halt bieten könnten. Bei einer monoalphabetischen Verschlüsselung stützt er sich auf die Häufigkeit der Buchstaben, denn die häufigsten Lettern wie e, n und i werden ins Auge fallen, wie sie auch verkleidet sein mögen. Bei der polyalphabetischen Vigenère-Verschlüsselung sind die Häufigkeiten stark ausgeglichen, da ja anhand des Schlüsselworts zwischen den Alphabeten hin und her gewechselt wird. Auf den ersten Blick scheint die Felswand daher vollkommen glatt.

Wie wir schon wissen, besteht die große Stärke der Vigenère-Verschlüsselung darin, daß der gleiche Buchstabe auf verschiedene Weise chiffriert wird. Wenn das Schlüsselwort zum Beispiel GELB ist, kann jeder Buchstabe im Klartext auf vier verschiedene Weisen verschlüsselt werden, denn das Schlüsselwort enthält vier Buchstaben. Jeder Buchstabe des Schlüsselworts verweist auf ein anderes Geheimtextalphabet der Vigenère-Tafel, wie Tabelle 7 (s. u. S. 92) zeigt. Ich habe die Spalte e hervorgehoben, um zu verdeutlichen, daß dieser Buchstabe unterschiedlich verschlüsselt wird, je nachdem, welcher Buchstabe des Schlüsselworts das Geheimtextalphabet festgelegt:

Wenn das G von GELB benutzt wird, um e zu verschlüsseln, dann ergibt sich der Geheimtextbuchstabe K;
wenn das E von GELB benutzt wird, um e zu verschlüsseln, dann ergibt sich der Geheimtextbuchstabe I;
wenn das L von GELB benutzt wird, um e zu verschlüsseln, dann ergibt sich der Geheimtextbuchstabe P;
wenn das B von GELB benutzt wird, um e zu verschlüsseln, dann ergibt sich der Geheimtextbuchstabe F.

Auf die gleiche Weise werden ganze Wörter unterschiedlich verschlüsselt – das Wort die könnte als JMP, EOI, OJK und HTF verschlüsselt werden, je nach seiner Stellung zum Schlüsselwort. Zwar erschwert dies die Entschlüsselung erheblich, doch ist sie nicht unmöglich. Der entscheidende Punkt ist folgender: Wenn es nur vier Möglichkeiten gibt, das Wort die zu verschlüsseln, und in der ursprüngliche Nachricht das Wort die mehrmals auftaucht, dann ist es höchst wahrscheinlich, daß einige der vier möglichen Verschlüsselungen im Geheimtext wiederholt auftauchen. Dies zeigt das folgende Beispiel, in dem der Text »die Lilie, die Rose und die Tulpe« anhand der Vigenère-Tafel mit dem Schlüsselwort GELB verschlüsselt wurden:

Klar	a	b	c	d	e	f	g	h	i	j	k	l	m	n	o	p	q	r	s	t	u	v	w	x	y	z
1	B	C	D	E	F	G	H	I	J	K	L	M	N	O	P	Q	R	S	T	U	V	W	X	Y	Z	A
2	C	D	E	F	G	H	I	J	K	L	M	N	O	P	Q	R	S	T	U	V	W	X	Y	Z	A	B
3	D	E	F	G	H	I	J	K	L	M	N	O	P	Q	R	S	T	U	V	W	X	Y	Z	A	B	C
4	E	F	G	H	I	J	K	L	M	N	O	P	Q	R	S	T	U	V	W	X	Y	Z	A	B	C	D
5	F	G	H	I	J	K	L	M	N	O	P	Q	R	S	T	U	V	W	X	Y	Z	A	B	C	D	E
6	G	H	I	J	K	L	M	N	O	P	Q	R	S	T	U	V	W	X	Y	Z	A	B	C	D	E	F
7	H	I	J	K	L	M	N	O	P	Q	R	S	T	U	V	W	X	Y	Z	A	B	C	D	E	F	G
8	I	J	K	L	M	N	O	P	Q	R	S	T	U	V	W	X	Y	Z	A	B	C	D	E	F	G	H
9	J	K	L	M	N	O	P	Q	R	S	T	U	V	W	X	Y	Z	A	B	C	D	E	F	G	H	I
10	K	L	M	N	O	P	Q	R	S	T	U	V	W	X	Y	Z	A	B	C	D	E	F	G	H	I	J
11	L	M	N	O	P	Q	R	S	T	U	V	W	X	Y	Z	A	B	C	D	E	F	G	H	I	J	K
12	M	N	O	P	Q	R	S	T	U	V	W	X	Y	Z	A	B	C	D	E	F	G	H	I	J	K	L
13	N	O	P	Q	R	S	T	U	V	W	X	Y	Z	A	B	C	D	E	F	G	H	I	J	K	L	M
14	O	P	Q	R	S	T	U	V	W	X	Y	Z	A	B	C	D	E	F	G	H	I	J	K	L	M	N
15	P	Q	R	S	T	U	V	W	X	Y	Z	A	B	C	D	E	F	G	H	I	J	K	L	M	N	O
16	Q	R	S	T	U	V	W	X	Y	Z	A	B	C	D	E	F	G	H	I	J	K	L	M	N	O	P
17	R	S	T	U	V	W	X	Y	Z	A	B	C	D	E	F	G	H	I	J	K	L	M	N	O	P	Q
18	S	T	U	V	W	X	Y	Z	A	B	C	D	E	F	G	H	I	J	K	L	M	N	O	P	Q	R
19	T	U	V	W	X	Y	Z	A	B	C	D	E	F	G	H	I	J	K	L	M	N	O	P	Q	R	S
20	U	V	W	X	Y	Z	A	B	C	D	E	F	G	H	I	J	K	L	M	N	O	P	Q	R	S	T
21	V	W	X	Y	Z	A	B	C	D	E	F	G	H	I	J	K	L	M	N	O	P	Q	R	S	T	U
22	W	X	Y	Z	A	B	C	D	E	F	G	H	I	J	K	L	M	N	O	P	Q	R	S	T	U	V
23	X	Y	Z	A	B	C	D	E	F	G	H	I	J	K	L	M	N	O	P	Q	R	S	T	U	V	W
24	Y	Z	A	B	C	D	E	F	G	H	I	J	K	L	M	N	O	P	Q	R	S	T	U	V	W	X
25	Z	A	B	C	D	E	F	G	H	I	J	K	L	M	N	O	P	Q	R	S	T	U	V	W	X	Y
26	A	B	C	D	E	F	G	H	I	J	K	L	M	N	O	P	Q	R	S	T	U	V	W	X	Y	Z

Tabelle 7: Eine Vigenère-Tafel, bei der Schlüsselwort GELB verwendet wird. Für den Buchstaben e ergeben sich vier Verschlüsselungsvarianten, F, I, K und P.

Schlüsselwort	G E L B G E L B G E L B G E L B G E L B G E L B G E
Klartext	d i e l i l i e d i e r o s e u n d d i e t u l p e
Geheimtext	J M P M O P T F J M P S U W P V T H O J K X F M V I

Das Wort die wird beim ersten und beim zweiten Mal mit JMP, beim dritten Mal mit OJK verschlüsselt. Der Grund für die Wiederholung von JMP ist, daß das zweite die um acht Buchstaben gegenüber dem ersten die verschoben ist, und acht ist ein Vielfaches der Länge des Schlüsselworts, das vier Buchstaben lang ist. Anders gesagt, das erste die wurde nach seiner Stellung zum Schlüsselwort chiffriert, und wenn wir zum zweiten die gelangen, ist das Schlüsselwort genau zweimal umgelaufen, es ergibt sich exakt dieselbe Stellung des die, und die Verschlüsselung wird wiederholt.

Babbage erkannte, daß ihm diese Art der Wiederholung genau den Ansatzpunkt lieferte, den er brauchte, um die Vigenère-Verschlüsselung zu knacken. Es gelang ihm mit einigen recht einfachen Schritten, die jeder Kryptoanalytiker nachvollziehen konnte, die vermeintlich unentzifferbare Chiffre zu brechen. Ein Beispiel mag zeigen, wie dieses pfiffige Verfahren funktioniert. Stellen wir uns vor, wir hätten die folgende verschlüsselte Botschaft abgefangen (Abbildung 13, s. u. S. 94). Wir wissen, daß es sich diesmal um einen englischen Text handelt, der mit dem Vigenère-Verfahren chiffriert wurde, doch wir haben keine Ahnung, um was es im Klartext geht, und auch das Schlüsselwort kennen wir nicht.

Die erste Stufe der Kryptoanalyse von Babbage besteht darin, nach Buchstabenfolgen zu suchen, die mehr als einmal im Geheimtext vorkommen. Solche Wiederholungen können auf zwei Weisen zustandekommen. Am wahrscheinlichsten ist, daß dieselben Buchstabenfolgen im Klartext mit demselben Teil des Schlüssels chiffriert wurden. Zudem kommt es in seltenen Fällen vor, daß zwei verschiedene Buchstabenfolgen im Klartext mit verschiedenen Teilen des Schlüsselworts chiffriert wurden und zufällig identische Folgen im Geheimtext ergeben haben. Wenn wir uns auf längere Folgen beschränken, dann schließen wir diese zweite Möglichkeit weitgehend aus, und im folgenden Beispiel berücksichtigen wir nur Wiederholungen, die aus mindestens vier Buchstaben bestehen. In Tabelle 8 (s. u. S. 95) sind diese Wiederholungen aufgelistet, zusammen mit den Abständen zwischen ihnen. Zum Beispiel taucht die Folge E-F-I-Q in der ersten Zeile des Geheimtextes auf und wiederholt sich 95 Buchstaben später.

W U B E F I Q L Z U R M V O F E H M Y M W T
I X C G T M P I F K R Z U P M V O I R Q M M
W O Z M P U L M B N Y V Q Q Q M V M V J L E
Y M H F E F N Z P S D L P P S D L P E V Q M
W C X Y M D A V Q E E F I Q C A Y T Q O W C
X Y M W M S E M E F C F W Y E Y Q E T R L I
Q Y C G M T W C W F B S M Y F P L R X T Q Y
E E X M R U L U K S G W F P T L R Q A E R L
U V P M V Y Q Y C X T W F Q L M T E L S F J
P Q E H M O Z C I W C I W F P Z S L M A E Z
I Q V L Q M Z V P P X A W C S M Z M O R V G
V V Q S Z E T R L Q Z P B J A Z V Q I Y X E
W W O I C C G D W H Q M M V O W S G N T J P
F P P A Y B I Y B J U T W R L Q K L L L M D
P Y V A C D C F Q N Z P I F P P K S D V P T
I D G X M Q Q V E B M Q A L K E Z M G C V K
U Z K I Z B Z L I U A M M V Z

Abbildung 13: Der Geheimtext, verschlüsselt mit dem Vigenère-Verfahren.

Das Schlüsselwort dient nicht nur dazu, den Klartext in Geheimtext zu verwandeln, auch der Empfänger braucht es, um den Geheimtext wieder in Klartext zu übersetzen. Wenn wir also das Schlüsselwort ausfindig machen könnten, wäre es ein leichtes, den Text zu entziffern. Bislang wissen wir noch nicht genug, um das Schlüsselwort herauszufinden, doch Tabelle 8 liefert einige gute Hinweise auf seine Länge. Auf der linken Seite der Tabelle sind die Wiederholungen und die jeweiligen Zwischenräume aufgelistet, auf der rechten Seite stehen die *Teiler* dieser Zwischenräume – die Zahlen, mit denen sich die Zahl der zwischenliegenden Buchstaben ohne Rest teilen läßt. Zum Beispiel wiederholt sich die Folge W-C-X-Y-M nach 20 Buchstaben und die Zahlen 1, 2, 4, 5, 10 und 20 sind Teiler, weil sich 20 ohne Rest durch sie teilen läßt. Diese Teiler lassen auf sechs Möglichkeiten schließen:

(1) Der Schlüssel ist **1** Buchstabe lang und läuft **20** mal zwischen den wiederholten Folgen des Geheimtexts durch.
(2) Der Schlüssel ist **2** Buchstaben lang und läuft **10** mal zwischen den Wiederholungen durch.
(3) Der Schlüssel ist **4** Buchstaben lang und läuft **5** mal zwischen den Wiederholungen durch.
(4) Der Schlüssel ist **5** Buchstaben lang und läuft **4** mal zwischen den Wiederholungen durch.
(5) Der Schlüssel ist **10** Buchstaben lang und läuft **2** mal zwischen den Wiederholungen durch.
(6) Der Schlüssel ist **20** Buchstaben lang und läuft **1** mal zwischen den Wiederholungen durch.

Die erste Möglichkeit kann ausgeschlossen werden, weil ein Schlüsselwort, das nur aus einem Buchstaben besteht, nichts anderes bewirkt als eine monoalphabetische Verschlüsselung – für sie würde immer nur eine Zeile des Vigenère-Quadrats verwendet, und das Geheimtextalphabet bliebe unverändert. Unwahrscheinlich, daß ein Kryptograph dies tun würde. Alle anderen Möglichkeiten werden mit einem Häkchen in der entsprechenden Spalte von Tabelle 8 angezeigt. Jedes Häkchen verweist auf eine mögliche Schlüsselwortlänge.

Wiederholte Folge	Zwischenraum	Mögliche Schlüssellänge (Teiler)																		
		2	3	4	5	6	7	8	9	10	11	12	13	14	15	16	17	18	19	20
E-F-I-Q	95				✓														✓	
P-S-D-L-P	5				✓															
W-C-X-Y-M	20	✓		✓	✓					✓										✓
E-T-R-L	120	✓	✓	✓	✓	✓		✓		✓		✓			✓					✓

Tabelle 8: Wiederholungen und Abstände zwischen Wiederholungen im Geheimtext.

Um herauszufinden, ob der Schlüssel 2, 4, 5, 10 oder 20 Buchstaben lang ist, müssen wir uns die Teiler aller anderen Zwischenräume ansehen. Weil das Schlüsselwort 20 Buchstaben lang oder kürzer zu sein scheint, sind in Tabelle 8 für jeden vorkommenden Zwischenraum die Teiler aufgelistet, die 20 oder kleiner sind. Offenbar scheint alles auf den Teiler 5 hinzudeuten. Tatsächlich ist jeder Zwischenraum durch 5 teilbar. Die erste wiederholte Folge, E-F-I-Q, kann durch ein Schlüsselwort der Länge 5 erklärt werden, das zwischen der ersten und der zweiten Verschlüsselung neunzehnmal durchläuft. Die zweite Wiederholung, P-S-D-L-P, kann durch ein Schlüsselwort der Länge 5 erklärt werden, das zwischen der ersten und der zweiten gleichlautenden Verschlüsselung nur einmal durchläuft. Die dritte wiederholte Folge, W-C-X-Y-M, kann durch ein Schlüsselwort der Länge 5 erklärt werden, das viermal zwischen dem ersten und dem zweiten Auftreten durchläuft. Die vierte wiederholte Sequenz, E-T-R-L, kann ebenfalls durch ein Schlüsselwort der Länge 5 erklärt werden, das vierundzwanzig Mal zwischen dem ersten und dem zweiten Auftritt durchläuft. Kurz, alles läuft auf ein Schlüsselwort mit fünf Buchstaben hinaus.

Nehmen wir an, das Schlüsselwort ist 5 Buchstaben lang, dann ist der nächste Schritt, die Buchstaben des Schlüsselworts ausfindig zu machen. Nennen wir das Schlüsselwort zunächst einfach B_1-B_2-B_3-B_4-B_5, wobei B_1 für den ersten Buchstaben des Schlüsselworts steht und so weiter. Der Verschlüsselungsprozeß hätte begonnen mit der Verschlüsselung des ersten Klartextbuchstabens gemäß dem ersten Buchstaben des Schlüsselworts, B_1. Der Buchstabe B_1 verweist auf eine Zeile des Vigenère-Quadrats und liefert für den ersten Buchstaben des Klartexts nichts anderes als eine monoalphabetische Substitution. Wenn jedoch der zweite Buchstabe des Klartexts verschlüsselt wird, wird der Kryptograph B_2 verwenden, der auf eine andere Zeile des Vigenère-Quadrats verweist und damit auf ein anderes Geheimtextalphabet für die monoalphabetische Substitution. Der dritte Buchstabe des Klartexts würde gemäß B_3, der vierte gemäß B_4 und der fünfte gemäß B_5 verschlüsselt. Jeder Buchstabe des Schlüsselworts verweist auf ein anderes Geheimtextalphabet zur Verschlüsselung. Allerdings würde der sechste Buchstabe des Klartexts wiederum gemäß B_1 chiffriert, der siebte wiederum gemäß B_2 und so weiter in einem ständigen Kreislauf. Mit anderen Worten, die polyalphabetische Verschlüsselung besteht aus fünf monoalphabetischen Verschlüsselungen, von denen jede einzelne für ein Fünftel des gesamten

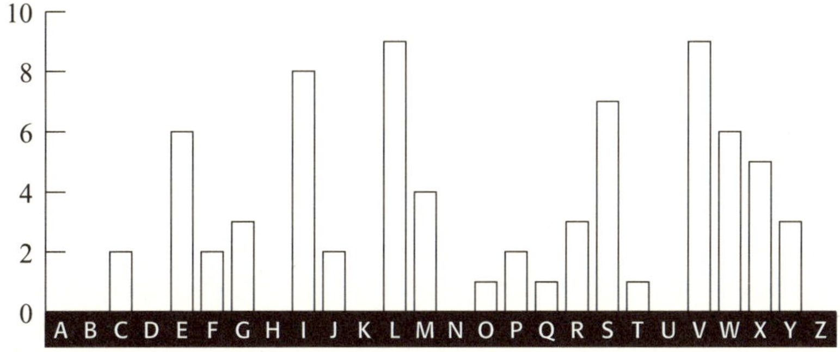

Abbildung 14: Häufigkeitsverteilung für die mit dem B_1-Geheimtextalphabet verschlüsselten Buchstaben (Häufigkeit in Zahlen).

Abbildung 15: Zu erwartende Häufigkeit für eine englische Textprobe gleichen Umfangs gemäß der statistischen Normalverteilung (in Zahlen).

Klartexts zuständig ist. Und der Witz ist, daß wir schon wissen, wie man monoalphabetische Verschlüsselungen knackt.

Wir gehen folgendermaßen vor. Wir wissen, daß eine der Zeilen des Vigenère-Quadrats, festgelegt durch B_1, als Geheimtextalphabet zur Verschlüsselung des 1sten, 6ten, 11ten, 16ten … Buchstabens der Nachricht verwendet wurde. Wenn wir uns nun diese 1sten, 6ten, 11ten, 16ten … Buchstaben des Geheimtextes ansehen, sollten wir in der Lage sein, die gute alte Häufigkeitsanalyse einzusetzen, um das fragliche Geheimtextalphabet zu erschließen. Abbildung 14 zeigt die Häufigkeitsverteilung der Buchstaben, die an 1ster, 6ter, 11ter, 16ter usw. Stelle des Geheimtexts stehen, also W, I, R, E, W, G, ... An diesem Punkt rufen wir uns in Erinnerung, daß jedes Geheimtextalphabet im Vigenère-Quadrat ein Alphabet ist, das um einen Wert zwischen 1 und 26 Stellen verschoben ist. Daher sollte die obige Häufigkeitsverteilung ähnliche Merkmale wie die für das Klaralphabet aufweisen, nur eben um einige Stellen verschoben. Indem wir die B_1-Verteilung mit dem Klaralphabet vergleichen, sollte es möglich sein, die Verschiebung zu erschließen. Abbildung 15 (S. 97) zeigt die erwartete Häufigkeitsverteilung für einen englischen Text mit 74 Buchstaben, dieselbe Menge wie in der Textprobe, die in Abbildung 14 ausgewertet ist.

Die Normalverteilung weist Spitzen, Plateaus und Täler auf, und um sie mit der Verteilung des B_1-Geheimtextes gleichzusetzen, su-

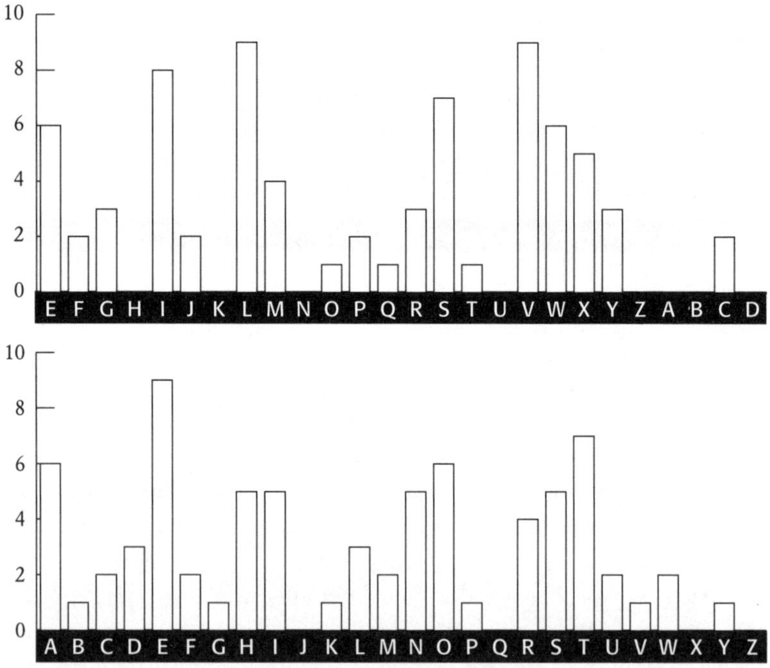

Abbildung 16: Die B_1-Verteilung, um vier Buchstaben nach links verschoben (oben), verglichen mit der Normalverteilung im Englischen (unten).

chen wir nach der auffälligsten Merkmalskombination. Zum Beispiel bilden die drei Spitzen R-S-T in der Normalverteilung und das breite Tal rechts davon, das sich von U bis nach Z erstreckt, ein sehr auffälliges Merkmalspaar. Die einzigen ähnlichen Merkmale in der B_1-Verteilung sind die drei Spitzen bei V-W-X, gefolgt von dem Tal, das sich sechs Buchstaben weit von Y nach D erstreckt. Dies würde entweder darauf schließen lassen, daß alle Buchstaben, die mit B_1 verschlüsselt wurden, um vier Stellen verschoben sind, oder daß B_1 ein Geheimtextalphabet darstellt, das mit E, F, G, H ... beginnt. Dies wiederum bedeutet, daß der erste Buchstabe des Schlüsselworts, B_1, wahrscheinlich E lautet. Diese Annahme können wir überprüfen, indem wir die B_1-Verteilung um vier Buchstaben zurückverschieben und sie mit der Normalverteilung vergleichen. Abbildung 16 zeigt beide Verteilungen zum Vergleich. Die Übereinstimmung zwischen den Spitzenwerten ist tatsächlich sehr deutlich, und daher können wir mit einiger Sicherheit davon ausgehen, daß das Schlüsselwort mit E beginnt.

Fassen wir das Bisherige zusammen. Die Suche nach Wiederholungen im Geheimtext hat es uns ermöglicht, die Länge des Schlüsselworts, nämlich fünf Buchstaben, herauszufinden. Dies wiederum ermöglichte uns, den Geheimtext in fünf Teile aufzulösen, deren jeder gemäß einer monoalphabetischen Substitution verschlüsselt wurde, die durch einen bestimmten Buchstaben des Schlüsselwort festgelegt ist. Wir haben den Teil des Geheimtextes analysiert, der nach dem ersten Schlüsselbuchstaben chiffriert wurde, und wir konnten zeigen, daß dieser Buchstabe, B_1, wahrscheinlich E lautet. Diesen Schritt wiederholen wir nun, um den zweiten Buchstaben des Schlüsselworts zu finden. Wir erstellen eine Häufigkeitstabelle für den 2ten, 7ten, 12ten, 17ten ... Buchstaben im Geheimtext. Wiederum vergleichen wir das sich ergebende Häufigkeitsgebirge (s. Abbildung 17, S. 100) mit der Normalverteilung, um die Verschiebung zu erschließen.

Diese Verteilung ist schwerer zu analysieren. Für die drei benachbarten Spitzenwerte, die R-S-T entsprechen, gibt es auf den ersten Blick keine Kandidaten. Allerdings zeichnet sich deutlich ein Tal von G nach L ab, das wahrscheinlich dem Tal entspricht, das sich in der Normalverteilung von U nach Z erstreckt. Wenn dies der Fall wäre,

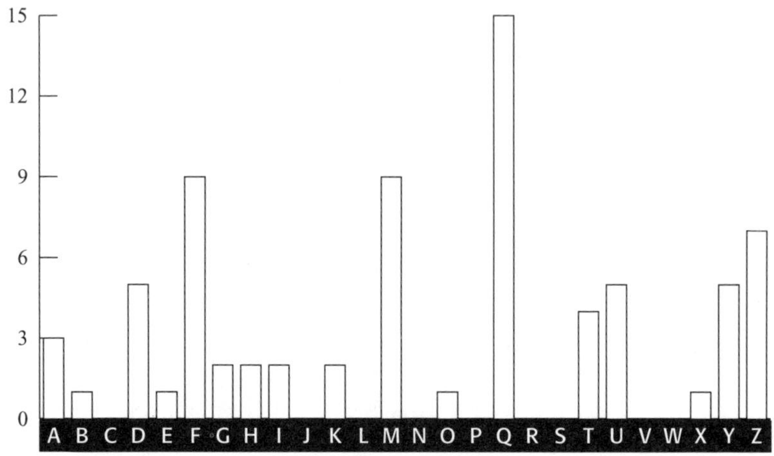

Abbildung 17: Häufigkeitsverteilung für die Buchstaben, die anhand des B_2-Geheimtextalphabets verschlüsselt wurden (Häufigkeit in Zahlen)

würden wir die drei Spitzen R-S-T bei D, E und F erwarten, doch die Spitze beim Geheimbuchstaben E fehlt. Probehalber betrachten wir diesen fehlenden Spitzenwert als statistischen Ausrutscher und folgen unserem ersten Eindruck, daß die Senke von G bis L ein auffälliges Merkmal ist, das auf eine Verschiebung hindeutet: Alle Buchstaben, die nach B_2 verschlüsselt wurden, wären danach um zwölf Stellen verschoben worden. Das hieße, B_2 legt ein Geheimtextalphabet fest, das mit M, N, O, P beginnt. Der zweite Buchstabe des Schlüsselworts wäre also M. Wir können diese These wiederum überprüfen, indem wir die B_2-Verteilung um 12 Buchstaben zurückverschieben und sie mit der Normalverteilung vergleichen. Abbildung 18 zeigt beide Verteilungen; die Übereinstimmung zwischen den Spitzenwerten ist auffällig. Wir können also mit einiger Sicherheit annehmen, daß der zweite Buchstabe des Schlüsselworts tatsächlich M lautet.

Ich möchte die Analyse hier nicht weiter verfolgen. Es mag genügen zu sagen, daß die Auswertung des 3ten, 8ten, 13ten usw. Buchstabens ergibt, daß der dritte Buchstabe des Schlüsselworts I lautet, die Auswertung des 4ten, 9ten, 14ten usw. Buchstabens, daß der vierte Buchstabe L lautet, und die Analyse des 5ten, 10ten, 15ten usw. Buchstabens schließlich ergibt, daß der fünfte Buchstabe Y lautet. Das Schlüsselwort ist EMILY. Der erste Buchstabe des Geheimtextes ist W, verschlüsselt nach dem ersten Buchstaben des Schlüsselworts, nämlich E. Wenn wir die Verschlüsselung vom Ende her aufdröseln, verfolgen wir zunächst die Zeile des Vigenère-Quadrats, die mit E beginnt, bis wir zum W gelangen, dann gehen wir in der entsprechenden Spalte nach oben. Am Anfang der Spalte finden wir den Buchstaben s, und

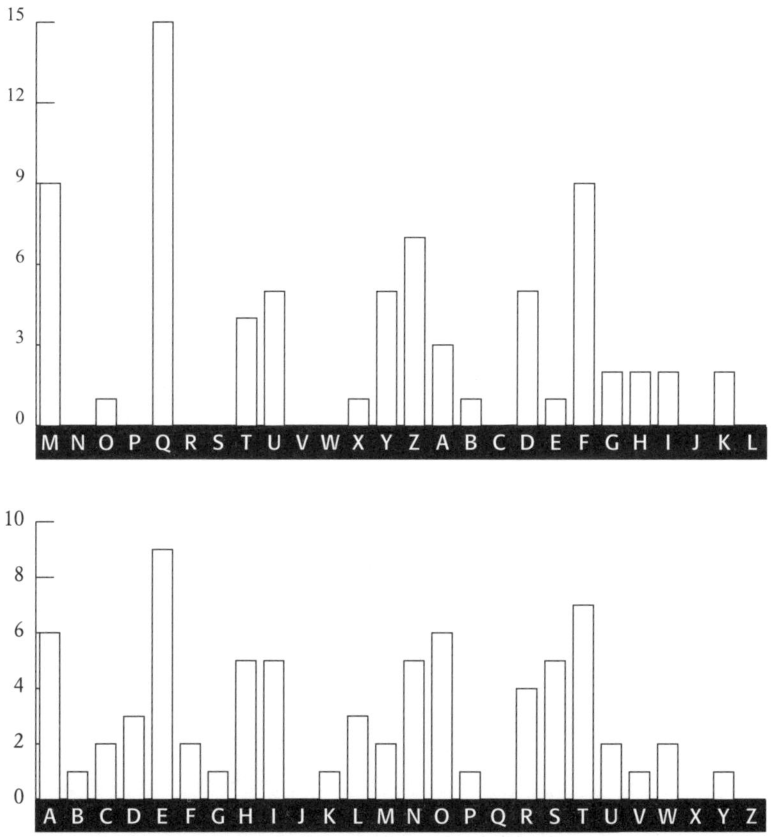

Abbildung 18: Die B_2 Verteilung, um zwölf Buchstaben nach links verschoben (oben), verglichen mit der Standardverteilung. Die Spitzen und Täler bleiben gleich.

er muß der erste Buchstabe des Klartexts sein. Wir wiederholen diesen Vorgang und sehen, daß der Klartext mit sittheedownandhavenoshamecheekbyjowl ... beginnt. Fügen wir sinnvolle Wortzwischenräume und Satzzeichen ein, dann bekommen wir:

Sit thee down, and have no shame,
Cheek by jowl, and knee by knee:
What care I for any name?
What for order or degree?

Let me screw thee up a peg:
Let me loose thy tongue with wine:
Callest thou that thing a leg?
Which is thinnest? thine or mine?

Thou shalt not be saved by works:
Thou hast been a sinner too:
Ruined trunks on withered forks,
Empty scarecrows, I and you!

Fill the cup, and fill the can:
Have a rouse before the morn:
Every moment dies a man,
Every moment one is born.

(Setzt Euch nieder ohne Scham,
Seit an Seit und Knie an Knie:
Was kümmert mich Euer Name,
was Euer Titel, Euer Rang?

Laßt mich eine Flasche öffnen:
Eure Zunge lockern mit Wein:
Nennt Ihr dieses da ein Bein?
Welches ist dünner? Eures oder meins?

Nicht erlösen werden Euch gute Taten:
Ein Sünder ward auch Ihr:
Verwitterte Stämme auf faulen Wurzeln,
Leere Vogelscheuchen, das sind wir!

Füllt den Krug, füllt den Becher:
Auf ein Gelage vor dem Morgen:
Jeden Augenblick stirbt ein Mensch,
Jeden Augenblick wird ein Mensch geboren.)

Dies sind Strophen aus einem Gedicht von Alfred Tennyson mit dem Titel »The Vision of Sin«. Wie es sich fügt, ist das Schlüsselwort der Name von Tennysons Frau, Emily Sellwood. Ich habe einen Ausschnitt aus diesem Gedicht als Beispiel für eine Kryptoanalyse gewählt, weil es Anlaß zu einem interessanten Briefwechsel zwischen Babbage und dem großen Dichter war. Babbage, den eifrigen Statistiker und Fachmann für Sterblichkeitstabellen, störten die Zeilen »Jeden Augenblick stirbt ein Mensch, jeden Augenblick wird ein Mensch geboren«. So erbot er sich, Tennysons »ansonsten wunderschönes« Gedicht zu korrigieren:

> Sollte dies zutreffen, würde die Weltbevölkerung offensichtlich stagnieren … Ich würde doch vorschlagen, daß Sie Ihr Gedicht für die nächste Auflage wie folgt ändern: »Jeden Augenblick stirbt ein Mensch, jeden Augenblick wird $1^1/_{16}$ Mensch geboren … Die tatsächliche Zahl ist so lang, daß ich sie nicht auf eine Zeile schreiben kann, doch ich glaube, die Zahl $1^1/_{16}$ ist für die Poesie hinreichend genau.
>
> Immer der Ihre,
> Charles Babbage

Babbage gelang die Kryptoanalyse der Vigenère-Verschlüsselung vermutlich im Jahr 1854, bald nach seiner Kabbelei mit Thwaites, doch seine Entdeckung fand keinerlei Anerkennung, denn er hat sie nie veröffentlicht. Sie kam erst im 20. Jahrhundert ans Licht, als Gelehrte Babbages umfangreichen Nachlaß sichteten. Unterdessen wurde das Verfahren unabhängig von Friedrich Wilhelm Kasiski entdeckt, einem pensionierten preußischen Offizier. Seit 1863, als er seinen kryptoanalytischen Durchbruch unter dem Titel *Die Geheimschriften und die Dechiffrierkunst* veröffentlichte, wird dieses Verfahren als Kasiski-Test bezeichnet, und der Beitrag von Babbage wird nur selten erwähnt.

Doch warum konnte sich Babbage nicht dazu entschließen, mit der Tatsache an die Öffentlichkeit zu gehen, daß er eine so wichtige Verschlüsselung geknackt hatte? Sicher hatte er die Gewohnheit, seine Vorhaben unvollendet zu lassen und seine Entdeckungen nicht zu veröffentlichen, und man könnte vermuten, es handle sich nur um ein weiteres Beispiel seiner laxen Haltung in diesen Dingen. Indes gibt es auch eine andere Erklärung. Seine Entdeckung machte er kurz nach dem Ausbruch des Krimkrieges, und eine Theorie lautet, sie habe den Briten einen klaren Vorteil gegenüber dem russischen Feind sicherte. Es ist durchaus möglich, daß der britische Geheimdienst von Babbage verlangte, seine Arbeit geheimzuhalten, und sich damit einen Vorsprung von neun Jahren vor dem Rest der Welt sicherte. Wenn dies der Fall war, dann würde dies zu der langen Tradition der Vertuschung großer Leistungen bei der Entschlüsselung von Geheimtexten im Interesse der nationalen Sicherheit passen – eine Praxis, die sich bis ins 20. Jahrhundert fortsetzt.

Von den »Säulen der Sehnsucht« zu einem vergrabenen Schatz

Dank der bahnbrechenden Leistungen von Charles Babbage und Friedrich Kasiski war die Vigenère-Verschlüsselung nicht mehr narrensicher. Von nun an konnten die Kryptographen die Geheimhaltung nicht mehr garantieren. Im Krieg um die Herrschaft über den Nachrichtenverkehr hatten die Kryptoanalytiker zurückgeschlagen. Zwar versuchten die Kryptographen neue Verschlüsselungsverfahren zu entwickeln, doch in der zweiten Hälfte des 19. Jahrhunderts entstand nichts von Bedeutung, und der Beruf des Kryptographen geriet in arge Schwierigkeiten. Unterdessen entflammte das Interesse einer breiteren Öffentlichkeit am Thema Geheimschriften.

Die Entwicklung des Telegrafen hatte nicht nur das wirtschaftliche Interesse an der Kryptographie geweckt, sondern auch die allgemeine Neugier. Nachrichten privater oder geschäftlicher Art mußten geschützt werden, das wurde bald klar, und wenn nötig, ließ man sie verschlüsseln, auch wenn ein Telegramm dadurch teurer wurde. Ein Telegrafist war in der Lage, Klartext mit einer Geschwindigkeit von bis zu 35 Wörtern pro Minute zu senden, weil er sich ganze Sätze einprägen und sie gleichsam automatisch übermitteln konnte. Dagegen brauchte er für das wilde Durcheinander von Buchstaben, aus denen ein verschlüsselter Text besteht, beträchtlich länger, weil er immer wieder auf der Vorlage nachsehen mußte, um die nächste Folge von Buchstaben zu lesen. Die allgemein gebräuchlichen Geheimschriften hätten dem Angriff eines professionellen Entschlüßlers nicht standgehalten, doch sie genügten, um Telegramme vor neugierigen Blicken zu schützen.

Daher machten die Menschen sich allmählich mit der Verschlüsselung vertraut und begannen nun auch ihre kryptographischen Fähigkeiten auf diese oder jene Weise zur Schau zu stellen. Zum Beispiel war es jungen Liebespaaren im viktorianischen England oft verboten, ihre Zuneigung offen zu äußern, sie konnten sich nicht einmal Briefe schreiben, denn die Eltern hätten sie ja abfangen und lesen können. So kamen viele Pärchen auf die Idee, über Kleinanzeigen in der Zeitung Botschaften auszutauschen. Diese »Säulen der Sehnsucht« (von englisch »column«, Säule und Zeitungsspalte), wie sie genannt wurden, weckten die Neugier der Kryptoanalytiker. Sie nahmen sich die kleinen Texte vor und versuchten ihre pikanten Inhalte zu entschlüsseln. Von Charles Babbage weiß man, daß er sich dieser Leidenschaft zusammen mit seinen Freunden Sir Charles Wheatstone und Baron Lyon Playfair hingab. Gemeinsam entwickelten sie auch die pfiffige Playfair-Verschlüsselung (siehe Anhang E). Einmal entzifferte Wheatstone eine Anzeige eines Oxford-Studenten in der *Times,* der seiner Angebeteten vorschlug, mit ihm durchzubrennen. Ein paar Tage später ließ Wheatstone seine eigene, entsprechend verschlüsselte Anzeige abdrucken, in der er dem Paar von dieser aufsässigen und unbesonnen Tat abriet. Kurz danach erschien eine dritte Botschaft, diesmal unverschlüsselt und von der beteiligten Dame: »Lieber Charlie, schreib nicht mehr. Unsere Geheimschrift wurde aufgedeckt.«

Bald las man in den Zeitungen auch andere Sorten verschlüsselter Botschaften. Kryptographen setzten verschlüsselte Texte in die Blätter, um ihre Kollegen herauszufordern. In verschlüsselten Botschaften kritisierte man auch Persönlichkeiten des öffentlichen Lebens oder Institutionen. Einmal druckte die *Times* ahnungslos den folgenden verschlüsselten Kommentar: »Die *Times* ist der Jeffreys der Presse.« Damit wurde die Zeitung mit dem berüchtigten Richter Jeffreys aus dem 17. Jahrhundert verglichen, was heißen sollte, daß sie ein rüdes und hämisches Blatt sei, das sich als Sprachrohr der Regierung hergab.

Ein weiteres Beispiel für die damals weite Verbreitung der Kryptographie war die Nadelstich-Verschlüsselung. Der griechische Historiker Aeneas der Taktiker schlug vor, winzige Löcher unter bestimmte Buchstaben einer scheinbar harmlosen Nachricht zu stechen, ähnlich den Punkten unter einigen Buchstaben dieses Abschnitts. Die gepunkteten Buchstaben sollten eine geheime Botschaft ergeben, die der eingeweihte Empfänger leicht lesen konnte. Wenn jedoch ein anderer die Seite in die Hände bekam, würde er die kaum wahrnehmbaren Nadellöcher und die geheime Botschaft wahrscheinlich übersehen. Zweitausend Jahre später benutzten englische Briefeschreiber dasselbe Verfahren, jedoch nicht wegen der Geheimhaltung, sondern um übermäßige Portokosten zu vermeiden. Vor der Reform des Postwesens Mitte des 19. Jahrhunderts kostete ein Brief etwa einen Shilling pro hundert Meilen, was sich die meisten Leute nicht leisten konnten. Zeitungen jedoch wurden kostenlos verschickt, und hier fand der sparsame Viktorianer ein Schlupfloch. Statt Briefe zu schreiben nahm man Nadeln zur Hand und piekste eine Botschaft in die Titelseite einer Zeitung. Diese konnte man dann auf die Post geben, ohne einen Penny bezahlen zu müssen.

Dank der wachsenden Faszination des Publikums fanden kryptographische Verfahren und Geheimschriften bald Eingang in die Literatur des 19. Jahrhunderts. In Jules Vernes *Reise zum Mittelpunkt der*

Erde bildet die Entzifferung eines Pergaments mit Runen den ersten Schritt einer epischen Reise. Die Symbole gehören zu einer Substitutions-Chiffre, die entschlüsselt einen lateinischen Text ergibt, der wiederum nur Sinn macht, wenn die Buchstabenfolge umgekehrt wird. »Steig hinunter in den Krater des Vulkans von Sneffels, kühner Reisender, wenn der Schatten von Scartaris ihn vor dem Julimonat sanft berührt, und du wirst den Mittelpunkt der Erde erreichen.« Im Jahr 1885 verwendet Verne wiederum eine Geheimschrift als Schlüsselelement in *Mathias Sandorff.* Auch Arthur Conan Doyle flocht ausgesprochen geschickt kryptographische Elemente in seine Erzählungen ein. Selbstverständlich ist Sherlock Holmes auch ein Experte in Sachen Kryptographie und, wie er Watson erklärt, »der Autor einer bescheidenen Abhandlung über dieses Thema, in der ich einhundertsechzig verschiedene Chiffrensysteme untersucht habe«. Die berühmteste Entschlüsselung Holmes' wird in *Die tanzenden Männchen* geschildert, wo es um eine Geheimschrift aus Strichmännchen geht, von denen jedes einen anderen Buchstaben darstellt.

Abbildung 19: Ein Teil der Geheimschrift aus *Die tanzenden Männchen,* einer Sherlock-Holmes-Geschichte von Arthur Conan Doyle.

Auf der anderen Seite des Atlantiks fand auch Edgar Allan Poe Interesse an der Kryptoanalyse. Als er für den *Alexander Weekly Messenger* in Philadelphia schrieb, forderte er seine Leser mit der Behauptung heraus, er könne jede monoalphabetische Geheimschrift entschlüsseln. Hunderte von Lesern schickten ihm ihre Kryptogramme, und Poe gelang es, sie allesamt zu entziffern. Obwohl er dazu nichts weiter als die Häufigkeitsanalyse benötigte, gerieten seine Leser ob dieser Fähigkeiten ganz aus dem Häuschen. Ein Bewunderer kürte Poe zum »profundesten und geschicktesten Kryptographen aller Zeiten«.

Poe, der nun das von ihm geweckte Interesse ausnutzen wollte, schrieb 1843 eine Kurzgeschichte, die sich um eine Geheimschrift dreht. Viele professionelle Kryptographen halten sie für das beste Stück Literatur zum Thema. In *Goldkäfer* erzählt Poe die Geschichte von William Legrande, der einen ungewöhnlichen Käfer, eben den Goldkäfer, entdeckt und ihn mit einem Stück Papier, das in der Nähe liegt, aufsammelt. Am Abend zeichnet er den Goldkäfer auf dieses Stück Papier. Ein Freund hält es gegen das Feuer, um sich die Skizze näher anzusehen. Doch die Zeichnung ist von einer unsichtbaren Tinte zerstört, die durch die Hitze der Flammen zum Vorschein gebracht wurde. Legrande untersucht die Zeichen, die nun lesbar geworden sind, und kommt zu der Überzeugung, daß er die verschlüsselten Ortsangaben für den Schatz von Captain Kidd in Händen hält. Der Rest der Geschichte ist eine klassische Darlegung der Häufigkeitsanalyse, die zur Entzifferung von Captain Kidds Hinweisen und zur Entdeckung des Schatzes führt.

Zwar entsprang der *Goldkäfer* Poes Phantasie, doch es gab im 19. Jahrhundert eine Episode mit ähnlichen Zügen. Bei der Beale-Schrift geht es um Abenteuer im Wilden Westen, um einen Cowboy, der ein riesiges Vermögen anhäufte, einen vergrabenen Schatz im Wert von 20 Millionen Dollar, und um einige mysteriöse verschlüsselte Dokumente, in denen die Lage des Schatzes beschrieben wird. Vieles von dem, was wir über diese Geschichte wissen, mitsamt den verschlüsselten Unterlagen, ist in einer kleinen Schrift enthalten, die 1885 in Lynchburg, einer Stadt in Virginia, veröffentlicht wurde. An diesem nur dreiundzwanzig Seiten langen Bändchen haben sich Generationen von Kryptoanalytikern die Zähne ausgebissen, und es hat Hunderte von Schatzsuchern in Bann geschlagen.

Die Geschichte beginnt 1823, fünfundsechzig Jahre vor Veröffentlichung der Schrift, im Washington Hotel zu Lynchburg. Der Schrift zufolge standen das Hotel und sein Besitzer, Robert Morriss, in sehr gutem Ruf: »Seine freundliche Art, seine strenge Redlichkeit und die erstklassige Führung des Hauses ließen ihn als Wirt bald berühmt werden, und sein Ruf verbreitete sich auch in anderen Staaten. Er führte das erste Haus in der Stadt, und keine Gesellschaft, die etwas auf sich hielt, traf sich irgendwo anders.« Im Januar 1820 kam ein

THE

BEALE PAPERS,

CONTAINING

AUTHENTIC STATEMENTS

REGARDING THE

TREASURE BURIED

IN

1819 AND 1821,

NEAR

BUFORDS, IN BEDFORD COUNTY, VIRGINIA,

AND

WHICH HAS NEVER BEEN RECOVERED.

PRICE FIFTY CENTS.

LYNCHBURG:
VIRGINIAN BOOK AND JOB PRINT,
1885.

Abbildung 20: Titelblatt der *Beale Papers,* der Broschüre, die alles enthält, was wir über das Geheimnis des Beale-Schatzes wissen.

Fremder namens Thomas J. Beale nach Lynchburg geritten und quartierte sich im Washington Hotel ein. »Von der äußerlichen Erscheinung her war er etwa einen Meter achtzig groß«, erinnerte sich Morriss, »mit rabenschwarzen Augen und ebensolchem Haar, das er länger trug, als es damals Mode war. Seine Gestalt war ebenmäßig und zeugte von ungewöhnlicher Kraft und Tatendrang; doch was besonders an ihm auffiel, war sein dunkles und wettergegerbtes Gesicht, so, als ob viel Sonne und Wetter es gründlich gebräunt und ihm die weiße Farbe entzogen hätten. Dies jedoch lenkte nicht von seiner Erscheinung ab. Für mich war er der schönste Mann, den ich je gesehen hatte.« Zwar verbrachte Beale den Rest des Winters bei Morriss und war »bei allen, besonders bei den Damen, höchst beliebt«, doch er sprach nie über seine Herkunft, seine Familie oder den Zweck seines Aufenthalts. Dann, Ende März, verschwand er so plötzlich, wie er gekommen war.

Zwei Jahre später, im Januar 1822, kehrte Beale ins Washington Hotel zurück, »dunkler und gegerbter als zuvor«. Wiederum verbrachte er den restlichen Winter in Lynchburg und verschwand dann im Frühjahr, doch zuvor vertraute er Morriss eine verschlossene eiserne Kiste an, die, wie er sagte, »Papiere von großem Wert und Belang« enthielten. Morriss stellte die Kiste in einen Tresor und dachte nicht weiter über deren Inhalt nach, bis er einen Brief von Beale erhielt, datiert vom 9. Mai 1822 und abgeschickt aus St. Louis. Nach ein paar höflichen Floskeln und einem Abschnitt über eine beabsichtigte Reise in die Großen Ebenen, »um Büffel zu jagen und den furchtbaren Grizzlys zu begegnen«, enthüllte Beale das Geheimnis der Kiste:

> Sie enthält Papiere, die für mein Schicksal und das vieler anderer, die geschäftlich mit mir zu tun haben, von entscheidender Bedeutung sind. Im Falle meines Todes wäre ihr Verlust wohl nicht wiedergutzumachen. Sie werden daher die Notwendigkeit einsehen, sie besonders scharf zu bewachen und dafür Sorge zu tragen, daß eine solche Katastrophe verhindert wird ... Sollte keiner von uns jemals zurückkehren, möchten Sie bitte die Box für einen Zeitraum von zehn Jahren sorgfältig aufbewahren, und wenn nicht ich oder jemand mit meiner Vollmacht ihre Rückgabe verlangt, werden

Sie die Kiste öffnen, indem Sie das Schloß entfernen. Sie werden neben den Papieren, die an Sie gerichtet sind, andere Papiere finden, die Sie ohne einen Schlüssel nicht werden lesen können. Einen solchen Schlüssel habe ich hier in der Hand eines Freundes hinterlassen, versiegelt und an Sie adressiert und mit der Anweisung, daß er nicht vor Juni 1832 ausgehändigt werden soll. Anhand dieses Schlüssels werden Sie voll und ganz verstehen, was Sie zu tun haben.

Morriss bewahrte die Kiste auch weiterhin pflichtbewußt auf und wartete darauf, daß Beale sie abholte, doch der geheimnisvolle schwarzgebrannte Mann kehrte nie nach Lynchburg zurück. Er verschwand ohne Erklärung und wurde nie mehr gesehen. Nach Ablauf von zehn Jahren hätte Morriss den Anweisungen im Brief folgen und die Kiste öffnen können, doch offenbar scheute er davor zurück, das Schloß aufzubrechen. Beale hatte geschrieben, daß Morriss im Juni eine Nachricht bekommen solle, und diese würde dann erläutern, wie der Inhalt der Kiste zu entschlüsseln war. Endlich, im Jahr 1845, gewann Morriss' Neugier die Oberhand, und er brach das Schloß auf. Die Kiste enthielt drei Blätter mit Zahlenchiffren und eine Notiz, die Beale in unverschlüsseltem Englisch geschrieben hatte.

Die fesselnde Notiz enthüllte die Wahrheit über Beale, die Kiste und die Chiffren. Im April 1817, hieß es da, fast drei Jahre vor seinem ersten Treffen mit Morriss, seien Beale und neunundzwanzig weitere Männer zu einer Reise durch Amerika aufgebrochen. Nachdem sie durch die reichen Jagdgründe der Westlichen Ebenen geritten waren, kamen sie nach Sante Fé und verbrachten den Winter in der »kleinen mexikanischen Stadt«. Im März brachen sie nach Norden auf und verfolgten eine »riesige Büffelherde«, wobei sie unterwegs so viele zur Strecke brachten, wie sie konnten. Dann, so Beale, trafen sie auf das große Glück:

Eines Tages, während wir den Büffeln folgten, campierte unsere Gruppe in einer kleinen Schlucht etwa 250 oder 300 Meilen nördlich von Santa Fé. Die Pferde waren angebunden, und wir bereiteten das Abendbrot vor, als einer der Männer in einem Felsspalt etwas entdeckte, das wie Gold aussah. Er zeigte es den andern, und wir kamen zu dem Schluß, daß es tatsächlich Gold war, was natürlich große Begeisterung hervorrief.

Beale und seine Männer, hieß es weiter in dem Brief, gruben dann mit Hilfe des örtlichen Stammes auf diesem Gelände nach Gold, und nach achtzehn Monaten hatten sie eine beträchtliche Menge des Edelmetalls sowie ein wenig Silber zusammen, das man in der Nähe gefunden hatte. Bald kam man überein, den plötzlichen Reichtum sicher zu verwahren, und beschloß, ihn nach Virginia zurückzubringen und ihn dort an einem geheimen Ort zu verstecken. Im Jahr 1820 reiste Beale mit dem Gold und Silber nach Lynchburg, fand einen geeigneten Platz und vergrub den Schatz. Während dieser Zeit logierte er zum ersten Mal im Washington Hotel und machte die Bekanntschaft von Morriss. Als Beale gegen Ende des Winters aufbrach, kehrte er zurück zu seinen Männern, die unterdessen weiter nach Gold gegraben hatten. Nach weiteren achtzehn Monaten ritt Beale erneut nach Lynchburg zurück und fügte seinem Vorrat weiteres Gold hinzu. Diesmal gab es jedoch noch einen anderen Grund für die Reise:

> Bevor ich meine Freunde in den Plains verließ, überlegten wir, daß der Schatz für unsere Angehörigen verloren sein würde, wenn uns etwas zustieße. Ich wurde daher angewiesen, eine vollkommen zuverlässige Person ausfindig zu machen, die, falls unsere Gruppe dies für angemessen hielt, ins Vertrauen gezogen werden sollte und unsere Wünsche hinsichtlich der jeweiligen Anteile ausführen sollte.

Beale hielt Morriss für einen integren Mann und übergab ihm deshalb die Kiste mit den drei verschlüsselten Blättern, den sogenannten Beale-Chiffren. Jedes Blatt enthielt eine Zahlenfolge, deren Entschlüsselung alle wesentlichen Einzelheiten enthüllen sollte; die erste Chiffre beschrieb angeblich, wo der Schatz lag, die zweite listete seinen Inhalt auf und die dritte nannte die Verwandten der Männer, die einen Teil des Schatzes erhalten sollten. Als Morriss all dies las, war es gut dreiundzwanzig Jahre her, seit er Thomas Beale zum letzten Mal

71, 194, 38, 1701, 89, 76, 11, 83, 1629, 48, 94, 63, 132, 16, 111,
95, 84, 341, 975, 14, 40, 64, 27, 81, 139, 213, 63, 90, 1120, 8, 15,
3, 126, 2018, 40, 74, 758, 485, 604, 230, 436, 664, 582, 150, 251,
284, 308, 231, 124, 211, 486, 225, 401, 370, 11, 101, 305, 139, 189,
17, 33, 88, 208, 193, 145, 1, 94, 73, 416, 918, 263, 28, 500, 538,
356, 117, 136, 219, 27, 176, 130, 10, 460, 25, 485, 18, 436, 65, 84,
200, 283, 118, 320, 138, 36, 416, 280, 15, 71, 224, 961, 44, 16, 401,
39, 88, 61, 304, 12, 21, 24, 283, 134, 92, 63, 246, 486, 682, 7,
219, 184, 360, 780, 18, 64, 463, 474, 131, 160, 79, 73, 440, 95, 18,
64, 581, 34, 69, 128, 367, 460, 17, 81, 12, 103, 820, 62, 116, 97,
103, 862, 70, 60, 1317, 471, 540, 208, 121, 890, 346, 36, 150, 59,
568, 614, 13, 120, 63, 219, 812, 2160, 1780, 99, 35, 18, 21, 136,
872, 15, 28, 170, 88, 4, 30, 44, 112, 18, 147, 436, 195, 320, 37,
122, 113, 6, 140, 8, 120, 305, 42, 58, 461, 44, 106, 301, 13, 408,
680, 93, 86, 116, 530, 82, 568, 9, 102, 38, 416, 89, 71, 216, 728,
965, 818, 2, 38, 121, 195, 14, 326, 148, 234, 18, 55, 131, 234, 361,
824, 5, 81, 623, 8, 961, 19, 26, 33, 10, 1101, 365, 92, 88, 181,
275, 346, 201, 206, 86, 36, 219, 324, 829, 840, 64, 326, 19, 48, 122,
85, 216, 284, 919, 861, 326, 985, 233, 64, 68, 232, 431, 960, 50, 29,
81, 216, 321, 603, 14, 612, 81, 360, 36, 51, 62, 194, 78, 60, 200,
314, 676, 112, 4, 28, 18, 61, 136, 247, 819, 921, 1060, 464, 895, 10,
6, 66, 119, 38, 41, 49, 602, 423, 962, 302, 294, 875, 78, 14, 23,
111, 109, 62, 31, 501, 823, 216, 280, 34, 24, 150, 1000, 162, 286,
19, 21, 17, 340, 19, 242, 31, 86, 234, 140, 607, 115, 33, 191, 67,
104, 86, 52, 88, 16, 80, 121, 67, 95, 122, 216, 548, 96, 11, 201,
77, 364, 218, 65, 667, 890, 236, 154, 211, 10, 98, 34, 119, 56, 216,
119, 71, 218, 1164, 1496, 1817, 51, 39, 210, 36, 3, 19, 540, 232, 22,
141, 617, 84, 290, 80, 46, 207, 411, 150, 29, 38, 46, 172, 85, 194,
39, 261, 543, 897, 624, 18, 212, 416, 127, 931, 19, 4, 63, 96, 12,
101, 418, 16, 140, 230, 460, 538, 19, 27, 88, 612, 1431, 90, 716, 275,
74, 83, 11, 426, 89, 72, 84, 1300, 1706, 814, 221, 132, 40, 102, 34,
868, 975, 1101, 84, 16, 79, 23, 16, 81, 122, 324, 403, 912, 227, 936,
447, 55, 86, 34, 43, 212, 107, 96, 314, 264, 1065, 323, 428, 601,
203, 124, 95, 216, 814, 2906, 654, 820, 2, 301, 112, 176, 213, 71,
87, 96, 202, 35, 10, 2, 41, 17, 84, 221, 736, 820, 214, 11, 60, 760.

Abbildung 21: Die erste Beale-Chiffre.

115, 73, 24, 807, 37, 52, 49, 17, 31, 62, 647, 22, 7, 15, 140, 47, 29, 107, 79, 84, 56, 239, 10, 26, 811, 5, 196, 308, 85, 52, 160, 136, 59, 211, 36, 9, 46, 316, 554, 122, 106, 95, 53, 58, 2, 42, 7, 35, 122, 53, 31, 82, 77, 250, 196, 56, 96, 118, 71, 140, 287, 28, 353, 37, 1005, 65, 147, 807, 24, 3, 8, 12, 47, 43, 59, 807, 45, 316, 101, 41, 78, 154, 1005, 122, 138, 191, 16, 77, 49, 102, 57, 72, 34, 73, 85, 35, 371, 59, 196, 81, 92, 191, 106, 273, 60, 394, 620, 270, 220, 106, 388, 287, 63, 3, 6, 191, 122, 43, 234, 400, 106, 290, 314, 47, 48, 81, 96, 26, 115, 92, 158, 191, 110, 77, 85, 197, 46, 10, 113, 140, 353, 48, 120, 106, 2, 607, 61, 420, 811, 29, 125, 14, 20, 37, 105, 28, 248, 16, 159, 7, 35, 19, 301, 125, 110, 486, 287, 98, 117, 511, 62, 51, 220, 37, 113, 140, 807, 138, 540, 8, 44, 287, 388, 117, 18, 79, 344, 34, 20, 59, 511, 548, 107, 603, 220, 7, 66, 154, 41, 20, 50, 6, 575, 122, 154, 248, 110, 61, 52, 33, 30, 5, 38, 8, 14, 84, 57, 540, 217, 115, 71, 29, 84, 63, 43, 131, 29, 138, 47, 73, 239, 540, 52, 53, 79, 118, 51, 44, 63, 196, 12, 239, 112, 3, 49, 79, 353, 105, 56, 371, 557, 211, 515, 125, 360, 133, 143, 101, 15, 284, 540, 252, 14, 205, 140, 344, 26, 811, 138, 115, 48, 73, 34, 205, 316, 607, 63, 220, 7, 52, 150, 44, 52, 16, 40, 37, 158, 807,37, 121, 12, 95, 10, 15, 35, 12, 131, 62, 115, 102, 807, 49, 53, 135, 138, 30, 31, 62, 67, 41, 85, 63, 10, 106, 807, 138, 8, 113, 20, 32, 33, 37, 353, 287, 140, 47, 85, 50, 37, 49, 47, 64, 6, 7, 71, 33, 4, 43, 47, 63, 1, 27, 600, 208, 230, 15, 191, 246, 85, 94, 511, 2, 270, 20, 39, 7, 33, 44, 22, 40, 7, 10, 3, 811, 106, 44, 486, 230, 353, 211, 200, 31, 10, 38, 140, 297, 61, 603, 320, 302, 666, 287, 2, 44, 33, 32, 511, 548, 10, 6, 250, 557, 246, 53, 37, 52, 83, 47, 320, 38, 33, 807, 7, 44, 30, 31, 250, 10, 15, 35, 106, 160, 113, 31, 102, 406, 230, 540, 320, 29, 66, 33, 101, 807, 138, 301, 316, 353, 320, 220, 37, 52, 28, 540, 320, 33, 8, 48, 107, 50, 811, 7, 2, 113, 73, 16, 125, 11, 110, 67, 102, 807, 33, 59, 81, 158, 38, 43, 581, 138, 19, 85, 400, 38, 43, 77, 14, 27, 8, 47, 138, 63, 140, 44, 35, 22, 177, 106, 250, 314, 217, 2, 10, 7, 1005, 4, 20, 25, 44, 48, 7, 26, 46, 110, 230, 807, 191, 34, 112, 147, 44, 110, 121, 125, 96, 41, 51, 50, 140, 56, 47, 152, 540, 63, 807, 28, 42, 250, 138, 582, 98, 643, 32, 107, 140, 112, 26, 85, 138, 540, 53, 20, 125, 371, 38, 36, 10, 52, 118, 136, 102, 420, 150, 112, 71, 14, 20, 7, 24, 18, 12, 807, 37, 67, 110, 62, 33, 21, 95, 220, 511, 102, 811, 30, 83, 84, 305, 620, 15, 2, 108, 220, 106, 353, 105, 106, 60, 275, 72, 8, 50, 205, 185, 112, 125, 540, 65, 106, 807, 188, 96, 110, 16, 73, 33, 807, 150, 409, 400, 50, 154, 285, 96, 106, 316, 270, 205, 101, 811, 400, 8, 44, 37, 52, 40, 241, 34, 205, 38, 16, 46, 47, 85, 24, 44, 15, 64, 73, 138, 807, 85, 78, 110, 33, 420, 505, 53, 37, 38, 22, 31, 10, 110, 106, 101, 140, 15, 38, 3, 5, 44, 7, 98, 287, 135, 150, 96, 33, 84, 125, 807, 191, 96, 511, 118, 440, 370, 643, 466, 106, 41, 107, 603, 220, 275, 30, 150, 105, 49, 53, 287, 250, 208, 134, 7, 53, 12, 47, 85, 63, 138, 110, 21, 112, 140, 485, 486, 505, 14, 73, 84, 575, 1005, 150, 200, 16, 42, 5, 4, 25, 42, 8, 16, 81 1, 125, 160, 32, 205, 603, 807, 81, 96, 405, 41, 600, 136, 14, 20, 28, 26, 353, 302, 246, 8, 131, 160, 140, 84, 440, 42, 16, 811, 40, 67, 101, 102, 194, 138, 205, 51, 63, 241, 540, 122, 8, 10, 63, 140, 47, 48, 140, 288.

Abbildung 22: Die zweite Beale-Chiffre.

317, 8, 92, 73, 112, 89, 67, 318, 28, 96, 107, 41, 631, 78, 146, 397, 118, 98, 114, 246, 348, 116, 74, 88, 12, 65, 32, 14, 81, 19, 76, 121, 216, 85, 33, 66, 15, 108, 68, 77, 43, 24, 122, 96, 117, 36, 211, 301, 15, 44, 11, 46, 89, 18, 136, 68, 317, 28, 90, 82, 304, 71, 43, 221, 198, 176, 310, 319, 81, 99, 264, 380, 56, 37, 319, 2, 44, 53, 28, 44, 75, 98, 102, 37, 85, 107, 117, 64, 88, 136, 48, 154, 99, 175, 89, 315, 326, 78, 96, 214, 218, 311, 43, 89, 51, 90, 75, 128, 96, 33, 28, 103, 84, 65, 26, 41, 246, 84, 270, 98, 116, 32, 59, 74, 66, 69, 240, 15, 8, 121, 20, 77, 89, 31, 11, 106, 81, 191, 224, 328, 18, 75, 52, 82, 117, 201, 39, 23, 217, 27, 21, 84, 35, 54, 109, 128, 49, 77, 88, 1, 81, 217, 64, 55, 83, 116, 251, 269, 311, 96, 54, 32, 120, 18, 132, 102, 219, 211, 84, 150, 219, 275, 312, 64, 10, 106, 87, 75, 47, 21, 29, 37, 81, 44, 18, 126, 115, 132, 160, 181, 203, 76, 81, 299, 314, 337, 351, 96, 11, 28, 97, 318, 238, 106, 24, 93, 3, 19, 17, 26, 60, 73, 88, 14, 126, 138, 234, 286, 297, 321, 365, 264, 19, 22, 84, 56, 107, 98, 123, 111, 214, 136, 7, 33, 45, 40, 13, 28, 46, 42, 107, 196, 227, 344, 198, 203, 247, 116, I9, 8, 212, 230, 31, 6, 328, 65, 48, 52, 59, 41, 122, 33, 117, 11, 18, 25, 71, 36, 45, 83, 76, 89, 92, 31, 65, 70, 83, 96, 27, 33, 44, 50, 61, 24, 112, 136, 149, 176, 180, 194, 743, 171, 205, 296, 87, 12, 44, 51, 89, 98, 34, 41, 208, 173, 66, 9, 35, 16, 95, 8, 113, 175, 90, 56, 203, 19, 177, 183, 206, 157, 200, 218, 260, 291, 305, 618, 951, 320, 18, 124, 78, 65, 19, 32, 124, 48, 53, 57, 84, 96, 207, 244, 66, 82, 119, 71, 11, 86, 77, 213, 54, 82, 316, 245, 303, 86, 97, 106, 212, 18, 37, 15, 81, 89, 16, 7, 81, 39, 96, 14, 43, 216, 118, 29, 55, 109, 136, 172, 213, 64, 8, 227, 304, 611, 221, 364, 819, 375, 128, 296, 1, 18, 53, 76, 10, 15, 23, 19, 71, 84, 120, 134, 66, 73, 89, 96, 230, 48, 77, 26, 101, 127, 936, 218, 439, 178, 171, 61, 226, 313, 215, 102, 18, 167, 262, 114, 218, 66, 59, 48, 27, 19, 13, 82, 48, 162, 119, 34, 127, 139, 34, 128, 129, 74, 63, 120, 11, 54, 61, 73, 92, 180, 66, 75, 101, 124, 265, 89, 96, 126, 274, 896, 917, 434, 461, 235, 890, 312, 413, 328, 381, 96, 105, 217, 66, 118, 22, 77, 64, 42, 12, 7, 55, 24, 83, 67, 97, 109, 121, 135, 181, 203, 219, 228, 256, 21, 34, 77, 319, 374, 382, 675, 684, 717, 864, 203, 4, 18, 92, 16, 63, 82, 22, 46, 55, 69, 74, 112, 134, 186, 175, 119, 213, 416, 312, 343, 264, 119, 186, 218, 343, 417, 845, 951, 124, 209, 49, 617, 856, 924, 936, 72, 19, 28, 11, 35, 42, 40, 66, 85, 94, 112, 65, 82, 115, 119, 236, 244, 186, 172, 112, 85, 6, 56, 38, 44, 85, 72, 32, 47, 73, 96, 124, 217, 314, 319, 221, 644, 817, 821, 934, 922, 416, 975, 10, 22, 18, 46, 137, 181, 101, 39, 86, 103, 116, 138, 164, 212, 218, 296, 815, 380, 412, 460, 495, 675, 820, 952.

Abbildung 23: Die dritte Beale-Chiffre.

gesehen hatte. Morriss ging davon aus, daß Beale und seine Männer tot waren, und fühlte sich verpflichtet, das Gold zu finden und es an die Verwandten zu verteilen. Allerdings war er ohne den versprochenen Schlüssel gezwungen, die Chiffren auf eigene Faust zu entschlüsseln, eine Aufgabe, die ihn in den nächsten zwanzig Jahren in Anspruch nahm und an der er schließlich scheiterte.

Im Jahre 1862, im Alter von 84 Jahren, wurde Morriss klar, daß sein Leben zu Ende ging und daß er jemanden finden mußte, mit dem er das Geheimnis der Beale-Geheimschrift teilen konnte, denn sonst würde jede Hoffnung, Beales Wünsche zu erfüllen, mit ihm begraben werden. Morriss vertraute sich einem Freund an, doch leider bleibt dessen Identität ein Rätsel. Alles, was wir von Morriss' Freund wissen, ist, daß er 1885 die kleine Schrift verfaßte, weshalb ich ihn im folgenden schlicht als *den Verfasser* bezeichne. Der Verfasser selbst erklärt in seiner Schrift, warum er anonym bleiben will: »Ich sehe voraus, daß diese Papiere weite Verbreitung finden. Um einer Vielzahl von Briefen zu entgehen, mit denen ich aus allen Teilen der Union überschüttet würde, mit allen möglichen Anfragen und Begehrlichkeiten, die, wenn ich ihnen nachkommen würde, meine gesamte Zeit in Anspruch nähmen und nur die Art meiner Arbeit ändern würden, habe ich beschlossen, meinen Namen aus dieser Publikation zu streichen, wobei ich allen Interessierten versichere, daß ich alles mitgeteilt habe, was ich von dieser Sache weiß, und daß ich den hierin enthaltenen Ausführungen kein Wort hinzufügen kann.« Um seine Anonymität zu wahren, bat der Verfasser James B. Ward, als sein Agent und Verleger zu fungieren.

Alles, was wir über die seltsame Geschichte der Beale-Chiffren wissen, ist in dieser Schrift enthalten. Dem Verfasser verdanken wir die drei Blätter mit den Chiffren und Morriss' Schilderung der Geschichte. Zudem ist es dem Verfasser gelungen, die zweite Beale-Chiffre zu entschlüsseln. Wie die erste und die dritte besteht die zweite Chiffre aus einer Zahlenfolge, die eine Seite füllt. Der Verfasser nahm an, daß jede Zahl einen Buchstaben darstelle. Allerdings übertrifft die Gesamtzahl der Zahlen bei weitem die der Buchstaben im Alphabet, und der Verfasser erkannte, daß er es mit einer Verschlüsselung zu tun hatte, bei der verschiedene Zahlen für denselben

Buchstaben stehen. Ein Verfahren, bei dem so vorgegangen wird, ist die sogenannte *Buch-Verschlüsselung.* Es gibt verschiedene Spielarten, doch eine verbreitete Methode nutzt ein Buch oder einen anderen Text als Schlüssel. Der Verschlüßler numeriert zunächst der Reihe nach jedes Wort im Schlüsseltext. Dann wird jede Zahl zum Stellvertreter des jeweiligen Anfangsbuchstabens. [1]Wenn [2]Sender [3]und [4]Empfänger [5]sich [6]zum [7]Beispiel [8]abgesprochen [9]hätten, [10]diesen [11]Satz [12]als [13]Schlüsseltext [14]zu [15]verwenden, [16]dann [17]ließe [18]sich [19]jedes [20]Wort, [21]wie [22]hier [23]gezeigt, [24]mit [25]einer [26]Zahl [27]versehen. Als nächstes wird eine Liste mit den Zuordnungen von Zahlen und Buchstaben angefertigt.

1 = w	10 = d	19 = j
2 = s	11 = s	20 = w
3 = u	12 = a	21 = w
4 = e	13 = s	22 = h
5 = s	14 = z	23 = g
6 = z	15 = v	24 = m
7 = b	16 = d	25 = e
8 = a	17 = l	26 = z
9 = h	18 = s	27 = v

Jetzt können wir eine Nachricht verschlüsseln, indem wir gemäß der Liste die Buchstaben im Klartext durch die Zahlen ersetzen. In diesem Beispiel würde der Klartextbuchstabe u durch 3 ersetzt, doch der Klartextbuchstabe e könnte durch 4 und durch 25 ersetzt werden. Weil unser Schlüsseltext ein so kurzer Satz ist, haben wir keine Zahlen, mit denen wir seltene Buchstaben wie x und y ersetzen können, doch wir haben genügend Stellvertreter, um das Wort beale zu verschlüsseln, das zu 7-4-8-17-25 wird. Wenn der richtige Empfänger eine Kopie des Schlüsseltextes hat, dann ist die Entschlüsselung der geheimen Botschaft ein Kinderspiel. Wenn jedoch der Geheimtext in die Hände Dritter gelangt, dann hängt die Entschlüsselung davon ab, ob man den Schlüsseltext irgendwie ausfindig machen kann. Der Verfasser der Schrift erklärt: »Aufgrund dieser Idee probierte ich es mit jedem Buch, das ich mir verschaffen konnte. Ich numerierte die Buchstaben durch und verglich die Zahlen mit denen des Manuskripts, allerdings ohne Erfolg, bis die Unabhängigkeitserklärung den Schlüssel für eines der Blätter ergab und all meine Hoffnungen wiederbelebte.«

Die amerikanische Unabhängigkeitserklärung erwies sich als Schlüsseltext der zweiten Beale-Geheimschrift. Indem man ihre Wörter durchnumeriert, läßt sich der Text entziffern. Abbildung 24 zeigt den Anfang der Unabhängigkeitserklärung. Jedes zehnte Wort ist numeriert, um zu verdeutlichen, wie die Entschlüsselung funktioniert. Abbildung 22 (s. o. S. 114) zeigt den Geheimtext – die erste Zahl ist die 115, das 115te Wort in der Erklärung ist »instituted«, und deshalb steht die erste Zahl für i. Die zweite Zahl im Geheimtext ist 73, das 73te Wort in der Erklärung ist »hold«, also steht sie für h. Auf diese Weise läßt sich der Klartext hinter dem zweiten Geheimtext von Beale entziffern. Hier ist der entschlüsselte Text, wie er in der Schrift abgedruckt ist:

> Ich habe in Bedford County, etwa vier Meilen von Buford, in einer Aushöhlung sechs Meter unter der Erdoberfläche, die folgenden Gegenstände deponiert, die jenen Personen gehören, welche in Nummer »3« genannt sind:
> Das erste Depot besteht aus 1014 Pfund Gold und 3812 Pfund Silber, eingelagert im November 1819. Das zweite Depot wurde im Dezember 1821 angelegt und besteht aus 1907 Pfund Gold und 1280 Pfund Silber; zudem Juwelen, erworben in St. Louis im Tausch für Silber, um den Transport zu erleichtern, und auf 13000 Dollar geschätzt.
> Obiges ist sicher in eisernen Gefäßen mit Eisendeckeln verpackt. Der Hohlraum ist grob mit Steinen umfaßt und die Gefäße ruhen auf hartem Gestein und sind mit solchem bedeckt. Papier Nummer »1« beschreibt die genaue Lage des Hohlraums, so daß es nicht schwierig sein dürfte, ihn zu finden.

Nicht übergangen werden sollte, daß der Geheimtext einige Fehler enthält. So ergibt die Entschlüsselung etwa die Wörter »vier Meilen«, was bedeuten würde, daß das 95te Wort der Unabhängigkeitser-

When in the course of human events, it becomes necessary [10]for one people to dissolve the political bands which have [20]connected them with another, and to assume among the powers [30]of the earth, the separate and equal station to which [40]the Laws of Nature and of Nature's God entitle [50]them, a decent respect to the opinions of mankind requires [60]that they should declare the causes which impel them to [70]the separation.

We hold these truths to be self-evident, [80]that all men are created equal, that they are endowed [90]by their Creator with certain inalienable Rights, that among these [100]are life, liberty and the pursuit of Happiness; That to [110]secure these rights, governments are instituted among Men, deriving their [120]just powers from the consent of the governed; That whenever [130]any Form of Government becomes destructive of these ends, it [140]is the right of the people to alter or to [150]abolish it, and to institute a new government, laying [160]its foundation on such principles and organizing its powers in such [170]form, as to them shall seem most likely to effect [180]their safety and happiness. Prudence, indeed, will dictate that Governments [190]long established should not be changed for light and transient [200]causes; and accordingly all experience hath shewn, that mankind are [210]more disposed to suffer, while evils are sufferable, than to [220]right themselves by abolishing the forms to which they are [230]accustomed.

But when a long train of abuses and usurpations, [240]pursuing invariably the same object evinces a design to reduce them [250]under absolute Despotism, it is their right, it is their [260]duty, to throw off such governent, and to provide new [270]Guards for their future security. Such has been the patient [280]sufferance of these Colonies; and such is now the necessity [290]which constrains them to alter their former systems of government. [300]The history of the present King of Great Britain is [310]a history of repeated injuries and usurpations, all having in [320]direct object the establishment of an absolute Tyranny over these [330]States. To prove this, let facts be submitted to a [340]candid world.

Abbildung 24: Die ersten drei Abschnitte der amerikanischen Unabhängigkeitserklärung, bei der jedes zehnte Wort numeriert ist. Dies ist der Schlüssel für die zweite Beale-Chiffre.

klärung mit »u« beginnt. Dieses Wort lautet jedoch »inalienable«. Man könnte dies Beales schlampiger Verschlüsselung zuschreiben oder auch dem Umstand, daß Beale ein Exemplar der Unabhängigkeitserklärung besaß, in dem das 95te Wort »unalienable« ist, das tatsächlich in einigen Auflagen aus dem frühen 19. Jahrhundert auftaucht. Wie auch immer, die erfolgreiche Entzifferung ließ eindeutig auf den Wert des Schatzes schließen – mindestens 20 Millionen Dollar bei den heutigen Edelmetallpreisen.

Sobald der Verfasser den Wert des Schatzes kannte, verbrachte er natürlich immer mehr Zeit damit, die anderen beiden verschlüsselten Seiten zu dechiffrieren, besonders die erste, die den Ort des Schatzes beschreibt. Trotz heftiger Anstrengungen scheiterte er. Die Zahlenreihen brachten ihm nichts als Leid ein:

> Da ich mit dieser Suche sehr viel Zeit verloren habe, bin ich nicht mehr, wie einst, verhältnismäßig wohlhabend, sondern völlig verarmt. Damit habe ich auch Leid über jene gebracht, die ich pflichtgemäß hätte schützen müssen, und dies auch noch ungeachtet ihrer Ermahnungen. Endlich gehen mir die Augen über ihr Leiden auf, und ich beschließe, sofort und für immer alle Beschäftigung mit dieser Angelegenheit aufzugeben und wenn möglich meine Fehler wiedergutzumachen. Zu diesem Zweck und als bestes Mittel, um mich vor künftiger Versuchung zu schützen, habe ich beschlossen, die ganze Sache öffentlich zu machen und mir die Verantwortung gegenüber Mr. Morriss von der Schulter zu laden.

So wurden die Geheimtexte, zusammen mit allem andern, was der Verfasser wußte, im Jahr 1885 veröffentlicht. Obwohl ein Feuer in einem Lagerhaus die meisten Exemplare der Schrift zerstörte, erregten die übriggebliebenen in Lynchburg einiges Aufsehen. Zu den eifrigsten Schatzsuchern, die von den Beale-Chiffren angezogen wurden, gehörten die Brüder George und Clayton Hart. Jahrelang brüteten sie über den beiden verbliebenen Geheimtexten und unternahmen verschiedene kryptoanalytische Angriffe, wobei sie sich gelegentlich auch einredeten, die Lösung gefunden zu haben. Ein falscher Ansatz läßt gelegentlich ein paar verlockende Wörter in einem

Meer aus Nonsens auftauchen, und die Entschlüßler neigen dann dazu, den unverständlichen Rest mit einer Reihe fauler Ausreden wegzuerklären. Für den nüchternen Beobachter ist die Entzifferung offensichtlich nichts weiter als Wunschdenken, doch für den vernarrten Schatzsucher macht alles Sinn. Eine der versuchsweisen Entschlüsselungen der Harts brachte sie so weit, irgendwo mit Dynamit ein Loch in die Erde zu sprengen – doch leider fand sich in dem entstandenen Krater kein Gold. Während Clayton Hart 1912 aufgab, arbeitete George bis 1952 an den Beale-Chiffren. Ein noch beharrlicherer Beale-Fanatiker war Hiram Herbert Jr., der 1923 anbiß und bis in die siebziger Jahre seiner Obsession folgte. Auch er hatte am Ende seiner Mühen nichts vorzuweisen.

Auch professionelle Kryptoanalytiker verfolgten die Spur des Beale-Schatzes. Herbert O. Yardley, der gegen Ende des Ersten Weltkriegs das U.S. Cipher Bureau gründete (das als Schwarze Kammer Amerikas bezeichnet wurde), fesselten die Beale-Zahlen ebenso wie Colonel William Friedman, die bedeutendste Gestalt der amerikanischen Kryptoanalyse in der ersten Hälfte des 20. Jahrhunderts. Als Leiter des Signal Intelligence Service baute er die Beale-Zahlen in das Trainingsprogramm ein, vermutlich, wie seine Frau einst sagte, weil er glaubte, die Zahlen seien von »diabolischer Genialität, eigens darauf angelegt, den arglosen Leser in die Irre zu führen«. Das Friedman-Archiv, das nach seinem Tod 1969 im George C. Marschall Forschungszentrum eingerichtet wurde, wird häufig von Militärhistorikern konsultiert, doch die bei weitem meisten Besucher sind versessene Beale-Süchtige, die darauf hoffen, einen der Ansätze des großen Mannes weiterverfolgen zu können. In jüngerer Zeit hat sich bei der Jagd nach dem Beale-Schatz vor allem Carl Hammer hervorgetan, der pensionierte Direktor der Abteilung für Computerwissenschaft bei Sperry Univac und einer der Pioniere der computergestützten Kryptoanalyse. Hammer zufolge beschäftigen die Beale-Zahlen »mindestens ein Zehntel der besten kryptoanalytischen Köpfe im Land. Und keinem Dollar, den dies kostet, sollte nachgetrauert werden. Die Arbeit – selbst die Spuren, die in Sackgassen mündeten – hat sich in bei der Fortentwicklung und Verfeinerung der Computerforschung mehr als ausgezahlt«. Hammer ist ein prominentes Mitglied der Beale Cypher and Treasure Association, die in den sechziger Jahren gegründet wurde, um das Interesse an dem Rätsel wachzuhalten. Anfangs verlangte der Verein von jedem Mitglied, das den Schatz finden sollte, ihn mit den anderen Mitgliedern zu teilen, doch diese Verpflichtung schien viele Beale-Schatzgräber abzuschrecken, und man ließ die Bestimmung bald wieder fallen.

Trotz der vereinten Anstrengung des Beale-Vereins, von Schatzsuchern und professionellen Kryptoanalytikern, sind die erste und die dritte Beale-Chiffre seit über einem Jahrhundert ein Rätsel, und Beales Gold, Silber und Juwelen sind bis heute nicht aufgetaucht. Viele Versuche setzten bei der Unabhängigkeitserklärung an, dem Schlüssel für die zweite Beale-Chiffre. Zwar bringt eine schlichte Numerierung des Textes nichts Brauchbares für die erste und dritte Geheimschrift, doch die Kryptoanalytiker versuchten es auch mit anderen Ansätzen, etwa der Numerierung von hinten nach vorn oder jedes zweiten Wortes, doch bislang ohne Erfolg. Ein Problem ist, daß die erste Geheimschrift Zahlen bis 2906 enthält, die Unabhängigkeitserklärung jedoch nur 1322 Wörter. Deshalb hat man auch andere Texte und Bücher als mögliche Schlüssel herangezogen, und viele Kryptoanalytiker erwogen die Möglichkeit eines vollkommen neuen Verschlüsselungsverfahrens.

Die Stärke der ungelösten Beale-Chiffren mag die Leser verblüffen, vor allem, wenn sie daran denken, daß wir weiter oben den Dauerclinch zwischen Verschlüßlern und Entschlüßlern an einem Punkt verließen, an dem die Codebrecher die Oberhand gewonnen hatten. Babbage und Kasiski hatten ein Verfahren entwickelt, um die Vigenère-Verschlüsselung zu knacken, und die Verschlüßler suchten verzweifelt nach etwas, das an ihre Stelle treten könnte. Wie kommt es dann, daß Beale etwas derart Unüberwindliches in die Welt setzen konnte? Die Antwort lautet, daß die Beale-Geheimschriften unter Bedingungen geschaffen wurden, die dem Kryptographen einen großen Vorteil gewährten. Die Botschaften waren ein einmaliges Stück Korrespondenz, und weil sie sich auf einen so wertvollen Schatz bezogen, war Beale vielleicht bereit, einen besonderen, einmaligen Schlüssel für die erste und dritte Geheimschrift zu schaffen. Es ist möglich, daß Beale selbst den Schlüsseltext verfaßte, was erklären würde, warum es den Kryptoanalytikern nicht gelang, den Schlüssel anhand des gesamten publizierten Materials zu finden. Es ist denkbar, daß Beale eine 2000 Wörter umfassende private Abhandlung über die Büffeljagd schrieb, von der es nur ein Exemplar gab. Nur der Besitzer des Aufsatzes, des einzigartigen Schlüsseltextes, wäre dann in der Lage, die erste und dritte Geheimschrift Beales zu entziffern. Beale erwähnt, daß er den Schlüssel »in der Hand eines Freundes« in St. Louis gelassen hat, doch wenn der Freund ihn verloren oder vernichtet hat, dann sind die Kryptoanalytiker vielleicht nie in der Lage, die Beale-Geheimtexte zu knacken.

Einen einmaligen Schlüsseltext für eine Botschaft zu verfassen ist viel sicherer als einen Schlüssel auf Basis eines veröffentlichten Buches zu verwenden, doch praktikabel ist es nur, wenn der Sender die Zeit hat, den Schlüsseltext zu schreiben, und ihn dem richtigen Empfänger überbringen kann, und das sind für den täglichen Nachrichtenverkehr zwischen Geschäftspartnern unmögliche Voraussetzungen. Beale jedoch konnte seinen Schlüsseltext in aller Ruhe verfassen, ihn seinem Freund in St. Louis bringen, wann immer er zufällig auf der Durchreise war, und ihn dann zu einem frei gewählten späteren Zeitpunkt versenden oder abholen lassen, wann auch immer der Schatz geborgen werden sollte.

Ein andere Theorie, die erklärt, warum die Beale-Chiffren unentschlüsselbar sind, lautet, daß der Verfasser der Schrift sie absichtlich verfälschte, bevor er sie veröffentlichte. Vielleicht wollte der Verfasser den Schlüssel, der angeblich in den Händen von Beales Freund in St. Louis war, diesem Freund nur entlocken. Hätte er die Dokumente fehlerfrei veröffentlicht, dann hätte der Freund sie entziffern und das Gold erbeuten können, und der Verfasser hätte keine Belohnung für seine Mühen erhalten. Verfälschte er jedoch die Geheimschriften, dann hätte der Freund am Ende erkennen müssen, daß er die Hilfe des Verfassers brauchte und Verbindung mit dem Verleger Ward aufnehmen mußte, der wiederum den Verfasser informiert hätte. Der Verfasser hätte dann die richtigen Zahlen gegen einen Anteil am Schatz aushändigen können.

Es ist auch möglich, daß der Schatz vor vielen Jahren entdeckt wurde und der Finder sich mit ihm davongestohlen hat, ohne von den Ortsansässigen bemerkt zu werden. Einige Beale-Fanatiker mit einer Neigung zu Verschwörungstheorien behaupten, die National Security Agency (NSA) habe den Schatz bereits gefunden. Die zentrale amerikanische Chiffrierbehörde verfügt über die stärksten Computer und einige der brillantesten Köpfe der Welt. Vielleicht hat man dort etwas an den Geheimschriften entdeckt, das allen andern entgangen ist. Daß man kein Wort gesagt hat, würde zum Ruf der Verschwiegenheit passen – es heißt, NSA stehe nicht für National Security Agency, sondern für »Never Say Anything« (Sag nie was) oder »No Such Agency« (Eine solche Behörde gibt's nicht).

Schließlich können wir auch die Möglichkeit nicht ausschließen, daß die Beale-Chiffren ein grandioser Jux sind und daß Beale nie gelebt hat. Skeptische Stimmen behaupten, daß ein Unbekannter, von Poes *Goldkäfer* inspiriert, die ganze Geschichte erfunden und die Schrift veröffentlicht hat, um aus der Gier anderer Gewinn zu schlagen. Anhänger der Jux-Theorie suchen nach Widersprüchen und Schwachpunkten in Beales Geschichte. So enthält dem Verfasser zufolge Beales Brief, der in der Kiste enthalten war und angeblich 1822 geschrieben wurde, das Wort *stampede,* doch dieses Wort erschien 1844 erstmals in gedruckter Form. Allerdings ist es durchaus möglich, daß das Wort im Wilden Westen schon viel früher allgemein gebräuchlich war und Beale es bei seinen Reisen aufgeschnappt hat.

Zu den stärksten Skeptikern gehört der Kryptograph Louis Kruh, der behauptet, den Beweis gefunden zu haben, daß der Verfasser der Schrift auch Beales Briefe geschrieben hat, den einen, der ihm angeblich aus St. Louis zugegangen war, und den anderen aus der Kiste. Kruh untersuchte die Wörter des Textes, die dem Verfasser zugeschrieben werden, und diejenigen, die angeblich von Beale stammen, um herauszufinden, ob es Ähnlichkeiten gibt. Er verglich Textmerkmale, etwa den Prozentsatz von Sätzen, die mit The, Of und And beginnen, die durchschnittliche Zahl der Kommas und Strichpunkte pro Satz, den Stil, etwa die Verwendung von Verneinungen, Passiven, Verlaufsformen und Relativsätzen. Neben dem Text des Verfassers und Beales Briefen bezog die Untersuchung auch die Schriften dreier anderer Virginier des 19. Jahrhunderts mit ein. Von den fünf Textproben hatten die von Beale und dem Verfasser der Schrift die größte Ähnlichkeit, und daher ist es durchaus möglich, daß sie vom selben Autor stammen. Mit anderen Worten, der Verfasser hat womöglich die Beale zugeschriebenen Briefe selbst fabriziert und die ganze Geschichte frei erfunden.

Andererseits gibt es mehrere Beweisquellen für die Echtheit der Beale-Geheimschriften. Erstens, wenn die unentschlüsselten Geheimtexte Schwindeleien wären, dann wäre zu erwarten, daß der Scharlatan kaum oder überhaupt nicht darauf geachtet hätte, welche Zahlen er nahm. Doch die Zahlenfolgen enthalten verschiedene komplizierte Muster. Eines dieser Muster tritt hervor, wenn man die Unabhängigkeitserklärung als Schlüssel für den ersten Geheimtext verwendet, was zwar keine brauchbaren Wörter ergibt, jedoch Buchstabenfolgen wie abfdefghiijklmmnohpp. Das ist zwar keine vollständige alphabetische Liste, doch gewiß auch keine Zufallsfolge. James Gillogly, Präsident der American Cryptogram Association, schätzte die Wahrscheinlichkeit eines zufälligen Auftretens dieser und anderer Folgen auf kleiner als eins zu hundert Millionen, was stark darauf hindeutet, daß dem ersten Geheimtext ein kryptographisches Prinzip zugrundeliegt. Eine Theorie besagt, daß die Unabhängigkeitserklärung tatsächlich der Schlüssel ist, der sich ergebende Text jedoch eine zweite Stufe der Entschlüsselung durchlaufen muß, die erste Beale-Geheimschrift also in einem zweistufigen Prozeß chiffriert wurde, eine sogenannte Überschlüsselung. Wenn dies stimmt, dann könnte die alphabetische Folge zur Ermutigung eingebaut worden sein, als Hinweis, daß die erste Stufe der Entschlüsselung erfolgreich war.

Weitere Hinweise zugunsten des Klartextgehalts der Chiffren stammen aus der historischen Forschung zur Person des Thomas Beale. Peter Viemeister, ein Lokalhistoriker, hat einen Großteil der Ergebnisse in seinem Buch *The Beale Treasure – History of a Mystery* zusammengetragen. Viemeister fragte sich zunächst, ob es irgendwelche Belege dafür gibt, daß Thomas Beale je existiert hat. Anhand der Volkszählung von 1790 und anderer Dokumente hat Viemeister mehrere Thomas Beales ausfindig gemacht, die in Virginia geboren wurden und deren Personalien zu den wenigen bekannten Eigenschaften passen. Viemeister hat zudem versucht, die anderen Angaben in der Schrift zu überprüfen, etwa Beales Reise nach Santa Fé und seine Entdeckung des Goldes. So gibt es eine Legende der Cheyenne aus der Zeit um 1820, in der von Gold und Silber erzählt wird, das aus dem Westen geholt und in den Bergen des Ostens vergraben wurde. Auch die Liste eines Postmeisters in St. Louis aus dem Jahr 1820 nennt einen »Thomas Beall«, was zu der Behauptung der Schrift paßt, daß Beale 1820, nachdem er Lynchburg verlassen hatte, auf dem Weg nach Westen durch die Stadt kam. In der Schrift heißt es auch, Beale habe 1822 einen Brief aus St. Louis geschickt.

So scheint die Geschichte der Beale-Chiffren einigen historischen Rückhalt zu haben, und daher fesselt sie auch weiterhin Kryptoanalytiker und Schatzsucher wie Joseph Jancik, Marilyn Parsons und ihren Hund Muffin. Im Februar 1983 wurden sie der »Verletzung der Friedhofsruhe« angeklagt, nachdem man sie mitten in der Nacht dabei erwischt hatte, wie sie auf dem Friedhof der Mountain View Church herumgruben. Sie hatten nichts weiter als einen Sarg entdeckt und verbrachten den Rest des Wochenendes im Bezirksgefängnis. Schließlich brummte man ihnen 500 Dollar Strafe auf. Diese stümperhaften Grabräuber können sich mit dem Wissen trösten, daß sie kaum weniger erfolgreich waren als Mel Fisher, der professionelle Schatzjäger, der aus der gesunkenen spanischen Galeone *Nuestra Señora de Atocha,* die er 1985 vor Key West entdeckt hatte, Gold im Wert von 40 Millionen Dollar barg. Im November 1989 erhielt Fisher einen Tip von einem Beale-Experten in Florida, der glaubte, Beales Schatz sei bei Graham's Mill in Bedford County, Virginia, vergraben. Unterstützt von einer Gruppe reicher Investoren, kaufte Fisher das Gelände unter dem Namen Mr. Voda (um keinen Verdacht zu wekken), doch trotz langwieriger Ausgrabungsarbeiten entdeckte er nichts.

Einige Schatzjäger haben die Hoffnung aufgegeben, die beiden unentschlüsselten Blätter zu knacken, und wollen statt dessen Anhaltspunkte aus der einen entschlüsselten Geheimschrift gewinnen. So beschreibt dieser Klartext zum Beispiel nicht nur den Inhalt des vergrabenen Schatzes, es heißt auch, er liege »etwa vier Meilen von Buford« entfernt, und damit ist wahrscheinlich die Gemeinde Buford oder genauer Buford's Tavern gemeint (Abbildung 25, S. 128). Die Geheimschrift erwähnt auch, daß die »Aushöhlung grob mit Steinen eingefaßt ist«, und daher tummeln sich viele Schatzsucher entlang des Goose Creek, weil dort in reichlichem Maß große Steine zu finden sind. Jeden Sommer ziehen hoffnungsfrohe Schatzsucher in das Gebiet, manche mit Metalldetektoren bewaffnet, andere von Sehern oder Wünschelrutengängern begleitet. In der nahen Stadt Bedford findet sich eine Reihe von Geschäften, die gerne Ausrüstung vermieten, darunter auch industrietaugliche Bagger. Die ortsansässigen Farmer empfangen die Fremden meist weniger freundlich, denn sie treiben sich oft auf ihren Feldern herum, beschädigen ihre Zäune und graben riesige Löcher.

Nun, da die Geschichte der Beale-Chiffren erzählt ist, mögen sich einige Leser angestachelt fühlen, die Herausforderung anzunehmen. Die Verlockung einer ungelösten Geheimschrift aus dem 19. Jahrhundert, zusammen mit einem Schatz von 20 Millionen Dollar, könnte sich als unwiderstehlich erweisen. Bevor Sie sich allerdings auf Schatzsuche machen, bedenken Sie bitte den Rat, den der Verfasser der Schrift gibt:

> Bevor ich diese Unterlagen an die Öffentlichkeit gebe, möchte ich ein Wort an jene richten, die Interesse daran finden werden, und ihnen einen kleinen Ratschlag aufgrund eigener bitterer Erfahrung geben. Er lautet, nur soviel Zeit für die Aufgabe zu verwenden, wie Sie von ihrem eigentlichen Tageswerk abzweigen können, und es sein zu lassen, wenn Sie keine Zeit erübrigen können ... Noch einmal, opfern Sie niemals, wie ich es tat, Ihre und die Interessen Ihrer Familie für etwas, das sich vielleicht als Trugbild herausstellt. Doch wie schon gesagt, wenn Sie Ihr Tageswerk erledigt haben und Sie bequem zu Hause am Kamin sitzen, dann könnte ein klein wenig Zeit, die Sie für die Sache erübrigen, niemandem schaden und am Ende belohnt werden.

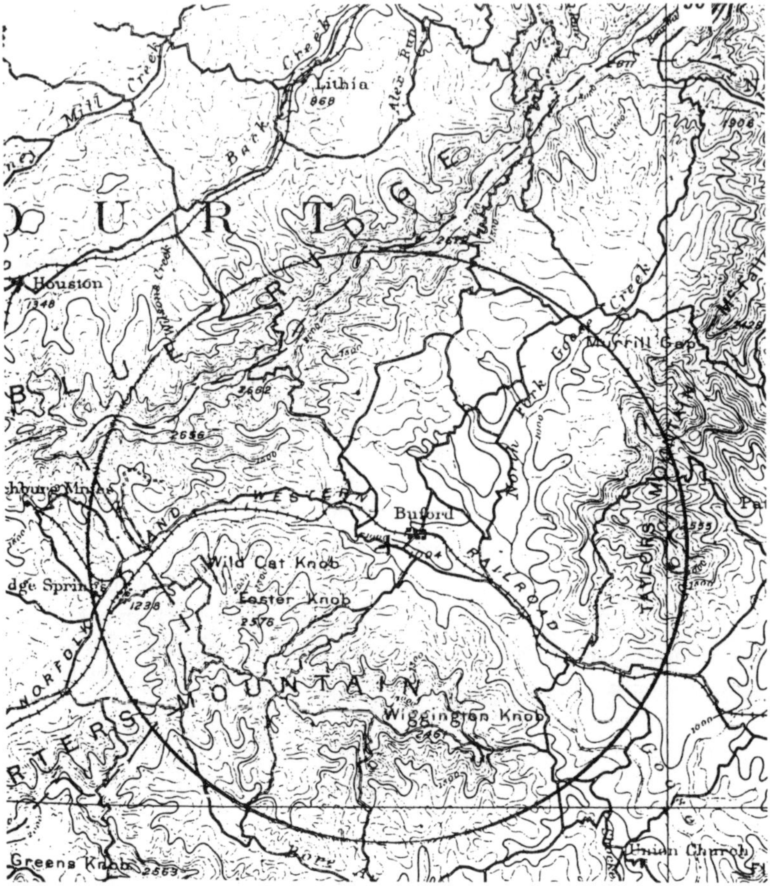

Abbildung 25: Ausschnitt aus einer offiziellen geologischen Karte von 1891. Der Kreis hat einen Radius von vier Meilen und sein Mittelpunkt liegt auf Buford's Tavern, auf die in der zweiten Chiffre angespielt wird.

3
Die Mechanisierung der Verschlüsselung

Gegen Ende des 19. Jahrhunderts war die Kryptographie in einem kläglichen Zustand. Seit Babbage und Kasiski die Vigenère-Verschlüsselung geknackt hatten, waren die Kryptographen auf der Suche nach einem neuen Verfahren. Es sollte wieder möglich werden, Nachrichten geheim zu übermitteln, damit beispielsweise Kaufleute das schnelle Telegramm nutzen konnten, ohne daß es entziffert und Informationen gestohlen wurden. Zudem erfand der italienische Physiker Guglielmo Marconi um die Jahrhundertwende ein viel mächtigeres Verfahren zur Telekommunikation, und die sichere Verschlüsselung war nun notwendiger denn je.

Marconi begann 1894 mit einer merkwürdigen Eigenschaft elektrischer Stromkreise zu experimentieren. Unter bestimmten Bedingungen konnte ein Stromkreis, der Strom führte, in einem anderen, nicht direkt angeschlossenen und in einiger Entfernung befindlichen Leiter einen Strom induzieren. Marconi baute seine Anlage aus, fügte Antennen hinzu und erhöhte die Leistung, und bald gelang es ihm, informationstragende Wellen über Entfernungen von bis zu zweieinhalb Kilometern zu senden und zu empfangen. Marconi hatte das Funkgerät erfunden. Der Telegraf war schon seit einem halben Jahrhundert in Gebrauch, doch er benötigte einen Draht, um die Nachricht zwischen Sender und Empfänger zu transportieren, während Marconis Verfahren den großen Vorteil hatte, drahtlos zu sein – das Signal bewegte sich wie von Zauberhand durch den Äther.

Auf der Suche nach Geldgebern für seine Idee wanderte Marconi

1896 nach England aus und ließ dort sein erstes Patent eintragen. Er trieb seine Experimente voran und konnte bald die Reichweite seiner Funkübertragungen vergrößern. Zunächst schickte er eine Botschaft über die 15 Kilometer des Kanals von Bristol, dann über die 53 Kilometer des Ärmelkanals bis nach Frankreich. Zugleich begann er nach wirtschaftlichen Anwendungen für seine Erfindung zu suchen, wobei er die möglichen Investoren auf die beiden Hauptvorteile des Funks hinwies: der Bau teurer Telegrafenleitungen war überflüssig, und es gab die Möglichkeit, Nachrichten zwischen abgelegenen Orten zu übermitteln. Im Jahr 1899 erregte er gewaltiges Aufsehen, als er zwei Schiffe mit Funkanlagen ausrüstete, so daß die Journalisten, die über das wichtigste Jachtrennen der Welt, den America's Cup, berichteten, ihre Meldungen noch rechtzeitig für die am nächsten Tag erscheinenden Blätter nach New York schicken konnten.

Das Interesse nahm weiter zu, als Marconi den Mythos erschütterte, der Funkverkehr sei durch den Horizont begrenzt. Kritiker behaupteten, Funkwellen könnten der Erdkrümmung nicht folgen, weshalb der Funkverkehr auf etwa 100 Kilometer beschränkt sei. Um sie zu widerlegen, schickte Marconi ein Signal von Poldhu in Cornwall nach St. John's in Neufundland, über eine Entfernung von 3500 Kilometer. Im Dezember 1901 sendete die Anlage in Poldhu täglich drei Stunden lang unablässig den Buchstaben »*S*« (Punkt-Punkt-Punkt), während Marconi auf den sturmumwehten Klippen von Neufundland stand und versuchte, die Funkwellen zu empfangen. Tag für Tag kämpfte er gegen Wind und Wetter bei dem Versuch, einen riesigen Drachen steigen zu lassen, der seine Antenne hoch in die Lüfte trug. Am 12. Dezember, kurz nach Mittag, spürte Marconi drei schwache Punktsignale auf: die erste transatlantische Funkbotschaft. Die Erklärung für Marconis Durchbruch blieb bis 1924 ein Rätsel. Dann entdeckten die Physiker die Ionosphäre, eine Schicht der Atmosphäre, die etwa 60 Kilometer über der Erde beginnt. Die Ionosphäre wirkt wie ein Spiegel, an dem die Funkwellen abprallen. Da sie auch von der Erdoberfläche reflektiert werden, können Funkwellen nach einer Reihe von Brechungen zwischen Ionosphäre und Erde praktisch jeden Punkt der Erde erreichen.

Marconis Erfindung ließ die Militärs aufhorchen, die sie mit einer Mischung aus Begehrlichkeit und Argwohn betrachteten. Die taktischen Vorteile des Funkverkehrs lagen auf der Hand: Er ermöglichte die direkte Kommunikation zwischen beliebigen Orten, ohne daß eine Drahtverbindung nötig war. Der Bau einer solchen Drahtverbindung war häufig umständlich und gelegentlich unmöglich. Zum Beispiel hatte ein Flottenkommandeur mit Stützpunkt in einem Hafen keine Möglichkeit, mit seinen Schiffen Verbindung aufzunehmen, die manchmal monatelang auf Fahrt waren, doch das Funkgerät versetzte ihn in die Lage, seine gesamte Flotte vom Festland aus zu befehligen. Und die Generäle konnten während der Feldzüge ständige Verbindung zu ihren Truppen halten, wo immer sie sich befanden. Zu verdanken war dies der Tatsache, daß sich die Funkwellen in alle Richtungen ausbreiten und ihre Empfänger erreichen, wo immer sie sein mögen. Allerdings ist dieser überragende Vorteil der Funkwellen auch ihr größter militärischer Schwachpunkt, denn die Nachrichten werden nicht nur den vorgesehenen Empfänger, sondern unweigerlich auch den Gegner erreichen. Eine zuverlässige Verschlüsselung war nun absolut notwendig. Wenn der Gegner jede Funkmeldung abhören konnte, dann mußten die Kryptographen einen Weg finden, um sie an der Entschlüsselung der Meldungen zu hindern.

Dieser zwiespältige Fortschritt durch den Funk – einfacher Nachrichtenverkehr und einfaches Abhören – rückte mit dem Ausbruch des Ersten Weltkriegs in den Mittelpunkt der Aufmerksamkeit. Alle Seiten waren erpicht darauf, die Möglichkeiten des Funkverkehrs auszuschöpfen, doch zugleich wußte man nicht genau, wie man dessen Sicherheit gewährleisten sollte. Die Entwicklung des Funkverkehrs und der Ausbruch des Ersten Weltkriegs führten zu einem drastisch verstärkten Bedarf an Verschlüsselung. Man hoffte allseits auf einen Durchbruch, auf ein neues Verschlüsselungsverfahren, das den militärischen Befehlshabern die Geheimhaltung sichern würde. Allerdings gab es zwischen 1914 und 1918 keine großartige Entdeckung, vielmehr eine ganze Reihe kryptographischer Fehlschläge. Die Fachleute warteten mit einigen neuen Verschlüsselungsmethoden auf, doch es war nur eine Frage der Zeit, bis sie geknackt wurden.

Eines der berühmtesten Chiffrierverfahren war das deutsche *ADFGVX-System*, das am 5. März 1918 eingeführt wurde, kurz vor Beginn der großen deutschen Offensive am 21. März, die, wie jeder Angriff, vom Überraschungsmoment profitieren sollte. Eine Arbeitsgruppe von Kryptographen hatte das ADFGVX-Verfahren aus einer Reihe von Kandidaten ausgewählt, in dem Glauben, es biete die größtmögliche Sicherheit. Tatsächlich war man zuversichtlich, daß es nicht zu knacken sei. Die Stärke dieses Verfahrens lag in seinem Mischcharakter, einer Verbindung aus Substitution und Transposition (siehe Anhang F).

Anfang Juni 1918 stand die deutsche Artillerie nur 100 Kilometer von Paris entfernt und bereitete sich auf den endgültigen Schlag vor. Die letzte Hoffnung der Alliierten war, den ADFGVX-Code zu knacken und herauszufinden, wo die Deutschen ihren Vorstoß durch die Front planten. Glücklicherweise hatten sie eine Geheimwaffe, einen Kryptoanalytiker namens Georges Painvin. Dieser dunkelhaarige, schlanke Franzose mit seinem durchdringenden Intellekt hatte sein Talent für die Lösung kryptographischer Rätsel erst nach einer Zufallsbegegnung mit einem Mitglied des Bureau du Chiffre kurz nach Kriegsausbruch entdeckt. Daraufhin setzte er seine unschätzbaren Fähigkeiten ein, um die Schwächen der deutschen Chiffren ausfindig zu machen. Tag und Nacht schlug er sich mit dem ADFGVX-Code herum und verlor dabei fünfzehn Pfund Gewicht.

Schließlich, in der Nacht zum 2. Juni, entzifferte Painvin einen ADFGVX-Funkspruch. Seine Leistung hatte einen Erdrutsch weiterer Entschlüsselungen zur Folge, darunter die eines Funkspruchs mit dem Befehl »Sofortige Munitionslieferung. Auch bei Tage, wenn nicht beobachtet.« Der Kopf der Nachricht deutete darauf hin, daß sie irgendwo zwischen Montdidier und Compiègne gesendet worden war, etwa 80 Kilometer nördlich von Paris. Der dringende Munitionsbedarf ließ vermuten, daß dies der Ort war, an dem der deutsche Angriff drohte, was von der Luftaufklärung bestätigt wurde. Die Alliierten schickten Truppen zur Verstärkung des Frontabschnitts, und eine Woche später begann der deutsche Angriff. Die deutschen Truppen hatten das Überraschungsmoment verloren und wurden in einer höllischen, fünf Tage dauernden Schlacht zurückgeworfen.

Abbildung 26: Leutnant Georges Painvin.

Daß die ADFGVX-Verschlüsselung gebrochen wurde, war bezeichnend für den Stand der Kryptographie im Ersten Weltkrieg. Zwar gab es eine ganze Reihe neuer Chiffren, doch waren sie alle Variationen oder Kombinationen von Chiffren aus dem 19. Jahrhundert, die schon geknackt worden waren. Während manche anfangs noch Sicherheit boten, dauerte es nie lange, bis die Kryptoanalytiker wieder die Oberhand gewannen. Deren größtes Problem war der enorme Umfang des Fernmeldeverkehrs. Vor der Einführung des Funks waren abgefangene Nachrichten selten und wertvoll, und die Kryptoanalytiker behandelten jede einzelne wie ein kostbares Stück. Im Ersten Weltkrieg jedoch nahm der Funkverkehr gewaltige Ausmaße an, und alle Meldungen konnten zugleich abgehört werden. Ein ununterbrochener Strom an verschlüsselten Texten beschäftigte die Köpfe der Kryptoanalytiker. Die Franzosen hörten während des Krieges schätzungsweise hundert Millionen Wörter aus dem deutschen Nachrichtenverkehr ab.

Von allen Kryptoanalytikern im Krieg leisteten die Franzosen die wirksamste Arbeit. Bei Kriegsbeginn hatten sie bereits die stärkste Gruppe von Codebrechern in ganz Europa, eine Folge der demütigenden französischen Niederlage im Deutsch-Französischen Krieg. Napoleon III., erpicht darauf, seine schwindende Popularität wiederherzustellen, hatte Preußen 1870 den Krieg erklärt, doch nicht mit einem Bündnis zwischen Preußen und den süddeutschen Staaten gerechnet. Unter der Führung Moltkes walzten die deutschen Truppen die französische Armee nieder, annektierten Elsaß-Lothringen und beendeten die französische Vorherrschaft in Europa. Die anhaltende Bedrohung durch das inzwischen vereinte Deutschland war in der Folgezeit offenbar Antrieb genug für die französischen Kryptoanalytiker, Frankreich mit genauem Aufklärungsmaterial über die Pläne des Gegners zu versorgen und sich das nötige Handwerkszeug anzueignen.

Vor diesem Hintergrund schrieb Auguste Kerckhoff seine Abhandlung *La Cryptographie Militaire.* Kerckhoff, aus Holland stammend, verbrachte den größten Teil seines Lebens in Frankreich; seine Schriften dienten den Franzosen als erstklassige Einführung in die Grundlagen der Kryptoanalyse. Als drei Jahrzehnte später der Erste Weltkrieg ausbrach, hatte das französische Militär Kerckhoffs Vorstellungen in geradezu industriellem Maßstab verwirklicht. Während Genies wie Painvin als Einzelkämpfer an der Entschlüsselung der neuen Chiffren arbeiteten, besorgten jeweils für eine bestimmte Chiffre geschulte Fachgruppen die tägliche Entschlüsselung. Die Zeit war ein entscheidender Faktor, und diese Kryptoanalyse am Fließband erfüllte ihren Zweck auf schnelle und effiziente Weise.

Im 4. Jahrhundert v. Chr. bereits hatte Sunzi in seiner *Kunst des Krieges* festgestellt: »Nichts sollte so hoch geschätzt werden wie Wissen über den Gegner; nichts sollte so geheim sein wie der Erwerb dieses Wissens.« Die Franzosen glaubten mit Begeisterung an diese Worte. Sie übten sich nicht nur in der Kunst der Kryptoanalyse, sondern entwickelten auch einige ergänzende Techniken für die Funkaufklärung, die mit Entschlüsselung nichts zu tun hatten. So lernten die französischen Horchposten beispielsweise, die »Handschrift« eines Funkers zu erkennen. Wenn eine Nachricht verschlüsselt ist, wird sie im Morse-Code gesendet, mit einer Folge aus Punkten und Strichen. Dabei kann jeder Funker anhand seiner Pausen, seiner Schnelligkeit und der relativen Länge von Punkten und Strichen erkannt werden. Der Takt der Finger ist hier vergleichbar mit einer Handschrift. Außer solchen Horchposten richteten die Franzosen sechs Peilstationen ein, die ausfindig machen konnten, wo die Meldungen herkamen. Jede Station bewegte ihre Antenne so lange, bis das empfangene Signal am stärksten war und damit auf die Richtung schließen ließ, aus der das Signal kam. Die Richtungsinformationen zweier oder mehrerer Peilstationen zusammen ermöglichten es, den feindlichen Sender genau zu lokalisieren. Und wenn man die »Handschrift« und Richtungsinformationen auswertete, konnte man zudem ausfindig machen, um welches feindliche Bataillon es sich handelte. Die französische Aufklärung konnte dann seine Bewegungen über mehrere Tage hinweg verfolgen und möglicherweise Zielort und Auftrag erschließen. Diese Form der Aufklärung, als Funkverkehrsanalyse bezeichnet, war besonders wichtig, wenn die Geheimschlüssel gerade verändert worden waren und die Kryptoanalytiker vorübergehend im Nebel stocherten. Kurz, selbst wenn eine Funkmeldung nicht zu entschlüsseln war, konnte sie wertvolle Informationen liefern.

Ganz anders als die wachsamen und letztlich erfolgreichen Franzosen verhielten sich die Deutschen, die ohne einen Dechiffrierdienst in den Krieg gegangen waren. Erst 1916 richtete man den »Abhorchdienst« ein, der die Nachrichten der Alliierten abfangen sollte. Diese Gemächlichkeit beim Aufbau eines solchen Dienstes ging zum Teil darauf zurück, daß die deutsche Armee schon in einer frühen Kriegsphase auf französisches Gebiet eingedrungen war. Die Franzosen zerstörten bei ihrem Rückzug die Telegrafenlinien und zwangen die vorrückenden Deutschen, Funkgeräte für ihren Fernmeldeverkehr einzusetzen. Während die Franzosen also ständig die deutschen Funkmeldungen abhören konnten, standen die Deutschen mit leeren Händen da. Die Franzosen hatten bei ihrem Rückzug auf eigenem Gebiet noch die Telegrafenleitungen zur Verfügung und mußten nicht auf den Funk zurückgreifen. Deshalb konnten die Deutschen auch nichts abhören und bauten ihren eigenen kryptoanalytischen Dienst erst nach zwei Jahren Krieg auf.

Auch die Briten und Amerikaner leisteten wichtige Beiträge zur Kryptoanalyse auf Seiten der Westalliierten. Wie überlegen und einflußreich die alliierten Codebrecher im Ersten Weltkrieg waren, beweist vor allem die Entzifferung eines deutschen Telegramms, das von den Briten am 17. Januar 1917 abgefangen wurde. Die Geschichte dieser Entschlüsselung zeigt, wie die Kryptoanalyse den Verlauf des Krieges auf höchster Ebene beeinflussen und welche verheerenden Folgen eine unzulängliche Verschlüsselung haben kann. Das entzifferte Telegramm zwang die Vereinigten Staaten, innerhalb weniger Wochen ihre Neutralitätspolitik zu überdenken, und veränderte damit die Kräfteverhältnisse insgesamt.

Präsident Woodrow Wilson hatte sich entgegen den Forderungen von Politikern in England und Amerika während der ersten beiden Kriegsjahre standhaft geweigert, amerikanische Truppen nach Europa zu schicken. Zum einen wollte er die Jugend der Nation nicht auf den blutigen Schlachtfeldern Europas opfern, zum andern war er davon überzeugt, daß der Krieg nur durch ein diplomatisches Abkommen beigelegt werden konnte, und glaubte, der Welt am besten zu dienen, wenn er neutral blieb und als Vermittler auftrat. Im November 1916 sah Wilson Chancen für eine Verhandlungslösung, als Deutschland einen neuen Außenminister, Arthur Zimmermann, ernannte, einen leutseligen Riesen von einem Mann, der eine neue Ära aufgeklärter deutsche Diplomatie einzuläuten schien. Amerikanische Blätter erschienen mit Schlagzeilen wie UNSER FREUND ZIMMERMANN und LIBERALISIERUNG IN DEUTSCHLAND, und in einem Artikel hieß es, Zimmermann sei »ein vielversprechendes Omen für die Zukunft der deutsch-amerikanischen Beziehungen«. Die Amerikaner wußten allerdings nicht, daß Zimmermann keineswegs die Absicht hatte, auf einen Frieden hinzuarbeiten. Vielmehr schmiedete er ein Komplott, um die militärische Aggression Deutschlands auszudehnen.

Im Jahr 1915 hatte ein deutsches U-Boot den Ozeankreuzer *Lusitania* versenkt, wobei 1198 Passagiere ertranken, darunter auch 128 amerikanische Bürger. Der Verlust der *Lusitania* hätte Amerika in den Krieg gezogen, wenn die Deutschen nicht versichert hätten, daß U-Boote künftig vor dem Angriff auftauchen würden, um versehentliche Attacken auf zivile Schiffe zu vermeiden. Am 9. Januar 1917 jedoch nahm Zimmermann an einem hochkarätigen Treffen auf Schloß Pleß teil, wo die deutsche Militärführung versuchte, den Kaiser davon zu überzeugen, daß es an der Zeit sei, dieses Versprechen zurückzunehmen und den uneingeschränkten U-Boot-Krieg zu entfesseln. Die deutschen Befehlshaber wußten, daß ihre U-Boote fast unverwundbar waren, wenn sie ihre Torpedos unter Wasser abschossen, und sie hielten den Einsatz dieser Waffe für kriegsentscheidend. Deutschland hatte eine Flotte von 200 U-Booten gebaut, und die deutsche Militärführung behauptete, der unbeschränkte Einsatz der U-Boote würde die britischen Nachschublinien zerstören und den Gegner innerhalb von sechs Monaten aushungern und zur Kapitulation zwingen.

Ein rascher Sieg war entscheidend. Der uneingeschränkte U-Boot-Krieg und damit die unvermeidliche Versenkung ziviler amerikanischer Schiffe würde Amerika fast sicher zu einer Kriegserklärung gegen Deutschland provozieren. Angesichts dieser Lage mußte Deutschland eine alliierte Kapitulation erzwingen, bevor Amerika seine Truppen mobilisieren und auf dem europäischen Kriegsschauplatz wirksam eingreifen konnte. Am Ende des Treffens auf Schloß Pleß war der Kaiser überzeugt, daß ein rascher Sieg möglich war, und er unterzeichnete einen Befehl, ab dem 1. Februar mit dem uneingeschränkten U-Boot-Krieg zu beginnen.

In den verbleibenden drei Wochen entwickelte Zimmermann einen Rückversicherungsplan. Wenn der U-Boot-Krieg die Wahrscheinlichkeit erhöhte, daß die Amerikaner in den Krieg eingriffen, dann brauchte man eine Strategie, die ein amerikanisches Engagement in Europa verzögern und schwächen und es vielleicht sogar gänzlich blockieren würde. Zimmermann wollte Mexiko ein Bündnis vorschlagen und den mexikanischen Präsidenten dazu bewegen, die Vereinigten Staaten anzugreifen und Gebiete wie Texas, Neumexiko und Arizona zurückzufordern. Deutschland würde Mexiko in diesem Krieg gegen den gemeinsamen Feind militärisch und finanziell unterstützen.

Zimmermann wollte den mexikanischen Präsidenten außerdem dazu bewegen, gegenüber Japan als Vermittler aufzutreten und es zu veranlassen, seinerseits die USA anzugreifen. Dann würde Deutschland die amerikanische Ostküste bedrohen, Japan würde von Westen her angreifen und Mexiko von Süden einmarschieren. Zimmermann hatte vor allem die Absicht, den Amerikanern so viele Probleme auf eigenem Gebiet zu verschaffen, daß sie sich eine Entsendung von Truppen nach Europa nicht würden leisten können. So würde Deutschland die Schlacht zur See und den Krieg in Europa gewinnen und sich dann vom amerikanischen Kriegsschauplatz zurückziehen. Am 16. Januar formulierte Zimmermann seinen Vorschlag in einem Telegramm an den deutschen Botschafter in Washington, der es an den deutschen Gesandten in Mexiko übermittelte, welcher es schließlich dem mexikanischen Präsidenten vorlegen sollte. Abbildung 28 zeigt das verschlüsselte Telegramm, die Klarbotschaft lautet:

> Wir beabsichtigen, am ersten Februar uneingeschränkten U-Boot-Krieg zu beginnen. Es wird versucht werden, Vereinigte Staaten trotzdem neutral zu halten. Für den Fall, daß dies nicht gelingen sollte, schlagen wir Mexiko auf folgender Grundlage Bündnis vor.

Abbildung 27: Arthur Zimmermann.

Gemeinsam Krieg führen. Gemeinsam Friedensschluß. Reichlich finanzielle Unterstützung und Einverständnis unsererseits, daß Mexiko in Texas, New Mexico, Arizona früher verlorenes Gebiet zurückerobert. Regelung im einzelnen Euer Hoheit überlassen.
Sie wollen Vorstehendes dem Präsidenten streng geheim eröffnen, sobald Kriegsausbruch mit Vereinigten Staaten feststeht, und Anregung hinzufügen, Japan von sich aus zu sofortigem Beitritt einzuladen und gleichzeitig zwischen uns und Japan zu vermitteln.
Bitte den Präsidenten darauf hinweisen, daß rücksichtslose Anwendung unserer U-Boote jetzt Aussicht bietet, England in wenigen Monaten zum Frieden zu zwingen. Empfang bestätigen.

Zimmermann.

Zimmermann mußte sein Telegramm verschlüsseln, weil bekannt war, daß die Alliierten den gesamten transatlantischen Nachrichtenverkehr der Deutschen abhören konnten. Dafür hatten die Briten mit ihrer ersten Angriffsaktion im Krieg gesorgt. Am ersten Tag des Ersten Weltkriegs, noch vor Morgengrauen, hatte sich das britische Schiff *Telconia* im Schutz der Dunkelheit der deutschen Küste genähert. Es ging vor Anker und fischte ein Bündel Unterwasserkabel aus dem Meer. Es waren die transatlantischen Kabel, die Deutschland mit Amerika verbanden. Als die Sonne aufging, waren sie gekappt. Dieser Sabotageakt zerstörte die sicherste Nachrichtenverbindung der Deutschen und zwang sie, auf den unsicheren Funkverkehr oder die Kabel anderer Länder zurückzugreifen. Zimmermann mußte sein verschlüsseltes Telegramm über Schweden schicken und zur Sicherheit auch noch über das direktere amerikanische Kabel. Beide Unterwasserkabel liefen an England vorbei, und der Text des Zimmermann-Telegramms, wie es später genannt wurde, fiel in die Hände der Briten.

Das abgefangene Telegramm wurde sofort dem Dechiffrierdienst der Admiralität übergeben, benannt nach »Room 40«, wo er zuerst untergebracht war. In Room 40 arbeitete eine kuriose Mischung aus Sprachwissenschaftlern, Altphilologen und Kreuzworträtsel-Süchtigen, die zu genialen kryptoanalytischen Großtaten fähig waren. Der

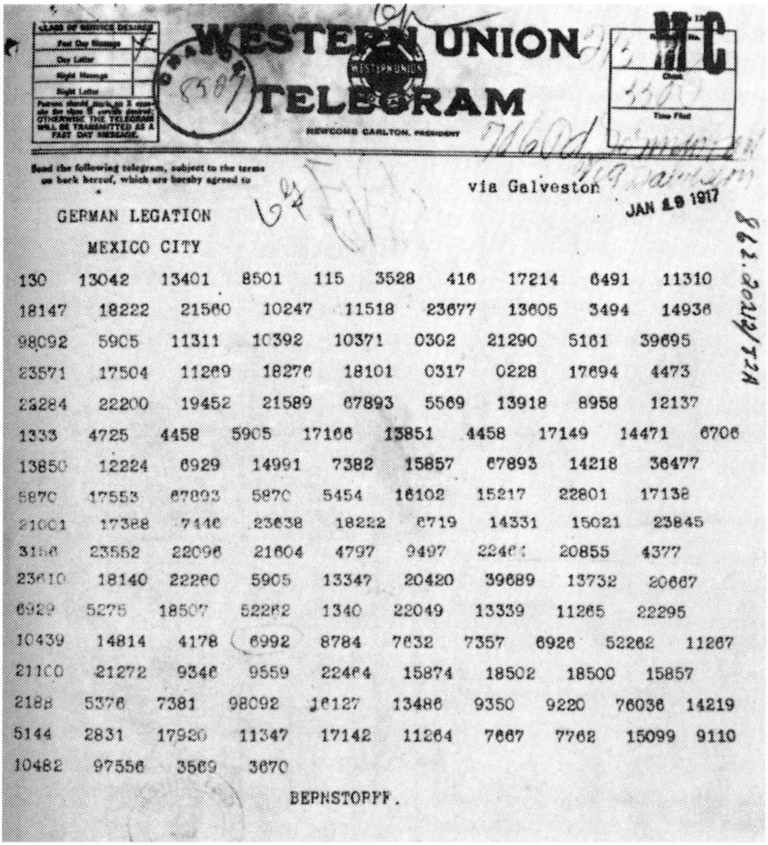

WESTERN UNION TELEGRAM

NEWCOMB CARLTON, PRESIDENT

Send the following telegram, subject to the terms on back hereof, which are hereby agreed to

via Galveston

JAN 19 1917

GERMAN LEGATION

MEXICO CITY

130 13042 13401 8501 115 3528 416 17214 6491 11310
18147 18222 21560 10247 11518 23677 13605 3494 14936
98092 5905 11311 10392 10371 0302 21290 5161 39695
23571 17504 11269 18276 18101 0317 0228 17694 4473
22284 22200 19452 21589 67893 5569 13918 8958 12137
1333 4725 4458 5905 17166 13851 4458 17149 14471 6706
13850 12224 6929 14991 7382 15857 67893 14218 36477
5870 17553 67893 5870 5454 16102 15217 22801 17138
21001 17388 7446 23638 18222 6719 14331 15021 23845
3156 23552 22096 21604 4797 9497 22464 20855 4377
23610 18140 22260 5905 13347 20420 39689 13732 20667
6929 5275 18507 52262 1340 22049 13339 11265 22295
10439 14814 4178 6992 8784 7632 7357 6926 52262 11267
21100 21272 9346 9559 22464 15874 18502 18500 15857
2188 5376 7381 98092 16127 13486 9350 9220 76036 14219
5144 2831 17920 11347 17142 11264 7667 7762 15099 9110
10482 97556 3569 3670

BERNSTORFF.

Abbildung 28: Das Zimmermann-Telegramm, das Bernstorff, der deutsche Botschafter in Washington, an Eckhardt, den deutschen Gesandten in Mexico City, weiterleitete.

Geistliche William Montgomery zum Beispiel, ein begabter Übersetzer deutscher theologischer Werke, hatte einst eine Geheimbotschaft entziffert, die auf einer Postkarte an Sir Henry Jones, 184 King's Road, Tighnabruaich, Schottland, verborgen war. Die Postkarte stammte aus der Türkei, weshalb Sir Henry angenommen hatte, sie stamme von seinem in der Türkei gefangengehaltenen Sohn. Daß die Postkarte leer war, ließ ihn allerdings stutzen, und auch die Adresse war merkwürdig – das Dorf Tighnabruaich war so winzig, daß die Häuser keine Nummern hatten, und eine King's Road gab es schon gar nicht. Montgomery erkannte schließlich die kryptische Botschaft der Postkarte. Die Adresse verwies auf die Bibel, auf das erste Buch der Könige, Kapitel 18, Vers 4: »Als Isebel die Propheten des Herrn ausrottete, hatte Obadja hundert von ihnen beiseite genommen, sie zu je fünfzig in einer Höhle verborgen und mit Brot und Wasser versorgt.« Sir Henrys Sohn wollte seiner Familie einfach versichern, daß seine Bewacher ihn gut behandelten.

Als das verschlüsselte Zimmermann-Telegramm in Room 40 ankam, übergab man es zur Entschlüsselung Montgomery und seinem Kollegen Nigel de Grey, einem Verleger, den man im Hause William Heinemann rekrutiert hatte. Sie sahen sofort, daß sie es mit einer Chiffrierung zu tun hatten, die nur für diplomatische Botschaften auf höchster Ebene verwendet wurde, und machten sich in aller Eile an die Arbeit. Die Entzifferung war keineswegs einfach, doch sie konnten sich auf vorhandene Analysen ähnlich verschlüsselter Telegramme stützen. Nach einigen Stunden bereits hatte das Codebrecher-Duo ein paar Textfetzen entschlüsselt, genug um festzustellen, daß es sich um eine Botschaft von allergrößter Wichtigkeit handelte. Verbissen arbeiteten Montgomery und de Grey weiter, und noch am selben Tag konnten sie die Grundzüge von Zimmermanns fürchterlichem Plan erkennen. Die verheerenden Folgen des uneingeschränkten U-Boot-Kriegs waren ihnen klar, doch zugleich sahen sie auch, daß der deutsche Außenminister zu einem Angriff auf die Vereinigten Staaten aufforderte, was Präsident Wilson sicher veranlassen würde, die neutrale Haltung aufzugeben. Das Telegramm kündete von tödlichen Bedrohungen, doch es barg auch die Möglichkeit, daß Amerika sich den Alliierten anschließen würde.

Montgomery und de Grey überbrachten das teilentschlüsselte Telegramm Admiral Sir William Hall, dem Chef der Marineaufklärung, in der Erwartung, daß er die Informationen an die Amerikaner weitergeben würde, um sie in den Krieg zu ziehen. Hall jedoch verwahrte den teilentschlüsselten Text vorläufig seinem Tresor und wies seine Kryptoanalytiker an, die noch vorhandenen Lücken zu füllen. Er wollte den Amerikanern keinen unvollständigen Klartext übergeben, für den Fall, daß ein entscheidender Vorbehalt noch nicht entziffert war. Auch eine andere Sorge trieb ihn um. Wenn die Briten den Amerikanern das entschlüsselte Zimmermann-Telegramm übergaben und die Amerikaner daraufhin öffentlich die von deutscher Seite betriebene Aggression verurteilten, dann würden die Deutschen erfahren, daß ihre Verschlüsselung geknackt worden war. Sie würden sofort ein stärkeres Chiffriersystem entwickeln und damit eine wichtige Informationsquelle für die Aufklärung trockenlegen. Jedenfalls wußte Hall, daß der uneingeschränkte U-Boot-Krieg in nur zwei Wochen entfesselt werden sollte, was an sich vielleicht schon genügt hätte, um Präsident Wilson zu veranlassen, Deutschland den Krieg zu erklären. Es hatte keinen Sinn, eine wichtige Informationsquelle zu gefährden, wenn die gewünschte Wirkung ohnehin eintreten würde.

Am 1. Februar begann die deutsche Marine auf Befehl des Kaisers den uneingeschränkten U-Boot-Krieg. Am 2. Februar hielt Woodrow Wilson eine Kabinettssitzung ab, um über die amerikanische Antwort zu entscheiden. Am 3. Februar erklärte er vor dem Kongreß, die Vereinigten Staaten wollten weiterhin neutral bleiben und als Friedensvermittler auftreten. Sowohl die Alliierten als auch die Deutschen hatten das Gegenteil erwartet. Diese Weigerung der Amerikaner, sich den Alliierten anzuschließen, ließ Admiral Hall keine andere Wahl, als das Zimmermann-Telegramm in die Waagschale zu werfen.

Zwei Wochen waren vergangen, seit Montgomery und de Grey sich an Hall gewandt hatten, und inzwischen hatten sie das Telegramm vollständig entschlüsselt. Zudem hatte Hall eine Möglichkeit gefunden, die Deutschen in dem Glauben zu belassen, ihre Verschlüsselung sei sicher. Ihm war klar, daß von Bernstorff, der deutsche Botschafter in Washington, die leicht veränderte Nachricht an von Eckhardt, den deutschen Botschafter in Mexiko, weitergeleitet hatte. So hatte Bernstorff sicher die an ihn gerichteten Anweisungen gestrichen und auch die Adresse geändert. Eckhardt hatte dann das Telegramm mit leicht verändertem Text, aber unverschlüsselt, dem mexikanischen Präsidenten vorgelegt. Wenn Hall sich auf irgendeinem Weg die mexikanische Version des Zimmermann-Telegramms beschaffen konnte, dann konnte man es in den Zeitungen veröffentlichen, und die Deutschen würden annehmen, es sei der mexikanischen Regierung gestohlen und nicht auf dem Weg nach Amerika von den Briten abgefangen und entschlüsselt worden. Hall nahm Verbindung mit einem englischen Agenten in Mexiko auf, der nur als Mr. H bekannt ist. Mr. H. verschaffte sich Zugang zum mexikanischen Telegrafenamt und bekam genau, was er brauchte – die mexikanische Version des Zimmermann-Telegramms.

Diese Version des Telegramms übergab Hall schließlich dem britischen Außenminister Arthur Balfour. Am 23. Februar bat Balfour den amerikanischen Gesandten Walter Page zu sich und legte ihm das Telegramm vor. Page bezeichnete dies später als den »dramatischsten Augenblick meines Lebens«. Vier Tage später sah Präsident Wilson persönlich den »eleganten Beweis«, wie er es nannte, daß Deutschland einen direkten Angriff auf die Vereinigten Staaten forcierte.

Das Telegramm wurde der Presse übergeben, und endlich war das amerikanische Volk mit den wahren deutschen Absichten konfrontiert. Obwohl in der Öffentlichkeit dann kaum noch bezweifelt wurde, daß man zur Gegenwehr greifen müsse, äußerten besorgte Stimmen in der Regierung, das Telegramm könne eine Fälschung der Briten sein, um die Amerikaner endlich in den Krieg zu ziehen. Die Frage der Echtheit erledigte sich jedoch bald, denn Zimmermann bekannte sich öffentlich als Urheber. Bei einer Pressekonferenz in Berlin stellte er, ohne bedrängt worden zu sein, einfach fest: »Ich kann es nicht bestreiten. Es ist wahr.«

In Deutschland leitete das Außenministerium eine Untersuchung ein, wie die Amerikaner an das Zimmermann-Telegramm gelangt waren. Im Ergebnis fiel man auf Admiral Halls Finte herein: »Einiges deutet darauf hin, daß in Mexiko Verrat begangen wurde«, hieß es. Hall arbeitete unterdessen weiter daran, die Aufmerksamkeit von der Arbeit der britischen Kryptoanalytiker abzulenken. Er lancierte einen Kommentar in die britische Presse, in dem seine eigene Behörde kritisiert wurde, weil sie das Zimmermann-Telegramm nicht abgefangen habe, was wiederum eine Reihe von Artikeln zur Folge hatte, in denen der britische Geheimdienst angegriffen und die Amerikaner gelobt wurden.

Zu Beginn des Jahres hatte Wilson gesagt, es wäre ein »Verbrechen gegen die Zivilisation«, seine Nation in den Krieg zu führen, doch am 2. April 1917 erklärte er vor dem Kongreß: »Ich stelle fest, daß die in jüngster Zeit von der deutschen kaiserlichen Regierung verfolgte Politik nichts weniger ist als ein Krieg gegen die Regierung und das Volk der Vereinigten Staaten.« Der Kongreß möge »formell den uns aufgezwungenen Kriegszustand akzeptieren«. Eine einzigartige Leistung der Kryptoanalytiker von Room 40 hatte dort Erfolg gebracht, wo drei Jahre angestrengter Diplomatie gescheitert waren. Die amerikanische Historikerin Barbara Tuchman schließt ihr Buch *Die Zimmermann-Depesche* mit folgenden Gedanken ab:

> Wäre das Telegramm nicht abgefangen oder nicht veröffentlicht worden, dann hätten die Deutschen mit Sicherheit etwas unternommen, die Vereinigten Staaten schließlich doch zum Eintritt in den Krieg zu veranlassen. Aber der Krieg dauerte schon sehr lange, und hätten die Vereinigten Staaten noch viel länger gezögert, dann wären die Alliierten unter Umständen doch gezwungen gewesen zu verhandeln ... Das Zimmermann-Telegramm als solches war nur ein Pflasterstein auf der langen Straße der Geschichte, aber mit einem Steinwurf kann man einen Goliath töten, und dieser Stein hat die amerikanische Illusion sterben lassen, die Vereinigten Staaten könnten unabhängig von allen anderen Nationen ihren eigenen Weg gehen. Nach den Maßstäben der Weltgeschichte war es das unbedeutende Komplott eines deutschen Ministers. Im Leben des amerikanischen Volkes war es der Verlust der Unschuld.

Der heilige Gral der Kryptographie

Im Ersten Weltkrieg errangen die Kryptoanalytiker eine ganze Reihe von Siegen, deren größter die Entzifferung der Zimmermann-Depesche war. Seit es ihnen im 19. Jahrhundert gelungen war, die Vigenère-Verschlüsselung zu knacken, hatten die Codebrecher die Oberhand über die Codierer. Dann, gegen Ende des Krieges, als die Kryptographie hoffnungslos geschlagen war, gelang amerikanischen Wissenschaftlern ein überraschender Durchbruch. Sie entdeckten, daß die

Abbildung 29: »Es explodiert ihm in der Hand«: Karikatur von Rollin Kirby in *The World* vom 3. März 1917.

Vigenère-Chiffre als Grundlage für eine neue, noch mächtigere Form der Verschlüsselung dienen konnte. In der Tat bot diese neue Chiffre vollkommene Sicherheit.

Die wesentliche Schwäche der Vigenère-Verschlüsselung ist ihr zyklischer Charakter. Wenn das Schlüsselwort fünf Buchstaben lang ist, dann wird jeder fünfte Buchstabe des Klartexts gemäß demselben Geheimtextalphabet verschlüsselt. Wenn der Kryptoanalytiker die Länge des Schlüsselworts herausfinden kann, dann kann der Geheimtext als eine Buchstabenreihe behandelt werden, die aus fünf immer wiederkehrenden monoalphabetischen Verschlüsselungen zustande kam, und jede davon kann durch Häufigkeitsanalyse gelöst werden. Überlegen wir allerdings einmal, was passiert, wenn das Schlüsselwort länger wird.

Nehmen wir einen Klartext von 1000 Buchstaben, der Vigenère-verschlüsselt wurde, und stellen wir uns vor, wir versuchen den damit angefertigten Geheimtext zu entschlüsseln. Wenn das Schlüsselwort nur fünf Buchstaben lang war, würden wir in der abschließenden Phase der Entschlüsselung die Häufigkeitsanalyse auf fünf Reihen von je 200 Buchstaben anwenden und damit keine Schwierigkeiten haben. Doch wenn das Schlüsselwort 20 Buchstaben lang war, würden wir es am Ende mit einer Häufigkeitsanalyse von 20 Gruppen aus je 50 Buchstaben zu tun haben, was um einiges schwieriger ist. Wenn das Schlüsselwort jedoch 1000 Buchstaben lang war, haben wir es mit einer Häufigkeitsanalyse von 1000 Gruppen aus je einem Buchstaben zu tun, und das ist unmöglich. Anders gesagt, wenn das Schlüsselwort (oder der Schlüsselsatz) so lang ist wie die Nachricht, dann funktioniert das von Babbage und Kasiski entwickelte kryptoanalytische Verfahren nicht.

Einen Schlüssel zu benutzen, der so lang ist wie die Nachricht selbst, ist schön und gut, doch er muß erst einmal erzeugt werden. Wenn die Nachricht Hunderte von Buchstaben lang ist, muß auch der Schlüssel Hunderte von Buchstaben lang sein. Anstatt selbst einen Schlüssel zusammenzustellen, mag es verlockend sein, zum Beispiel einfach den Text eines Liedes zu nehmen. Oder der Verschlüßler greift nach einem Handbuch der Vogelarten und stellt den Schlüssel anhand von zufällig ausgewählten Vogelnamen zusammen. Allerdings haben solche vorderhand praktischen Verfahren einen Haken.

Im folgenden Beispiel habe ich einen kurzen Text anhand des Vigenère-Verfahrens verschlüsselt, allerdings mit einem Schlüssel, der so lang ist wie die Botschaft. Alle bisher vorgestellten kryptoanalytischen Techniken versagen hier. Und dennoch kann die Nachricht entschlüsselt werden.

Schlüssel	? ?
Klartext	? ?
Geheimtext	Q W V B E N V G I W Z B X X W R I O N A E

Dieses neue kryptoanalytische Verfahren gründet auf der Annahme, daß der Geheimtext einige häufig vorkommende Wörter enthält, etwa das Wort die. Setzen wir die an mehreren Stellen probeweise als Klartext ein und überlegen, welche Schlüsselbuchstaben erforderlich wären, um das die in den vorliegenden Geheimtext zu verwandeln. Wenn wir zum Beispiel annehmen, die sei das erste Wort des Geheimtextes, welches wären dann die ersten drei Buchstaben des Schlüssels? Der erste Schlüsselbuchstabe würde d in Q verwandeln. Um diesen ersten Schlüsselbuchstaben ausfindig zu machen, nehmen wir ein Vigenère-Quadrat, verfolgen die Spalte unter d, bis wir Q erreichen und stellen fest, daß der Buchstabe, mit dem die entsprechende Zeile beginnt, das N ist. Diese Methode wiederholen wir mit i und e, die nach O und R verschlüsselt würden, und schließlich haben wir Kandidaten für die ersten drei Buchstaben des Schlüssels, NOR. All dies beruht auf der Annahme, die sei das erste Wort des Klartextes. Wir setzen die auch an anderen Stellen ein und schließen wie oben auf die entsprechenden Schlüsselwörter. (Die Beziehung zwischen dem jeweiligen Klartextbuchstaben und dem Geheimtextbuchstaben können Sie anhand des Vigenère-Quadrats in Tabelle 9 überprüfen.)

Schlüssel	N O R ? ? K N C ? ? ? Y P T ? ? ? ? ? ? ?
Klartext	d i e ? ? d i e ? ? ? d i e ? ? ? ? ? ? ?
Geheimtext	Q W V B E N V G I W Z B X X W R I O N A E

Wir haben drei die an drei willkürlich gewählte Stellen des Geheimtextes gesetzt und erhalten damit drei Anhaltspunkte, was Teile des Schlüssels sein könnten und was nicht. Wie können wir klären, ob eines der drei die an der richtigen Position ist? Wir vermuten, daß der Schlüssel aus sinnvollen Wörtern besteht und können dies zu unserem Vorteil ausnutzen. Wenn ein die an der falschen Stelle ist, werden sich aller Wahrscheinlichkeit nach unsinnige Buchstabenfolgen erge-

Klar	a	b	c	d	e	f	g	h	i	j	k	l	m	n	o	p	q	r	s	t	u	v	w	x	y	z
1	B	C	D	E	F	G	H	I	J	K	L	M	N	O	P	Q	R	S	T	U	V	W	X	Y	Z	A
2	C	D	E	F	G	H	I	J	K	L	M	N	O	P	Q	R	S	T	U	V	W	X	Y	Z	A	B
3	D	E	F	G	H	I	J	K	L	M	N	O	P	Q	R	S	T	U	V	W	X	Y	Z	A	B	C
4	E	F	G	H	I	J	K	L	M	N	O	P	Q	R	S	T	U	V	W	X	Y	Z	A	B	C	D
5	F	G	H	I	J	K	L	M	N	O	P	Q	R	S	T	U	V	W	X	Y	Z	A	B	C	D	E
6	G	H	I	J	K	L	M	N	O	P	Q	R	S	T	U	V	W	X	Y	Z	A	B	C	D	E	F
7	H	I	J	K	L	M	N	O	P	Q	R	S	T	U	V	W	X	Y	Z	A	B	C	D	E	F	G
8	I	J	K	L	M	N	O	P	Q	R	S	T	U	V	W	X	Y	Z	A	B	C	D	E	F	G	H
9	J	K	L	M	N	O	P	Q	R	S	T	U	V	W	X	Y	Z	A	B	C	D	E	F	G	H	I
10	K	L	M	N	O	P	Q	R	S	T	U	V	W	X	Y	Z	A	B	C	D	E	F	G	H	I	J
11	L	M	N	O	P	Q	R	S	T	U	V	W	X	Y	Z	A	B	C	D	E	F	G	H	I	J	K
12	M	N	O	P	Q	R	S	T	U	V	W	X	Y	Z	A	B	C	D	E	F	G	H	I	J	K	L
13	N	O	P	Q	R	S	T	U	V	W	X	Y	Z	A	B	C	D	E	F	G	H	I	J	K	L	M
14	O	P	Q	R	S	T	U	V	W	X	Y	Z	A	B	C	D	E	F	G	H	I	J	K	L	M	N
15	P	Q	R	S	T	U	V	W	X	Y	Z	A	B	C	D	E	F	G	H	I	J	K	L	M	N	O
16	Q	R	S	T	U	V	W	X	Y	Z	A	B	C	D	E	F	G	H	I	J	K	L	M	N	O	P
17	R	S	T	U	V	W	X	Y	Z	A	B	C	D	E	F	G	H	I	J	K	L	M	N	O	P	Q
18	S	T	U	V	W	X	Y	Z	A	B	C	D	E	F	G	H	I	J	K	L	M	N	O	P	Q	R
19	T	U	V	W	X	Y	Z	A	B	C	D	E	F	G	H	I	J	K	L	M	N	O	P	Q	R	S
20	U	V	W	X	Y	Z	A	B	C	D	E	F	G	H	I	J	K	L	M	N	O	P	Q	R	S	T
21	V	W	X	Y	Z	A	B	C	D	E	F	G	H	I	J	K	L	M	N	O	P	Q	R	S	T	U
22	W	X	Y	Z	A	B	C	D	E	F	G	H	I	J	K	L	M	N	O	P	Q	R	S	T	U	V
23	X	Y	Z	A	B	C	D	E	F	G	H	I	J	K	L	M	N	O	P	Q	R	S	T	U	V	W
24	Y	Z	A	B	C	D	E	F	G	H	I	J	K	L	M	N	O	P	Q	R	S	T	U	V	W	X
25	Z	A	B	C	D	E	F	G	H	I	J	K	L	M	N	O	P	Q	R	S	T	U	V	W	X	Y
26	A	B	C	D	E	F	G	H	I	J	K	L	M	N	O	P	Q	R	S	T	U	V	W	X	Y	Z

Tabelle 9: Ein Vigenère-Quadrat.

ben. Wenn es jedoch an der richtigen Position ist, sollten die sich ergebenden Schlüsselbuchstaben einigen Sinn machen. Zum Beispiel ergibt das erste die als Schlüsselbuchstaben NOR, was uns ermutigt, denn das könnte eine Silbe aus einem deutschen Text sein. Möglich, daß dieses die an der richtigen Stelle liegt. Das zweite die ergibt KNC, eine merkwürdige Reihe von Konsonanten, die den Schluß nabelegt, daß das zweite die ein Fehltreffer ist. Das dritte die ergibt YPT, eine seltene, aber nicht unmögliche Kombination, bei der uns immerhin Wörter mit dem Stamm KRYPT-, sowie APOKALYPTISCH, AEGYPTEN und abgeleitete Wörter einfallen. Wie können wir herausfinden, ob eines dieser Wörter Teil des Schlüssels ist? Wir können jede Vermutung prüfen, indem wir die drei Kandidaten an der entsprechenden Stelle in den Schlüssel über dem Geheimtext einsetzen und den dazugehörigen Klartext ausfindig machen:

Schlüssel	N O R ? ? A P O K A L Y P T I S C H ? ? ?
Klartext	d i e ? ? n g v y w o d i e o z g o ? ? ?
Geheimtext	Q W V B E N V G I W Z B X X W R I O N A E

Schlüssel	N O R ? ? ? ? ? ? K R Y P T ? ? ? ? ? ? ?
Klartext	d i e ? ? ? ? ? ? m i d i e ? ? ? ? ? ? ?
Geheimtext	Q W V B E N V G I W Z B X X W R I O N A E

Schlüssel	N O R ? ? ? ? ? A E G Y P T E N ? ? ? ? ?
Klartext	d i e ? ? ? ? ? i s t d i e s e ? ? ? ? ?
Geheimtext	Q W V B E N V G I W Z B X X W R I O N A E

Wenn das probeweise eingesetzte Wort nicht zum Schlüssel gehört, ergibt sich in der Klartextzeile höchstwahrscheinlich eine unsinnige Buchstabenfolge. Wenn das Wort jedoch Teil des Schlüssels ist, sollte sich ein Ansatz von Sinn ergeben. Mit APOKALYPTISCH als Schlüsselteil erhalten wir auf den ersten Blick Unsinn. Beim Wortstamm KRYPT- ergibt sich eine seltene Buchstabenkombination, vielleicht mit dem französischen Wort »Midi«, die uns jedenfalls nicht überzeugt. Doch wenn AEGYPTEN ein Teil des Schlüssels wäre, würde sich ist diese ergeben, eine vielversprechende Kombination.

Nehmen wir an, daß AEGYPTEN zum Schlüssel gehört. Vielleicht ist der Schlüssel eine Aufzählung von Ländern? Dann läge der Gedanke nahe, daß NOR, das Schlüsselstück, das dem ersten die entspricht, der Anfang von NORWEGEN ist. Wir können diese Hypothese testen:

Schlüssel	N O R W E G E N A E G Y P T E N ? ? ? ? ?
Klartext	d i e f a h r t i s t d i e s e ? ? ? ? ?
Geheimtext	Q W V B E N V G I W Z B X X W R I O N A E

Unsere Annahme scheint Sinn zu machen. Offensichtlich handelt es sich um eine Zeitangabe, und es fehlt uns nur noch ein passendes Wort als Abschluß. Vermutlich handelt es sich beim letzten Schlüsselteil wiederum um den Namen eines Landes. Wir probieren alle in Frage kommenden Ländernamen durch, und der einzige sinnvolle Klartext ergibt sich, wenn wir MALTA einsetzen:

Schlüssel	N O R W E G E N A E G Y P T E N M A L T A
Klartext	d i e f a h r t i s t d i e s e w o c h e
Geheimtext	Q W V B E N V G I W Z B X X W R I O N A E

Ein Schlüssel, der so lang ist wie die Botschaft selbst, garantiert also noch keine absolute Sicherheit. Die Angriffspunkte im obigen Beispiel ergeben sich, weil der Schlüssel aus sinnvollen Wörtern besteht. Wir haben einfach die über den Klartext verstreut und dann die entsprechenden Schlüsselbuchstaben eingesetzt. Ob wir ein die an der richtigen Stelle hatten, konnten wir sagen, wenn die Schlüsselbuchstaben so aussahen, als ob sie Bestandteile sinnvoller Wörter wären. Dann nutzten wir diese Wortschnitzel, um die ganzen Schlüsselwörter herauszuarbeiten. Dies wiederum lieferte uns weitere Teile der Botschaft, die wir zu ganzen Wörtern oder Sätzen ergänzen konnten. Dieses Hin und Her zwischen der Botschaft und dem Schlüssel war nur möglich, weil der Schlüssel eine bestimmte Ordnung hatte und aus erkennbaren Wörtern bestand. Im Jahr 1918 allerdings begannen die Kryptographen mit Schlüsseln zu experimentieren, denen jede innere Ordnung fehlte. Das Ergebnis war eine Verschlüsselung, die nicht mehr zu brechen war.

Gegen Ende des Ersten Weltkriegs führte Major Joseph Mauborgne, Leiter der kryptographischen Forschungsabteilung der amerikanischen Armee, das Konzept eines Zufallsschlüssels ein, der nicht aus erkennbaren Wortreihen, sondern aus einer zufälligen Aufreihung von Buchstaben bestand. Diese Zufallsschlüssel sollten zusammen mit einem Vigenère-Quadrat ein bis dahin unerreichtes Maß an Sicherheit bringen. Der erste Schritt in Mauborgnes Verfahren bestand darin, einen dicken Stapel aus Hunderten von Blättern zusammenzustellen, bei dem jedes Blatt einen einzigartigen Schlüssel in Gestalt zufälliger Buchstabenfolgen enthielt. Es sollte zwei identische Exemplare des Stapels geben, einen für den Sender und einen für den Empfänger. Um eine Botschaft zu verschlüsseln, setzte der Sender das Vigenère-Quadrat mit dem ersten Blatt des Stapels als Schlüssel ein. Abbildung 30 zeigt drei Blätter eines solchen Stapels (in Wirklichkeit enthielt jedes Blatt Hunderte von Buchstaben), gefolgt von einer Botschaft, die anhand des Zufallsschlüssels des ersten Blattes chiffriert wurde. Der Empfänger kann den Geheimtext mit dem identischen Schlüssel und dem Vigenère-Quadrat dechiffrieren. Sobald die Botschaft erfolgreich gesendet, empfangen und entschlüsselt ist, vernichten Sender und Empfänger ihr jeweiliges Blatt, das als Schlüssel diente, so daß dieser niemals wieder gebraucht wird. Bei der Verschlüsselung der nächsten Nachricht wird der nächste Zufallsschlüssel vom Stapel eingesetzt, der dann ebenfalls vernichtet wird, und so weiter. Weil jeder Schlüssel einmal und nur einmal verwendet wird, trägt dieses Chiffriersystem den Namen *One time pad.*

Mit dem One time pad lassen sich alle bisherigen Schwierigkeiten überwinden. Stellen wir uns vor, die Botschaft angriff auf die stellung wurde wie in Abbildung 30 verschlüsselt, per Funk übermittelt und von einem Gegner abgehört. Der chiffrierte Text wird einem Kryptoanalytiker übergeben, der versucht, ihn zu entschlüsseln. Das erste Problem besteht darin, daß es bei einem Zufallsschlüssel naturgemäß keine Wiederholungen gibt, die von Babbage und Kasiski entwickelte Methode bei der Verschlüsselung mit dem One time pad daher wirkungslos ist. Der gegnerische Entschlüßler könnte daraufhin zum Beispiel das Wort die probeweise an verschiedenen Stellen eintragen und den entsprechenden Schlüsselteil rekonstruieren, wie wir es bei der vorigen Botschaft getan haben. Wenn er jedoch am Beginn der Nachricht anfängt, also an falscher Position, dann ergäbe sich MQO als Schlüsselteil, eine zufällige Buchstabenfolge. Wenn er das die beim elften Buchstaben der Botschaft anfängen läßt, was zufällig richtig ist, dann ergäbe sich als Schlüsselteil LRT, ebenfalls eine zufällige Buchstabenfolge. Mit anderen Worten, der Kryptoanalytiker kann nicht sagen, ob das Probewort an der richtigen Stelle steht oder nicht.

Blatt 1	Blatt 2	Blatt 3
P L M O E	O I W V H	J A B P R
Z Q K J Z	P I Q Z E	M F E C F
L R T E A	T S E B L	L G U X D
V C R C B	C Y R U P	D A G M R
Y N N R B	D U V N M	Z K W Y I

Schlüssel	P L M O E Z Q K J Z L R T E A V C R C B Y
Klartext	A n g r i f f a u f d i e s t e l l u n g
Geheimtext	P Y S F M E V K D E O Z X W U Y N C W O E

Abbildung 30: Verschlüsselung mit dem sogenannten One time pad. Die drei Blätter enthalten Zufallsschlüssel, die Botschaft wurde mit Blatt 1 verschlüsselt.

In seiner Verzweiflung erwägt der Kryptoanalytiker womöglich eine erschöpfende Analyse aller möglichen Schlüssel. Der Geheimtext besteht aus 21 Buchstaben, der Kryptoanalytiker weiß also, daß auch der Schlüssel aus 21 Buchstaben besteht. Dies bedeutet, daß es über 500 000 000 000 000 000 000 000 000 000 mögliche Schlüssel gibt, die zu testen wären, was weit über alle menschlichen oder mechanischen Möglichkeiten hinausginge. Doch selbst wenn der Kryptoanalytiker all diese Schlüssel überprüfen könnte, würde er auf ein noch größeres Hindernis stoßen. Wenn er wirklich jeden Schlüssel prüft, findet er natürlich die richtige Botschaft – doch zugleich findet er alle falschen, aber sinnvollen Texte. So ergibt der folgende Schlüssel für den gleichen Geheimtext eine ganz andere Botschaft:

Schlüssel	Y E O D C F B E I Q B W T J N E J W S D R
Klartext	r u e c k z u g v o n d e n h u e g e l n
Geheimtext	P Y S F M E V K D E O Z X W U Y N C W O E

Könnten alle Schlüssel überprüft werden, würde jede sinnvolle Nachricht, die aus 21 Buchstaben zu erzeugen ist, auftauchen, und der Kryptoanalytiker wäre nicht in der Lage, zwischen der richtigen und allen anderen, die ebenfalls Sinn ergeben, zu unterscheiden. Diese Schwierigkeit würde nicht auftreten, wenn der Schlüssel eine Reihe von sinnvollen Wörtern oder Sätzen wäre, denn die unzutreffenden Texte würden dann fast sicher mit sinnlosen Buchstabenfolgen verbunden sein.

Die Sicherheit des One time pad beruht ausschließlich auf der Zufälligkeit des Schlüssels. Der Schlüssel impft den Geheimtext mit dem Zufallsprinzip, er hat also kein Muster, keine innere Ordnung, nichts, an dem sich der Entschlüßler festhalten könnte. Tatsächlich kann mathematisch bewiesen werden, daß es für einen Kryptoanalytiker unmöglich ist, die mit einem One time pad verschlüsselte Botschaft zu knacken. Mit anderen Worten, diese Verschlüsselung ist nicht nur vermeintlich sicher, wie die Vigenère-Verschlüsselung im 19. Jahrhundert, *sie ist wirklich vollkommen sicher.* Das One time pad bietet eine solche Garantie – es ist der Heilige Gral der Kryptographie.

Endlich hatten die Kryptographen ein unschlagbares Verschlüsselungssystem erfunden. Allerdings war mit dem vollkommenen One time pad der Kampf um die Geheimhaltung des Nachrichtenverkehrs nicht ans Ende gelangt. Denn in Wahrheit wird dieses Verfahren kaum eingesetzt. Zwar ist es theoretisch perfekt, doch in der Praxis leidet es an zwei schwerwiegenden Mängeln. Erstens ist es keineswegs einfach, große Mengen von Zufallsschlüsseln herzustellen. Eine Armee mag an einem einzigen Tag Hunderte von Meldungen senden und empfangen, jede mit Tausenden von Buchstaben, und die Funker bräuchten eine Tagesration an Schlüsseln, die Millionen von zufällig aneinandergereihten Buchstaben ergeben. Eine solche Menge zufälliger Buchstabenfolgen herzustellen stellt gewaltige Anforderungen.

Einige Kryptographen dachten zunächst, sie könnten ohne weiteres riesige Mengen an Zufallsschlüsseln produzieren, indem sie nach Lust und Laune in die Tastatur einer Schreibmaschine hämmerten. Wann immer dies versucht wurde, verfiel der »Hacker« allerdings irgendwann in die Gewohnheit, abwechselnd einen Buchstaben mit der linken und dann mit der rechten Hand zu tippen. Damit läßt sich vielleicht schnell ein Schlüssel produzieren, doch die sich ergebende Buchstabenfolge hat ein Muster und ist nicht mehr zufällig – wenn der Hacker die Taste »D« auf der linken Seite der Tastatur trifft, dann ist der nächste Buchstabe immerhin insoweit vorhersagbar, als er von der rechten Seite der Tastatur kommen wird. Wenn ein One time pad wirklich zufällig sein soll, dann muß einem Buchstaben von der linken Seite der Tastatur in etwa der Hälfte der Fälle ein weiterer Buchstabe von der linken Seite folgen.

Inzwischen haben die Kryptographen erkannt, daß es eine Menge Zeit, Mühe und Geld kostet, einen echten Zufallsschlüssel zu erzeugen. Die besten Zufallsschlüssel erhält man, wenn man sich natürliche physikalische Prozesse zunutze macht, etwa die Radioaktivität, von der man weiß, daß sie echtes Zufallsverhalten aufweist. Der Kryptograph könnte ein Stück radioaktiven Materials auf eine Bank legen und die Emissionen mit einem Geigerzähler aufzeichnen. Manchmal folgen die Emissionen rasch aufeinander, manchmal gibt es lange Verzögerungen – die Zeit zwischen den Emissionen ist unvorhersagbar und zufällig. Der Kryptograph könnte dann ein elektronisches Display an den Geigerzähler anschließen, das die Buchstaben des Alphabets mit festgelegter Umlaufrate anzeigt und für einen Moment anhält, wenn eine Emission festgestellt wird. Der Buchstabe, den das Display gerade anzeigt, kann als nächster Buchstabe des Zufallsschlüssels verwendet werden. Das Display läuft wieder an, bis es durch die nächste Emission gestoppt wird, der gerade gezeigte Buchstabe wird dem Schlüssel hinzugefügt, und so weiter. Diese Anordnung würde einen echten Zufallsschlüssel erzeugen, doch für die Chiffrierung im Alltag ist sie nicht praktikabel.

Selbst wenn man genug Zufallsschlüssel herstellen könnte, ergäbe sich als zweites Problem die Frage, wie man sie verteilt. Stellen wir uns nur einmal einen Kriegsschauplatz vor, auf dem Hunderte von Funkern ein Fernmeldenetz bilden. Zunächst müssen sie alle dieselbe Kopie des One time pad haben. Dann, wenn neue Stapel ausgegeben werden, müssen sie gleichzeitig an alle verteilt werden. Schließlich muß jeder von ihnen im Takt bleiben und das richtige Blatt zur richtigen Zeit verwenden. Würde das One time pad ausgiebig genutzt, wären die Schlachtfelder voller Boten und Buchhalter. Und wenn der

Gegner nur einen Stapel erbeutet, ist das ganze Kommunikationssystem erschüttert.

Vielleicht wäre man versucht, den Aufwand für die Herstellung und Verteilung der Schlüssel zu begrenzen und die One time pads mehrmals zu benutzen. Das wäre allerdings eine kryptographische Todsünde. Der Wiedergebrauch eines One time pad würde es dem gegnerischen Kryptoanalytiker ohne weiteres erlauben, die Nachrichten zu entschlüsseln. Das Verfahren, wie zwei mit demselben Blatt von einem One time pad chiffrierte Geheimtexte geknackt werden können, wird in Anhang G erläutert. Hier genügt es zu sagen, daß es beim One time pad keine bequemen Abkürzungen gibt. Sender und Empfänger müssen für jede Nachricht einen neuen Schlüssel benutzen.

Ein One time pad ist nur dann angemessen, wenn es um ultrageheime Kommunikation geht und die enormen Kosten der Herstellung und sicheren Verteilung der Schlüssel keine Rolle spielen. So wird zum Beispiel der heiße Draht zwischen dem russischen und dem amerikanischen Präsidenten über das One time pad gesichert.

Die praktischen Mängel des theoretisch vollkommenen One time pad hatten zur Folge, daß Mauborgnes Idee in der Hitze des Gefechts nicht genutzt werden konnte. Nach dem Ersten Weltkrieg und all seinen kryptographischen Fiaskos suchte man weiter nach einem handlichen System, das im nächsten Konflikt eingesetzt werden konnte. Zum Glück für die Kryptographen dauerte es nicht lange, bis ihnen ein Durchbruch gelang, der den geheimen Nachrichtenverkehr im Krieg wieder ermöglichte. Um ihre Chiffriersysteme zu verstärken, waren sie gezwungen, die Arbeit mit Papier und Bleistift aufzugeben und sich die neueste Technik dienstbar zu machen.

Die Entwicklung der Chiffriermaschinen – von der Chiffrierscheibe zur Enigma

Das erste kryptographische Gerät ist die Chiffrierscheibe. Ihr Erfinder ist der italienische Architekt Leon Alberti, im 15. Jahrhundert einer der Väter der polyalphabetischen Verschlüsselung. Er nahm zwei Kupferscheiben, eine davon etwas größer als die andere, und prägte das Alphabet entlang der Ränder beider Scheiben ein. Dann legte er die kleinere Scheibe auf die größere und setzte als Achse eine Nadel in die Mitte ein. Das Ergebnis war eine Chiffrierscheibe, ähnlich wie die in Abbildung 31 gezeigte. Die beiden Scheiben lassen sich unabhängig voneinander drehen, so daß die beiden Alphabete in jede beliebige Stellung gegeneinander gebracht werden können. So kann man eine Nachricht mittels einer simplen Caesar-Verschiebung chiffrieren. Um zum Beispiel eine Nachricht mit einer Caesar-Verschiebung von einer Stelle zu verschlüsseln, dreht man das äußere A über das innere B – die äußere Scheibe enthält das Klaralphabet, die innere das Geheimtextalphabet. Jeder Buchstabe der Klarbotschaft hat ein Gegenüber auf der inneren Scheibe, und so kann schrittweise der Geheimtext erstellt werden. Für eine Botschaft mit einer Caesar-Verschiebung von fünf Stellen müssen die Scheiben nur so weit gedreht werden, daß das äußere A dem inneren F gegenüber liegt, dann kön-

Abbildung 31: Eine Chiffrierscheibe der Südstaatenarmee im Amerikanischen Bürgerkrieg.

Abbildung 32: Der Code-o-Graph des amerikanischen Serienhelden *Captain Midnight,* der jeden Klarbuchstaben (äußere Scheibe) nicht mit einem anderen Buchstaben, sondern mit einer Zahl (innere Scheibe) verschlüsselt.

nen die Chiffrierscheiben mit dieser neuen Einstellung benutzt werden.

Die Chiffrierscheibe ist zwar ein schlichtes Utensil, doch sie erleichtert die Verschlüsselung und hat sich immerhin fünf Jahrhunderte lang gehalten. Die in Abbildung 31 gezeigte Variante wurde im Amerikanischen Bürgerkrieg eingesetzt. Abbildung 32 zeigt den Code-o-Graph des legendären Helden *Captain Midnight* aus einer der frühen amerikanischen Radioserien. Die Hörer erhielten eine solche Chiffrierscheibe, wenn sie an den Sponsor der Serie, das Unternehmen Ovaltine, schrieben und einen Coupon von einer Schachtel Kakaopulver beilegten. Gelegentlich endete die Sendung mit einer geheimen Botschaft von Captain Midnight, und die treuen Hörer konnten sie mit ihrem Code-o-Graphen entschlüsseln.

Die Chiffrierscheibe kann als eine Art »Verzerrer« betrachtet werden, die jeden Klarbuchstaben in etwas anderes verwandelt. Die bisher beschriebene Funktionsweise ist schlicht und die erzeugte Geheimschrift ist relativ leicht zu knacken. Doch die Chiffrierscheibe kann auch in einem komplizierteren Verfahren eingesetzt werden. Schon ihr Erfinder Alberti schlug vor, die Einstellungen während der Verschlüsselung der Nachricht zu ändern. Dann bekommt man keine monoalphabetische, sondern eine echte polyalphabetische Verschlüsselung. Stellen wir uns vor, Alberti benutzte seine Scheibe, um mit dem Schlüsselwort LEON die Botschaft ciao bella zu chiffrieren. Er stellte zunächst die Chiffrierscheibe auf den ersten Buchstaben des Schlüsselworts ein, indem er das äußere A auf das innere L drehte. Den ersten Buchstaben des Klarwortes, c, verschlüsselte er dann, indem er den gegenüberliegenden Buchstaben auf der inneren Scheibe, nämlich N, aufschrieb. Um den zweiten Buchstaben der Botschaft zu verschlüsseln, stellte er die Scheibe gemäß dem zweiten Buchstaben des Schlüsselworts ein, und zwar, indem er das äußere A über das innere E drehte. Dann verschlüsselte er das i, indem er den entsprechenden Buchstaben auf der inneren Scheibe, also M, notierte. Die Verschlüsselung mit der Chiffrierscheibe ging auf diese Weise mit den Schlüsselbuchstaben O und N fort, dann fing sie wieder bei L an und so weiter. Alberti hatte schließlich eine Nachricht Vigenère-verschlüsselt und dabei seinen Vornamen als Schlüsselwort benutzt. Die Chiffrierscheibe beschleunigt die Arbeit und ist weniger fehlerträchtig als die Verschlüsselung mit dem Vigenère-Quadrat.

Das Entscheidende an dem eben beschriebenen Gebrauch der Chiffrierscheibe ist, daß das Geheimtextalphabet während der Verschlüsselung gewechselt wird. Diese zusätzliche Komplikation führt zwar dazu, daß die gesamte Verschlüsselung schwerer zu knacken ist, doch ist sie nicht unschlagbar, weil wir es nur mit einer mechanisierten Spielart der Vigenère-Verschlüsselung zu tun haben, die ja von Babbage und Kasiski gelöst wurde. 500 Jahre nach Alberti jedoch brachte die Renaissance der inzwischen weiterentwickelten Chiffrierscheibe eine neue, mächtige Generation von Verschlüsselungsverfahren auf die Bühne, die schwerer zu brechen waren als alle bisherigen Systeme.

Der deutsche Erfinder Arthur Scherbius und sein enger Freund Richard Ritter gründeten 1918 die Firma Scherbius & Ritter, ein innovatives Unternehmen, das vom Heizkissen bis zur Turbine alles Erdenkliche herstellte. Scherbius, ein findiger und umtriebiger Geist, war für Forschung und Entwicklung zuständig. Es war eines seiner Lieblingsvorhaben, die unzulänglichen Chiffriersysteme aus dem Ersten Weltkrieg durch neue zu ersetzen. Bleistift und Papier sollten der Vergangenheit angehören, das neue System sollte die technischen Möglichkeiten des 20. Jahrhunderts nutzen. Scherbius, der in Hannover und München Elektrotechnik studiert hatte, entwickelte eine kryptographische Maschine, die im Grunde genommen eine elektrische Version von Albertis Chiffrierscheibe war. Er nannte sie Enigma, und sie sollte die gefürchtetste Chiffriermaschine der Geschichte werden.

Scherbius' Enigma enthält eine Reihe raffiniert ausgetüftelter Elemente, die er zu einer beeindruckend komplizierten Verschlüsselungsmaschine zusammenbaute. Wenn wir die Maschine jedoch wieder in ihre Bestandteile zerlegen, können wir nachvollziehen, wie sie arbeitet. Sie besteht in ihrer Grundausführung aus drei Hauptelementen, die miteinander verdrahtet sind: einer Tastatur für die Eingabe der Klartextbuchstaben, einer Verschlüsselungseinheit, die jeden Klarbuchstaben in einen Geheimtextbuchstaben verwandelt, und einem Lampenfeld, das die Geheimbuchstaben anzeigt. Abbildung 33 (s. u. S. 162) zeigt einen vereinfachten Bauplan einer solchen Maschine für ein Alphabet von sechs Buchstaben. Um eine Klarbotschaft zu verschlüsseln, tippt der Chiffreur den jeweiligen Klarbuchstaben in die Tastatur, die ein elektrisches Signal durch die zentrale Verschlüsselungseinheit bis auf die andere Seite schickt, wo der Strom die Lampe für den entsprechenden Geheimbuchstaben aufleuchten läßt.

Der wichtigste Teil der Maschine ist die Walze (auch Rotor genannt), eine dicke Gummischeibe, die von Drähten durchzogen ist. Von der Tastatur ausgehend, führen die Drähte an sechs Punkten in die Walze hinein, in deren Innern sie kreuz und quer verlaufen, bis sie schließlich an sechs Punkten auf der anderen Seite austreten. Die Verdrahtung im Innern der Walze bestimmt, wie die Klarbuchstaben verschlüsselt werden. Die Verdrahtung aus Abbildung 33 legt zum Beispiel fest, daß:

durch die Eingabe von a der Buchstabe B aufleuchtet, also wird a mit B verschlüsselt;
durch die Eingabe von b der Buchstabe A aufleuchtet, also wird b mit A verschlüsselt;
durch die Eingabe von c der Buchstabe D aufleuchtet, also wird c mit D verschlüsselt;
durch die Eingabe von d der Buchstabe F aufleuchtet, also wird d mit F verschlüsselt;
durch die Eingabe von e der Buchstabe E aufleuchtet, also wird e mit E verschlüsselt;
durch die Eingabe von f der Buchstabe C aufleuchtet, also wird f mit C verschlüsselt.

Die Botschaft cafe würde daher als DBCE verschlüsselt. In dieser Grundanordnung legt die Chiffrierwalze ein Geheimtextalphabet fest, und mit der Maschine ließe sich eine einfache monoalphabetische Verschlüsselung erzeugen.

Allerdings hatte Scherbius die Idee, die Walze jedesmal, wenn ein Buchstabe verschlüsselt war, weiterzudrehen, und zwar um ein Sechstel ihres Umlaufs (also um ein Sechsundzwanzigstel ihres Umlaufs bei einem vollständigen Alphabet von 26 Buchstaben). Abbildung 34(a) zeigt die gleiche Anordnung wie Abbildung 33; wiederum wird durch die Eingabe des Buchstaben b das Lämpchen für A aufleuchten. Diesmal jedoch wird sich unmittelbar nach der Eingabe des Klarbuchstabens und dem Aufleuchten des Geheimbuchstabens die Schlüsselwalze um ein Sechstel ihres Umlaufs gegenüber der in Abbildung 34(b) gezeigten Position weiterdrehen. Wird jetzt noch einmal b eingegeben, dann leuchtet ein anderer Buchstabe auf, nämlich C. Sofort darauf dreht sich die Walze erneut, bis zu der in Abbildung 34(c) gezeigten Position. Diesmal leuchtet bei der Eingabe von b der Buchstabe E auf. Wird sechsmal in Folge b eingetippt, erhält man den

Geheimtext ACEBDC. Mit anderen Worten, das Geheimtextalphabet ändert sich nach jeder Verschlüsselung, und entsprechend wird der Buchstabe b jedesmal anders verschlüsselt. Die Maschine, die mit dieser rotierenden Walze ausgestattet ist, bietet sechs Geheimtextalphabete und ist daher für eine polyalphabetische Verschlüsselung geeignet.

Die rotierende Walze ist das wichtigste Element des Grundmodells von Scherbius. Bislang hat die Maschine jedoch einen offensichtlichen Schwachpunkt. Wenn b sechsmal eingetippt wurde, kehrt die Walze in ihre ursprüngliche Position zurück, und wenn weiter b eingegeben wird, wiederholt sich das Verschlüsselungsmuster. Kryptographen sind meist erpicht darauf, Wiederholungen zu vermeiden, weil sie Regelmäßigkeit und Ordnung in den Geheimtext bringen, und dies sind Anzeichen einer schwachen Verschlüsselung. Das Problem kann gelindert werden, wenn man eine zweite Schlüsselwalze einführt.

Abbildung 35 zeigt den Plan einer Chiffriermaschine mit zwei Schlüsselwalzen. Wegen der Schwierigkeit, eine dreidimensionale

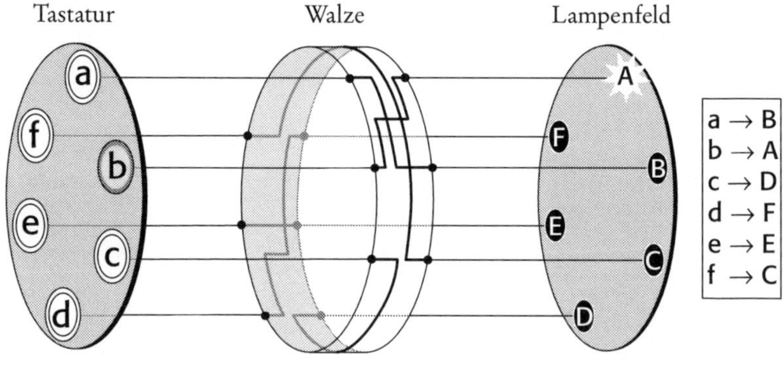

Abbildung 33: Eine vereinfachte Version der Chiffriermaschine Enigma mit einem aus nur sechs Buchstaben bestehenden Alphabet. Der wichtigste Teil der Maschine ist die Schlüsselwalze. Wird auf der Tastatur der Buchstabe b eingegeben, fließt elektrischer Strom in die Walze, er durchläuft die innenliegenden Drähte und tritt auf der anderen Seite aus, wo er die Lampe A aufleuchten läßt. Das heißt, b wird mit A verschlüsselt. Der Kasten rechts zeigt, wie jeder Buchstabe verschlüsselt wird.

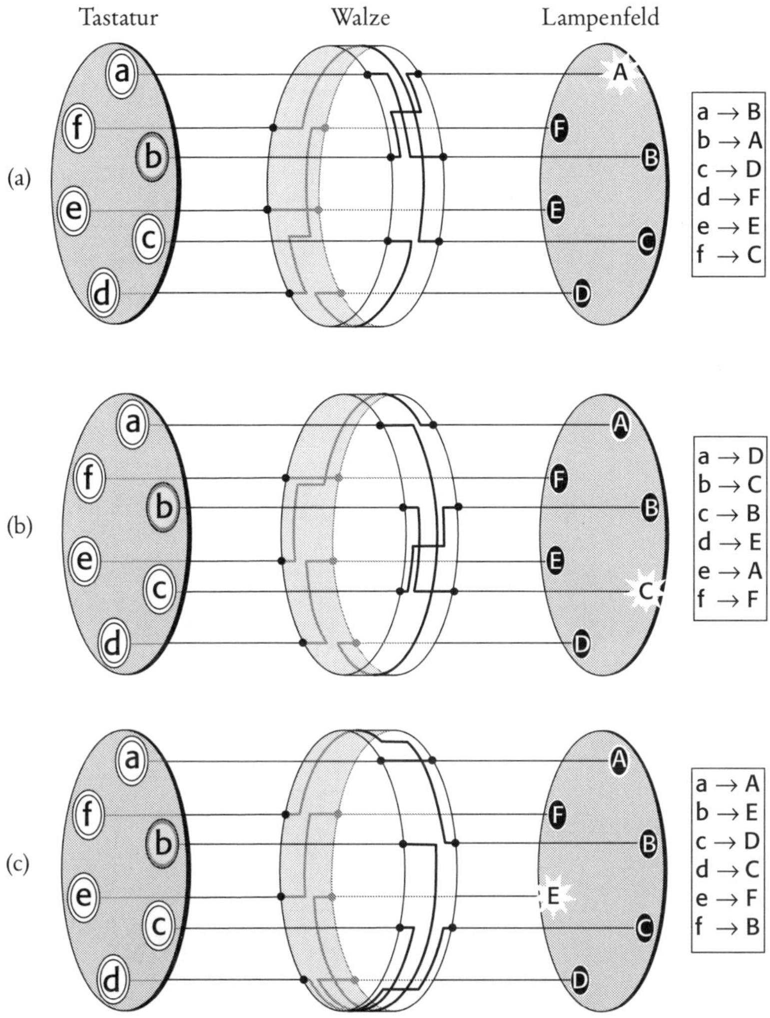

Abbildung 34: Jedesmal, wenn auf der Tastatur ein Buchstabe eingegeben und verschlüsselt wurde, dreht sich die Walze um eine Position weiter und ändert damit das Verschlüsselungsalphabet für den nächsten Buchstaben. In (a) verschlüsselt die Walze den Buchstaben b als A, doch in (b) wird dieser Buchstabe aufgrund der neuen Walzenposition als C verschlüsselt. In (c), nach einer weiteren Drehung um eine Stelle, verschlüsselt die Walze c mit E. Nach der Verschlüsselung von vier weiteren Buchstaben und der Drehung um vier weitere Stellen kehrt die Walze in ihre Ausgangsposition zurück.

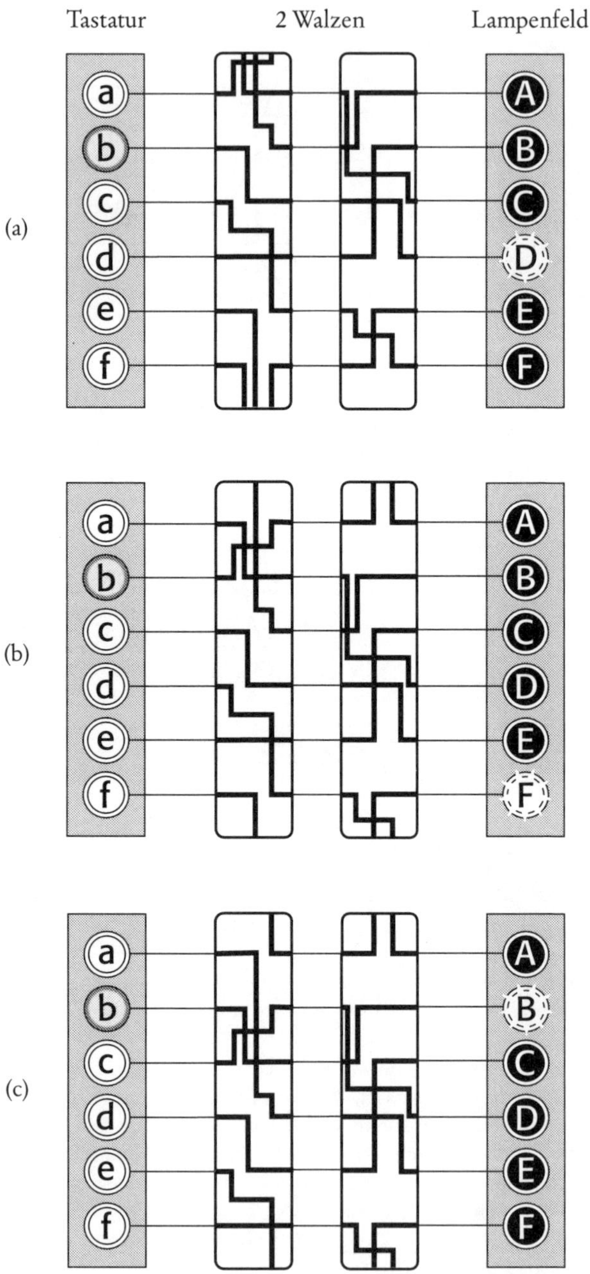
Tastatur
2 Walzen
Lampenfeld
(a)
(b)
(c)
a
b
c
d
e
f
A
B
C
D
E
F

Walze mit dreidimensionaler Innenverdrahtung zu zeigen, ist nur eine zweidimensionale Skizze abgebildet. Jedesmal, wenn ein Buchstabe verschlüsselt wird, dreht sich die erste Walze um eine Stelle. Auf das zweidimensionale Schema übertragen, heißt dies, jede Verdrahtung rückt um eine Stelle nach unten. Dagegen bleibt die zweite Walze die meiste Zeit über in der gleichen Position. Sie dreht sich erst, wenn die erste Walze eine vollständige Umdrehung hinter sich hat. Die erste Walze ist mit einem Federzapfen ausgestattet, und erst wenn dieser einen bestimmten Punkt erreicht, schiebt er die zweite Walze um eine Stelle weiter.

In Abbildung 35(a) ist die erste Walze in einer Position, bei der sie kurz davorsteht, die zweite Walze weiterzuschieben. Wenn ein weiterer Buchstabe eingetippt und verschlüsselt ist, bewegt sich der Mechanismus, bis die Einstellung von Abbildung 35 (b) erreicht ist, wo die erste Walze sich um eine Stelle gedreht hat und auch die zweite Walze um eine Stelle weitergeschubst hat. Nach Eingabe und Verschlüsselung eines weiteren Buchstabens bewegt sich die erste Walze wiederum eine Stelle weiter, doch diesmal hat sich die zweite Walze nicht bewegt. Sie wird sich erst wieder drehen, wenn die erste eine Umdrehung abgeschlossen hat, und dazu sind noch weitere fünf Verschlüsselungen nötig. Dieser Aufbau ähnelt dem eines Kilometerzählers – die Walze, welche die einzelnen Kilometer anzeigt, dreht

---

Abbildung 35: Wird eine zweite Walze hinzugefügt, wiederholt sich das Verschlüsselungsmuster erst, nachdem 36 Buchstaben verschlüsselt wurden und also beide Walzen in ihre Ausgangspositionen zurückgekehrt sind. Um die Zeichnung zu vereinfachen, werden die Walzen nur zweidimensional dargestellt; statt sich um eine Stelle zu drehen, verschiebt sich die Verdrahtung um eine Stelle nach unten. Wenn es so scheint, als ob Drähte oben oder unten aus der Walze austreten, kann ihr Weg an der unteren bzw. oberen Seite der Walze weiterverfolgt werden. In (a) wird b als D verschlüsselt. Nach der Verschlüsselung dreht sich die erste Walze um eine Stelle und schiebt auch die zweite Walze um eine Stelle weiter – dies geschieht jedoch nur einmal während einer vollständigen Drehung der ersten Walze. Die neue Einstellung ist in (b) gezeigt, hier wird b als F verschlüsselt. Nach der Verschlüsselung dreht sich die erste Walze um eine Stelle, doch diesmal bleibt die zweite Walze stehen. Die neue Einstellung ist (c), hier wird b mit B verschlüsselt.

sich ziemlich schnell, und wenn sie die »9« erreicht hat, schiebt sie die Walze, die die Zehner anzeigt, um eine Stelle weiter.

Der Vorteil einer zweiten Walze besteht darin, daß sich das Verschlüsselungsmuster erst wiederholt, wenn die zweite Walze wieder in ihrer Ausgangsposition ist, was sechs vollständige Umdrehungen der ersten Walze voraussetzt oder die Verschlüsselung von 6×6 Buchstaben. Mit anderen Worten, es gibt 36 unterschiedliche Walzenstellungen, was dem Wechsel zwischen 36 Geheimtextalphabeten entspricht. Wenn man also Walzen miteinander kombiniert, ist es möglich, eine Verschlüsselungsmaschine zu bauen, die ständig zwischen verschiedenen Geheimtextalphabeten wechselt. Der Chiffreur tippt einen bestimmten Buchstaben ein, und je nach Walzenstellung kann er gemäß irgendeinem von Hunderten von Geheimtextalphabeten verschlüsselt werden. Dann ändert sich die Walzenstellung, und wenn der nächste Buchstabe in die Maschine eingegeben wird, wird er nach einem anderen Geheimtextalphabet verschlüsselt. Zudem geht all dies dank der automatischen Bewegung der Walzen und der Geschwindigkeit des Stroms mit großer Effizienz und Genauigkeit vor sich.

Bevor wir uns genauer ansehen, wie Scherbius' Verschlüsselungsmaschine eingesetzt werden sollte, müssen wir zwei weitere Bauteile der Enigma kennenlernen, die Abbildung 36 zeigt. Zunächst baute man im Grundmodell der Enigma eine dritte Walze ein, die einen zusätzlichen Komplikationsgrad an Verschlüsselung erbrachte – bei einem vollständigen Alphabet ermöglichten diese Walzen 26×26×26 oder 17576 unterschiedliche Einstellungen. Zweitens fügte Scherbius einen *Reflektor* oder eine Umkehrwalze hinzu. Der Reflektor ähnelt insofern der Walze, als es sich um eine Gummischeibe mit innenliegender Verdrahtung handelt, doch sie rotiert nicht, und die Leitungen treten auf derselben Seite wieder aus, auf der sie eintreten. Der Chiffreur tippt einen Buchstaben ein und schickt damit ein elektrisches Signal durch die drei Walzen und dann in den Reflektor. Der Reflektor schickt es durch die Walzen wieder zurück, doch auf einem anderen Weg. Bei der in Abbildung 36 gezeigten Stellung beispielsweise wird mit der Eingabe von b ein Signal durch die drei Walzen in den Reflektor geschickt, woraufhin es durch die Drähte zurückkehrt und

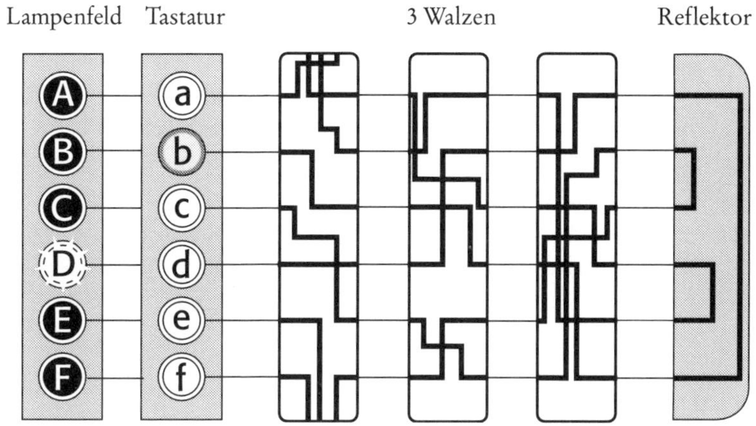

Abbildung 36: Zu Scherbius' Grundmodell der Enigma gehört eine dritte Walze und ein Reflektor, der den Strom zurück durch die Walzen schickt. In dieser Einstellung würde durch die Eingabe von b der Buchstabe D auf dem Lampenfeld aufleuchten, das hier neben der Tastatur eingezeichnet ist.

den Buchstaben D aufleuchten läßt. Das Signal wird nicht wieder in die Tastatur geleitet, wie es nach Abbildung 36 scheinen mag, sondern auf das Lampenfeld. Auf den ersten Blick erscheint der Reflektor vielleicht als ein sinnloser Zusatz zur Maschine, weil er unbeweglich ist und die Zahl der Geheimtextalphabete nicht erhöht. Sein Nutzen wird erst klar, wenn wir uns ansehen, wie die Maschine tatsächlich eingesetzt wurde, um eine Nachricht zu verschlüsseln und wieder zu entschlüsseln.

Ein Chiffreur will eine geheime Nachricht verschicken. Bevor er mit der Verschlüsselung beginnt, muß er die Walzen in eine bestimmte Ausgangslage drehen. Es gibt 17576 mögliche Positionen und daher 17576 mögliche Grundstellungen. Die Grundstellung entscheidet darüber, wie die Nachricht verschlüsselt wird. Wir können die Enigma als ein allgemeines Chiffriersystem betrachten, bei dem die Grundstellung die konkrete Verschlüsselung eines Textes bestimmt. Kurz, die Grundstellung ist der Schlüssel. Es war üblich, diese in einem Schlüsselbuch aufzulisten, das an alle Chiffreure im Funknetz verteilt wurde. Ein solches Schlüsselbuch zu verteilen kostet Zeit und Mühe, doch weil täglich nur ein Schlüssel gebraucht wird, konnte man ein Schlüsselbuch mit 28 Schlüsseln erstellen und damit vier Wochen lang über die Runden kommen. Hätte man dagegen One time pads in einer ganzen Armee eingesetzt, wäre für jede Nachricht ein neuer Schlüssel erforderlich gewesen, deren Verteilung gewaltigen Aufwand erfordert hätte. Sobald die Walzen der Enigma nach dem jeweiligen Tagesschlüssel eingestellt sind, kann der Sender mit der Verschlüsselung beginnen. Er tippt den ersten Buchstaben der Nachricht ein, beobachtet, welcher Buchstabe auf dem Lampenfeld aufleuchtet, und notiert ihn als ersten Buchstaben des Geheimtextes. Die erste Walze hat sich inzwischen mechanisch um eine Stelle weitergedreht, der Chiffreur gibt nun den zweiten Buchstaben des Klartexts ein, und so weiter. Hat er den vollständigen Geheimtext erzeugt, übergibt er ihn einem Funker, der ihn an den Empfänger sendet.

Um die Nachricht zu entschlüsseln, braucht der Empfänger ebenfalls eine Enigma und ein Exemplar des Schlüsselbuchs, das die Anfangseinstellung der Walzen für den jeweiligen Tag enthält. Nachdem er die Maschine vorschriftsgemäß eingestellt hat, tippt er den Geheimtext Buchstabe für Buchstabe ein, während auf dem Lampenfeld der jeweilige Klarbuchstabe aufleuchtet – Verschlüsselung und Entschlüsselung sind spiegelverkehrte Prozesse. Daß die Entschlüsselung so einfach ist, liegt am Reflektor. Wenn wir in der Konfiguration von Abbildung 36 (s. o. S. 167) den Buchstaben b eingeben und dem Weg des Stroms folgen, kommen wir zu D zurück. Und wenn wir d eintippen und den Drähten folgen, kommen wir zu B zurück. Die Maschine verschlüsselt einen Klarbuchstaben mit einem Geheimbuchstaben, und solange sie dieselbe Einstellung hat, entschlüsselt sie denselben Geheimbuchstaben zurück in denselben Klarbuchstaben.

Natürlich dürfen Schlüssel und Schlüsselbuch niemals in gegnerische Hände fallen. Es mag durchaus sein, daß der Gegner eine Enigma erbeutet, doch ohne die Anfangseinstellungen für die Verschlüsselung kann er eine abgefangene Botschaft nicht ohne weiteres entschlüsseln. Ohne das Schlüsselbuch muß der gegnerische Analytiker wieder einmal alle möglichen Schlüssel prüfen, also alle 17576 möglichen Walzeneinstellungen. Der verzweifelte Kryptoanalytiker würde die erbeutete Enigma in eine bestimmte Walzenstellung bringen, ein kurzes Stück des Geheimtextes eingeben und prüfen, ob der ausgegebene Text Sinn macht. Wenn nicht, würde er eine andere Walzeneinstellung wählen und es erneut probieren. Wenn er pro Minute eine Walzeneinstellung prüfen und Tag und Nacht arbeiten könnte, würde er insgesamt fast zwei Wochen brauchen. Das wäre ein annehmbares Maß an Sicherheit, doch wenn der Gegner ein Dutzend Leute an die Aufgabe setzte, könnte er alle Einstellungen an einem einzigen Tag prüfen. Scherbius entschloß sich daher, die Sicherheit seines Verfahrens noch einmal zu verstärken, und erhöhte die Zahl der Anfangseinstellungen und damit die Zahl der möglichen Schlüssel.

Er hätte die Sicherheit durch zusätzliche Walzen steigern können (jede weitere Walze erhöht die Zahl der Schlüssel um den Faktor 26), doch damit wäre die Maschine unhandlicher geworden. Er entschloß sich zu zwei Veränderungen. Die Walzen konnten ab jetzt herausgenommen und vertauscht werden. So konnte beispielsweise die erste Walze an die Stelle der dritten und die dritte an die Stelle der ersten gesetzt werden. Diese sogenannte Walzenlage beeinflußt auf entscheidende Weise die Verschlüsselung. Es gibt sechs verschiedene Möglichkeiten, die drei Walzen anzuordnen, so daß diese Änderung die Zahl der Schlüssel oder die Zahl der möglichen Anfangsstellungen um den Faktor sechs erhöht.

Die zweite Änderung war der Einbau eines *Steckerbretts* zwischen der Tastatur und der ersten Walze. Das Steckerbrett ermöglicht es dem Chiffreur, über Kabel die Buchstaben miteinander zu vertauschen, bevor ihr Signal in die Walzen eintritt. Wenn man beispielsweise die Buchsen a und b auf dem Steckerbrett mit einem Kabel verbindet, geht bei Eingabe von b das elektrische Signal den Weg, den zuvor das Signal für den Buchstaben a gegangen ist und umgekehrt. Der Chiffreur an der Enigma hatte sechs Kabel, er konnte also sechs Buchstabenpaare vertauschen, die anderen vierzehn blieben ohne Kabelverbindung und daher unvertauscht. Die Buchstaben, die durch das Steckerbrett vertauscht werden, gehören mit zur Grundeinstellung der Maschine und müssen daher im Schlüsselbuch aufgeführt sein. Abbildung 37 zeigt den Plan der Maschine mit zusätzlichem Steckerbrett. Weil der Zeichnung nur ein sechsbuchstabiges Alphabet zugrunde liegt, sind hier nur zwei Buchstaben, a und b, vertauscht.

Nicht erwähnt habe ich bislang ein weiteres Element von Scherbius' Enigma, den *Ring*. Zwar hat der Ring einen gewissen Einfluß auf die Verschlüsselung, doch ist er der unbedeutendste Teil der Maschine, und ich werde ihn in dieser Darstellung außer acht lassen. (Leser, die mehr über die genaue Funktion des Rings erfahren wollen, können einige der zur weiteren Lektüre empfohlenen Bücher zu Rate ziehen, zum Beispiel *Entzifferte Geheimnisse* von F. L. Bauer. Diese Liste enthält auch die Adressen von Webseiten mit hervorragenden Enigma-Emulatoren, die es ermöglichen, mit virtuellen Enigma-Maschinen zu arbeiten.)

Wir haben jetzt die Hauptelemente von Scherbius' Enigma kennengelernt und sind damit in der Lage, die Zahl der möglichen Schlüssel zu ermitteln, indem wir die Zahl der möglichen Verbindun-

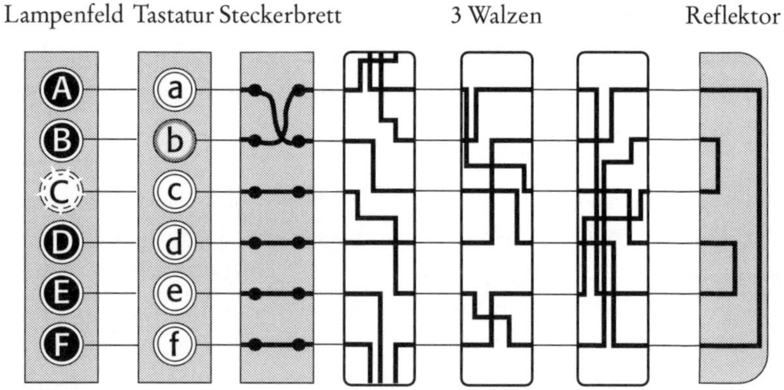

Abbildung 37: Das Steckerbrett sitzt zwischen Tastatur und erster Walze. Durch Kabelverbindungen ist es möglich, zwei Buchstaben miteinander zu vertauschen, in diesem Falle b und a. Jetzt wird b verschlüsselt, indem es dem Weg folgt, der ursprünglich für a vorgesehen war. In der echten 26-Buchstaben-Enigma hatte der Anwender sechs Kabel zur Verfügung, mit denen er sechs Buchstabenpaare vertauschen konnte.

gen am Steckerbrett mit der Zahl der möglichen Walzenlagen und Walzeneinstellungen multiplizieren. Die folgende Liste enthält alle Variablen der Maschine und die Zahl der Einstellungen, die jede annehmen kann:

Walzenstellungen. Jede der drei Walzen kann in eine von sechsundzwanzig Stellungen gebracht werden. Es gibt daher 26x26x26 Einstellungen:	17576
Walzenlagen. Die drei Walzen (1, 2 und 3) können in folgende sechs Reihenfolgen gebracht werden: 123, 132, 213, 231, 312, 321.	6
Steckerbrett. Die Zahl der Möglichkeiten, sechs Buchstabenpaare von 26 zu verbinden und damit zu vertauschen, ist gewaltig:	100391791500
Gesamtzahl. Die Zahl der möglichen Schlüssel ergibt sich aus der Multiplikation dieser drei Zahlen: 17576x6x100391791500	≈10000000000000000

Vorausgesetzt, Sender und Empfänger haben sich auf den Schlüssel, nämlich die Steckerverbindungen am Steckerbrett, die Reihenfolge der Walzen und ihre jeweilige Einstellung geeinigt, können sie ohne weiteres Nachrichten verschlüsseln und wieder entschlüsseln. Ein gegnerischer Spion, der den Schlüssel nicht kennt, müßte jedoch jeden einzelnen der 10000000000000000 möglichen Schlüssel überprüfen, um den Geheimtext zu knacken. Ein hartnäckiger Kryptoanalytiker, der eine Einstellung pro Minute prüfen kann, würde länger brauchen, als das Universum alt ist. (Da ich die Ringe in diesen Berechnungen ausgelassen habe, ist die Zahl der möglichen Schlüssel in Wahrheit noch höher und die erforderliche Zeit noch länger.)

Da der bei weitem größte Beitrag zur Schlüsselzahl vom Steckerbrett kommt, könnte man sich fragen, warum Scherbius sich eigentlich noch mit den Walzen abmühte. Das Steckerbrett für sich genommen würde eine triviale Verschlüsselung liefern, nämlich nichts weiter als eine monoalphabetische Substitution, bei der nur 12 Buchstaben vertauscht würden. Das Problem ist, daß diese Vertauschungen sich nicht mehr ändern lassen, sobald die Verschlüsselung begonnen hat, und das Steckerbrett für sich genommen würde einen Geheimtext erzeugen, der mittels Häufigkeitsanalyse geknackt werden könnte. Die Walzen tragen in geringerem Umfang zur Gesamtzahl der Schlüssel bei, doch ihre Einstellung ändert sich fortlaufend, weshalb der erzeugte Geheimtext nicht mehr durch Häufigkeitsanalyse geknackt werden kann. Indem Scherbius die Walzen mit dem Steckerbrett kombinierte, schützte er seine Chiffriermaschine gegen die Häufigkeitsanalyse und stattete sie zugleich mit einer gewaltigen Zahl möglicher Schlüssel aus.

Scherbius erwarb 1918 sein erstes Patent. Seine Chiffriermaschine steckte in einer kleinen Kiste, die nur 34×28×15 Zentimeter maß, doch immerhin 12 Kilo wog. Abbildung 39 zeigt eine einsatzbereite Enigma in ihrer Kiste. Zu erkennen ist die Tastatur, auf der die Klarbuchstaben eingegeben werden, und darüber die Lampentafel, die die entsprechenden Geheimbuchstaben anzeigt. Unter der Tastatur liegt

Abbildung 38:
Arthur Scherbius.

das Steckerbrett; hier werden mehr als sechs Buchstabenpaare vertauscht, denn diese Enigma ist eine leicht veränderte Version des Basismodells, das wir bisher beschrieben haben. Abbildung 40 zeigt eine Enigma mit geöffnetem Gehäusedeckel, die uns mehr von ihrem Innenleben und vor allem von den Walzen preisgibt.

Scherbius hielt seine Enigma für absolut sicher und war überzeugt, ihre kryptographische Stärke würde eine beträchtliche Nachfrage auslösen. Er versuchte die Chiffriermaschine sowohl beim Militär als auch bei Privatunternehmen zu verkaufen und bot dafür jeweils unterschiedliche Versionen an. Während er der Industrie ein Grundmodell lieferte, bot er dem Außenministerium ein Luxusmodell für den diplomatischen Dienst an, das mit einem Drucker anstelle des Lampenfelds ausgestattet war. Der Preis für ein Exemplar belief sich nach heutigem Wert auf immerhin 50000 Mark.

Leider schreckte der hohe Preis der Maschine potentielle Käufer ab. Seitens der Wirtschaft hieß es, man könne sich die von der Enigma gebotene Sicherheit nicht leisten, doch Scherbius war überzeugt, daß die sichere Verschlüsselung eine Notwendigkeit war. Eine wichtige Nachricht, die von einem konkurrierenden Unternehmen abgehört würde, könne eine Firma Millionen kosten. Dennoch nahmen nur wenige Unternehmen Notiz von seiner Erfindung. Das deutsche Militär war genausowenig begeistert, weil man keine Ahnung hatte, welchen Schaden die eigenen unsicheren Chiffriersysteme während des Ersten Weltkriegs angerichet hatten. Man hatte sich einen Bären aufbinden lassen und glaubte immer noch, amerikanische Spione hätten das Zimmermann-Telegramm in Mexiko gestohlen, und gab daher den Mexikanern die Schuld. Noch immer hatte man nicht entdeckt, daß die Engländer das Telegramm abgehört und entziffert hatten und daß das Zimmermann-Debakel in Wahrheit ein Fehlschlag der deutschen Kryptographie war.

Scherbius war mit seiner wachsenden Enttäuschung nicht alleine. Drei Erfinder in anderen Ländern waren unabhängig voneinander und fast gleichzeitig auf die Idee einer Chiffriermaschine mit rotierenden Walzen gekommen. Alexander Koch erwarb 1919 in Holland das Patent Nr. 10700, doch es gelang ihm nicht, seine Rotormaschine in einen wirtschaftlichen Erfolg umzumünzen, und schließlich ver-

Abbildung 39: Eine einsatzbereite Heeres-Enigma.

kaufte er 1927 die Patentrechte. In Schweden erwarb Arvid Damm ein ähnliches Patent, doch bis zu seinem Tod 1927 war es ihm ebenfalls nicht gelungen, einen Markt dafür zu erschließen. Der amerikanische Erfinder Edward Hebern hatte absolutes Vertrauen in seine Erfindung, die sogenannte kabellose Sphinx, doch er scheiterte am grandiosesten von allen.

Mitte der zwanziger Jahre begann Hebern mit dem Bau einer 380000 Dollar teuren Fabrik, doch zu seinem Pech war dies die Zeit, in der die bislang paranoische Stimmung der Amerikaner einer größeren Offenheit Platz machte. Im Jahrzehnt davor hatte die amerikanische Regierung im Gefolge des Ersten Weltkriegs eine eigene Schwarze Kammer eingerichtet, einen äußerst erfolgreich arbeitenden Dechiffrierdienst mit einem Team von zwanzig Kryptoanalytikern unter dem weltläufigen und brillanten Herbert Yardley. »Die Schwarze Kammer«, erinnerte sich Yardley, »versteckt, verriegelt, streng bewacht, sieht alles und hört alles. Obwohl die Jalousien geschlossen und die Fenster schwer verhangen sind, durchdringt ihr scharfer Blick die Konferenzräume in Washington, Tokio, London, Paris, Genf und Rom. Ihre empfindlichen Ohren erhaschen das leiseste Geflüster in den Hauptstädten der Welt.« Die Schwarze Kammer der Amerikaner enträtselte in einem Jahrzehnt 45000 Kryptogramme, doch als Hebern seine Fabrik gebaut hatte, wurde Herbert Hoover Präsident und bemühte sich, eine neue Ära des gegenseitigen Vertrauens in der internationalen Politik einzuläuten. Er löste die Schwarze Kammer auf, und sein Außenminister Henry Stimson erklärte: »Gentlemen lesen nicht gegenseitig ihre Post.« Und wenn eine Nation es für falsch hält, die Post anderer zu lesen, dann neigt sie auch zu dem Glauben, andere würden dies ebenfalls nicht tun. Warum sollten dann raffinierte Chiffriergeräte angeschafft werden? Hebern verkaufte nur zwölf Geräte zu einem Gesamtpreis von etwa 1200 Dollar, und 1926 zogen ihn unzufriedene Anteilseigner vor Gericht, wo er nach dem kalifornischen Corporate Securities Act für schuldig befunden wurde.

Scherbius hingegen hatte Glück. Das deutsche Militär erlitt endlich einen derartigen Schock, daß man den Wert der Enigma zu schätzen begann. Der Grund waren zwei britische Dokumente. Das erste

Zur Beachtung!
Beachte die Gebrauchsanleitung für die Chiffriermaschine (H. Dv. g. 13)
Nur Glühlampen mit 12 mm
Durchmesser verwenden.
Klappe
schliessen
ENIGMA

war Winston Churchills Buch *The World Crisis* das 1923 herauskam. Churchill schildert darin auf dramatische Weise, wie die Briten in den Besitz von wertvollem kryptographischen Material der Deutschen gelangt waren:

> Anfang September 1914 lief der deutsche leichte Kreuzer *Magdeburg* in der Ostsee auf Grund. Einige Stunden später bargen die Russen die Leiche eines ertrunkenen deutschen Unteroffiziers. Mit todesstarren Armen fest an seine Brust geklammert waren die Code- und Signalbücher der deutschen Marine und die sorgfältig in Planquadrate eingeteilten Karten der Nordsee und der Deutschen Bucht. Am 6. September suchte mich der russische Marineattaché auf. Er war aus Petersburg über das Geschehen unterrichtet worden, und man hatte ihm mitgeteilt, daß es der russischen Admiralität mit Hilfe der Code- und Signalbücher gelungen war, zumindest einen Teil der Funkmeldungen der deutschen Flotte zu entziffern. Die Russen kamen zu dem Schluß, daß die britische Admiralität als führende Seemacht in den Besitz dieser Bücher und Karten gelangen sollte. Wenn wir ein Schiff nach Alexandrow schickten, würden die verantwortlichen russischen Offiziere die Dokumente nach England bringen.

Dieses Material hatte den Kryptoanalytikern in Room 40 geholfen, die verschlüsselten Meldungen der Deutschen regelmäßig zu knakken. Endlich, fast ein Jahrzehnt später, machte sie Churchill auf diese Lücke in ihrem geheimen Nachrichtenverkehr aufmerksam. Ebenfalls 1923 veröffentlichte die Royal Navy ihre offizielle Geschichte des Ersten Weltkriegs, in der noch einmal festgestellt wurde, daß sich die Alliierten dank der abgehörten und entschlüsselten deutschen Meldungen einen klaren Vorteil verschafft hatten. Diese stolzen Errungenschaften der englischen Aufklärung sprachen zugleich ein vernichtendes Urteil über die Verantwortlichen in Deutschland, die schließlich in ihrem eigenen Untersuchungsbericht zugeben mußten,

---

Abbildung 40: Eine Enigma mit geöffnetem Gehäusedeckel. Deutlich sichtbar sind die drei Walzen.

daß »die deutsche Flotte, deren Funkmeldungen von den Engländern abgehört und entschlüsselt wurden, sozusagen mit offenen Karten gegen das britische Oberkommando spielte«.

Das deutsche Militär ließ untersuchen, wie eine Wiederholung der kryptographischen Desaster des Ersten Weltkriegs zu vermeiden wäre, und kam zu dem Schluß, daß die Enigma die beste Lösung wäre. Scherbius begann 1925 mit der Serienfertigung der Maschine, und im Jahr darauf wurde sie in den militärischen Einsatz übernommen und später auch von der Regierung und staatlichen Organisationen wie der Reichsbahn verwendet. Diese Enigmas unterschieden sich von den wenigen Maschinen, die Scherbius zuvor an Privatfirmen verkauft hatte, denn die Walzen waren im Innern anders verdrahtet. Die Besitzer einer kommerziellen Enigma wußten daher nicht alles über die Modelle, die an den Staat und das Militär gingen.

Während der nächsten zwanzig Jahre kaufte das Militär über 30000 Enigmas. Scherbius' Erfindung verschaffte den Deutschen das sicherste Verschlüsselungssystem der Welt, und bei Ausbruch des Zweiten Weltkriegs war der militärische Nachrichtenverkehr durch einen beispiellosen Grad der Verschlüsselung geschützt. Manchmal schien es so, als würde die Enigma ganz entscheidend zu einem Sieg der Nationalsozialisten beitragen, doch statt dessen spielte sie eine Rolle beim Ende des Hitlerregimes. Scherbius erlebte die Erfolge und Mißerfolge seines Chiffriersystems nicht mehr. Im Jahr 1929 verlor er bei einem Ausritt die Kontrolle über seine Pferdekutsche und krachte gegen eine Mauer. Er starb am 13. Mai an seinen inneren Verletzungen.

4
Die Entschlüsselung der Enigma

Auch in der Zeit nach dem Ersten Weltkrieg überwachten die englischen Kryptoanalytiker in Room 40 den deutschen Funkverkehr. Doch seit 1926 hörten sie Funksprüche, aus denen sie sich keinen Reim mehr machen konnten. Die Enigma war auf den Plan getreten, und je mehr Geräte die Deutschen einsetzten, desto weniger Aufklärungserfolge konnte Room 40 erzielen. Auch die Amerikaner und Franzosen versuchten die Enigma-Verschlüsselung zu knacken, doch auch ihre Versuche scheiterten kläglich. Deutschland hatte jetzt das sicherste militärische Fernmeldesystem der Welt.

Die Kryptoanalytiker der Westmächte, im Ersten Weltkrieg noch hartnäckig bei der Sache, gaben rasch auf. Ein Jahrzehnt zuvor noch hatten sie, die drohende Niederlage vor Augen, Tag und Nacht an den deutschen Chiffren gearbeitet. Offenbar sind Angst und Feindseligkeit wesentliche Triebkräfte und Arbeitsbedingungen für erfolgreiche Codebrecher. Es waren ja auch Angst und Gegnerschaft gewesen, die die französischen Kryptoanalytiker Ende des 19. Jahrhunderts angefeuert hatten, als sie sich der wachsenden Macht Deutschlands gegenübersahen. Nach dem Ersten Weltkrieg jedoch fürchteten die Alliierten niemanden mehr. Deutschland war durch die Niederlage gelähmt, die Alliierten hatten die Vorherrschaft errungen, und in der Folge schien ihr kryptoanalytischer Ehrgeiz einzuschlummern. Die Zahl ihrer Kryptoanalytiker schrumpfte, und auch ihre Kompetenz nahm ab.

Ein Land jedoch konnte es sich nicht leisten, auf der faulen Haut zu liegen. Nach dem Ersten Weltkrieg wurde Polen erneut ein souveräner Staat, doch die Polen sahen die neugewonnene Unabhängigkeit bald schon gefährdet. Im Osten lag die Sowjetunion, die darauf aus war, ihren Kommunismus zu verbreiten, und im Westen lag Deutschland, erpicht darauf, Gebiete, die es nach dem Krieg an Polen abtreten mußte, wiederzugewinnen. Derart in die Zange genommen, waren die Polen dankbar für jede Information über die beiden Gegner und richteten deshalb einen neuen Dechiffrierdienst ein, das Biuro Szyfrów. Wenn die Notwendigkeit die Mutter der Erfindung ist, dann ist wohl die Gegnerschaft die Mutter der Kryptoanalyse. Die Schlagkraft des Biuro Szyfrów wird durch seinen Erfolg im polnisch-sowjetischen Krieg von 1920 deutlich. Allein im August 1920, als die sowjetischen Armeen vor den Toren Warschaus standen, entschlüsselte das Büro 400 Feindmeldungen. Die Überwachung des deutschen Funkverkehrs war gleichermaßen erfolgreich, bis auch die Polen 1926 auf die Enigma-Meldungen stießen.

Verantwortlich für die Dechiffrierung des deutschen Funkverkehrs war Hauptmann Maximilian Ciezki, ein glühender Patriot, der in der Stadt Szamotuty, einem Zentrum des polnischen Nationalismus, aufgewachsen war. Ciezki hatte eine kommerzielle Version der Enigma zur Verfügung, die ihm alle Grundzüge von Scherbius' Erfindung offenbarte. Doch leider unterschied sich diese Version bei der Innenverdrahtung der Walzen deutlich vom militärischen Modell. Ohne die Verdrahtung des Militärgeräts zu kennen, hatte Ciezki keine Chance, die Meldungen des deutschen Heeres zu entschlüsseln. Er geriet derart in Verzweiflung, daß er einmal sogar in ohnmächtiger Wut einen Hellseher anheuerte, der aus den abgehörten Funksprüchen irgendeinen Sinn herauszaubern sollte. Überflüssig zu sagen, daß auch dem Hellseher nicht der Durchbruch gelang, den das Biuro Szyfrów brauchte. So blieb es einem von seinem Land enttäuschten Deutschen, Hans-Thilo Schmidt, vorbehalten, dem ersten Angriff auf die Enigma den Weg zu bereiten.

Hans-Thilo Schmidt wurde 1888 als zweiter Sohn eines angesehenen Professors und seiner adligen Frau geboren. Schmidt schlug eine Laufbahn im deutschen Heer ein und diente im Ersten Weltkrieg, doch nach den drastischen Kürzungen in der Folge des Versailler Vertrags hielt das Heer ihn für entbehrlich. Daraufhin versuchte er sein Glück als Geschäftsmann, doch er mußte seine Seifenfabrik während der schweren Inflation der Nachkriegszeit schließen und stand nun mit seiner Familie mittellos da.

Der Erfolg seines älteren Bruders Rudolph verschärfte die Demütigung noch. Rudolph hatte ebenfalls im Krieg gedient und behielt seine Stellung im Militär. In den zwanziger Jahren machte er rasch Karriere, und schließlich wurde er zum Stabschef des Fernmeldekorps befördert. Er war für die Sicherheit des Fernmeldewesens zuständig, und tatsächlich war es Rudolph, der den Einsatz der Enigma im Heer offiziell guthieß.

Nach dem Zusammenbruch seiner Firma sah sich Hans-Thilo gezwungen, den Bruder um Hilfe zu bitten, und Rudolph besorgte ihm Arbeit in der Berliner Chiffrierstelle, dem für den verschlüsselten Nachrichtenverkehr verantwortlichen Dienst. Die Chiffrierstelle war die hochgeheime Schaltzentrale für die Enigma, in der streng geheime Informationen über die Tische gingen. Als Schmidt die neue Arbeit antrat, ließ er seine Familie in Bayern zurück, wo die Lebenshaltungskosten noch erträglich waren. Er lebte allein im teuren Berlin, verarmt und ohne Freunde, neidisch auf seinen erfolgreichen Bruder und voller Ressentiments gegen einen Staat, der seine Dienste

Abbildung 41:
Hans-Thilo Schmidt.

für entbehrlich erachtet hatte. Die Folge war unvermeidlich. Schmidt verdiente sich Geld, indem er geheime Informationen zur Enigma an fremde Mächte verkaufte, und damit konnte er zugleich Rache üben, die Sicherheit seines Landes untergraben und der Dienststelle seines Bruders schaden.

Am 8. November 1931 quartierte sich Schmidt im Grand Hotel der belgischen Stadt Verviers ein. Er war mit einem französischen Agenten verabredet, der unter dem Codenamen Rex arbeitete. Gegen Zahlung von 10000 Mark (nach heutigem Wert etwa 30000 DM) ließ Schmidt den Agenten zwei Dokumente fotografieren: die »Gebrauchsanweisung für die Chiffriermaschine Enigma« und die »Schlüsselanleitung für die Chiffriermaschine Enigma«. Diese Unterlagen enthielten zwar keine genaue Beschreibung der Walzenverdrahtung, doch sie enthielten die nötigen Informationen, um sie zu erschließen.

Dank Schmidts Verrat war es den Alliierten jetzt möglich, ein genaues Duplikat der deutschen Enigma zu bauen. Allerdings reichte dies nicht aus, um die mit der Enigma chiffrierten Meldungen zu entschlüsseln. Die Stärke der Verschlüsselung hängt nicht davon ab, ob die Maschine selbst geheim bleibt, sondern von der Geheimhaltung ihrer jeweiligen Grundstellung (d.h. des Schlüssels). Will ein Kryptoanalytiker eine abgefangene Nachricht entschlüsseln, dann muß er nicht nur ein Duplikat der Enigma besitzen, er muß auch herausfinden, welcher der Myriaden möglicher Schlüssel benutzt wurde, um die jeweilige Nachricht zu verschlüsseln. In einem deutschen Gutachten hieß es: »Bei der Beurteilung der Sicherheit des Kryptosystems wird davon ausgegangen, daß der Feind die Maschine zur Verfügung hat.«

Der französische Geheimdienst hatte offensichtlich seine Hausaufgaben gemacht, denn er hatte einen Informanten wie Schmidt gewonnen und die Dokumente erhalten, die Hinweise auf die Verdrahtung der Enigma lieferten. Die französischen Kryptoanalytiker hingegen waren offenbar weder willens noch fähig, diese brandheißen Informationen auszuwerten. Im Gefolge des Ersten Weltkriegs litten sie unter Selbstüberschätzung und mangelnder Motivation. Das Bureau du Chiffre hielt es nicht einmal für nötig, ein Duplikat der militärischen Enigma zu bauen, weil man überzeugt war, daß die nächste Hürde, nämlich den Schlüssel für eine bestimmte Enigma-Meldung zu finden, nicht zu überwinden war.

Nun fügte es sich, daß die Franzosen zehn Jahre zuvor ein militärisches Kooperationsabkommen mit den Polen unterzeichnet hatten. Die Polen hatten ihr Interesse an allem bekundet, was mit der Enigma zu tun hatte, und so händigten die Franzosen ihre Fotos von Schmidts Dokumenten ihren Verbündeten aus und überließen dem Biuro Szyfrów die hoffnungslose Aufgabe, die Enigma zu knacken. Die Unterlagen waren nur eine Starthilfe, das wußten die Polen, doch im Gegensatz zu den Franzosen fürchteten sie eine Invasion und hatten damit Grund genug, am Ball zu bleiben. Die Polen verbissen sich in den Gedanken, es müsse eine Abkürzung geben, um den Schlüssel für eine Enigma-chiffrierte Botschaft zu finden, und man müsse nur genug Mühe, Erfindungsgabe und Scharfsinn investieren, um diesen Weg zu finden.

Schmidts Dokumente enthüllten nicht nur die innere Verdrahtung der Walzen, auch die von den Deutschen benutzten Schlüsselbücher waren genau beschrieben. Jeden Monat erhielten die Enigma-Operatoren ein neues Schlüsselbuch, das für jeden Tag einen Schlüssel vorschrieb. Für den ersten Tag eines Monats legte das Schlüsselbuch zum Beispiel folgenden *Tagesschlüssel* fest:

(1) *Steckerverbindungen:*	A/L – P/R – T/D – B/W – K/F – O/Y.
(2) *Walzenlage:*	2-3-1.
(3) *Grundstellung der Walzen:*	Q-C-W.

Walzenlage und Grundstellung der Walzen zusammen bezeichnen wir als Walzenkonfiguration. Für diesen bestimmten Tagesschlüssel mußte der Chiffreur seine Enigma-Maschine wie folgt einstellen:

(1) *Steckerverbindungen:* Die Buchstaben A und L mit einem Kabel am Steckerbrett verbinden und damit vertauschen, desgleichen P und R, T und D, B und W, K und F und schließlich O und Y.
(2) *Walzenlage:* Walze 2 in die erste Walzenbucht des Geräts einsetzen, Walze 3 in die zweite und Walze 1 in die dritte Bucht.

(3) *Grundstellung der Walzen:* Auf dem Außenring jeder Walze ist ein Alphabet eingraviert, anhand dessen sie in eine bestimmte Position gebracht werden kann. Im obigen Falle würde der Chiffreur die Walze in der ersten Bucht so lange drehen, bis das Q nach oben zeigt, die Walze in der zweiten Bucht, bis das C nach oben zeigt, und die Walze in der dritten Bucht, bis das W nach oben zeigt.

Eine Möglichkeit bestand nun darin, den gesamten Funkverkehr eines Tages mit dem Tagesschlüssel zu chiffrieren. Dann stellten alle Enigma-Chiffreure einen ganzen Tag lang zu Beginn jeder Meldung ihre Maschinen auf den jeweiligen Tagesschlüssel ein. Jeder Funkspruch wurde zunächst in die Maschine getippt; der verschlüsselte Text wurde aufgezeichnet und dem Funker zum Senden übergeben. Auf der Empfängerseite ging die Meldung zunächst beim Funker ein, der sie dem Bediener der Enigma übergab. Dieser wiederum tippte sie in seine Maschine, die er bereits auf den einheitlichen Tagesschlüssel eingestellt hatte. Die aufleuchtenden Buchstaben auf dem Lampenfeld ergaben dann den Klartext der Meldung.

Die Schwäche dieses Verfahrens besteht jedoch darin, daß der Tagesschlüssel immer wieder benutzt wird, um die vielleicht Hunderte von Meldungen zu senden, die täglich anfallen. Wird ein einziger Schlüssel benutzt, um eine enorme Menge von Nachrichten zu verschlüsseln, dann ist es für den Kryptoanalytiker im allgemeinen leichter, sie zu entschlüsseln. Eine große Menge Text, auf die gleiche Weise verschlüsselt, gewährt dem Kryptoanalytiker eine größere Chance, den Schlüssel ausfindig zu machen. Wir haben schon bei den einfacheren Verfahren gesehen, daß es viel leichter ist, eine monoalphabetische Verschlüsselung zu knacken, wenn mehrere Seiten verschlüsselter Text vorliegen und nicht nur ein paar Sätze.

Als zusätzliche Vorsichtsmaßnahme gingen die Deutschen deshalb zu dem Verfahren über, den Tagesschlüssel einzusetzen, um für jede Meldung einen neuen *Spruchschlüssel* festzulegen. Bei diesem Verfahren werden die einzelnen Funksprüche zwar mit den im Tagesschlüssel festgelegten Steckerverbindungen und Walzenlagen chiffriert, doch mit anderen, selbstgewählten Walzenstellungen. Da die neuen Walzenstellungen nicht im Schlüsselbuch enthalten sind, müssen sie ebenfalls auf sichere Weise übermittelt werden. Dazu wird die Maschine zunächst auf den einheitlichen Tagesschlüssel eingestellt, der auch eine bestimmte Grundstellung der Walzen festlegt, beispielsweise QCW. Als nächstes wählt der Chiffreur aus freien Stücken eine neue Walzenstellung für den Spruchschlüssel, etwa PGH. Dann verschlüsselt er die Buchstabenfolge PGH mit dem Tagesschlüssel. Der Spruchschlüssel wird, um sicherzugehen, gleich zweimal in die Enigma getippt. Der Sender chiffriert beispielsweise den Spruchschlüssel PGHPGH als KIVBJE. Wichtig ist, daß die beiden PGHs unterschiedlich chiffriert werden (hier das erste als KIV, das zweite als BJE), weil die Enigma-Walzen sich nach jedem Buchstaben einen Schritt weiterdrehen. Dann werden die Walzen auf PGH eingestellt, und die eigentliche Meldung wird mit dem Spruchschlüssel chiffriert. Auch auf Empfängerseite ist die Maschine zunächst auf den Tagesschlüssel QCW eingestellt. Die ersten sechs Buchstaben der eingehenden Meldung, KIVBJE, werden eingetippt und ergeben PGHPGH. So weiß der Empfänger, daß er seine Walzen auf den Spruchschlüssel PGH einstellen muß, und kann die eigentliche Meldung entschlüsseln.

Sender und Empfänger benutzen also denselben Hauptschlüssel, doch dann verwenden sie ihn nicht, um alle Meldungen zu verschlüsseln, sondern nur, um für jede Einzelmeldung einen neuen Schlüssel zu chiffrieren und dann die eigentliche Botschaft mit diesem neuen Schlüssel zu senden. Hätten die Deutschen keine Spruchschlüssel benutzt, dann wäre alles – vielleicht Tausende von Meldungen mit Millionen Buchstaben – mit demselben Tagesschlüssel verschickt worden. Wenn jedoch der Tagesschlüssel nur benutzt wird, um die Spruchschlüssel zu übermitteln, dann chiffriert er nur eine kleine Buchstabenmenge. Werden täglich 1000 Spruchschlüssel gesendet, dann chiffriert der Tagesschlüssel nur 6000 Buchstaben. Und weil jeder Spruchschlüssel willkürlich festgelegt und nur für eine Meldung gebraucht wird, chiffriert auch er eine begrenzte Textmenge, vielleicht nur ein paar hundert Buchstaben.

Auf den ersten Blick schien das System undurchdringlich, doch die polnischen Kryptoanalytiker ließen sich nicht entmutigen. Sie waren bereit, jede Möglichkeit auszuloten, um eine Schwäche in der Enigma und dem System der Tages- und Spruchschlüssel zu finden. Die Angriffsspitze gegen die Enigma bildete ein neuer Typ von Kryptoanalytikern. Jahrhundertelang hatte man angenommen, die besten Kryptoanalytiker wären Sprachwissenschaftler, doch als die Enigma auf die Bühne kam, änderten die Polen ihre Rekrutierungsstrategie. Enigma war eine mechanische Verschlüsselung, und im Biuro Szyfrów kam man zu dem Schluß, ein eher naturwissenschaftlicher Geist hätte vielleicht eine größere Chance, sie zu knakken. Das Biuro organisierte einen Kryptographie-Lehrgang und lud dazu zwanzig Mathematiker ein, die man vorher auf Stillschweigen einschwor. Alle kamen von der Universität Poznàn (Posen). Sie war nicht die angesehenste polnische Hochschule, hatte jedoch den Vorteil, im Westen des Landes zu liegen, der bis 1918 zu Deutschland gehört hatte. Die dortigen Mathematiker sprachen daher fließend deutsch.

Drei von den zwanzig Kandidaten zeigten besonderes Talent für die Entschlüsselung von Geheimtexten, und das Biuro stellte sie ein. Der begabteste von ihnen war Marian Rejewski, ein schüchterner, bebrillter junger Mann von dreiundzwanzig Jahren, der Statistik studiert hatte und eigentlich in die Versicherungswirtschaft gehen wollte. Gewiß war er ein fähiger Student gewesen, doch erst im Biuro Szyfrów erkannte er seine wahre Berufung. Während der Ausbildung knackte er eine ganze Reihe herkömmlicher Verschlüsselungen, und schließlich stellte man ihn vor eine vermeintlich unüberwindbare Hürde, nämlich die Enigma. Rejewski arbeitete völlig allein und konzentrierte seine ganze Kraft darauf, Scherbius' Maschine bis ins kleinste Detail kennenzulernen. Mit dem Blick des Mathematikers nahm er ihre Funktionsweise genau unter die Lupe und beschäftigte sich mit der Wirkungsweise der Walzen und der Verkabelung am Steckerbrett. Diese Arbeit verlangte wie jede mathematische Tätigkeit nicht nur logisches Denken, sondern auch Inspiration. Ein anderer mathematischer Kryptoanalytiker, der im Krieg diente, meinte dazu, ein findiger Codebrecher müsse sich »unweigerlich Tag für Tag mit dunklen Geistern verbünden, damit ihm seine Übungen in mentalem Jiu-Jitsu gelingen«.

Rejewskis Angriffsstrategie gegen die Enigma stützte sich hauptsächlich auf die Tatsache, daß die Wiederholung der Feind der Geheimhaltung ist: Wiederholungen ergeben bestimmte Muster, und das sind die Lieblingskinder der Kryptoanalytiker. Die augenfälligsten Wiederholungen bei den Enigma-Sendungen waren die Spruchschlüssel, die zu Beginn jeder Meldung gesendet wurden. Wählte der Chiffreur beispielsweise den Spruchschlüssel ULJ, dann verschlüsselte er ihn zweimal, und ULJULJ ergab chiffriert vielleicht PEFNWZ, eine Folge, die dann zu Beginn der eigentlichen Nachricht gesendet wurde. Die Deutschen schrieben diese Wiederholung vor, um Irrtümer durch Interferenzen oder Bedienungsfehler zu vermeiden. Daß sie damit die Sicherheit der Verschlüsselung gefährdeten, sahen sie nicht voraus.

Rejewski bekam täglich einen neuen Stapel abgehörter Meldungen auf den Schreibtisch. Sie alle begannen mit den sechs Buchstaben des wiederholten dreibuchstabigen Spruchschlüssels, alle nach dem vereinbarten Tagesschlüssel chiffriert. So erhielt er beispielsweise vier Funksprüche, die mit den folgenden chiffrierten Spruchschlüsseln begannen:

	1.	2.	3.	4.	5.	6. Buchstabe
1. Funkspruch	L	O	K	R	G	M
2. Funkspruch	M	V	T	X	Z	E
3. Funkspruch	J	K	T	M	P	E
4. Funkspruch	D	V	Y	P	Z	X

Die ersten und die vierten Buchstaben, soviel steht fest, sind Verschlüsselungen desselben Klarbuchstabens, nämlich des ersten Buchstabens des Spruchschlüssels. Auch die zweiten und fünften Buchstaben sind Verschlüsselungen desselben Buchstabens, nämlich des zweiten Buchstabens des Spruchschlüssels, und die dritten und sechsten Buchstaben sind Verschlüsselungen des dritten Buchstabens des Spruchschlüssels. Im ersten Funkspruch sind also L und R Verschlüsselungen desselben, nämlich des ersten Buchstabens des Spruchschlüssels. Der Grund, warum dieser Buchstabe unterschiedlich verschlüsselt wird, erst als L und dann als R, ist einfach der, daß sich die erste Walze inzwischen drei Schritte weitergedreht und damit den Verschlüsselungsweg verändert hat.

Der Tatsache, daß L und R Verschlüsselungen desselben Buchstabens sind, verdankte Rejewski einen winzigen Hinweis auf die ursprüngliche Einstellung der Maschine. Diese Grundstellung, die er nicht kannte, verschlüsselte den ersten Buchstaben des Spruchschlüssels, den er ebenfalls nicht kannte, mit L, und eine spätere Walzenstellung, ebenfalls unbekannt, aber drei Schritte von der Grundstellung entfernt, verschlüsselte denselben Buchstaben mit R.

Dieser Hinweis mag vage erscheinen, da noch zu viele Unbekannte eine Rolle spielen, doch zumindest zeigt er, daß die Buchstaben L und R, bedingt durch die Grundstellung der Enigma, also den Tagesschlüssel, in einem notwendigen Zusammenhang stehen. Mit jeder neuen abgehörten Meldung können weitere Beziehungen zwischen den ersten und den vierten Buchstaben des wiederholten Spruchschlüssels aufgespürt werden. In all diesen Beziehungen spiegelt sich die Grundstellung der Enigma. Der zweite Funkspruch in der obigen Liste beispielsweise sagt uns, daß M und X miteinander in Beziehung stehen, der dritte Funkspruch verbindet J und M und der vierte D

Abbildung 42: Marian Rejewski.

und P. Rejewski stellte diese Beziehungen in einer Tabelle zusammen. Für die bisherigen vier Funksprüche spiegelt die Tabelle die Beziehungen zwischen (L,R), (M,X), (J,M) und (D,P) wider:

erster Buchstabe	A	B	C	D	E	F	G	H	I	J	K	L	M	N	O	P	Q	R	S	T	U	V	W	X	Y	Z
vierter Buchstabe				P						M		R	X													

Wenn der Abhördienst Rejewski an einem Tag genug Funksprüche lieferte, konnte er das Alphabet dieser Beziehungen vervollständigen. Die folgende Tabelle zeigt ein solches vollständiges Beziehungsmuster:

erster Buchstabe	A	B	C	D	E	F	G	H	I	J	K	L	M	N	O	P	Q	R	S	T	U	V	W	X	Y	Z
vierter Buchstabe	F	Q	H	P	L	W	O	G	B	M	V	R	X	U	Y	C	Z	I	T	N	J	E	A	S	D	K

Rejewski kannte den Tagesschlüssel nicht und hatte auch keine Ahnung, welche Spruchschlüssel gewählt worden waren, doch er wußte, daß sie, mit dem Tagesschlüssel chiffriert, diese Beziehungstabelle ergaben. Wäre der Tagesschlüssel anders gewesen, dann hätte auch die Tabelle völlig anders ausgesehen. Die nächste Frage lautete, ob es anhand dieser Tabelle eine Möglichkeit gab, den Tagesschlüssel herauszufinden. Rejewski begann nach Mustern in der Tabelle zu suchen, Strukturen, die vielleicht auf den Tagesschlüssel hindeuteten. Schließlich begann er ein bestimmtes Muster zu untersuchen, das sich aus Buchstabenketten ergab. In der obigen Tabelle beispielsweise ist das A in der oberen Zeile mit dem F in der unteren Zeile verknüpft, und Rejewski suchte nun wiederum das F in der oberen Zeile. Er stellte fest, daß F mit W verknüpft war, und suchte daraufhin das W in der oberen Zeile. Und dieses W schließlich war wiederum mit dem A verknüpft, bei dem er angefangen hatte. Die Kette war geschlossen.

Rejewski suchte auch bei den anderen Buchstaben im Alphabet nach diesen Verknüpfungen und konnte verschiedene Ketten zusammenstellen. Er listete sie auf und notierte die Zahl der Verknüpfungen in jeder Kette:

A → F → W → A 3 Verknüpfungen
B → Q → Z → K → V → E → L → R → I → B 9 Verknüpfungen
C → H → G → O → Y → D → P → C 7 Verknüpfungen
J → M → X → S → T → N → U → J 7 Verknüpfungen

Bislang haben wir nur die Beziehungen zwischen den ersten und vierten Buchstaben des sechslettrigen wiederholten Schlüssels betrachtet. Rejewski wandte sein Verfahren auch auf die Beziehungen zwischen den zweiten und fünften sowie den dritten und sechsten Buchstaben an und listete alle Ketten und die Zahl ihrer Verknüpfungen auf.

Er stellte fest, daß sich die Ketten jeden Tag änderten. Mal ergaben sich viele kurze Ketten, ein andermal nur ein paar lange. Und natürlich änderten sich die Buchstaben in den Ketten. Die Eigenschaften der Ketten waren offenbar eine Folge des jeweiligen Tagesschlüssels – eine auf kompliziertem Wege zustande gekommene Wirkung der Verkabelungen am Steckerbrett, der Walzenlage und der Walzenstellung. Allerdings blieb immer noch die Frage, wie Rejewski aus diesen Ketten den Tagesschlüssel herauslesen konnte. Welcher der 10 000 000 000 000 000 möglichen Tagesschlüssel steckte hinter einem bestimmten Kettenmuster? Die Zahl der Möglichkeiten war einfach zu groß.

An diesem Punkt gelangte Rejewski zu einer bemerkenswerten Einsicht. Zwar wirken sich Steckerbrett und Walzenkonfiguration gemeinsam auf die genaue Zusammensetzung der Ketten aus, doch ihre Beiträge lassen sich in gewissem Maße auseinanderdröseln. Insbesondere eine Eigenschaft der Ketten hängt ausschließlich von Lage und Einstellung der Walzen ab und hat mit den Steckerbrettverbindungen nichts zu tun: die Zahl der Verknüpfungen innerhalb der Ketten. Nehmen wir das obige Beispiel und tun so, als verlangte der Tagesschlüssel, die Buchstaben S und G mittels Steckerbrettverbindung zu vertauschen. Wenn wir diesen Bestandteil des Tagesschlüssels ändern, indem wir das Kabel, das S und G vertauscht, entfernen, und statt dessen T und K vertauschen, dann ändern sich die Ketten wie folgt:

A → F → W → A	3 Verknüpfungen
B → Q → Z → T → V → E → L → R → I → B	9 Verknüpfungen
C → H → S → O → Y → D → P → C	7 Verknüpfungen
J → M → X → G → K → N → U → J	7 Verknüpfungen

Ein paar Buchstaben in den Ketten ändern sich, doch die Zahl der Verknüpfungen jeder Kette bleibt unverändert. Rejewski hatte eine Eigenschaft der Ketten entdeckt, in der sich allein die Walzenkonfiguration widerspiegelte.

Die Gesamtzahl der Walzenkonfigurationen ist die Zahl der möglichen Walzenlagen (6) multipliziert mit der Zahl der Walzenstellungen (17 576), also 105 456. Nun mußte sich Rejewski nicht mehr damit herumschlagen, welcher der 10 000 000 000 000 000 Tagesschlüssel eine bestimmte Gruppe von Ketten ergeben hatte. Er konnte sich mit einem drastisch vereinfachten Problem befassen: Welche der 105 456 möglichen Walzenkonfigurationen steckte hinter der Zahl der Verknüpfungen innerhalb einer bestimmten Gruppe von Ketten? Diese Zahl ist immer noch groß, allerdings etwa hundert Milliarden mal kleiner als die Gesamtzahl der möglichen Tagesschlüssel. Kurz, die Aufgabe ist hundert Milliarden mal leichter geworden und damit in den Bereich menschlicher Möglichkeiten gerückt.

Rejewski ging wie folgt vor. Dem Spion Hans-Thilo Schmidt hatte er zu verdanken, daß er mit identischen Nachbauten von Enigma-Maschinen arbeiten konnte. Seine Leute setzten sich an die mühselige Aufgabe, jede einzelne der 105 456 Walzenkonfigurationen durchzuprüfen und die sich jeweils ergebenden Kettenlängen zu erfassen. Sie brauchten ein ganzes Jahr, um den Katalog zu erstellen, doch sobald das Biuro die Daten zusammengestellt hatte, konnte Rejewski endlich damit beginnen, die Enigma-Verschlüsselung zu brechen.

Jeden Tag sah er sich die chiffrierten Spruchschlüssel an, die ersten sechs Buchstaben aller abgehörten Nachrichten, und erstellte seine Beziehungstabellen. Hatte er diese zur Hand, konnte er die Buchstaben zu Ketten verbinden und für jede Kette die Zahl der Verknüpfungen feststellen. Beispielsweise ergab die Analyse der ersten und vierten Buchstaben vier Ketten mit 3, 9, 7 und 7 Verknüpfungen. Die zweiten und fünften Buchstaben ergaben vier Ketten mit 2, 3, 9 und

12 Verknüpfungen. Die dritten und sechsten Buchstaben schließlich erbrachten 5 Ketten mit 5, 5, 5, 3 und 8 Verknüpfungen. Den Tagesschlüssel kannte Rejewski zwar immer noch nicht, doch er wußte, daß dieser Tagesschlüssel drei Gruppen von Ketten mit folgenden Merkmalen ergab:

4 Ketten aus den ersten und vierten Buchstaben, mit 3, 9, 7 und 7 Verknüpfungen
4 Ketten aus den zweiten und fünften Buchstaben, mit 2, 3, 9 und 12 Verknüpfungen.
5 Ketten aus den dritten und sechsten Buchstaben mit 5, 5, 5, 3 und 8 Verknüpfungen

Jetzt konnte Rejewski seinen Katalog zu Rate ziehen, der jede Walzenkonfiguration enthielt, geordnet nach den Merkmalen der jeweils sich ergebenden Ketten. Sobald er den Katalogeintrag mit der richtigen Kettenzahl und der richtigen Verknüpfungszahl gefunden hatte, kannte er die Walzenkonfiguration, die der jeweilige Tagesschlüssel vorsah. Die Ketten waren gleichsam Fingerabdrücke, die auf die Spur der Walzenkonfiguration führten. Rejewski arbeitete wie ein Detektiv, der am Schauplatz eines Verbrechens einen Fingerabdruck findet und ihn dann mit Hilfe einer Datenbank mit einem Verdächtigen verknüpft.

Zwar hatte Rejewski jetzt den Walzenteil des Tagesschlüssels gefunden, doch die Steckerbrettverbindungen kannte er immer noch nicht. Obwohl es etwa hundert Milliarden Möglichkeiten für diese Verbindungen gibt, war dies eine verhältnismäßig einfache Aufgabe. Rejewski stellte zunächst die Walzen seiner Enigma gemäß dem soeben ausfindig gemachten Walzenteil des Tagesschlüssels ein. Dann entfernte er alle Kabel am Steckerbrett, das deshalb keine Auswirkung auf die Verschlüsselung hatte. Schließlich nahm er einen abgehörten Geheimtext und tippte ihn in die Enigma. Das ergab weitgehend Unsinn, denn die Steckerbrettverkabelung fehlte und war auch nicht bekannt. Allerdings tauchten doch hin und wieder einigermaßen erkennbare Wortgebilde auf, etwa alkulftilbernil – vermutlich sollte dies »Ankunft in Berlin« lauten. Wenn diese Annahme zutraf, dann mußten die Buchstaben R und L miteinander verbunden, das heißt durch ein Kabel am Steckerbrett vertauscht sein, A, K, U, F, T, I, B und E dagegen nicht. Durch die Analyse weiterer Buchstabenfolgen war es dann möglich, die anderen Buchstabenpaare, die am Steckerbrett vertauscht waren, ausfindig zu machen. Rejewski hatte nun die Verbindungen am Steckerbrett mitsamt der Walzenkonfiguration, also den vollständigen Tagesschlüssel in der Hand. Damit konnte er jede Meldung des Tages entschlüsseln.

Er hatte die Suche nach dem Tagesschlüssel enorm vereinfacht, indem er das Problem der Walzenkonfiguration von dem Problem der Steckerbrettverbindungen getrennt hatte. Für sich genommen, waren beide Fragen lösbar. Anfangs hatten wir geschätzt, daß es länger als die Lebensspanne des Universums dauern würde, um jeden möglichen Enigma-Schlüssel zu prüfen. Allerdings hatte Rejewski nur ein Jahr gebraucht, um seinen Katalog der Kettenlängen zu erstellen, und seither konnte er den Tagesschlüssel finden, bevor der Tag zu Ende war. Im Besitz dieses Schlüssels hatte er nun denselben Informationsstand wie die eigentlichen Empfänger und konnte die Nachrichten genauso leicht entziffern.

Mit Rejewskis bahnbrechendem Erfolg war der deutsche Funkverkehr zu einem offenen Geheimnis geworden. Die Polen waren nicht im Krieg mit den Deutschen, sahen sich jedoch von einer Invasion bedroht und waren daher ausgesprochen erleichtert, die Enigma geknackt zu haben. Nun konnte man herausfinden, was die deutschen Generäle in petto hatten, und hatte eine Chance, sich zu verteidigen. An Rejewskis Arbeit hing das Schicksal der polnischen Nation, und er hatte sein Land nicht enttäuscht. Rejewskis Angriff auf die Enigma ist eine der wahrhaft großen Leistungen der Kryptoanalyse. Ich mußte diese Arbeit auf ein paar wenigen Seiten zusammenfassen und habe daher viele technische Einzelheiten und alle Sackgassen beiseite gelassen. Die Enigma ist eine komplizierte Chiffriermaschine, sie zu besiegen verlangte immense geistige Kraft. Meine Vereinfachungen sollten die Leser nicht dazu veranlassen, Rejewskis außerordentliche Leistung zu unterschätzen.

Der polnische Erfolg bei der Entschlüsselung der Enigma beruhte auf drei Faktoren: Angst, Mathematik und Spionage. Ohne die Angst vor einer Invasion hätten sich die Polen durch die scheinbare Uneinnehmbarkeit der Enigma entmutigen lassen. Ohne Mathematik wäre Rejewski nicht fähig gewesen, die Ketten zu analysieren. Und ohne Schmidt, den Spion mit dem Codenamen »Asche«, der die Dokumente lieferte, wäre die Verdrahtung der Walzen unbekannt geblieben und die Kryptoanalytiker hätten gar nicht erst zum Sprung ansetzen können. Rejewski zögerte nicht, Schmidt seinen Dank zu bekunden: »Asches Dokumente nahmen wir in Empfang wie Manna vom Himmel, und bald konnten wir alle Türen öffnen.«

Die Polen setzten Rejewskis Technik mehrere Jahre lang erfolgreich ein. Als Hermann Göring 1934 Warschau besuchte, hatte er keine Ahnung, daß der Funkverkehr seiner Entourage abgehört und entschlüsselt wurde. Während er und andere deutsche Würdenträger einen Kranz am Grab des unbekannten Soldaten niederlegten, beobachtete Rejewski sie von seinem Fenster aus, zufrieden in dem Wissen, ihre hochgeheimen Berichte lesen zu können.

Selbst als die Deutschen ihr Verfahren der Nachrichtenübermittlung leicht modifizierten, konnte Rejewski zurückschlagen. Sein alter Katalog der Kettenlängen war jetzt nutzlos geworden, doch er schrieb ihn nicht um, sondern entwickelte eine mechanische Version des Katalogsystems, das automatisch nach den richtigen Walzenkonfigurationen suchte. Rejewskis Erfindung funktionierte ähnlich wie die Enigma selbst und konnte sehr schnell jede der 17576 Walzenkonfigurationen durchprüfen, bis sie eine Übereinstimmung registrierte. Wegen der sechs möglichen Walzenlagen mußte man sechs von Rejewskis Maschinen parallel arbeiten lassen, jede mit einer der möglichen Walzenlagen. Die gesamte Anlage konnte den Tagesschlüssel in etwa zwei Stunden finden. Sie wurde als *Bombe* bezeichnet, ein Name, der vielleicht auf das Ticken zurückgeht, das sie bei ihrer Arbeit hören ließen. Eine andere Erklärung lautet, Rejewski sei die Idee für seine Maschine gekommen, als er im Café eine *bomba,* eine Eisbombe, verspeiste. Die Bomben mechanisierten jedenfalls von Grund auf den Prozeß der Entzifferung und waren die unvermeidliche Antwort auf die Mechanisierung der Verschlüsselung durch die Enigma.

Rejewski und seine Kollegen arbeiteten während eines Großteils der dreißiger Jahre unermüdlich an der Aufdeckung der Enigma-Schlüssel. Monat für Monat plackte sich die Gruppe mit den immer wieder auftretenden Pannen der Bomben und dem endlosen Strom an abgehörten chiffrierten Meldungen ab. Die Suche nach dem entscheidenden Stück Information, dem jeweiligen Tagesschlüssel, beherrschte allmählich das ganze Leben der Codebrecher. Und sie alle wußten nicht, daß ihre Mühen weitgehend überflüssig waren. Der Chef ihres eigenen Dienstes, Major Gwido Langer, besaß bereits die Tagesschlüssel der Enigma, doch er behielt sie für sich, weggeschlossen in seinem Schreibtisch.

Langer erhielt auf dem Umweg über die Franzosen immer noch Informationen von Schmidt. Die Machenschaften des deutschen Spions fanden 1931 mit der Lieferung der beiden Dokumente über den Betrieb der Enigma keineswegs ihr Ende, sondern dauerten noch sieben Jahre an. Schmidt hatte noch zwanzig weitere Treffen mit dem französischen Agenten Rex, oft in abgelegenen Chalets in den Alpen. Bei jedem Treffen übergab Schmidt ein oder mehrere Schlüsselbücher, jedes mit den Schlüsseln eines ganzen Monats. Diese Schlüsselbücher wurden an alle deutschen Enigma-Chiffreure verteilt und enthielten alle Informationen, die zur Ver- und Entschlüsselung der Meldungen nötig waren. Insgesamt lieferte er Schlüsselbücher mit Tagesschlüsseln für 38 Monate. Diese Schlüssel hätten Rejewski einen gewaltigen Aufwand an Zeit und Mühen erspart, die Bomben wären überflüssig gewesen und die Arbeitskräfte hätten in anderen Abteilungen des Biuro eingesetzt werden können. Allerdings beschloß der erstaunlich gewiefte Langer, Rejewski nichts davon zu sagen. Langer wollte Rejewski auf die nach seiner Überzeugung unweigerlich kommende Zeit vorbereiten, in der die Schlüssel nicht mehr verfügbar sein würden. Wenn der Krieg ausbrach, das wußte Langer, würde Schmidt auf keinen Fall weiterhin zu geheimen Treffen kommen können, und Rejewski würde sich auf seine eigenen Kräfte verlassen müssen. Rejewski solle schon in Friedenszeiten üben, als Vorbereitung für das, was kommen würde.

Als die deutschen Kryptographen im Dezember 1938 die Enigma-Verschlüsselung eine Stufe komplizierter machten, war Rejewski mit seinem Latein am Ende. An alle Chiffreure wurden zwei neue Walzen ausgegeben, so daß die Walzenlage sich aus drei von fünf möglichen Walzen zusammensetzte. Zuvor hatte man nur drei Walzen eingesetzt (mit den Nummern 1, 2 und 3) und nur sechs Möglichkeiten gehabt, sie anzuordnen, doch nun gab es zwei weitere Walzen (mit den Nummern 4 und 5), und die Zahl der möglichen Walzenlagen stieg auf 60 (Tabelle 10). Die erste Herausforderung für Rejewski bestand darin, die innere Verdrahtung der beiden neuen Walzen zu erschließen. Mehr Sorgen bereitete ihm allerdings, daß er zehnmal so viele Bomben bauen mußte, um jeden Walzenstand darzustellen. Die bloßen Kosten für den Bau einer solchen Batterie von Bomben betrugen das Fünfzehnfache des gesamten Materialbudgets des Biuro. Im Monat darauf verschlimmerte sich die Lage, denn die Zahl der Steckerkabel stieg von sechs auf zehn. Nicht mehr zwölf Buchstaben wurden vertauscht, bevor die Signale in die Walzen eintraten, sondern zwanzig. Die Zahl der möglichen Schlüssel stieg auf 159 000 000 000 000 000 000.

Der polnische Abhör- und Entschlüsselungsdienst war 1938 auf dem Gipfel seiner Leistungsfähigkeit, doch Anfang 1939, als die neuen Walzen und die zusätzlichen Steckerkabel eingesetzt wurden, war die Ausbeute an Informationen schon dünner. Rejewski, der die Grenzen der Kryptoanalyse in den Jahren zuvor ständig erweitert hatte, war ratlos. Er hatte bewiesen, daß die Enigma-Verschlüsselung nicht unlösbar war, doch ohne die erforderlichen technischen Mittel, um jede Walzenkonfiguratioin prüfen zu können, war der Tagesschlüssel nicht zu finden und die Entschlüsselung unmöglich. In dieser verzweifelten Lage wäre Langer vielleicht bereit gewesen, die von Schmidt gelieferten Schlüssel aus der Schublade zu holen, doch es gab keine Schlüssel mehr. Kurz vor der Einführung der neuen Walzen hatte Schmidt den Kontakt mit dem Agenten Rex abgebrochen. Sieben Jahre lang hatte er Schlüssel geliefert, die wegen der Findigkeit der Polen überflüssig waren. Und jetzt, da die Polen die Schlüssel dringend brauchten, lieferte er nicht mehr.

Die neuerliche Undurchdringlichkeit der Enigma war ein verheerender Schlag für Polen, denn die Enigma war nicht nur ein Mittel der Kommunikation, sie war das Herz von Hitlers Blitzkrieg. Blitzkrieg bedeutete gut abgestimmte, schnelle und schwere Angriffe mit großen gepanzerten Verbänden, die mit der Infanterie und der Artillerie in ständiger Verbindung standen. Zudem wurden die Bodentruppen von Sturzkampfbombern unterstützt, die sich auf schnelle und sichere Nachrichtenverbindungen zwischen den Truppen an der Front und den Flugplätzen verlassen mußten. Der Grundgedanke des Blitzkrieges lautete »schneller Angriff, schnelle Abstimmung der Kräfte«. Wenn die Polen die Enigma nicht knacken konnten, hatten sie keine Chance, den deutschen Überfall zu stoppen, der offenbar nur noch wenige Monate auf sich warten ließ. Deutschland hatte bereits das Sudetenland besetzt, und am 27. April 1939 kündigte es den Nichtangriffspakt mit Polen. Hitlers polenfeindliche Reden wurden immer giftiger. Langer war entschlossen, die kryptoanalytischen Errungenschaften der Polen für den Fall einer Invasion nicht verschüttgehen zu lassen. Wenn Polen keinen Nutzen aus Rejewskis Arbeit ziehen konnte, dann sollten wenigstens die Alliierten die Chance erhalten, darauf aufzubauen. Vielleicht konnten England und Frankreich mit ihren größeren Mitteln das Konzept der Bombe erst richtig nutzen.

Am 30. Juni lud Major Langer seine französischen und britischen Kollegen telegrafisch nach Warschau ein, um einige dringliche Fragen im Umkreis der Enigma zu erörtern. Am 24. Juli betraten ranghohe französische und britische Kryptoanalytiker, unsicher, was sie erwarten würde, das Hauptquartier des Biuro. Langer führte sie in einen Raum, in dem ein mit schwarzem Tuch verhüllter Apparat stand. Mit

Anordnungen mit drei Walzen	Anordnungen mit fünf Walzen								
123	124	125	134	135	142	143	145	152	153
132	154	214	215	234	235	241	243	245	251
213	253	254	314	315	324	325	341	342	345
231	351	352	354	412	413	415	421	423	425
312	431	432	435	451	452	453	512	513	514
321	521	523	534	531	532	534	541	542	543

Tabelle 10: Mögliche Anordnungen (Lagen) von fünf Walzen.

Abbildung 43: Kommandofahrzeug von General Heinz Guderian. Unten links ein Enigma-Chiffriergerät im Einsatz.

theatralischer Geste zog er das Tuch weg und enthüllte eine von Rejewskis Bomben. Rejewski habe die Enigma schon vor Jahren geknackt, durfte das verdutzte Publikum erfahren. Die Polen waren allen andern auf der Welt um ein Jahrzehnt voraus. Besonders verblüfft waren die Franzosen, denn die polnische Arbeit beruhte auf den Erfolgen der französischen Spionage. Sie hatten die von Schmidt abgekauften Informationen an die Polen weitergegeben, in dem Glauben, sie seien wertlos, doch jetzt belehrten die Polen sie eines Besseren.

Als letzte Überraschung bot Langer den Engländern und Franzosen zwei entbehrliche Nachbauten der Enigma und die Baupläne der Bomben an, die daraufhin im Diplomatengepäck nach Paris gebracht wurden. Von dort ging eine der Enigmas am 16. August auf die Weiterreise nach London. Sie wurde im Gepäck des Bühnenautors Sascha Guitry und seiner Frau, der Schauspielerin Yvonne Printemps, nach London verschifft, um nicht den Verdacht deutscher Spione zu wekken, die die Häfen beobachteten. Zwei Wochen später, am 1. September, fielen Hitlers Armeen in Polen ein, und der Krieg begann.

Die Gänse, die nie schnatterten

Dreizehn Jahre lang hatten die Briten und Franzosen geglaubt, die Enigma-Verschlüsselung sei nicht zu knacken, doch nun schöpften sie Hoffnung. Die polnischen Erfolge hatten bewiesen, daß die Enigma angreifbar war, und dies stärkte die Moral der alliierten Kryptoanalytiker. Die polnischen Bemühungen waren zwar seit der Einführung neuer Walzen und Steckerkabel festgefahren, doch es blieb dabei, daß die Enigma nicht mehr als perfekte Verschlüsselungsmaschine galt.

Die polnischen Erfolge führten den Alliierten zudem vor Augen, daß man Mathematiker durchaus erfolgreich als Codebrecher einsetzen konnte. Bei den Engländern in Room 40 hatten die Linguisten und Altphilologen immer die erste Geige gespielt, doch nun bemühte man sich gemeinsam, auch Mathematiker und Naturwissenschaftler zu rekrutieren. Dabei spielten die »Old-boy-Seilschaften« eine wichtige Rolle: Die Mitarbeiter von Room 40 nahmen Kontakt mit ihren ehemaligen Colleges in Oxford und Cambridge auf. Es gab auch eine »Old-girl-Seilschaft«, die Studentinnen rekrutierte, namentlich im Newnham und Girton College in Cambridge.

Die Neuen fingen nicht im Room 40 in London an, sondern fuhren nach Bletchley Park in Buckinghamshire, dem Sitz der Government Code and Cypher School (GC&CS). Diese neugebildete Organisation war nun anstelle von Room 40 für die Dechiffrierung zuständig. Bletchley Park bot weit mehr Menschen Platz, ein wichtiger Punkt, denn für die Zeit nach Kriegsbeginn erwartete man eine wahre Flut abgehörter verschlüsselter Funksprüche. Im Ersten Weltkrieg hatten die Deutschen noch zwei Millionen Wörter im Monat gesendet, doch nun rechnete man damit, daß die größere Verbreitung von Funkgeräten im kommenden Krieg zur Übermittlung von zwei Millionen Wörtern am Tag führen konnte.

In der Mitte von Bletchley Park stand ein altes viktorianisches Herrenhaus im Stil der Tudor-Gotik, erbaut im 19. Jahrhundert von dem Finanzmagnat Sir Herbert Leon. Das Haus mit seiner Bibliothek, dem Speisesaal und dem prachtvollen Ballsaal war die Herzkammer der gesamten Operation Bletchley. Commander Alastair Denniston, der Direktor von Bletchley Park, konnte von seinem Büro im Erdgeschoß aus den weitläufigen Garten überblicken. Doch die Aussicht wurde ihm bald durch den Bau zahlreicher Baracken verdorben. Diese auf die Schnelle errichteten Holzgebäude beherbergten die verschiedenen Dechiffrier-Abteilungen. Zum Beispiel war Baracke 6 für den Angriff auf den Enigma-Funkverkehr des deutschen Heeres zuständig. Baracke 6 übergab ihr entschlüsseltes Material an Baracke 3, wo Aufklärungsspezialisten die Meldungen übersetzten und die Informationen auswerteten. Baracke 8 war für die Marine-Enigma zuständig und gab die entschlüsselten Meldungen an Baracke 4 zur Übersetzung und Auswertung weiter. Anfangs arbeiteten nur 200 Menschen in Bletchley Park, doch fünf Jahre später beherbergten das Herrenhaus und die Baracken 7000 Männer und Frauen.

Im Herbst 1939 studierten die Wissenschaftler und Mathematiker in Bletchley die komplizierte Wirkungsweise der Enigma und machten sich polnischen Techniken rasch zu eigen. Bletchley hatte mehr

Abbildung 44: Im August 1944 besuchten die Leiter des britischen Dechiffrierdienstes Bletchley Park, um zu prüfen, ob es sich als Standort für die neue *Government Code and Cypher School* eigne. Um Spekulationen der Nachbarn zu vermeiden, gaben sie sich als Teilnehmer einer Jagdgesellschaft von Captain Ridley aus.

Personal und Mittel als das polnische Biuro Szyfrów und konnte daher auch mit der größeren Walzenzahl zurechtkommen, die bedeutete, daß die Enigma jetzt zehnmal schwerer zu knacken war. Alle 24 Stunden arbeiteten die britischen Codebrecher dieselbe Routine ab. Um Mitternacht gingen die deutschen Enigma-Chiffreure zu einem neuen Tagesschlüssel über, und damit war alles, was Bletchley am Tag zuvor erarbeitet hatte, für die Entschlüsselung wertlos geworden. Die Codebrecher mußten sich nun von neuem auf die Suche nach dem Tagesschlüssel machen. Das konnte mehrere Stunden dauern, doch sobald die Enigma-Einstellungen des jeweiligen Tages entdeckt waren, konnte man in Bletchley auch die deutschen Funkmeldungen entziffern, die sich bereits angesammelt hatten, und damit Informationen gewinnen, die für die Kriegführung von unschätzbarem Wert waren.

Das Überraschungsmoment ist für jeden Befehlshaber eine entscheidende Waffe. Wenn Bletchley Park die Enigma brechen konnte, waren die Vorhaben der Deutschen kein Geheimnis mehr, und die englische Seite konnte die Gedanken der deutschen Militärführung lesen. Wenn die Briten von einem unmittelbar drohenden Angriff erfuhren, konnten sie entweder Verstärkung schicken oder ein Ausweichmanöver veranlassen. Wenn die Alliierten verfolgen konnten, wie auf deutscher Seite über die eigenen Schwachpunkte gestritten wurde, dann konnten sie ihre Angriffe genau darauf ausrichten. Die Entschlüsselungen in Bletchley Park waren von höchstem Wert. Als die Deutschen im April 1940 in Dänemark und Norwegen einfielen, lieferte Bletchley ein detailliertes Bild der deutschen Operationen. Auch bei der Luftschlacht um England konnten die Kryptoanalytiker im voraus vor Bombenangriffen warnen und sogar Zeiten und Ziele angeben. Sie berichteten fortlaufend über den Kräftestand der deutschen Luftwaffe, etwa über die Zahl der verlorenen Flugzeuge und die Geschwindigkeit, mit der sie ersetzt wurden. Bletchley schickte all diese Informationen ins Hauptquartier des militärischen Geheimdienstes MI6, der sie an das War Office, das Luftwaffenministerium und an die Admiralität weiterleitete.

Während die Kryptoanalytiker mit ihrer Arbeit so den Gang des Krieges beeinflußten, fanden sie gelegentlich auch noch Zeit für Vergnügen. Malcolm Muggeridge, ein Geheimdienstmann, der damals Bletchley besuchte, berichtet von einer beliebten Zerstreuung:

> Jeden Tag nach dem Mittagessen, wenn das Wetter geeignet war, spielten die Codebrecher auf dem Rasen des Herrenhauses Rounders. Dabei nahmen sie das pseudo-ernste Gebaren der Oxbridge-Dons an, wenn sie sich Tätigkeiten hingeben, die im Vergleich zu ihren gewichtigeren Studien als frivol und unbedeutend gelten. So disputierten sie über einen Punkt im Spiel mit dem gleichen Eifer, wie sie sich vielleicht über freien Willen versus Determinismus streiten würden oder über die Frage, ob die Welt mit einem Big Bang entstand oder durch einen stetigen Schöpfungsprozeß.

Sobald die Kryptoanalytiker in Bletchley die polnischen Techniken beherrschten, machten sie sich auf die Suche nach eigenen Abkürzungen zu den Enigma-Schlüsseln. Zum Beispiel nutzten sie den

Abbildung 45: Die Codebrecher von Bletchley entspannen sich bei einer Partie Rounders.

Umstand, daß die deutschen Enigma-Chiffreure hin und wieder simple Spruchschlüssel wählten. Der Chiffreur sollte für jede Meldung einen neuen Spruchschlüssel verwenden, drei willkürlich ausgewählte Buchstaben. Die überarbeiteten Männer strengten in der Hitze des Gefechts jedoch nicht immer ihre Phantasie an, sondern nahmen einfach drei nebeneinanderliegende Buchstaben von der Tastatur der Enigma (Abbildung 46), etwa QWE oder BNM. Diese voraussagbaren Spruchschlüssel taufte man in Bletchley *cillies*. Als *cilly* galt auch die wiederholte Verwendung desselben Spruchschlüssels, vielleicht der Initialen der Freundin des Chiffreurs – eine Gruppe solcher Anfangsbuchstaben, C.I.L., könnte die Namensgeberin gewesen sein (eine andere Vermutung wäre »silly« = dusselig; Anm. d. Ü.). Bevor man die Enigma auf die harte Tour knackte, versuchten es die Kryptoanalytiker routinemäßig mit den *cillies,* und ihre Eingebungen zahlten sich manchmal aus.

Cillies waren keine Schwachpunkte der Enigma, sondern Fehler beim Gebrauch der Maschine. Wenn solche menschlichen Schwächen auf ranghöherer Ebene vorkamen, dann gefährdeten sie die Sicherheit der Verschlüsselung. Die Verantwortlichen für die Zusammenstellung der Schlüsselbücher mußten entscheiden, welche Walzen an welchem Tag und in welchen Positionen einzusetzen waren. Sie versuchten sicherzustellen, daß die Walzenkonfigurationen unvorhersagbar waren, indem sie ausschlossen, daß eine Walze zwei Tage in Folge in der gleichen Lage blieb. Wenn wir die Walzen mit den Nummern 1, 2, 3, 4 und 5 haben, dann wäre es nach dieser Regel möglich, am ersten Tag die Walzenlage 134 zu nehmen und am zweiten die Walzenlage 215, jedoch nicht 214, denn Walze 4 darf nicht zwei Tage in Folge in der gleichen Lage sein. Auf den ersten Blick ist dies eine vernünftige Strategie, denn die Walzenlage wird ständig verändert, doch wenn dies vorgeschrieben wird, erleichtert es ausgerechnet den Kryptoanalytikern das Leben. Der Ausschluß bestimmter Walzenlagen bedeutete, daß die Verantwortlichen für das Schlüsselheft die Zahl der möglichen Walzenlagen halbierten. Die Kryptoanalytiker in Bletchley erkannten, was vor sich ging, und machten das Beste daraus. Sobald sie die Walzenlagen des jeweiligen Tages erschlossen hatten, konnten sie sofort die Hälfte der eigentlich möglichen Lagen für den nächsten Tag ausschließen und damit ihren Arbeitsaufwand halbieren.

Zudem gab es die Regel, daß auf dem Steckerbrett kein Buchstabe mit seinem Vorgänger oder Nachfolger verbunden werden durfte. Also konnte man das S mit allen Buchstaben außer R und T verkabeln. Die Idee dahinter war, naheliegende Vertauschungen zu vermeiden, doch auch hier führte die Einführung einer Regel zur drastischen Verringerung der Zahl möglicher Schlüssel.

Diese Suche nach immer neuen kryptoanalytischen Schleichwegen war nötig, weil die Enigma-Maschine während des Krieges ständig verändert wurde. Die Kryptoanalytiker waren andauernd gezwungen, sich etwas Neues einfallen zu lassen, ihre Bomben um-

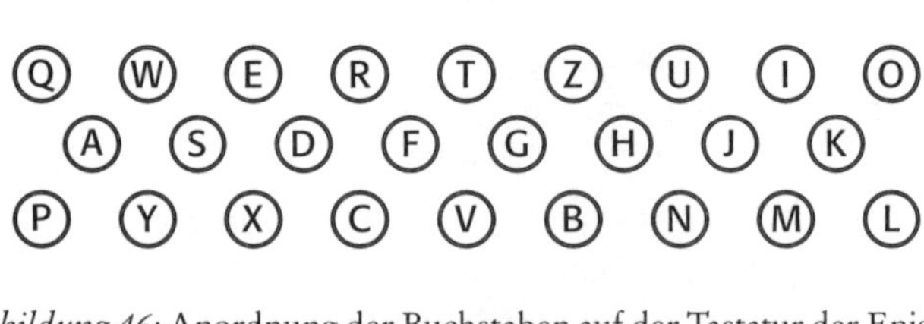

Abbildung 46: Anordnung der Buchstaben auf der Tastatur der Enigma.

zubauen und zu verfeinern und ganz neue Strategien zu entwickeln. Nicht zuletzt beruhte der Erfolg auf der eigentümlichen Melange aus Mathematikern, Naturwissenschaftlern, Linguisten, Philologen, Schachgroßmeistern und Kreuworträtselsüchtigen, die in den Baracken arbeiteten. Ein vertracktes Problem ging von Hand zu Hand, bis es an jemanden geriet, der die richtigen geistigen Werkzeuge dafür besaß, oder an jemanden, der es zumindest teilweise lösen konnte, bevor er es weiterreichte. Gordon Welchman, der Leiter von Baracke 6, beschrieb seine Arbeitsgruppe als »ein Rudel Hunde, die versuchen, die Fährte aufzunehmen«. Viele große Kryptoanalytiker waren dort versammelt, und es gab einige entscheidende Erfolge. Einige dickleibige Bände wären nötig, wollte man die Beiträge jedes einzelnen genau schildern. Wenn es jedoch eine Persönlichkeit verdient, besonders hervorgehoben zu werden, dann ist es Alan Turing, der die größte Schwäche der Enigma aufspürte und sie auf raffinierte Weise ausnutzte. Dank Turing wurde es möglich, die Enigma-Verschlüsselung auch unter den schwierigsten Umständen zu knacken.

Alan Turing wurde im Herbst 1911 in Chatrapur gezeugt, einer Stadt nahe Madras in Südindien, wo sein Vater Julius Turing in der indischen Zivilverwaltung arbeitete. Julius und seine Frau Ethel waren fest entschlossen, ihren Sohn in Großbritannien zur Welt zu bringen, und kehrten nach London zurück, wo Alan am 23. Juni 1912 geboren wurde. Bald darauf kehrte sein Vater nach Indien zurück, die Mutter folgte nur fünfzehn Monate später. Alan ließen sie in der Obhut von Freunden und Kindermädchen zurück, bis er alt genug war, um ins Internat zu gehen.

Im Jahr 1926, mit vierzehn, kam Turing auf die Sherborne School, eine Internatsschule in Dorset. Der Beginn des ersten Schuljahres fiel mit einem Generalstreik zusammen, doch Turing war fest entschlossen, am ersten Tag nicht zu fehlen, und radelte allein die hundert Kilometer von Southampton nach Sherborne, eine Tat, die das Lokalblatt mit einem Artikel würdigte. Gegen Ende seines ersten Internatsjahres beurteilte man Alan als schüchternen und ungeschickten Jungen, dessen einziges Talent auf naturwissenschaftlichem Gebiet lag. Ziel von Sherborne war es, aus Jungen stattliche Männer zu machen, die in der Lage waren, das Empire zu beherrschen, doch Turing teilte diese Ambitionen nicht und hatte eine recht unglückliche Schulzeit.

Sein einziger wirklicher Freund in Sherborne war Christopher Morcom, der wie Turing naturwissenschaftlich interessiert war. Sie diskutierten über die neuesten Forschungsergebnisse und veranstalteten ihre eigenen Experimente. Die Freundschaft befeuerte Turings intellektuelle Neugier, doch wichtiger war ihre tiefe emotionale Wirkung. Andrew Hodges, Turings Biograph, schreibt dazu: »Es war die erste Liebe ... Mit ihr kam ein Gefühl des Ausgeliefertseins und ein geschärftes Bewußtsein, wie von einer strahlenden Farbe, die plötzlich in eine schwarzweiße Welt einbricht.« Ihre Freundschaft währte vier Jahre, doch Morcom schien sich über die tiefen Gefühle, die Turing ihm entgegenbrachte, nicht im klaren gewesen zu sein. Dann, in ihrem Abschlußjahr in Sherborne, verlor Turing für immer die Möglichkeit, ihm seine Gefühle zu offenbaren. Am Donnerstag, dem 13. Februar 1930, starb Christopher Morcom urplötzlich an Tuberkulose.

Turing war von dem Verlust des einzigen Menschen, den er je wirklich geliebt hatte, zutiefst erschüttert. Seine Art, mit Morcoms Tod umzugehen, bestand darin, sich in naturwissenschaftlichen Studien zu vergraben und zu versuchen, dort die Möglichkeiten seines Freundes zu verwirklichen. Morcom, der scheinbar begabtere der beiden, hatte bereits ein Stipendium für Cambridge gewonnen. Turing hielt es für seine Pflicht, es seinem verlorenen Freund nachzutun und die Entdeckungen zu machen, die Christopher gelungen wären. Er bat Christophers Mutter um ein Foto ihres Sohnes und schrieb ihr zum Dank: »Er ist nun auf meinem Tisch und ermutigt mich, fleißig zu arbeiten.«

Im Jahr 1931 gewann Turing einen Studienplatz am King's College in Cambridge. Er geriet dort in eine Zeit intensiver Auseinandersetzungen über die Grundlagen der Mathematik und Logik, und dies in einem Umfeld erstrangiger Köpfe wie Bertrand Russell, Alfred North Whitehead und Ludwig Wittgenstein. Im Mittelpunkt der Debatte stand die Frage der *Unentscheidbarkeit,* ein umstrittener Begriff, den der Logiker Kurt Gödel entwickelt hatte. Man war immer

Abbildung 47: Alan Turing.

davon ausgegangen, daß zumindest theoretisch alle mathematischen Fragen beantwortet werden könnten. Gödel jedoch bewies, daß es eine kleine Zahl von Problemen geben kann, die durch logische Beweisführung nicht geklärt werden können. Die Mathematiker waren schockiert über die Erkenntnis, daß die Mathematik nicht die allmächtige Disziplin war, für die sie sie immer gehalten hatten. Bemüht, ihr Fach zu retten, versuchten sie die peinlichen unentscheidbaren Fragen ausfindig zu machen, um sie dann feinsäuberlich zur Seite zu legen. Es war dieses Vorhaben, das Turing letztlich zu seinem einflußreichsten mathematischen Aufsatz, »On Computable Numbers«, anregte, der 1937 erschien. In *Breaking the Code*, einem Theaterstück von Hugh Whitemore über Turings Leben, wird er gefragt, um was es in dem Artikel gehe. Turing antwortet: »Es geht um wahr und falsch. Im allgemeinen Sinne. Es ist eine technische Arbeit in mathematischer Logik, doch es geht auch um die Schwierigkeit, wahr und falsch zu unterscheiden. Die Leute – die meisten jedenfalls – denken, daß wir in der Mathematik immer sagen können, was wahr und falsch ist. Nein. Das stimmt nicht mehr.«

Bei seinem Versuch, die unentscheidbaren Fragen ausfindig zu machen, beschreibt Turing eine imaginäre Maschine, die dazu bestimmt ist, eine bestimmte mathematische Operation, einen Algorithmus, auszuführen. Mit anderen Worten, die Maschine ist in der Lage, eine bestimmte, vorgeschriebene Reihe von Schritten zu vollziehen, beispielsweise zwei Zahlen miteinander zu multiplizieren. Turing sah vor, daß die Zahlen über einen Papierstreifen in die Maschine gefüttert werden, vergleichbar den Lochstreifen bei einer inzwischen veralteten Generation von Computern. Das Ergebnis der Multiplikation wird dann auf einem anderen Papierstreifen ausgegeben. Turing entwarf eine ganze Reihe dieser sogenannten *Turing-Maschinen,* jede eigens so gebaut, daß sie eine bestimmte Aufgabe lösen kann, etwa Teilen, Wurzelziehen oder Faktorzerlegung. Dann ging Turing einen entscheidenden Schritt weiter.

Er konzipierte eine Maschine, deren interne Arbeitsweise verändert werden kann, so daß sie in der Lage ist, alle Aufgaben aller denkbaren Turing-Maschinen abzuarbeiten. Die Eingabe dieser Änderungen erfolgt durch ausgewählte Papierstreifen, die aus der einen flexiblen

Maschine eine Divisionsmaschine, eine Multiplikationsmaschine oder irgendeine andere Maschine machen. Turing nannte dieses hypothetische Gerät eine *universelle Turing-Maschine,* weil sie in der Lage wäre, jede Frage zu beantworten, die auf logischem Wege zu beantworten ist. Unglücklicherweise stellte sich heraus, daß es logisch nicht immer möglich ist, eine Frage über die Unentscheidbarkeit einer anderen Frage zu beantworten, und so ist selbst die universelle Turing-Maschine nicht in der Lage, jede unentscheidbare Frage dingfest zu machen.

Die Mathematiker, die Turings Arbeit lasen, waren enttäuscht, daß er Gödels Ungeheuer nicht gezähmt hatte, doch als Trostpreis hatte ihnen Turing die Blaupause des modernen programmierbaren Computers geliefert. Turing kannte die Vorarbeiten von Babbage, und die universelle Turing-Maschine kann als Wiedergeburt der Differenz-Maschine Nr. 2 bezeichnet werden. Doch Turing war noch viel weiter gegangen und hatte dem Computer eine solide theoretische Grundlage verschafft und ihn mit bis dahin unvorstellbaren Möglichkeiten ausgestattet. Wir sind jedoch immer noch in den dreißiger Jahren, und es fehlte noch die Technik, mit der die universelle Turing-Maschine zu verwirklichen war. Allerdings kümmerte es Turing überhaupt nicht, daß seine Theorien dem technisch Möglichen voraus waren. Es ging ihm allein um die Anerkennung aus den Reihen der Mathematiker, die seine Arbeit dann auch als einen der entscheidenden Durchbrüche des Jahrhunderts lobten. Damals war Turing erst sechsundzwanzig.

Für Turing war dies eine ausgesprochen erfolgreiche und glückliche Zeit. In den dreißiger Jahren ging es beruflich steil bergauf, bis zum Fellow am King's College, der Heimstatt der geistigen Elite der Welt. Er führte das Leben eines archetypischen Cambridger Gelehrten und ging neben der Mathematik auch weniger ernsten Interessen nach. 1938 sah er sich den Film *Schneewittchen und die sieben Zwerge* an mit seiner einprägsamen Szene, in der die böse Hexe einen Apfel in Gift taucht. Danach hörte man Turing immer wieder die makabren Verse singen: »Dip the apple in the brew / Let the sleeping death seep through.« (Tauch den Apfel ins Gebräu / Laß den Schlaftod einziehen.)

Turing genoß seine Jahre in Cambridge in vollen Zügen. Er war nicht nur akademisch erfolgreich, er lebte auch in einem toleranten und hilfsbereiten Milieu. Innerhalb der Universität war die Homosexualität weitgehend respektiert, was hieß, daß er eine Reihe von Beziehungen knüpfen konnte, ohne sich sorgen zu müssen, wer davon erfahren könnte und was andere darüber sagen würden. Zwar hatte er keine ernsthafte längere Beziehung, doch er war offenbar mit seinem Leben zufrieden. Dann, im Jahr 1939, wurde Turings akademische Laufbahn plötzlich unterbrochen. Die Government Code and Cypher School forderte ihn auf, als Kryptoanalytiker in Bletchley zu arbeiten, und am 4. September 1939, am Tag nachdem Neville Chamberlain Deutschland den Krieg erklärt hatte, ließ Turing den altehrwürdigen Campus von Cambridge hinter sich, fuhr nach Shenley Brook End und quartierte sich im dortigen Crown Inn ein.

Tag für Tag radelte er die fünf Kilometer von dort nach Bletchley Park. Einen Teil seiner Zeit verbrachte er in den Baracken, wo er an der routinemäßigen Entschlüsselung arbeitete, einen anderen Teil im Think-tank von Bletchley, der im einstigen Obstlager Sir Leons untergebracht war. Dort saßen die Kryptoanalytiker zusammen, redeten sich die Köpfe über die anstehenden Fragen heiß und überlegten vorsorglich, wie mit möglichen künftigen Schwierigkeiten umzugehen wäre. Turing beschäftigte vor allem die Frage, was geschehen würde, wenn das deutsche Militär sein System der Spruchverschlüsselung ändern würde. Die Anfangserfolge in Bletchley beruhten auf Rejewskis Arbeit, der die Tatsache ausgenutzt hatte, daß die Enigma-Chiffreure jeden Spruchschlüssel zweimal chiffrierten (wenn der Spruchschlüssel beispielsweise YGB lautete, dann gab der Chiffreur YGBYGB ein). Diese Wiederholung sollte die Empfänger vor Fehlern schützen, doch zugleich war sie das Einfallstor für die Entschlüßler der Enigma. Die britischen Experten vermuteten, daß es nicht mehr lange dauern würde, bis die Deutschen bemerkten, daß die Wiederholung des Schlüssels die Sicherheit der Enigma gefährdete. Daraufhin würden die Chiffreure den Befehl erhalten, den Schlüssel nur noch einmal zu senden, und die bisherigen Entschlüsselungsverfahren von Bletchley wären wirkungslos gemacht. Turings Aufgabe war es nun, eine andere Angriffslinie gegen die Enigma aufzubauen, bei der man sich nicht auf die Wiederholung des Spruchschlüssels verlassen mußte.

Im Laufe einiger Wochen sammelte sich in Bletchley eine gewaltige Bibliothek entschlüsselter Funksprüche an. Turing fiel auf, daß viele von ihnen eine strenge Ordnung aufwiesen. Er sah sich die alten dechiffrierten Meldungen näher an und stellte fest, daß er den Inhalt einiger unentschlüsselter Meldungen wenigstens zum Teil voraussagen konnte, vorausgesetzt, er wußte, wann sie gesendet worden waren und aus welcher Quelle sie stammten. Erfahrungsgemäß sendeten die Deutschen jeden Tag kurz nach sechs Uhr morgens einen verschlüsselten Wetterbericht. Eine verschlüsselte Meldung, die fünf Minuten nach sechs abgehört wurde, mußte also fast sicher das Wort wetter enthalten. Die strengen Vorschriften, wie sie in allen militärischen Organisationen üblich sind, bedeuteten in diesem Fall, daß die Meldungen sprachlich stark geregelt waren, so daß Turing sogar mit einiger Sicherheit die Position von wetter in dem verschlüsselten Bericht ausfindig machen konnte. Beispielsweise wußte er aus Erfahrung, daß die ersten sechs Buchstaben eines bestimmten Kryptogramms dem Klarwort wetter entsprachen. Wenn auf diese Weise ein Stück Klartext mit einem Stück Geheimtext verknüpft werden kann, ergibt sich ein sogenannter *Crib,* ein Anhaltspunkt.

Turing war sich sicher, daß er mit Hilfe solcher Cribs die Enigma knacken konnte. Wenn er einen Geheimtext in der Hand hatte und wußte, daß eine bestimmte Buchstabenfolge, etwa ETJWPX, für wetter stand, dann bestand die Aufgabe darin, die Einstellungen der Enigma-Maschine ausfindig zu machen, die wetter in ETJWPX verwandelten. Der direkte, aber nicht gangbare Weg, wäre gewesen, eine Enigma zu nehmen, wetter einzutippen und zu sehen, ob der Geheimtext herauskam. Wenn nicht, dann hätte man die Einstellungen der Maschine ändern, also die Kabel umstecken und die Walzen vertauschen oder neu einstellen müssen, um dann erneut wetter einzugeben. Wenn der korrekte Geheimtext nicht erschien, hätte der Kryptoanalytiker die Einstellungen immer wieder ändern müssen, bis er die richtige gefunden hätte. Das einzige Problem bei diesem Spiel mit Versuch und Irrtum war der Umstand, daß es

159000000000000000000 mögliche Einstellungen gab und es daher offenbar unmöglich war, die eine zu finden, die wetter in ETJWPX verwandelte.

Um die Sache zu vereinfachen, versuchte es Turing mit Rejewskis Strategie, unterschiedliche Schlüsselteile auseinanderzudröseln, also das Problem der Walzenkonfiguration (welche Walze ist in welcher Bucht und in welcher Stellung) vom Problem der Steckerverbindungen zu trennen. Wenn er beispielsweise im Crib etwas ausfindig machen konnte, das nichts mit den Steckerverbindungen zu tun hatte, dann war es sinnvoll, jede der 1054560 Walzenkonfigurationen durchzuprüfen (60 Lagen × 17576 Stellungen). Wenn er dann die richtige Walzenkonfiguration gefunden hatte, konnte er immer noch die Steckerverbindungen erschließen.

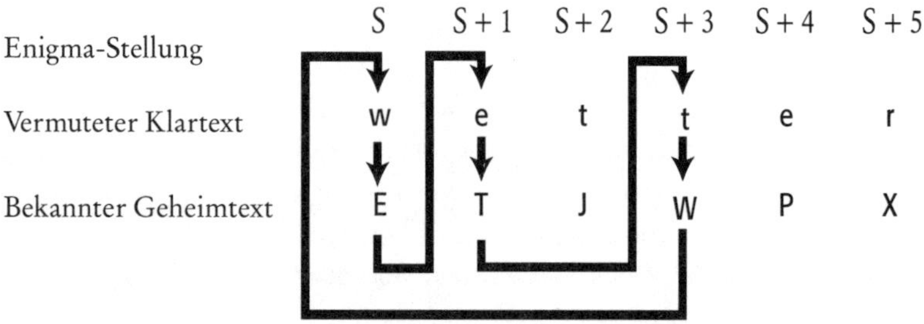

Abbildung 48: Ein Beispiel für Turings Cribs, hier mit einer Schleife.

Turing konzentrierte sich nun auf einen besonderen Typ von Crib, der innere Schleifen enthielt, ähnlich den von Rejewski ausgenutzten Ketten. Diese hatten ja aus Buchstaben innerhalb eines wiederholten Spruchschlüssels bestanden. Turings Schleifen dagegen hatten mit dem Spruchschlüssel nichts zu tun, denn er erwartete, daß die Deutschen dieses Verfahren bald aufgeben würden. Vielmehr verband Turing innerhalb eines Cribs Klartext- und Geheimtextbuchstaben zu Schleifen. Beispielsweise enthält der in Abbildung 48 gezeigte Crib eine solche Schleife. Erinnern wir uns, daß Cribs nur Hypothesen sind, doch wenn wir voraussetzen, daß dieser Crib, wetter, ein Treffer ist, dann können wir die Buchstaben w → E, e → T, t → W zu einer

Schleife verbinden. Zwar wissen wir nichts über den Enigma-Schlüssel für diesen Tag, doch wir können die Stellung der Walzen, bei der w als E verschlüsselt wurde, einfach als S bezeichnen. Nach dieser Verschlüsselung dreht sich die erste Walze um einen Schritt weiter und erreicht Stellung S + 1, die den Buchstaben e als T verschlüsselt. Die Walze dreht sich um einen Schritt weiter und verschlüsselt einen Buchstaben, der nicht zur Schleife gehört, also beachten wir dies nicht weiter. Die Walze dreht sich erneut einen Schritt weiter, und wieder erhalten wir einen Buchstaben, der zur Schleife gehört. In Stellung S + 3 wird der Buchstabe t als W verschlüsselt. Insgesamt wissen wir jetzt folgendes:

In Stellung S verschlüsselt Enigma w als E.
In Stellung S+1 verschlüsselt Enigma e als T.
In Stellung S+3 verschlüsselt Enigma t als W.

Bislang erscheint uns diese Schleife nur als eigenartiges Muster, doch Turing zog rigoros die Schlüsse, die sich aus den Beziehungen innerhalb der Schleife ergaben. Sie lieferte ihm jene entscheidende Abkürzung, die er brauchte, um die Enigma zu knacken. Statt mit nur einer Enigma alle Kombinationen durchzuspielen, entwarf Turing eine Anordnung aus drei Maschinen, die jeweils mit der Verschlüsselung eines Elements der Schleife beschäftigt waren. Die erste Maschine würde versuchen, w in E zu verwandeln, die zweite e in T und die dritte t in W. Die drei Maschinen waren fast gleich eingestellt, jedoch die zweite gegenüber der ersten einen Schritt weiter im Walzenumlauf, nämlich in S + 1, und die dritte drei Schritte weiter, in S + 3. Nun stellte sich Turing einen versessenen Kryptoanalytiker vor, der ständig die Kabel umsteckte, die Walzen vertauschte und ihre Stellungen veränderte, um irgendwann auf die richtige Konfiguration zu kommen. Wenn eine Kabelverbindung an der ersten Maschine verändert wurde, dann auch an den beiden anderen. Wenn bei der ersten Maschine eine Walze gegen eine andere ausgetauscht wurde, dann auch bei den beiden anderen. Und, nicht zu vergessen, welche Walzenstellung auch immer bei der ersten Maschine erreicht war, die zweite war ihr um genau einen Schritt voraus, die dritte um drei Schritte.

Damit hatte Turing offenbar immer noch nicht viel erreicht. Sein Kryptoanalytiker mußte weiterhin alle 159000000000000000000 möglichen Einstellungen prüfen, und schlimmer noch, an drei Maschinen gleichzeitig. Der nächste Schritt in Turings Gedankengang verwandelte jedoch die Aufgabe und vereinfachte sie drastisch. Die drei Maschinen sollten miteinander verbunden werden, indem man die Eingabe und Ausgabe jeder Maschine miteinander verdrahtete (s. Abbildung 49, S. 216). Bei dieser Anordnung würde der Stromkreislauf die Schleife im Crib nachbilden. Die Maschinen sollten ihre Steckverbindungen und Walzenstände verändern, wie oben beschrieben, doch nur, wenn die Walzenstellungen bei allen drei Maschinen richtig waren, schloß sich der Stromkreis, und der Strom konnte durch alle drei Maschinen fließen. Eine Glühlampe im Stromkreis würde in diesem Fall aufleuchten und anzeigen, daß die richtige Konfiguration gefunden war. Doch immer noch mußten die drei Maschinen bis zu 159000000000000000000 Stellungen durchlaufen, bis endlich die Lampe aufleuchtete. Alles Bisherige jedoch diente nur zur Vorbereitung für Turings letzten logischen Schritt, mit dem er die Aufgabe auf einen Schlag über hundert Millionen Millionen mal erleichterte.

Turing hatte seinen Stromkreis so konstruiert, daß er die Wirkung des Steckerbretts aufhob, und deshalb konnte er die Milliarden von Steckverbindungen beiseite zu lassen. Abbildung 49 zeigt, daß bei der ersten Enigma der Strom in die Walzen einfließt und bei einem unbekannten Buchstaben, nennen wir ihn B_1, wieder austritt. Dann fließt der Strom durch die Kabel am Steckerbrett, und B_1 wird in E verwandelt. Dieser Buchstabe E ist über einen Draht mit dem Buchstaben e der zweiten Enigma verbunden, und wenn der Strom durch das zweite Steckerbrett fließt wird er erneut in B_1 verwandelt. Mit anderen Worten, die beiden Steckerbretter heben ihre Wirkung gegenseitig auf. Desgleichen fließt der Strom, der aus den Walzen der zweiten Enigma austritt, bei B_2 in das Steckerbrett, bevor er in T verwandelt wird. Dieser Buchstabe T ist über einen Draht mit dem Buchstaben t der dritten Enigma verbunden, und wenn der Strom durch das dritte Steckerbrett fließt, wird er in B_2 zurückverwandelt. Kurz, die Steckerbretter heben ihre Wirkung im gesamten Kreislauf auf, und Turing konnte sie ganz außer acht lassen.

Er mußte nur die Ausgabe der ersten Walzenreihe, B_1, direkt mit der Eingabe der zweiten Walzenreihe, ebenfalls B_1, verbinden, und so weiter. Leider kannte er den Wert des Buchstabens B_1 nicht, also mußte er alle 26 Ausgaben der ersten Walzenreihe mit allen entsprechenden Eingaben der zweiten Walzenreihe verbinden und so weiter. Nun hatte er 26 elektrische Schleifen, jede mit einer Glühbirne versehen, die aufleuchtete, wenn ein Kreis geschlossen wurde. Mit den drei Walzengruppen ließen sich alle 17 576 Positionen prüfen, wobei die zweite Walzengruppe der ersten immer um einen Schritt voraus war und die dritte Walzengruppe der zweiten um zwei Schritte. Wurden die richtigen Walzenpositionen erreicht, schloß sich einer der Stromkreise und die Glühbirne leuchtete auf. Wenn die Walzen ihre Positionen jede Sekunde änderten, dauerte es nur fünf Stunden, um alle Positionen zu prüfen.

Nur zwei Probleme blieben noch zu lösen. Erstens konnte es sein, daß die drei Maschinen mit der falschen Walzenlage arbeiteten, denn die Enigma enthielt jeweils drei von fünf verfügbaren Walzen in beliebiger Reihenfolge, was 60 mögliche Lagen ergab. Wenn nun alle 17 576 Positionen geprüft waren und keine Lampe aufleuchtete, dann mußte man eine andere der 60 möglichen Walzenlagen ausprobieren und so weiter, bis der Stromkreis geschlossen war. Oder aber man ließ 60 Gruppen aus jeweils drei Enigmas parallel laufen.

Das zweite Problem war, die Steckerverbindungen zu finden, sobald Walzenlage und Walzenstellung feststanden. Dies war vergleichsweise einfach. Man nahm eine Enigma mit der richtigen Walzenkonfiguration, tippte den Geheimtext ein und untersucht den erzeugten Klartext. Wenn das Ergebnis tewwer und nicht wetter lautete, war klar, daß die Kabel so eingesteckt werden mußten, daß w und t vertauscht wurden. Die Eingabe anderer Teile des Geheimtextes ergab dann die weiteren Kabelverbindungen.

Cribs, Schleifen und elektrisch gekoppelte Maschinen erbrachten zusammen eine erstaunliche kryptoanalytische Leistung, und mit seinem einzigartigen Wissen auf dem Gebiet mathematischer Maschinen war Turing genau der Richtige gewesen, um darauf zu kommen. Mit seinen Überlegungen zur imaginären Turing-Maschine wollte er eigentlich nur zur Lösung schwer zugänglicher Fragen der

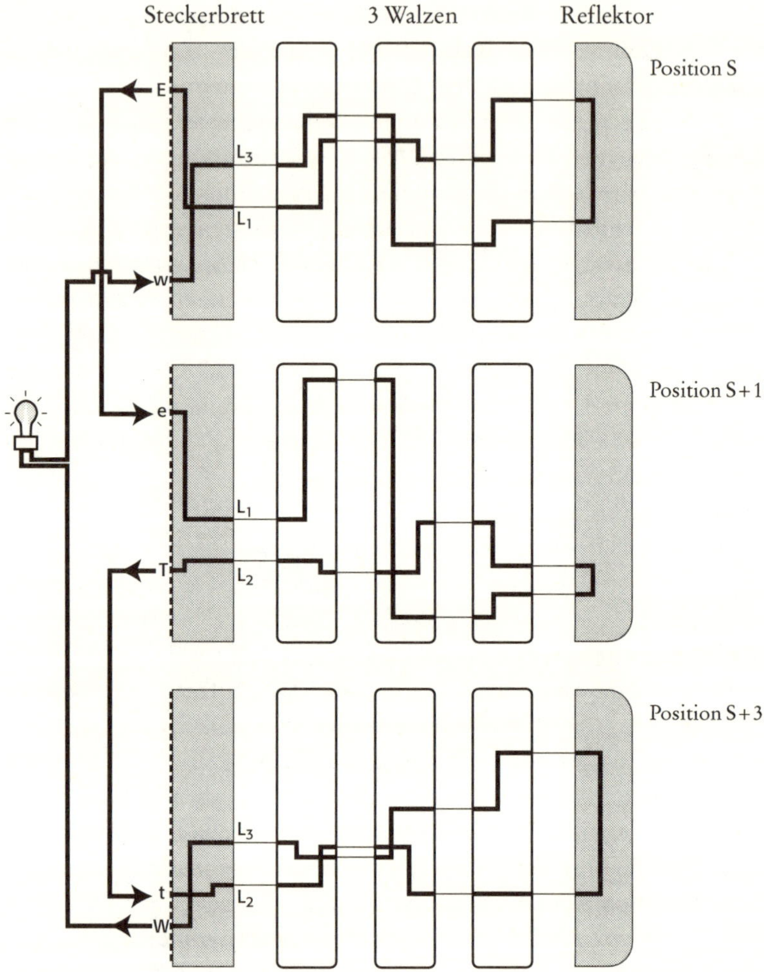

Abbildung 49: Die Schleife des Crib kann mit einem elektrischen Schaltkreis dargestellt werden. Drei Enigma-Maschinen sind identisch eingestellt, bei der zweiten allerdings ist die Walze eine Position weiter gerückt (S+1), bei der dritten zwei weitere Positionen (S+3). Die Ausgabe jeder Enigma-Maschine ist mit der Eingabe der nächsten verbunden. Die drei Walzenkombinationen bewegen sich synchron, bis der Stromkreis geschlossen ist und die Lampe leuchtet. Damit ist die richtige Kombination gefunden. In der Abbildung ist der Durchgang bei der richtigen Kombination abgeschlossen.

Unentscheidbarkeit in der Mathematik beitragen, doch diese rein akademische Forschung hatte ihn in die Lage versetzt, eine Maschine zu entwerfen, die ganz reale Probleme löste.

Bletchley Park trieb 100 000 Pfund auf, um Turings Konzept in die Praxis umzusetzen. Die Geräte taufte man *bombes*, denn zumindest der mechanische Ansatz glich dem von Rejewskis *bombas.* Jede Bombe sollte aus zwölf Gruppen elektrisch gekoppelter Enigma-Walzen bestehen und konnte daher mit viel längeren Schleifen arbeiten. Die Geräteeinheit maß etwa zwei mal zwei Meter und war einen Meter tief. Turing schloß seinen Entwurf Anfang 1940 ab, mit dem Bau der Bombe beauftragte man die Firma British Tabulating Machinery in Letchford.

Während Turing auf die Lieferung der Bomben wartete, setzte er seine tägliche Arbeit in Bletchley fort. Die Kunde von seinem Erfolg verbreitete sich rasch unter den anderen führenden Kryptoanalytikern, die nun seine einzigartige Begabung als Codeknacker erkannten. Für Peter Hilton, einen Kollegen in Bletchley, war »Alan Turing offensichtlich ein Genie, doch ein zugängliches und freundliches Genie. Immer war er bereit, sich die Zeit zu nehmen und seine Ideen zu erklären; doch er war kein Fachidiot, und mit seinem Denken bewegte er sich geschickt auf weiten Gebieten der exakten Wissenschaften«.

Alles, was in Bletchley Park vor sich ging, war natürlich top secret, und daher wußte kein Außenstehender von Turings bemerkenswerten Leistungen. Beispielsweise ahnten seine Eltern nicht einmal, daß er als Codebrecher arbeitete, geschweige denn, daß er Englands bester Kryptoanalytiker war. Einmal hatte er seiner Mutter erklärt, daß er mit militärischer Forschung zu tun habe, doch Näheres hatte er nicht gesagt. Sie war nur enttäuscht, daß ihr schlampiger Junge sich trotzdem keinen ordentlicheren Haarschnitt zugelegt hatte. Bletchley wurde zwar vom Militär geführt, doch man hatte sich eingestanden, daß man eine gewisse Nachlässigkeit und die exzentrischen Manieren dieser »Professorentypen« tolerieren mußte. Turing ließ sich kaum einmal zu einer Rasur herbei, seine Fingernägel waren schmutzig und seine Kleider schrecklich zerknittert. Ob das Militär auch seine Homosexualität toleriert hätte, läßt sich nicht sagen. Jack Good, ein Veteran aus Bletchley, meint dazu: »Glücklicherweise wußten die Behörden nicht, daß Turing ein Homosexueller war. Sonst hätten wir den Krieg womöglich verloren.«

Der erste Prototyp der Bombe, *Victory* getauft, kam am 14. Mai 1940 in Bletchley an. Die Maschine wurde sofort in Betrieb genommen, doch die ersten Ergebnisse waren enttäuschend. Die Bombe erwies sich als viel langsamer als erwartet und brauchte bis zu einer Woche, um einen bestimmten Schlüssel zu finden. Gemeinsam arbeitete man an der Verbesserung der Bombe, und ein paar Wochen später reichte man einen veränderten Bauplan ein. Es sollte noch vier weitere Monate dauern, bis das beschleunigte Modell zur Verfügung stand. In der Zwischenzeit mußten die Analytiker mit dem Ernstfall fertig werden, den sie vorausgesehen hatten. Am 10. Mai 1940 änderten die Deutschen ihr Schlüsselaustausch-Protokoll. Der Spruchschlüssel wurde nicht mehr wiederholt, und die Zahl der erfolgreichen Enigma-Entschlüsselungen schrumpfte drastisch. Der Blackout dauerte bis zum 8. August, als die neue Bombe geliefert wurde. Diese Maschine, *Agnus Dei* oder kurz *Agnes* genannt, sollte Turings Erwartungen erfüllen.

Nach anderthalb Jahren waren weitere fünfzehn Bomben in Betrieb, die Cribs ausnutzten, Walzenstellungen prüften und Schlüssel enthüllten, und jede Bombe klapperte wie eine Million Stricknadeln. Wenn alles gutging, fand eine Bombe innerhalb einer Stunde den Enigma-Schlüssel. Sobald die Steckverbindungen und die Walzenkonfiguration (der Spruchschlüssel) feststanden, war es einfach, den Tagesschlüssel zu erschließen. Alle anderen Meldungen dieses Tages konnten dann rasch dechiffriert werden.

Obwohl die Bomben einen entscheidenden Durchbruch der Kryptoanalyse markierten, war die Entschlüsselung noch keineswegs bloße Routine. Viele Hürden waren zu nehmen, bis die Bomben auch nur auf die Suche nach dem Schlüssel gehen konnten. Zum Beispiel brauchte man zuerst einen Crib. Die erfahrenen Codebrecher überreichten ihre Cribs den Fachleuten an den Bomben, doch es gab keine Garantie, daß die Codebrecher die richtige Bedeutung des Geheimtextes erraten hatten. Und selbst wenn sie den richtigen Crib hatten, lag er vielleicht an der falschen Stelle – die Kryptoanalytiker mochten wohl erraten haben, daß eine verschlüsselte Botschaft eine bestimmte Wortfolge enthielt, doch vielleicht hatten sie diese Folge über den falschen Abschnitt des Geheimtextes gelegt. Immerhin gab es einen guten Trick, um zu prüfen, ob der Crib in der richtigen Position war.

Beim folgenden Crib ist sich der Kryptoanalytiker sicher, daß der Klartext in der Meldung enthalten ist, doch er weiß nicht, ob er ihn mit den richtigen Buchstaben im Geheimtext verknüpft hat.

Vermuteter Klartext	w e t t e r n u l l s e c h s
Bekannter Geheimtext	I P R E N L W K M J J S X C P L E J W Q

Ein Merkmal der Enigma war, daß sie wegen des Reflektors nicht in der Lage war, einen Buchstaben mit sich selbst zu verschlüsseln. Der Buchstabe a konnte nie als A verschlüsselt werden, b nie als B und so weiter. Der obige Crib muß daher an der falschen Stelle liegen, weil das erste e in wetter mit einem E im Geheimtext verknüpft ist. Um die korrekte Verknüpfung zu finden, verschieben wir einfach Klartext und Geheimtext gegeneinander, bis kein Buchstabe mit sich selbst gepaart ist. Wenn wir den Klartext um eine Stelle nach links verschieben, liegen wir immer noch falsch, weil diesmal das erste s in sechs mit einem S im Geheimtext verbunden wird. Wenn wir den Klartext jedoch um eine Stelle nach rechts verschieben, ergeben sich keine unmöglichen Verschlüsselungen mehr. Dieser Crib liegt daher wahrscheinlich an der richtigen Stelle und kann als Ansatzpunkt für die Entschlüsselungsarbeit einer Bombe dienen:

Vermuteter Klartext	w e t t e r n u l l s e c h s
Bekannter Geheimtext	I P R E N L W K M J J S X C P L E J W Q

Die in Bletchley gewonnenen Informationen gingen nur an die ranghöchsten Militärs und ausgewählte Mitglieder des Kriegskabinetts. Winston Churchill war sich durchaus bewußt, wie wichtig die Arbeit der Codebrecher in Bletchley war, und am 6. September 1941 stattete er ihnen einen Besuch ab. Was ihn beim Treffen mit einigen Kryptoanalytikern überraschte, war die wilde Mischung von Leuten, die ihn mit so wertvollen Informationen versorgte. Neben den Mathematikern und Linguisten gab es auch noch einen Porzellanspezialisten, einen Kurator vom Prager Museum, den britischen Schachmeister und zahlreiche Bridge-Experten. Dem Chef des Secret Intelligence Service, Sir Stuart Menzies, flüsterte Churchill ins Ohr: »Ich habe Sie angewiesen, jeden Stein umzudrehen, aber daß Sie mich so wörtlich nehmen, hätte ich nicht erwartet.« Trotz dieses Kommentars war er von der bunten Truppe ganz angetan und nannte sie »die Gänse, die goldene Eier legen und nie schnattern«.

Der Besuch sollte die Moral der Codebrecher aufpäppeln und ihnen zeigen, daß man ihre Arbeit auf höchster Ebene zu schätzen wußte. Turing und seine Kollegen waren daraufhin selbstsicher genug, sich direkt an Churchill zu wenden, als sie eine Krise befürchteten. Um die Möglichkeiten der Bomben voll auszuschöpfen, brauchte Turing mehr Leute, doch Commander Edward Travis, der neue Direktor von Bletchley, hatte dieses Ansinnen abgelehnt, da er es nicht verantworten könne, noch mehr Mitarbeiter zu rekrutieren. Die

Abbildung 50: Eine Bombe in Bletchley Park.

Kryptoanalytiker waren aufsässig genug, um Travis zu umgehen und sich mit einem Brief vom 21. Oktober 1941 direkt an Churchill zu wenden:

> Sehr geehrter Herr Premierminister,
> vor einigen Wochen erwiesen Sie uns die Ehre eines Besuches, und wir glauben, daß Sie unsere Arbeit für wichtig halten. Sie werden gesehen haben, daß wir, weitgehend dank der Energie und Vorausschau von Commander Travis, mit »Bomben« zum Entschlüsseln der deutschen Enigma-Codes gut versorgt sind. Wir denken jedoch, daß Sie wissen sollten, daß diese Arbeit aufgehalten und in manchen Fällen überhaupt nicht getan wird, vor allem weil wir keinen ausreichenden Mitarbeiterstab bekommen können, der sich damit befaßt. Wir wenden uns direkt an Sie, weil wir seit Monaten alles getan haben, was uns über die normalen Kanäle überhaupt möglich ist, und wir ohne Ihre Intervention die Hoffnung auf irgendeine baldige Verbesserung aufgeben müssen ...
>
> Wir sind, Sir, Ihre gehorsamen Diener,
> A. M. Turing
> W. G. Welchman
> C.H.O'D. Alexander
> P.S. Milner-Barry

Churchill zögerte nicht lange und erteilte seinem Stabsoffizier folgende Anweisung:

> HEUTE ERLEDIGEN
> Stellen Sie sicher, daß sie mit äußerster Dringlichkeit alles bekommen, was sie wollen, und melden Sie mir, daß dies getan worden ist.

Von nun an sollte es keine weiteren Hindernisse für Neueinstellungen oder die Materialbeschaffung geben. Ende 1942 waren 49 Bomben in Betrieb, und in Gayhurst Manor, nicht weit nördlich von Bletchley, wurde eine neue Bombenstation eröffnet. Im Zuge der Rekrutierungskampagne setzte die Government Code and Cypher School einen Brief in den *Daily Telegraph.* Wer von den Lesern, so

The code-breakers' crossword

ACROSS

1 A stage company (6)

4 The direct route preferred by the Roundheads (two words–5,3)

9 One of the evergreens (6)

10 Scented (8)

12 Course with an apt finish (5)

13 Much that could be got from a timber merchant (two words–5,4)

15 We have nothing and are in debt (3)

16 Pretend (5)

17 Is this town ready for a flood? (6)

22 The little fellow has some beer: it makes me lose colour, I say (6)

24 Fashion of a famous French family (5)

27 Tree (3)

28 One might of course use this tool to core an apple (9)

31 Once used for unofficial currency (5)

32 Those well brought up help these over stiles (two words–4,4)

33 A sport in a hurry (6)

34 Is the workshop that turns out this part of a motor a hush-hush affair? (8)

35 An illumination functioning (6)

DOWN

1 Official instruction not to forget the servants (8)

2 Said to be a remedy for a burn (two words –5,3)

3 Kind of alias (9)

5 A disagreeable company (5)

6 Debtors may have to this money for their debts unless of course their creditors do it to the debts (5)

7 Boat that should be able to suit anyone (6)

8 Gear (6)

11 Business with the end in sight (6)

14 The right sort of woman to start a dame school (3)

18 "The War" (anag) (6)

19 When hammering take care to hit this (two words)–5,4)

20 Making sound as a bell (8)

21 Half a fortnight of old (8)

23 Bird, dish of coin (3)

25 This sign of the Zodiac has no connection with the Fishes (6)

26 A preservative of teeth (6)

29 Famous sculptor (5)

30 This part of the locomotive engine would sound familiar to the golfer (5)

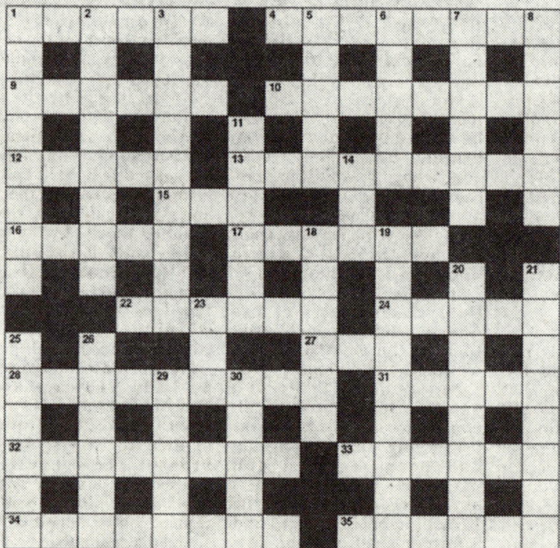

Can you crack it in 12 minutes? – Solution see page 22

Abbildung 51: Ein Kreuzworträtsel aus dem *Daily Telegraph*, das man in Bletchley Park beim Einstellungstest für neue Codebrecher verwendete (Lösung in Anhang H).

wurde anonym gefragt, könne das Kreuzworträtsel der Zeitung (Abbildung 51) in weniger als zwölf Minuten lösen? Solche Kreuzworträtsel-Virtuosen hielt man auch für gute Codebrecher. Sie sollten die Gruppe der Wissenschaftler verstärken, die bereits in Bletchley arbeitete – doch davon stand natürlich nichts in der Zeitung. Die 25 Leser, die antworteten, wurden in die Fleet Street eingeladen, wo sie an einem Kreuzworträtsel-Wettbewerb teilnahmen. Fünf von ihnen füllten das Rätsel innerhalb der gesetzten Zeit aus, und einem sechsten fehlte nur ein Wort, als die zwölf Minuten um waren. Ein paar Wochen später durchleuchtete der militärische Geheimdienst alle sechs aufs Gründlichste, und schließlich heuerte man sie als Codebrecher für Bletchley Park an.

Beute: Schlüsselbücher

Wir haben den Enigma-Funkverkehr bislang als ein einziges riesiges Kommunikationssystem betrachtet, doch in Wirklichkeit gab es mehrere unterschiedliche Netze. Die deutsche Armee in Nordafrika zum Beispiel hatte ihr eigenes Fernmeldenetz, und ihre Enigma-Chiffreure hatten Schlüsselbücher, die in Europa nicht verwendet wurden. Wenn es also Bletchley gelang, den nordafrikanischen Tagesschlüssel zu identifizieren, konnte man alle deutschen Funkmeldungen in Nordafrika von diesem Tag lesen, doch mit dem nordafrikanischen Tagesschlüssel konnte man natürlich die in Europa gesendeten Funksprüche nicht entschlüsseln. Auch die Luftwaffe hatte ihr eigenes Fernmeldenetz, und um den gesamten Funkverkehr der Luftwaffe zu entschlüsseln, mußte Bletchley den entsprechenden Tagesschlüssel ausfindig machen.

Manche Netze waren schwieriger zu knacken. Am schwersten war es bei der Kriegsmarine, weil man dort eine kompliziertere Variante der Enigma verwendete. So standen den Marine-Chiffreuren nicht nur fünf, sondern acht Walzen zur Verfügung, was hieß, daß es fast sechsmal so viele mögliche Walzenkonfigurationen gab, also fast sechsmal so viele Schlüssel, die Bletchley prüfen mußte. Auch der Reflektor, der das elektrische Signal durch die Walzen zurückschickte, war bei der Marine anders konstruiert. Beim Grundmodell war der

Reflektor immer in einer bestimmten Stellung fixiert, doch in der Marine-Enigma konnte er in 26 verschiedene Stellungen gebracht werden. Damit erhöhte sich die Zahl der möglichen Schlüssel ein weiteres Mal um den Faktor 26.

Die Marine-Chiffreure erschwerten die Entschlüsselung ihrer Meldungen zusätzlich, weil sie sorgfältig darauf achteten, stereotype Texte zu vermeiden und Bletchley deshalb keine Cribs lieferten. Zudem führte die Kriegsmarine auch ein sichereres Verfahren zur Auswahl und Übermittlung von Spruchschlüsseln ein. Zusätzliche Walzen, ein verstellbarer Reflektor, nichtstandardisierte Meldungen und eine neues Verfahren zur Übermittlung von Spruchschlüsseln trugen dazu bei, den Funkverkehr der deutschen Marine gegen die Entschlüsselung abzuschotten.

Daß es Bletchley nicht gelang, die Marine-Enigma zu knacken, hatte zur Folge, daß die Kriegsmarine in der Atlantikschlacht zusehends die Oberhand gewann. Admiral Karl Dönitz hatte eine äußerst wirksame Seekriegs-Strategie entwickelt. Zunächst schickte man die U-Boote hinaus, die den Atlantik auf eigene Faust nach alliierten Geleitzügen durchkämmten. Sobald ein U-Boot ein Ziel ausgemacht hatte, löste es die zweite Phase der Strategie aus und rief andere U-Boote zu Hilfe. Der Angriff begann erst, wenn eine hinreichend große Zahl von U-Booten, ein sogenanntes Rudel, zusammengezogen war. Für den Erfolg dieser koordinierten Angriffe mußte sich die Marine unbedingt darauf verlassen können, daß ihr Funkverkehr nicht entschlüsselt wurde. Die Marine-Enigma gewährleistete diese Sicherheit; die U-Boot-Angriffe waren verheerend für den alliierten Schiffsverkehr und den für England unentbehrlichen Nachschub an Lebensmitteln und Kriegsmaterial.

Solange der Funkverkehr der U-Boote unentschlüsselt blieb, wußten die Alliierten nicht, wo die Boote operierten und konnten ihren Geleitzügen keine sicheren Routen anbieten. Die einzige Möglichkeit für die Admiralität, die U-Boote ausfindig zu machen, war festzustellen, wo britische Schiffe versenkt worden waren. Zwischen Juni 1940 und Juni 1941 verloren die Alliierten durchschnittlich 50 Schiffe im Monat, und man lief Gefahr, mit dem Neubau von Schiffen nicht mehr nachzukommen. Doch nicht nur der Verlust an Schiffen war kaum mehr ausgleichbar, der U-Boot-Krieg forderte auch schreckliche Menschenopfer – 50000 alliierte Seeleute starben während des Krieges. Wenn die Verluste nicht drastisch verringert werden konnten, lief England Gefahr, die Atlantikschlacht zu verlieren, und das hätte bedeutet, auch den Krieg zu verlieren. Churchill schrieb in seinen Erinnerungen: »Inmitten der Sturmflut von Gewalt behielt eine Befürchtung die Oberhand. Schlachten mochten gewonnen oder verloren werden, Feldzüge mochten gelingen oder scheitern, Gebiete mochten erobert oder aufgegeben werden, doch entscheidend für unsere Macht, den Krieg weiterzuführen oder uns auch nur am Leben zu erhalten, war unsere Herrschaft über die Ozeanrouten und der freie Zugang zu unseren Häfen.«

Die Erfahrung der Polen und der Fall Hans-Thilo Schmidt hatte Bletchley Park eines gelehrt: Wenn eine Verschlüsselung nicht durch geistige Anstrengung geknackt werden kann, dann muß man auf Spionage, Unterwanderung und Diebstahl zurückgreifen, um die Schlüssel des Feindes in die Hände zu bekommen. Hin und wieder gelang Bletchley ein Erfolg gegen die Marine-Enigma, den man einer raffinierten Strategie der Royal Air Force (RAF) zu verdanken hatte. Englische Flugzeuge legten in bestimmten Seegebieten Minen und veranlaßten damit deutsche Schiffe, Warnmeldungen für andere Schiffe zu senden. Diese Enigma-verschlüsselten Meldungen enthielten unweigerlich bestimmte Koordinaten, die natürlich den Briten schon bekannt waren und somit als Cribs verwendet werden konnten. Kurz, Bletchley wußte, daß ein bestimmtes Stück Geheimtext eine bestimmte Koordinatenangabe enthielt. Minen zu legen, um Cribs zu erhalten, ein Verfahren, das »Gärtnern« genannt wurde, bedeutete, daß die RAF Spezialeinsätze fliegen mußte, und dies konnte man sich auf Dauer nicht leisten. Bletchley mußte einen anderen Weg finden, um die Marine-Enigma zu knacken.

Eine weitere Strategie bestand darin, die Schlüssel zu stehlen. Einer der hinterlistigsten Pläne dafür wurde vom Schöpfer des James Bond, Ian Fleming, ausgeheckt, der während des Krieges für den Marine-Geheimdienst arbeitete. Er schlug vor, einen erbeuteten deutschen Bomber im Ärmelkanal in der Nähe eines deutschen

Schiffes notwassern zu lassen. Die deutschen Seeleute würden beisteuern, um ihre Kameraden zu retten, woraufhin die Besatzung, britische Piloten, die sich als Deutsche ausgaben, das Schiff betreten und die Schlüsselbücher stehlen sollten. Diese deutschen Schlüsselbücher enthielten die jeweiligen Tagesschlüssel, und weil die Schiffe oft lange Zeit unterwegs waren, war mindestens für einen Monat vorgesorgt.

Der britische Geheimdienst gab Flemings Plan, der sogenannten Operation Ruthless, seinen Segen. Man bereitete einen Heinkel-Bomber für die Notwasserung vor und stellte eine Besatzung aus deutschsprechenden Engländern zusammen. Das Unternehmen sollte an einem Monatsanfang starten, damit man ein neues Schlüsselbuch erbeutete. Fleming fuhr nach Dover, um die Operation zu leiten, doch leider war kein deutsches Schiff in der Nähe, und das Vorhaben wurde auf unbestimmte Zeit verschoben. Vier Tage später berichtete Frank Birch, Leiter der Marine-Abteilung in Bletchley, über die Reaktion Turings und seines Kollegen Peter Twinn: »Turing und Twinn kamen zu mir wie Bestattungsunternehmer, die um eine schöne Leiche betrogen worden waren, ganz empört über die Verschiebung von Operation Ruthless.«

Bald darauf wurde die Operation Ruthless endgültig begraben, doch bei einer Reihe wagemutiger Überfälle auf Wetterschiffe und U-Boote erbeutete man endlich einige deutsche Schlüsselbücher. Diese »Prisen« waren Dokumente, die Bletchley aus dem schwarzen Loch der Aufklärung heraushalfen. Nun, da die Marine-Enigma ein offenes Geheimnis war, konnte Bletchley die Position der U-Boote genau lokalisieren und die Atlantikschlacht begann sich zugunsten der Alliierten zu wenden. Die Geleitzüge konnten den U-Booten jetzt ausweichen, und die britischen Zerstörer konnten sogar zum Angriff übergehen, die U-Boote ausfindig machen und versenken.

Das deutsche Oberkommando durfte auf keinen Fall den Verdacht schöpfen, die Alliierten könnten Enigma-Schlüsselbücher erbeutet haben. Wenn die Deutschen herausgefunden hätten, daß ihre Verschlüsselung gebrochen war, dann hätten sie die Enigma verbessert und Bletchley hätte von vorn anfangen können. Wie beim Zimmermann-Telegramm ergriffen die Briten auch hier diverse Vorsichtsmaßnahmen, um keinen Verdacht zu wecken. Beispielsweise versenkten sie ein deutsches Schiff, nachdem sie dessen Schlüsselbücher erbeutet hatten. So machten sie Dönitz glauben, die Chiffrierdokumente lägen tief auf dem Meeresboden und seien nicht in britische Hände gefallen.

Wenn das Material in Geheimaktionen erbeutet worden war, mußten weitere Vorsichtsmaßnahmen ergriffen werden, bevor das gewonnene Wissen genutzt werden konnte. Zum Beispiel lieferten die Enigma-Entschlüsselungen die Positionen zahlreicher U-Boote, doch es wäre unklug gewesen, jedes einzelne sofort anzugreifen, weil eine plötzliche, unerklärliche Zunahme der britischen Erfolge die Deutschen mißtrauisch gemacht hätte. Folgerichtig ließen die Alliierten einige U-Boote entkommen und griffen andere erst an, wenn ein Spähflugzeug ausgeflogen war, womit sich die Annäherung eines Zerstörers ein paar Stunden später scheinbar erklären ließ. Oder aber die Alliierten schickten fabrizierte Meldungen in den Äther, wonach U-Boote gesichtet worden seien, was ebenfalls ausreichte, um den darauf folgenden Angriff zu erklären.

Trotz dieser Strategie, Hinweise auf die Entschlüsselung der Enigma zu vermeiden, erregten die britischen Unternehmungen gelegentlich Verdacht bei der deutschen Abwehr. Bei einer Gelegenheit entzifferte Bletchley eine Enigma-Meldung mit der genauen Position einer Gruppe von neun deutschen Tank- und Versorgungsschiffen. Die Admiralität beschloß in diesem Fall, nicht alle diese Schiffe zu versenken, da ein so glatter Erfolg die Deutschen mißtrauisch gemacht hätte. Deshalb gab man den eigenen Zerstörern die genauen Positionen von nur sieben Schiffen durch, die *Gadania* und die *Gonzenheim* sollten unbeschädigt entkommen. Die sieben zum Abschuß freigegebenen Schiffe wurden tatsächlich versenkt, doch die Zerstörer der Royal Navy begegneten zufällig auch den beiden Schiffen, die verschont werden sollten, und versenkten sie ebenfalls. Die Offiziere auf den Zerstörern wußten nichts von der Enigma und der Strategie der Verdachtvermeidung – sie waren einfach überzeugt, ihre Pflicht zu tun. In Berlin leitete Admiral Kurt Fricke eine Untersuchung dieses und ähnlicher Vorfälle ein, um der Möglichkeit nachzugehen, daß die Briten Enigma entschlüsselt hatten. Der Bericht kam zu dem

Schluß, daß die zahlreichen Verluste entweder schlichtes Pech waren oder Schuld eines englischen Spions, der sich in die Kriegsmarine eingeschleust hatte. Die Entschlüsselung der Enigma hielt man für unmöglich und undenkbar.

Die anonymen Kryptoanalytiker

Bletchley Park knackte nicht nur die deutsche Enigma, es gelang auch, Meldungen der Italiener und Japaner zu entschlüsseln. Das Aufklärungsmaterial, das aus diesen drei Quellen stammte, erhielt den Codenamen Ultra, und den Ultra-Akten ist es zu verdanken, daß die Alliierten auf allen wichtigen Kriegsschauplätzen klare Vorteile errangen. In Nordafrika trug Ultra dazu bei, die deutschen Nachschublinien zu zerstören und die Alliierten über den Kräftestand von Rommels Truppen aufzuklären, was es der britischen achten Armee ermöglichte, deren Angriffe abzuwehren. Ultra warnte auch vor der deutschen Invasion Griechenlands und erlaubte den britischen Truppen den Rückzug ohne schwere Verluste. Tatsächlich lieferte Ultra genaue Berichte über die Feindlage im gesamten Mittelmeerraum. Diese Informationen waren besonders wertvoll bei der Landung der Alliierten 1943 in Sizilien und auf dem italienischen Festland.

Auch 1944, während der alliierten Invasion in Frankreich, spielte Ultra eine entscheidende Rolle. Beispielsweise ergab das entschlüsselte Material aus Bletchley in den Monaten vor D-Day ein genaues Bild der deutschen Truppenkonzentrationen entlang der französischen Küste. Sir Harry Hinsley, der offizielle Historiker des britischen Geheimdienstes für den Krieg, berichtet:

> Mit zunehmender Stärke von Ultra setzte es auch eine Reihe schmerzhafter Schocks: Insbesondere enthüllte Ultra in der zweiten Maihälfte – nachdem es schon zuvor beunruhigende Hinweise gegeben hatte, daß die Deutschen zu dem Schluß kamen, der Abschnitt zwischen Le Havre und Cherbourg sei ein mögliches, vielleicht sogar das Hauptgebiet für die Invasion –, daß sie Verstärkungen in die Normandie und auf die Halbinsel von Cherbourg

schickten. Doch diese Hinweise kamen gerade noch rechtzeitig, um es den Alliierten zu ermöglichen, ihre Pläne für die Landung auf und hinter Utah-Beach zu ändern, und es ist ein bemerkenswertes Faktum, daß die Schätzung von Zahl, Kennung und Position der feindlichen Divisionen im Westen, insgesamt achtundfünfzig, mit Ausnahme von zwei Punkten, die von militärischer Bedeutung waren, vollkommen zutrafen.

Während des gesamten Krieges wußten die Codeknacker von Bletchley, daß ihre Entschlüsselungen von entscheidender Bedeutung waren, und Churchill hatte dies mit seinem Besuch noch einmal unterstrichen. Doch die Kryptoanalytiker erhielten nie Informationen über das militärische Vorgehen oder darüber, wie ihre Arbeit genutzt wurde. Niemand sagte ihnen zum Beispiel, an welchem Tag die alliierte Invasion beginnen sollte, und so plante man für den Vorabend von D-Day einen Ball. Der Direktor von Bletchley Park, Commander Travis, war als einziger in die Pläne für D-Day eingeweiht, und der kommende Tanzabend bereitete ihm schweres Kopfzerbrechen. Er konnte ja schlecht das Ballkomitee von Baracke 6 anweisen, die Veranstaltung abzublasen. Dies wäre ein klarer Hinweis darauf gewesen wäre, daß eine große Offensive bevorstand, und damit eine Verletzung der Sicherheitsvorschriften. So fand der Ball tatsächlich statt. Der Zufall wollte es, daß die Landung wegen schlechten Wetters um vierundzwanzig Stunden verschoben werden mußte, und so hatten die Codeknacker genügend Zeit, sich von ihren Lustbarkeiten zu erholen. Am Tag der Landung zerstörte die französische Résistance die Überlandleitungen und zwang die Deutschen, sich allein auf die Funkverbindungen zu stützen. So hatte Bletchley die Möglichkeit, noch mehr Meldungen abzuhören und zu entschlüsseln. Am Wendepunkt des Krieges ergab sich damit ein noch genaueres Bild der deutschen Militärbewegungen.

Stuart Milner-Barry, einer der Kryptoanalytiker in Baracke 6, schrieb: »Mit Ausnahme vielleicht der Antike wurde meines Wissens nie ein Krieg geführt, bei dem die eine Seite ständig die wichtigen Geheimmeldungen von Heer und Flotte des Gegners gelesen hat.« Ein amerikanischer Bericht kam zu einem ähnlichen Schluß: »Ultra schuf in der Militärführung und an der politischen Spitze ein Bewußtsein, das die Art und Weise der Entscheidungsfindung veränderte. Das Gefühl, den Feind zu kennen, ist höchst beruhigend. Es verstärkt sich unmerklich im Laufe der Zeit, wenn man regelmäßig und aufs genaueste seine Gedanken und Gewohnheiten und Handlungsweisen beobachten kann. Wissen dieser Art befreit das eigene Planen von allzu großer Vorsicht und Angst, man wird sicherer, kühner und energischer.«

Einige, wenn auch umstrittene Stimmen behaupteten, die Leistungen von Bletchley Park seien entscheidend für den Sieg der Alliierten gewesen. Sicher ist jedenfalls, daß die Codebrecher von Bletchley den Krieg wesentlich verkürzten. Dies wird deutlich, wenn man noch einmal die Atlantikschlacht Revue passieren läßt und darüber nachdenkt, was ohne den Vorteil des Aufklärungswissens von Ultra geschehen wäre. Zunächst einmal hätte die deutsche U-Boot-Flotte in ihrer Übermachtstellung sicher noch mehr alliierte Schiffe und Nachschub zerstört, die entscheidende Verbindung nach Amerika weiter geschwächt und die Alliierten gezwungen, noch mehr Arbeitskraft und Ressourcen in den Bau neuer Schiffe zu stecken. Historiker schätzen, daß sich die alliierten Unternehmungen in diesem Fall um mehrere Monate verzögert hätten, und das hieße, D-Day wäre bis mindestens ins folgende Jahr verschoben worden. Sir Harry Hinsley zufolge »hätte der Krieg nicht 1945, sondern 1948 geendet, wenn Bletchley Park nicht in der Lage gewesen wäre, die Enigma-Chiffren zu lesen und die Ultra-Aufklärung zu liefern«.

Viele weitere Menschenleben wären in diesem verlängerten Krieg geopfert worden, und Hitler hätte seine V-Waffen besser zum Einsatz bringen und damit in ganz Südengland schwere Schäden anrichten können. Der Historiker David Kahn bringt die Wirkung der Enigma-Entschlüsselung auf den Punkt: »Menschenleben wurden gerettet. Nicht nur bei den Westalliierten und Russen, sondern durch die Verkürzung des Krieges auch unter den Deutschen, Italienern und Japanern. Einige Menschen verdanken ihr Leben nach dem Zweiten Weltkrieg vielleicht diesen Entschlüsselungen. Dies ist der Dank, den die Welt den Codebrechern schuldet; dies ist der krönende menschliche Wert ihrer Triumphe.«

Nach dem Krieg blieben die Erfolge von Bletchley ein streng gehütetes Geheimnis. Großbritannien, das während des Krieges den gegnerischen Nachrichtenverkehr so wirksam entschlüsselt hatte, wollte seine Strategie fortsetzen und war keineswegs geneigt, andere an seinen Möglichkeiten teilhaben zu lassen. Im Gegenteil: Die Briten hatten Tausende von Enigma-Geräten erbeutet und verteilten sie nun an ihre einstigen Kolonien, die glaubten, daß diese Verschlüsselung so sicher war, wie die Deutschen selbst geglaubt hatten. Die Briten taten nichts, um sie von dieser Überzeugung abzubringen, und entschlüsselten in den folgenden Jahren routinemäßig deren geheimen Nachrichtenverkehr.

Unterdessen wurde die Government Code and Cypher School in Bletchley Park geschlossen, und Tausende von Männern und Frauen, die zu Ultra beigetragen hatten, wurden entlassen. Die Bomben wurden verschrottet, und jeder Fetzen Papier, der sich auf die Kriegsentschlüsselungen bezog, wurde entweder weggeschlossen oder verbrannt. Der britische Dechiffrierdienst wurde nun offiziell in das neugebildete Government Communications Headquarters (GCHQ) in London eingegliedert, das 1952 nach Cheltenham verlegt wurde. Zwar zogen einige Kryptoanalytiker mit ins GCHQ, doch die meisten kehrten in ihr ziviles Leben zurück, auf Geheimhaltung eingeschworen und daher nicht in der Lage, ihre entscheidende Rolle im Krieg der Alliierten zu enthüllen. Während die Soldaten, die konventionelle Schlachten gefochten hatten, von ihren Heldentaten erzählen konnten, mußten die Männer und Frauen, die intellektuelle Schlachten von nicht geringerer Bedeutung geschlagen hatten, peinlich bemüht sein, Fragen über ihren Kriegsdienst auszuweichen. Gordon Welchman berichtete, daß einer der jungen Kryptoanalytiker, der mit ihm in Baracke 6 zusammengearbeitet hatte, einen vernichtenden Brief seines alten Schulleiters bekommen hätte, der ihn beschuldigte, er sei eine Schande für seine Schule, weil er nicht an der Front gedient habe. Derek Taunt, der ebenfalls in Baracke 6 gearbeitet hatte, faßte die wirkliche Leistung seiner Kollegen in die Worte: »Unsere glückliche Schar war zwar nicht bei König Harry an St. Crispin's Day, doch wir lagen sicher nicht im Bett und haben keinen Grund, uns verflucht zu wähnen, weil wir dort waren, wo wir waren.«

Nach drei Jahrzehnten des Schweigens wurde das Geheimnis von Bletchley Park Anfang der siebziger Jahre aufgedeckt. Captain F. W. Winterbotham, der für die Verteilung des Ultra-Materials verantwortlich gewesen war, begann die britische Regierung mit Eingaben zu bombardieren. Die Commonwealth-Länder, so argumentierte er, verwendeten die Enigma nicht mehr, und man könne nichts gewinnen, wenn man die Tatsache verberge, daß England sie geknackt hatte. Die Geheimdienste gaben widerstrebend nach und erlaubten ihm, ein Buch über die Arbeit von Bletchley Park zu schreiben. Winterbothams *The Ultra Secret* erschien im Sommer 1974 und war das Signal dafür, daß die Leute von Bletchley Park endlich frei waren, über ihre Arbeit im Krieg zu sprechen. Gordon Welchman fühlte sich endlich erlöst: »Nach dem Krieg vermied ich Gespräche über die damaligen Ereignisse, aus Furcht, ich könnte Informationen preisgeben, die ich von Ultra hatte und nicht aus einer veröffentlichten Darstellung... Ich hatte das Gefühl, diese Wende der Geschichte entbinde mich von meinem Schweigegelübde aus Kriegszeiten.«

Die so viel zum Sieg beigetragen hatten, konnten nun die Anerkennung ernten, die sie verdienten. Die vielleicht bemerkenswerteste Folge von Winterbothams Enthüllungen war, daß Rejewski erfuhr, welch erstaunliche Früchte seine Erfolge gegen Enigma aus der Vorkriegszeit getragen hatten. Nach der Invasion Polens war Rejewski nach Frankreich entkommen, und als Frankreich überrannt wurde, floh er nach England. Die Briten, so würde man meinen, hätten ihn mit Handkuß aufnehmen und im Kampf gegen die Enigma einsetzen sollen, doch weit gefehlt: Rejewski mußte sich in einer nachgeordneten Geheimdienststelle in Boxmoor bei Hemel Hampstead mit zweitrangigen Verschlüsselungen abgeben. Es bleibt ein Rätsel, warum einem so brillanten Kopf die Tore von Bletchley Park verschlossen blieben; Rejewski wußte damals nicht einmal, was dort vor sich ging. Bis zur Veröffentlichung von Winterbothams Buch hatte Rejewski keine Ahnung, daß er mit seinen Leistungen das Fundament für die routinemäßige Entschlüsselung der Enigma während des Krieges gelegt hatte.

Für einige kam Winterbothams Buch zu spät. Viele Jahre nach dem Tod von Alastair Denniston, dem ersten Direktor von Bletchley, erhielt seine Tochter einen Brief von einem seiner Mitarbeiter: »Ihr Vater war ein großer Mann, dem die englischsprechenden Völker noch lange Zeit, wenn nicht für immer, ihren Dank schulden. Daß so wenige erfahren durften, was genau er geleistet hat, ist der traurige Teil der Geschichte.«

Alan Turing gehörte ebenfalls zu den Kryptoanalytikern, die nicht lange genug lebten, um auch nur die mindeste öffentliche Anerkennung zu erfahren. Man bejubelte ihn nicht als Helden, sondern verfolgte ihn wegen seiner Homosexualität. 1952 zeigte er einen Einbruch bei der Polizei an und enthüllte arglos, daß er eine homosexuelle Beziehung hatte. Die Polizisten waren der Meinung, sie hätten keine andere Wahl, als ihn zu inhaftieren und anzuzeigen wegen »grober Sittenlosigkeit nach Paragraph 11 des Zusatzes zum Strafrecht von 1885«. Die Zeitungen berichteten von dem darauf folgenden Prozeß und der Verurteilung. Turing wurde öffentlich gedemütigt.

Turings Geheimnis war enthüllt, seine Homosexualität war jetzt öffentliches Wissen. Die britische Regierung entzog ihm den Status eines Geheimnisträgers und verbot ihm jegliche Mitarbeit in Forschungsprojekten, die mit der Entwicklung des Computers zu tun hatten. Er wurde gezwungen, einen Psychiater aufzusuchen, und mußte eine Hormonbehandlung über sich ergehen lassen, die ihn impotent und fettleibig werden ließ. In den zwei Jahren darauf bekam er schwere Depressionen, und am 7. Juni 1954 ging er mit einem Glas Zyanidlösung und einem Apfel in sein Schlafzimmer. Zwanzig Jahre früher hatte er den Vers der bösen Hexe gesungen: »Dip the apple in the brew / Let the sleeping death seep through.« Nun war er bereit, ihrem Lockruf zu folgen. Er tauchte den Apfel in das Zyanid und aß einige Bissen davon. Im Alter von nur zweiundvierzig Jahren ging eines der wahren Genies der Kryptoanalyse in den Freitod.

5
Die Sprachbarriere

Während die britischen Codebrecher die deutsche Enigma entschlüsselten und damit den Verlauf des Krieges in Europa beeinflußten, waren die amerikanischen Kollegen nicht untätig. Im Pazifikkrieg spielten auch sie eine entscheidende Rolle und brachten *Purple*, die japanische Maschinenverschlüsselung, zu Fall. Daraufhin konnten die Amerikaner im Juni 1942 eine Meldung entziffern, die darauf schließen ließ, daß die Japaner sie mit einem Scheinangriff dazu veranlassen wollten, Flottenverbände von der Insel Midway in Richtung Aleuten abzuziehen. Dies hätte es der japanischen Marine ermöglicht, ihr eigentliches Ziel, Midway, zu erobern. Die Amerikaner tappten zum Schein in die Falle und zogen ihre Kräfte von Midway ab, allerdings nicht weit. Als sie daraufhin den japanischen Angriffsbefehl abhörten und entschlüsselten, kehrten ihre Schiffe nach Midway zurück und verteidigten die Insel in einer der wichtigsten Schlachten des ganzen Pazifikkrieges. Admiral Chester Nimitz zufolge war der amerikanische Sieg bei Midway »im wesentlichen ein Sieg der Aufklärung. Die Japaner, die einen Überraschungsangriff vorhatten, wurden selbst überrascht«.

Fast ein Jahr später entschlüsselten die amerikanischen Kryptoanalytiker eine Meldung mit Angaben über die Flugroute von Admiral Isoruko Yamamoto, des Oberkommandierenden der japanischen Flotte, der den nördlichen Salomon-Inseln einen Besuch abstatten wollte. Nimitz beschloß, Jagdflugzeuge auszuschicken, die Yamamotos Maschine abfangen und abschießen sollten. Yamamoto, bekannt für seine Überpünktlichkeit, näherte sich um genau acht Uhr morgens seinem Ziel, wie es in dem abgehörten Flugplan vorgesehen war.

Achtzehn amerikanische P-38-Jäger waren dort, um ihn zu empfangen, und es gelang ihnen, eine der einflußreichsten Gestalten der japanischen Militärführung zu töten.

Obwohl Purple und Enigma, die japanische und die deutsche Verschlüsselung, am Ende geknackt wurden, boten sie bei ihrem anfänglichen Einsatz eine gewisse Sicherheit und waren echte Herausforderungen für die amerikanischen und britischen Kryptoanalytiker. Wären alle Chiffriermaschinen übrigens bestimmungsgemäß eingesetzt worden – ohne wiederholte Spruchschlüssel, ohne Cillies, ohne Beschränkungen der Steckverbindungen und Walzenlagen und ohne stereotype Meldungen, die Cribs ergaben –, dann hätte es durchaus sein können, daß sie nie entschlüsselt worden wären.

Das wahre Potential der Maschinenverschlüsselung zeigten die Chiffriermaschine Typex (oder Type X), die von der britischen Armee und Luftwaffe eingesetzt wurden, sowie die SIGABA (oder M-143-C) des amerikanischen Militärs. Beide Geräte waren komplizierter als die Enigma und wurden sachgerecht verwendet, weshalb sie während des ganzen Krieges unentschlüsselt blieben. Die alliierten Kryptographen waren sich sicher, daß komplizierte elektromechanische Maschinenchiffren die Geheimhaltung des Funkverkehrs gewährleisten konnten. Allerdings gab es neben komplizierten Maschinenchiffren auch andere Möglichkeiten. Eines der stärksten Chiffrierverfahren im Zweiten Weltkrieg war zugleich auch eines der einfachsten.

Im Verlauf des Pazifikkrieges wurde den amerikanischen Kommandeuren klar, daß Chiffriermaschinen wie die SIGABA einen schwerwiegenden Nachteil hatten. Zwar bot die elektromechanische Verschlüsselung ein relativ hohes Maß an Sicherheit, doch war sie quälend langsam. Meldungen wurden Buchstabe für Buchstabe in die Maschine getippt, das Ergebnis wurde Schritt für Schritt notiert, und schließlich wurde der fertige Geheimtext von einem Funker gesendet. Der Funker, der auf der anderen Seite die verschlüsselte Meldung empfing, reichte sie an den zuständigen Entschlüßler weiter, der den richtigen Schlüssel heraussuchte und den Geheimtext in eine Chiffriermaschine tippte, um ihn wiederum Buchstabe für Buchstabe zu dechiffrieren. Zeit und Platz für diese heikle Arbeit mochte es in den

Kommandozentralen oder auf großen Schiffen geben, doch für so hart umkämpfte und gefährliche Gebiete wie die Pazifikinseln war die Maschinenverschlüsselung nicht besonders geeignet. Ein Kriegskorrespondent beschrieb die Schwierigkeiten des Fernmeldeverkehrs in der Hitze der Dschungelkämpfe: »Als die Kämpfe sich zunehmend auf ein kleines Gebiet konzentrierten, mußte alles in Windeseile passieren. Für Verschlüsselung und Entschlüsselung war keine Zeit. Dann wurde das gute alte Englisch zum Notbehelf – je derber, desto besser.« Zum Pech für die Amerikaner hatten viele japanische Soldaten amerikanische Colleges besucht, sprachen fließend Englisch und kannten auch dessen derbere Seiten. So fielen wertvolle Informationen über Strategie und Taktik der Amerikaner in die Hände des Feindes.

Einer der ersten, der auf dieses Problem reagierte, war Philip Johnston, ein Ingenieur aus Los Angeles. Er war zu alt für den Kampfeinsatz, wollte aber dennoch seinen Beitrag leisten. Anfang 1942 begann er ein Verschlüsselungssystem zu entwickeln, das auf Erfahrungen aus Kindertagen zurückging. Als Sohn eines protestantischen Missionars war Johnston in den Navajo-Reservaten von Arizona aufgewachsen und war daher mit der Welt der Navajos eng vertraut. Er war einer der wenigen Außenstehenden, der die Stammessprache fließend beherrschte, und so konnte er als Dolmetscher bei Gesprächen zwischen den Navajos und Regierungsbeamten auftreten. Seine Arbeit wurde schließlich mit einer Einladung ins Weiße Haus gekrönt. Der neunjährige Philip dolmetschte für zwei Navajos, die bei Präsident Theodore Roosevelt um eine fairere Behandlung ihrer Leute vorstellig wurden. Johnston, der genau wußte, wie undurchdringlich die Sprache der Navajos für Außenstehende war, kam auf die Idee, Navajo oder eine andere Sprache amerikanischer Ureinwohner könnte sich als praktisch nicht entschlüsselbarer Code erweisen. Wenn jedes Bataillon im Pazifik zwei amerikanische Ureinwohner als Funker einsetzte, konnte die Sicherheit des Funkverkehrs garantiert werden.

Johnston unterbreitete seine Idee Oberstleutnant James E. Jones, dem Fernmeldeoffizier von Camp Elliott bei San Diego. Er warf dem verdutzten Offizier ein paar Brocken Navajo vor und überzeugte ihn auf diese Weise, daß die Idee eine ernsthafte Prüfung verdiente. Vierzehn Tage später kehrte er mit zwei Navajos zurück, die vor einer Reihe hoher Marineoffiziere eine Probe ihres Könnens ablieferten. Die Navajos wurden voneinander getrennt, und einer von ihnen erhielt sechs typische Meldungen auf Englisch, die er in Navajo übersetzte und seinem Kollegen per Funk übermittelte. Der Navajo-Empfänger übersetzte die Meldungen ins Englische zurück, hielt sie schriftlich fest und händigte sie den Offizieren aus, die sie mit den Originalen verglichen. Der geflüsterte Dialog der Navajo-Sprecher erwies sich als fehlerlos. Die Marineoffiziere genehmigten ein Pilotprojekt und gaben Befehl, sofort mit der Rekrutierung zu beginnen.

Zunächst jedoch mußten Oberstleutnant Jones und Philip Johnston entscheiden, ob sie die Pilotstudie mit den Navajos oder mit einem anderen Stamm bestreiten sollten. Für die erste Vorstellung hatte Johnston die beiden Navajos genommen, weil er gute Kontakte zu ihrem Stamm hatte, doch dies bedeutete nicht unbedingt, daß er die richtige Wahl getroffen hatte. Das wichtigste Kriterium war einfach die Zahl: Die Marines mußten einen Stamm finden, der viele Männern bereitstellen konnte, die fließend Englisch sprachen sowie lesen und schreiben konnten. Wegen der spärlichen Mittel, die der Staat zur Verfügung stellte, war die Analphabetenrate in den meisten Reservaten sehr hoch, als mögliche Kandidaten blieben daher nur die vier größten Stämme: die Navajos, die Sioux, die Chippewa und die Pima-Papago.

Die Navajos waren der größte Stamm, doch auch der mit den meisten Analphabeten, während bei den Pima-Papago mehr Männer lesen und schreiben konnten, der Stamm jedoch kleiner war. Diese Kriterien gaben also wenig her, und am Ende gab ein anderer Faktor den Ausschlag. In einem offiziellen Bericht zu Johnstons Vorschlag hieß es:

> Die Navajos sind der einzige Stamm in den Vereinigten Staaten, der in den vergangenen zwanzig Jahren nicht von deutschen Forschern heimgesucht worden ist. Diese als Kunststudenten, Anthropologen etc. auftretenden Deutschen erwarben sich zweifellos gute praktische Kenntnisse aller Stammessprachen mit Ausnahme des Navajo. Aus diesem Grund sind die Navajos der einzige Stamm,

> der für die fragliche Arbeit vollkommene Sicherheit gewährleistet. Zu beachten ist außerdem, daß die Stammessprache der Navajos für alle anderen Stämme und alle anderen Völker absolut unverständlich ist, mit Ausnahme von nur 28 Amerikanern, welche diese Sprache untersucht haben. Diese Sprache ist für den Feind nichts anderes als ein Geheimcode und für die schnelle und sichere Kommunikation hervorragend geeignet.

Die Navajos lebten damals unter elenden Bedingungen und wurden als minderwertiges Volk behandelt. Doch ihr Stammesrat unterstützte den Kriegseintritt der Vereinigten Staaten und bekundete seine Loyalität: »Es gibt keine reinere Ausprägung des Patriotismus als unter Ersten Amerikanern.« Die Navajos waren so erpicht darauf, im Krieg mitzukämpfen, daß einige falsche Angaben über ihr Alter machten oder bündelweise Bananen und Unmengen von Wasser schluckten, um das Mindestgewicht von 55 Kilo zu erreichen. Auch fanden sich ohne weiteres geeignete Kandidaten für die Ausbildung zum Navajo-Codesprecher, wie sie dann getauft wurden. Vier Monate nach der Bombardierung von Pearl Harbor traten neunundzwanzig Navajos, manche erst fünfzehn Jahre alt, zu einem achtwöchigen Fernmeldekurs beim Marinecorps an.

Zunächst mußte das Marinecorps jedoch ein Problem lösen, das den bislang einzigen auf einer Sprache der amerikanischen Ureinwohner beruhenden Code belastet hatte. Während des Ersten Weltkriegs hatte Hauptmann E. W. Horner von der Kompanie D der 141sten Infanteriedivision befohlen, acht Männer vom Stamm der Choctaw als Funker einzusetzen. Natürlich verstand kein einziger Angehöriger der feindlichen Truppen ihre Sprache, und der Funkverkehr war bei den Choctaw in sicheren Händen. Allerdings hatte dieses Verschlüsselungsverfahren den einen entscheidenden Nachteil, daß die Choctaw-Sprache keine Entsprechungen für moderne militärische Fachausdrücke besaß. Ein bestimmter technischer Ausdruck mußte daher in einen vagen Choctaw-Begriff übersetzt werden, mit dem Risiko, vom Empfänger falsch gedeutet zu werden.

Dieselbe Schwierigkeit wäre bei der Navajo-Sprache aufgetaucht. So beschloß man im Marinecorps, ein Lexikon aus Navajowörtern zusammenzustellen, um den ansonsten unübersetzbaren englischen Wörtern eine Entsprechung zu geben und jede Mehrdeutigkeit zu vermeiden. Die künftigen Codesprecher halfen, das Lexikon zusammenzustellen. Bei der Übersetzung bestimmter Fachausdrücke bevorzugten sie Wörter für die natürliche Welt. So wurden Flugzeuge mit Vogelnamen bezeichnet und Schiffe mit Namen von Fischarten (Tabelle 11). Höhere Offiziere waren »Kriegshäuptlinge«, Kampfstellungen »Schlamm-Clans«, aus Befestigungen wurden »Höhlensiedlungen« und Mörser waren »hockende Gewehre«.

Zwar enthielt das gesamte Lexikon 274 Wörter, doch es blieb die Schwierigkeit, weniger häufige Wörter und Namen von Personen und Orten zu übersetzen. Die Lösung war ein codiertes phonetisches Alphabet für die Aussprache schwieriger Wörter. Zum Beispiel wurde das Wort »Pacific« als »pig, ant, cat, ice, fox, ice, cat« buchstabiert und dann in die Navajo-Sprache übersetzt, als bi-sodih, wol-lachee, moasi, tkin, ma-e, tkin, moasi. Tabelle 12 zeigt das vollständige Navajo-Alphabet. Nach acht Wochen Ausbildung hatten die Codesprecher das Lexikon und das Alphabet auswendig gelernt. Codebücher, die dem Feind in die Hände hätten fallen können, waren damit überflüssig geworden. Für die Navajos war es ein leichtes Spiel, sich alles einzuprägen, denn ihre Sprache kannte keine Schrift, so daß sie es gewohnt waren, ihre Legenden und Familiengeschichten zu memorieren. William McCabe, einer der Codesprecher, meinte dazu:

Jagdflugzeug	Kolibri	Da-he-tih-hi
Aufklärer	Eule	Ne-as-jah
Torpedoflugzeug	Schwalbe	Tas-chizzie
Bomber	Bussard	Jay-sho
Sturzkampfbomber	Hühnerhabicht	Gini
Bomben	Eier	A-ye-shi
Amphibienfahrzeug	Frosch	Chal
Schlachtschiff	Wal	Lo-tso
Zerstörer	Hai	Ca-lo
U-Boot	eiserner Fisch	Besh-lo

Tabelle 11: Navajo-Codewörter für Flugzeuge und Schiffe.

»Bei den Navajos ist alles im Gedächtnis eingeprägt – Lieder, Gebete, alles. Damit wachsen wir auf.«

Am Ende der Ausbildung gab es eine Prüfung. Die Navajos in der Rolle der Sender übersetzten eine Reihe von Meldungen aus dem Englischen in die Navajo-Sprache und übermittelten sie. Die Empfänger übersetzten die Nachrichten anhand des memorierten Wörterbuchs und, falls nötig, des vereinbarten Alphabets ins Englische zurück. Sie bestanden die Prüfung mit Bravour. Um die Stärke des Verfahrens zu prüfen, übergab man der Marineaufklärung eine Aufzeichnung der Übertragungen, und zwar genau der Einheit, die Purple, die beste japanische Verschlüsselung, geknackt hatte. Nach drei Wochen mühsamer Analyse standen die Codeknacker der Marine immer noch ratlos vor den Meldungen. Sie nannten die Navajo-Sprache »eine merkwürdige Folge aus gutturalen, nasalen, zungenbrecherischen Lauten … Wir konnten sie nicht einmal transkribieren, geschweige denn knacken«. Der Navajo-Code galt als Erfolg. Zwei Navajo-Soldaten, John Benally und Johnny Manuelito, erhielten Anweisung, zu bleiben und die nächste Gruppe von Rekruten auszubilden, während die anderen 27 Navajo-Codesprecher vier Regimentern zugewiesen und in den Pazifik geschickt wurden.

A	Ant	Wol-lachee	N	Nut	Nesh-chee
B	Bear	Shush	O	Owl	Ne-ahs-jsh
C	Cat	Moasi	P	Pig	Bi-sodih
D	Deer	Be	Q	Quiver	Ca-yeilth
E	Elk	Dzeh	R	Rabbit	Gah
F	Fox	Ma-e	S	Sheep	Dibeh
G	Goat	Klizzie	T	Turkey	Than-zie
H	Horse	Lin	U	Ute	No-da-ih
I	Ice	Tkin	V	Victor	A-keh-di-glini
J	Jackass	Tkele-cho-gi	W	Weasel	Gloe-ih
K	Kid	Klizzie-yazzi	X	Cross	Al-an-as-dzoh
L	Lamb	Dibeh-yazzi	Y	Yucca	Tsah-as-zih
M	Mouse	Na-as-tso-si	Z	Zinc	Bseh-do-gliz

Tabelle 12: Der Navajo-Alphabetcode für das Englische.

Die Japaner hatten am 7. Dezember 1941 Pearl Harbor angegriffen, und es dauerte nicht lange, bis sie große Teile des westlichen Pazifiks beherrschten. Am 10. Dezember überrannten japanische Truppen die amerikanische Garnison auf Guam, am 13. Dezember nahmen sie Guadalcanal in der Salomon-Kette ein, Hongkong kapitulierte am 25. Dezember, und die amerikanischen Truppen auf den Philippinen ergaben sich am 2. Januar 1942. Im kommenden Sommer wollten die Japaner ihre Herrschaft über den Pazifikraum festigen und bauten deshalb einen Flugplatz auf Guadalcanal, als Stützpunkt für die Bomber, welche die alliierten Nachschublinien zerstören sollten. Damit wäre ein alliierter Gegenangriff fast unmöglich geworden. Admiral Ernest King, Oberbefehlshaber der amerikanischen Marine im Pazifik, drängte auf einen Angriff, bevor der Flugplatz fertiggestellt war, und am 7. August landete die 1. Marinedivision an der Spitze der Invasionstruppen auf Guadalcanal. Zu ihnen gehörte auch die erste Gruppe von Codesprechern, die zum Kampfeinsatz kam.

Abbildung 52: Die ersten 29 Navajo-Codesprecher haben sich für das traditionelle Abschlußfoto aufgestellt.

Obwohl die Navajos zuversichtlich waren, daß ihre Fähigkeiten ein Segen für die Marines sein würden, stifteten die ersten Versuche nur Verwirrung. Viele reguläre Funker kannten diesen neuen Code noch nicht, und in Panik funkten sie Meldungen über die Insel, die Japaner würden auf amerikanischen Frequenzen senden. Der befehlshabende Oberst ließ die Navajo-Sendungen sofort einstellen, bis er sich vom Nutzen des Experiments überzeugen konnte. Einer der Codesprecher erinnert sich, wie der Navajo-Code letztendlich doch wieder eingesetzt wurde:

> Der Oberst hatte eine Idee. Er sagte, er würde uns unter einer Bedingung behalten: daß wir schneller wären als sein »weißer Code«, ein tickendes mechanisches Zylinderding. Wir schickten beide unsere Meldungen los – der andere mit dem weißen Zylinder und ich mit meiner Stimme. Wir bekamen beide Antwort, und jetzt legten wir los, um festzustellen, wer seine Antwort zuerst entschlüsseln konnte. Ich wurde gefragt: »Wie lange wirst du brauchen? Zwei Stunden?« »Eher zwei Minuten«, antwortete ich. Der andere war immer noch am Entschlüsseln, als ich schon das Okay für meine Rückantwort bekommen hatte, nach etwa viereinhalb Minuten. Ich sagte: »Oberst, wann geben Sie dieses Zylinderding auf?« Er sagte kein Wort. Er zündete nur seine Pfeife an und ging davon.

Die Codesprecher konnten bald beweisen, was sie in der Schlacht wert waren. Während der Kämpfe auf der Insel Saipan nahm ein Bataillon Marines Stellungen in Besitz, die von den Japanern aufgegeben worden waren. Plötzlich explodierte in der Nähe eine Granatsalve. Die Marines waren von den eigenen Leuten unter Feuer genommen worden, die von ihrem Vorstoß nichts wußten. Die Marines gaben auf Englisch ihre Position durch, doch das Feuer wurde nicht eingestellt, weil die vorrückenden amerikanischen Truppen glaubten, die Japaner wollten sie mit gefälschten Funksprüchen täuschen. Erst als ein Funkspruch auf Navajo hinausging, erkannten die Angreifer ihren Irrtum und stoppten den Vorstoß. Eine Navajo-Meldung konnte nicht gefälscht sein und war immer vertrauenswürdig.

Der Ruf der Codesprecher verbreitete sich, und schon Ende 1942 wurden 83 weitere Männer angefordert. Die Navajos dienten schließlich in allen sechs Divisionen des Marinecorps und wurden gelegentlich auch von anderen Truppenteilen ausgeliehen. Ihr Krieg der Worte machte die Navajos rasch zu Helden. Andere Soldaten erboten sich, Funkgeräte und Gewehre für sie zu tragen, und man stellte ihnen sogar Leibwächter zur Seite, weil man sie gelegentlich auch vor den eigenen Leuten schützen mußte. In mindestens drei Fällen wurden Codesprecher für Japaner gehalten und von amerikanischen Soldaten gefangengenommen. Sie wurden erst freigelassen, als Kameraden aus ihrem eigenen Bataillion für sie bürgten.

Daß der Navajo-Code so undurchdringlich war, lag allein daran, daß Navajo zur Sprachfamilie Na-Dene gehört, die mit keiner einzigen asiatischen oder europäischen Sprache verwandt ist. Zum Beispiel wird ein Navajo-Verb nicht nur nach dem Subjekt konjugiert, sondern auch nach dem Objekt. Die Endung des Verbs hängt davon ab, welcher Kategorie das Objekt angehört: lang (z.B. Pfeife, Malstift), schlank und wendig (Schlange, Lederriemen), körnig (Zucker, Salz), gebündelt (Heu), dickflüssig (Schlamm, Kot) und viele andere. Das Verb enthält auch Adverbien und gibt wieder, ob der Sprecher das Berichtete selbst erlebt hat oder ob er es vom Hörensagen weiß. Daher kann ein einziges Verb einem ganzen Satz entsprechen, was es Fremden praktisch unmöglich macht, seine Bedeutung zu erschließen.

Bei all seiner Stärke hatte der Navajo-Code auch zwei schwerwiegende Mängel. Erstens mußten Wörter, die weder in der ursprünglichen Navajo-Sprache noch in der Liste der 274 autorisierten Codewörter vorkamen, mit dem eigens erstellten Alphabet buchstabiert werden. Das kostete viel Zeit, und so wurde beschlossen, das Wörterbuch mit 234 weiteren gängigen Ausdrücken zu ergänzen. So bekamen Länder Navajo-Spitznamen: »Gerollter Hut« für Australien, »Umgeben von Wasser« für Britannien, »Geflochtenes Haar« für China, »Eisenhut« für Deutschland, »Schwimmendes Land« für die Philippinen und das lautmalerische »Sheep Pain« für Spanien (Spain).

Das zweite Problem betraf jene Wörter, die immer noch buchstabiert werden mußten. Wenn die Japaner erkannten, daß Wörter buchstabiert wurden, dann würden sie bald auch die Häufigkeitsanalyse einsetzen, um herauszufinden, welche Navajo-Wörter für welche Buchstaben standen. Rasch würde klar sein, daß das am häufigsten benutzte Wort dzeh war, das »elk (Elch)« bedeutet und für das e stand, den häufigsten Buchstaben im Englischen. Auch nur den Namen der Insel Guadalcanal zu buchstabieren und das Wort wol-la-chee (ant, Ameise) viermal auszusprechen wäre ein Hinweis mit dem Zaunpfahl auf das Wort gewesen, welches für a stand. Die Lösung bestand darin, weitere Wörter als Substitute (im Sinne einer homophonen Verschlüsselung) für die häufigsten Buchstaben einzuführen. Zwei zusätzliche Wörter wurden als Alternativen für jeden der sechs häufigsten Buchstaben eingeführt (e, t, a, o, i, n), und jeweils ein weiteres für die sechs in der Statistik folgenden (s, h, r, d, l, u). Der Buchstabe a zum Beispiel konnte nun auch durch die Wörter

Abbildung 53: Obergefreiter Henry Bake Jr. (links) und Gefreiter George H. Kirk setzen den Navajo-Code im dichten Dschungel von Bougainville ein (1943).

be-la-sana (Apfel) oder tse-nihl (Axt) ersetzt werden. Somit konnte Guadalcanal mit nur einer Wiederholung buchstabiert werden: klizzie, shi-da, wol-la-chee, lha-cha-eh, be-la-sana, dibeh-yazzie, moasi, tse-nihl, nesh-chee, tse-nihl, ah-jad (goat, uncle, ant, dog, apple, lamb, cat, axe, nut, axe, leg).

Der Krieg im Pazifik wurde mit wachsender Erbitterung geführt. Die Amerikaner stießen von den Salomon-Inseln aus gegen Okinawa vor, und dabei spielten die Navajo-Codesprecher eine immer wichtigere Rolle. Während der ersten Tage des Angriffs auf Iwo Jima wurden mehr als achthundert Navajo-Funksprüche gesendet, allesamt fehlerlos. Generalmajor Howard Conner zufolge hätten »die Marines ohne die Navajos niemals Iwo Jima eingenommen«. Die Leistung der Navajo-Codesprecher ist um so bemerkenswerter, wenn man bedenkt, daß sie, um ihre Pflicht zu erfüllen, häufig tiefsitzenden spirituellen Ängsten begegnen und sie überwinden mußten. Die Navajos glauben, daß die Geister der Toten, die *chindi,* sich bei den Lebenden rächen werden, wenn der Leichnam nicht auf bestimmte Weise rituell bestattet wird. Der Krieg im Pazifik war besonders blutig, die Schlachtfelder waren mit Leichen übersät, und doch brachten die Codesprecher den Mut auf, ohne Rücksicht auf die *chindi,* die sie jagten, weiterzumachen. In Doris Pauls Buch *The Navajo Code Talkers* schildert einer der Navajos einen Zwischenfall, der ihren Mut, ihre Loyalität und ihre Gefaßtheit deutlich macht:

> Wenn du deinen Kopf auch nur fünfzehn Zentimeter aus dem Loch gehoben hast, warst du tot, so dicht war das Feuer. Und dann, in den frühen Morgenstunden, ohne frische Kräfte auf unserer oder ihrer Seite, war es plötzlich totenstill. Dieser eine Japaner hat es dann wohl nicht mehr ausgehalten. Er sprang auf und rief und schrie, so laut er konnte, und stürmte dann auf unseren Graben zu, wobei er ein langes Samurai-Schwert schwang. Ich glaube, er wurde 25 bis 40 mal getroffen, bevor er zusammenbrach.
>
> Bei mir im Graben war ein Kamerad. Doch die Japaner hatten ihm die Kehle durchgeschnitten, glatt durch bis zu den Sehnen am Nacken. Er röchelte immer noch durch seine offene Luftröhre. Und es war schrecklich mitanzuhören, wie er zu atmen versuchte.

> Natürlich starb er. Als der Japaner zugeschlagen hatte, war mir warmes Blut über die ganze Hand gespritzt, in der ich ein Mikrofon hielt. Ich rief den Code für Hilfe hinein. Sie sagten mir, daß trotz allem jede Silbe meiner Meldung durchkam.

Insgesamt gab es 420 Navajo-Codesprecher. Zwar wurde ihr Mut im Kampf gelobt, doch ihre besondere Rolle bei der Sicherung des Funkverkehrs wurde als geheim eingestuft. Die Regierung verbot ihnen, über ihre Arbeit zu sprechen, und ihr einzigartiger Beitrag blieb unbekannt. Genau wie Turing und die Kryptoanalytiker von Bletchley Park wurden die Navajos jahrzehntelang totgeschwiegen. Im Jahr 1986 wurde die Geheimhaltung für den Navajo-Code endlich aufgehoben, und im Jahr darauf veranstalteten die Codesprecher ihr erstes Treffen. 1982 schließlich erklärte die amerikanische Regierung den 14. August zum »Nationalen Navajo-Codesprecher-Tag«. Der größte Tribut an die Arbeit der Navajo ist jedoch die schlichte Tatsache, daß ihr Code einer der wenigen in der gesamten Geschichte ist, der nie geknackt wurde. Generalleutnant Seizo Arisue, der japanische Geheimdienstchef, gab zu, daß man zwar den amerikanischen Luftwaffencode entschlüsselt hatte, doch beim Navajo-Code kein Stück vorangekommen war.

Die vergessenen Sprachen und Schriften des Altertums

Der Erfolg des Navajo-Codes beruhte weitgehend auf der Tatsache, daß die Muttersprache eines Menschen für jeden, der damit nicht vertraut ist, ein Buch mit sieben Siegeln ist. Die Aufgabe, vor der die japanischen Kryptoanalytiker standen, ähnelt in manchem jener der Archäologen, die eine längst vergessene Sprache entziffern wollen, die zudem in einer längst vergessenen Schrift aufgezeichnet war. Die Archäologen stehen im Grunde vor einem noch viel schwierigeren Problem. Während es den Japanern nicht an Navajo-Wörtern mangelte, an denen sie ihre Künste erproben konnten, haben die Archäologen oft nichts weiter in Händen als eine kleine Sammlung Tontafeln. Zudem wissen die Archäologen oft nicht, worum es in einem alten Text überhaupt geht und in welchem Zusammenhang er zu lesen ist, ganz im Gegensatz zu den militärischen Codebrechern, die mit solchen Anhaltspunkten eine Verschlüsselung knacken können.

Die Entzifferung eines alten Textes scheint ein fast hoffnungsloses Unterfangen, doch viele Frauen und Männer widmen sich mit Leidenschaft dieser Aufgabe. Dahinter steckt der Wunsch, die Schriften unserer Vorfahren zu verstehen und vielleicht sogar ihre Worte nachzusprechen und uns Einblicke in ihre Denk- und Lebensweisen zu verschaffen. Diese Lust an der Entzifferung alter Schriften faßt Maurice Pope, Autor von *Das Rätsel der alten Schriften,* in die Worte: »Entzifferungen sind die weitaus faszinierendsten Leistungen der Forschung. Um unbekannte Schriften weht ein Hauch von Rätselhaftem, vor allem wenn sie Zeugen fernster Vergangenheit sind. Und so wird besonderer Ruhm demjenigen zuteil, der als erster ihr Geheimnis lüftet.«

Die Entschlüsselung alter Schriften gehört nicht zum evolutionären Dauerkonflikt zwischen den Verschlüßlern und den Entschlüßlern. Es gibt zwar Entschlüßler in Gestalt von Archäologen, doch keine dazugehörigen Verschlüßler. Das heißt, es gab in den meisten Fällen, in denen Archäologen sich als Entschlüßler betätigten, keine Absicht des Urhebers, die Bedeutung seines Textes zu verbergen. Der Rest dieses Kapitels, der von den archäologischen Entzifferungen handelt, ist daher eine kleine Abschweifung vom Hauptthema des Buches. Allerdings sind die Grundregeln der archäologischen Entschlüsselung im Kern dieselben wie die der herkömmlichen militärischen Kryptoanalyse. Manch ein militärischer Codeknacker fühlt sich denn auch von einer noch nicht entzifferten alten Schrift angezogen, vermutlich, weil die archäologische Entzifferung eine erfrischende Abwechslung vom militärischen Alltagsgeschäft bietet und ein rein intellektuelles Rätsel darstellt. Kurz, der Beweggrund ist hier nicht Gegnerschaft, sondern Neugier.

Die berühmteste und sicher abenteuerlichste aller Entzifferungsgeschichten ist die der ägyptischen Hieroglyphen. Jahrhundertelang waren sie den Archäologen ein Rätsel geblieben, und sie konnten nichts weiter tun, als über ihren Sinn zu spekulieren. Es war eine klassische Meisterleistung, sie schließlich doch noch zu entziffern, und seither können jene Zeugnisse erster Hand gelesen werden, die von der Geschichte, der Kultur und dem Glauben der alten Ägypter künden. Mit der Entschlüsselung der Hieroglyphen wurde eine Brücke über die Jahrtausende geschlagen, zwischen uns Heutigen und der Kultur der Pharaonen.

Die frühesten Hieroglyphen stammen aus der Zeit um 3000 v. Chr., und diese kunstvolle Schrift hielt sich während der nächsten dreieinhalbtausend Jahre. Die fein ausgestalteten Schriftsymbole waren zwar ein idealer Schmuck für die Wände majestätischer Tempel (das griechische Wort *hieroglyphica* bedeutet »heiliges Schnitzwerk«), doch viel zu kompliziert, um profane Geschäfte aufzuzeichnen. Zur gleichen Zeit wie das Hieroglyphische entwickelte sich deshalb für alltägliche Zwecke die *hieratische* Schrift, bei der jede Hieroglyphe durch einen stilisierten Stellvertreter ersetzt wurde, der schneller und leichter zu schreiben war. Um 600 v. Chr. wurde das Hieratische von einer noch einfacheren Schrift abgelöst, dem *Demotischen,* vom griechischen *demotika,* »volksnah«, was auf ihre weltliche Funktion hindeutet. Hieroglyphisch, hieratisch und demotisch stehen im Grunde für dieselbe Schrift – man könnte sie als unterschiedliche Zeichensätze betrachten.

Alle drei Schriftformen sind phonographisch, das heißt, die Zeichen stellen im wesentlichen verschiedene Laute dar, wie die Buchstaben im deutschen Alphabet. Über dreitausend Jahre lang gebrauchten die alten Ägypter ihre Schriften für alle möglichen Zwecke, nicht anders als wir Heutigen. Dann, gegen Ende des 4. Jahrhunderts n. Chr., innerhalb einer Generation, verschwanden die ägyptischen Schriften. Die letzten datierbaren ägyptischen Schriftdokumente finden sich auf der Insel Philae. Im Jahr 394 n. Chr. wurde dort eine ägyptische Inschrift auf eine Tempelwand gemeißelt, und ein demotisches Graffito konnte auf 450 n. Chr. datiert werden. Es war das sich ausbreitende Christentum, das die ägyptische Schrift auslöschte; die Kirche verbot ihren Gebrauch, um jede Verbindung mit der heidnischen ägyptischen Vergangenheit zu kappen. Die alten Schriften wurden durch das Koptische ersetzt, eine Schrift, die aus den 24 Buchstaben des griechischen Alphabets bestand, ergänzt durch sechs demotische Buchstaben für ägyptische Laute, die im Griechischen nicht verwendet wurden. Das Koptische errang die unbestrittene Vorherrschaft, und die Fähigkeit, die Hieroglyphen oder die demotische und die hieratische Schrift zu lesen, starb aus. Zwar wurde die alte ägyptische Sprache immer noch gesprochen und entwickelte sich zur koptischen Sprache, doch bald schon, im 11. Jahrhundert, verdrängte das Arabische die koptische Sprache und Schrift. Die letzte sprachliche Verbindung zu den alten Reichen Ägyptens war gekappt, und das Wissen, das nötig war, um die Pharaonenlegenden zu lesen, ging verloren.

Das Interesse an den Hieroglyphen erwachte erneut im 17. Jahrhundert, als Papst Sixtus V. die Stadt Rom umgestaltete. Er ließ ein Netz von Prachtstraßen bauen und an jeder Kreuzung Obelisken aufstellen, die man aus Ägypten herbeigeschafft hatte. Viele Gelehrte versuchten, die Bedeutung der hieroglyphischen Inschriften auf den Obelisken zu entschlüsseln, legten sich jedoch durch falsche Vorannahmen selbst Steine in den Weg: Niemand wollte glauben, daß die Hieroglyphen phonographische Zeichen oder *Phonogramme* sein könnten. Eine so alte Kultur konnte noch keine phonographische Schrift besessen haben. Vielmehr waren die Gelehrten des 17. Jahrhunderts überzeugt, die Hieroglyphen seien *Ideogramme* – die komplizierten Symbole würden also ganze Begriffe darstellen und seien nichts weiter als eine primitive Bilderschrift. Der Glaube, die Hieroglyphen seien im Grunde Bilder, hielt sich sogar bei den Fremden, die Ägypten zu einer Zeit bereisten, da das Hieroglyphische noch eine lebende Schrift waren. So schrieb Diodorus Siculus, ein griechischer Historiker aus dem 1. Jahrhundert v. Chr:

> Nun verhält es sich so, daß die Buchstaben der Ägypter die Gestalt vielerlei lebender Geschöpfe annehmen, von Gliedern des menschlichen Körpers und von Werkzeugen ... Denn ihre Schrift drückt den gedachten Begriff nicht durch eine Verbindung aneinandergereihter Silben aus, sondern durch die äußere Gestalt dessen, was abgebildet wurde, und durch dessen metaphorische Bedeutung, die dem Gedächtnis durch Übung eingeprägt wird ... So symbolisiert der Falke für sie alles, was schnell geschieht, denn dieses Geschöpf

ist das schnellste der geflügelten Tiere. Und diese Vorstellung wird durch die geeignete metaphorische Verschiebung auf alle schnellen Dinge übertragen und auf jene, für die Schnelligkeit gelten soll.

Im Licht solcher Darstellungen überrascht es vielleicht weniger, daß die Gelehrten des 17. Jahrhunderts die Hieroglyphen zu entziffern versuchten, indem sie jede einzelne als einen ganzen Begriff deuteten. So veröffentlichte 1652 der deutsche Jesuit Athanasius Kircher ein Wörterbuch seiner eigenen allegorischen Deutungen mit dem Titel *Œdipus œgyptiacus* und schuf damit eine Reihe so wunderlicher wie wunderbarer Übersetzungen. Eine Handvoll Hieroglyphen, die, wie wir jetzt wissen, nichts weiter als den Namen des Pharaos Apries bilden, übersetzte Kircher wie folgt: »Die Gunst des göttlichen Osiris ist mittels heiliger Zeremonien und der Kette der Genii zu erbitten, damit der Nil uns seine Wohltaten erweist.« Heute mögen uns Kirchers Übertragungen lächerlich erscheinen, doch ihre Wirkung auf andere Möchtegern-Entzifferer war gewaltig. Kircher war mehr als nur ein Ägyptologe: er schrieb ein Buch über Kryptographie, baute einen Musikbrunnen, erfand die Laterna magica (eine Vorläuferin des Kinos) und ließ sich in den Vesuvkrater hinunter, was ihm den Ehrentitel »Vater der Vulkanologie« einbrachte. Der Jesuit war der weithin angesehenste Gelehrte seiner Zeit, und seine Ideen beeinflußten ganze Generationen künftiger Ägyptologen.

Anderthalb Jahrhunderte nach Kircher, im Sommer 1798, gerieten die Schätze des alten Ägypten erneut in den Blickpunkt. Napoleon Bonaparte ließ seinen Invasionstruppen eine Gruppe von Historikern, Naturwissenschaftlern und Zeichnern auf den Fuß folgen. Diese Gelehrten, »pekinesische Hunde«, wie die Soldaten sie nannten, kartographierten, zeichneten, transkribierten, vermaßen und notierten alles, was sie sahen – eine bemerkenswerte Leistung. Im Jahr 1799 stießen die französischen Gelehrten auf den berühmtesten Stein in der Geschichte der Archäologie. Gefunden hatten ihn französische Soldaten aus Fort Julien in der Stadt Rosette im Nildelta. Sie hatten den Befehl gehabt, eine alte Mauer niederzureißen, um Platz für eine Erweiterung des Forts zu schaffen. In die Mauer eingebaut war ein Stein mit einer erstaunlichen Reihe von Inschriften: derselbe Text war dreimal in den Stein eingraviert, auf Griechisch, Demotisch und in Hieroglyphenschrift. Der Stein von Rosette, wie er genannt wurde, war eine Art kryptoanalytischer Crib, ein Anhaltspunkt, wie er in Bletchley Park benutzt wurde, um in die Enigma-Verschlüsselung einzubrechen. Die einfach zu lesende griechische Inschrift war ein Stück Klartext, das mit dem demotischen und dem hieroglyphischen Geheimtext verglichen werden konnte. Der Stein von Rosette bot die einzigartige Chance, die Bedeutung der alten ägyptischen Zeichen zu entziffern.

Die Wissenschaftler erkannten sofort, was es mit dem Stein auf sich hatte, und schickten ihn ins Nationalinstitut nach Kairo zur eingehenden Untersuchung. Bevor sich das Institut jedoch ernsthaft an die Arbeit machten konnte, zeichnete sich ab, daß die vorrückenden britischen Streitkräfte der französische Armee eine Niederlage beibringen würden. Die Franzosen transportierten den Rosette-Stein von Kairo ins einigermaßen sichere Alexandria, doch als sie schließlich kapitulierten, gingen nach Artikel XVI des Kapitulationsabkommens alle Altertümer in Alexandria in den Besitz der Briten über, während die in Kairo befindlichen Stücke Frankreich zugeschlagen wurden. Die unschätzbar wertvolle Steinscheibe (118 cm hoch, 77 cm breit und 30 cm dick, mit einem Gewicht von einer dreiviertel Tonne) wurde 1802 an Bord der HMS *L'Egyptienne* nach Portsmouth verschifft und noch im selben Jahr dem Britischen Museum übergeben, wo sie seither zu sehen ist.

Die Übersetzung des griechischen Textes ergab bald, daß der Rosette-Stein ein Dekret des Rates der ägyptischen Priester von 196 v. Chr. enthielt. Der Text schildert die Wohltaten, die der Pharao Ptolemäus dem ägyptischen Volk zukommen ließ und beschreibt die Ehrungen, welche ihm die Priester dafür erwiesen. Zum Beispiel verkündeten sie, es solle »ein Fest stattfinden für König Ptolemäus, den Unsterblichen, den Liebling des Ptah, den Gott Epiphanes Eucharistos, alljährlich fünf Tage lang ab dem 1. Troth in den Tempeln des ganzen Landes, die man mit Blumen schmücken soll«. Wenn die anderen beiden Inschriften dasselbe Dekret enthielten, dann konnte die Entzifferung der hieroglyphischen und demotischen Texte nicht schwer sein. Allerdings blieben drei große Schwierigkeiten zu über-

Abbildung 54: Der Rosette-Stein, 196 v. Chr. beschriftet und 1799 wiederentdeckt, enthält denselben Text in drei verschiedenen Schriften: im oberen Teil Hieroglyphisch, in der Mitte Demotisch und unten Griechisch.

winden. Erstens ist der Stein von Rosette, wie Abbildung 54 zeigt, erheblich beschädigt. Der griechische Text besteht aus 54 Zeilen, von denen die letzten 26 lädiert sind. Der demotische Text hat 32 Zeilen, von denen die Anfänge der ersten 14 beschädigt sind (übrigens sind demotischer und hieroglyphischer Text von links nach rechts zu lesen). Der hieroglyphische Text ist im schlechtesten Zustand, bei ihm fehlt die Hälfte der Zeilen gänzlich, die verbliebenen 14 Zeilen teilweise (die den letzten 28 Zeilen des griechischen Textes entsprechen). Das zweite Problem war, daß die beiden ägyptischen Schriften die alte ägyptische Sprache wiedergeben, die seit acht Jahrhunderten niemand mehr gesprochen hatte. Zwar war es möglich, eine Reihe ägyptischer Zeichen ausfindig zu machen, die einer Reihe griechischer Wörter entsprachen, was es den Archäologen ermöglicht hätte, die Bedeutung der ägyptischen Wörter zu erschließen, doch es war unmöglich, deren Klang wiedererstehen zu lassen. Erst wenn die Archäologen wußten, wie die ägyptischen Wörter ausgesprochen wurden, konnten sie die Lautentsprechung der Zeichen feststellen. Zudem verleitete das geistige Vermächtnis Kirchers die Archäologen immer noch dazu, die ägyptischen Schriftzeichen als Ideogramme und nicht als Phonogramme zu deuten, weshalb nur wenige eine Entzifferung der Hieroglyphen auf dieser Linie auch nur in Betracht zogen.

Einer der ersten Wissenschaftler, der das Vorurteil in Frage stellte, die Hieroglyphen seien eine Art Bilderschrift, war der begnadete englische Mathematiker Thomas Young. Young wurde 1773 in Milverton, Somerset, geboren und konnte mit zwei Jahren fließend lesen. Mit vierzehn hatte er Griechisch, Latein, Französisch, Hebräisch, Chaldäisch, Syrisch, Arabisch, Persisch, Türkisch und Äthiopisch gelernt, und später, als Student am Emmanuel College in Cambridge, brachte ihm seine Genialität den Beinamen »Phänomen Young« ein. Er studierte Medizin, doch es hieß, er sei nur an den Krankheiten interessiert, nicht an den Patienten. Er konzentrierte sich zunehmend auf die Forschung und weniger auf die Heilung von Kranken.

Young veranstaltete eine ungewöhnliche Reihe medizinischer Experimente, viele davon mit dem Ziel, zu erklären, wie das menschliche Auge arbeitet. Er erkannte, daß wir Farben mittels dreier Re-

Abbildung 55: Thomas Young.

zeptortypen wahrnehmen, einem für jede der drei Primärfarben. Indem er Metallringe um ein lebendes Auge herum anbrachte, konnte er zeigen, daß zur Scharfeinstellung nicht das ganze Auge, sondern allein die innere Linse verzerrt wird. Sein Interesse an der Optik führte ihn zur Physik und erbrachte einige weitere Entdeckungen. Er veröffentlichte die klassische Abhandlung *Die Wellentheorie des Lichts*, entwickelte eine neue und bessere Erklärung für die Gezeiten, definierte den Begriff der Energie und veröffentlichte bahnbrechende Arbeiten über das Thema Elastizität. Young schien fähig, Probleme auf fast jedem Gebiet zu lösen, doch dies wirkte sich nicht unbedingt zu seinem Vorteil aus. Sein Denken war so leicht zu reizen, daß er von Fach zu Fach sprang und sich über ein neues Problem hermachte, bevor das alte endgültig geklärt war.

Sobald Young vom Rosette-Stein erfahren hatte, wurde er für ihn zur unwiderstehlichen Herausforderung. Als er im Sommer 1814 in den Badeort Worthing fuhr, um dort seinen Jahresurlaub zu verbringen, nahm er eine Kopie der drei Inschriften mit. Der Durchbruch gelang ihm, als er seine Aufmerksamkeit auf eine Gruppe von Hieroglyphen konzentrierte, die von einer Schleife, einer sogenannten *Kartusche,* umgeben waren. Er vermutete, daß diese Hieroglyphen eingerahmt waren, weil sie etwas sehr Wichtiges darstellten, wahrscheinlich den Namen des Pharaos Ptolemäus, denn dessen griechischer Name, Ptolemaios, wurde im griechischen Text erwähnt. Wenn dies zutraf, dann konnte Young die Lautentsprechung dieser Hieroglyphen erschließen, denn der Name eines Pharaos würde unabhängig von der Sprache ungefähr gleichlautend gesprochen werden. Die Ptolemäus-Kartusche kommt sechsmal auf dem Rosette-Stein vor, in einer sogenannten Standardversion wie auch in längeren, komplizierteren Versionen. Young vermutete, daß die längere Version den Namen Ptolemäus mitsamt den Titeln darstellte, also konzentrierte er sich auf die Symbole, die in der Standardversion auftauchten, und verlieh jedem Hieroglyphen probeweise einen Lautwert (Tabelle 13).

Wie sich erst später zeigte, gelang es Young, den meisten Hieroglyphen ihren richtigen Lautwert zuzuordnen. Glücklicherweise hatte er die ersten beiden Hieroglyphen (□, ⌓), die übereinander stehen, in die richtige phonographische Reihenfolge gebracht. Der Schreiber

Hieroglyphe	Lautwert nach Young	tatsächlicher Lautwert
	p	p
	t	t
	optional	o
	lo oder ole	l
	ma oder m	m
	i	i oder y
	osh oder os	s

Tabelle 13: Youngs Entzifferung von , der Kartusche des Ptolemäus (Standardversion) auf dem Rosette-Stein.

hatte sie aus ästhetischen Gründen so angeordnet, auf Kosten der phonographischen Klarheit. Die Schreiber hatten eine Vorliebe für diese Art der Gestaltung, mit der sie Lücken vermieden und die Harmonie des Schriftbildes bewahrten. Gelegentlich vertauschten sie Buchstaben, was jeder sinnvollen Aussprache zuwiderlief, nur um der Schönheit der Inschrift willen. Nach dieser Entzifferung befaßte sich Young mit einer Kartusche aus dem Tempel von Karnak in Theben. Seiner Vermutung nach handelte es sich um den Namen der ptolemäischen Königin Berenika (oder Berenice), und wiederum erprobte er sein Lösungsverfahren. Tabelle 14 zeigt die Ergebnisse.

Hieroglyphe	Lautwert nach Young	tatsächlicher Lautwert
	bir	b
	e	r
	n	n
	i	i
	optional	k
	ke oder ken	a
	weiblicher Abschluß	weiblicher Abschluß

Tabelle 14: Youngs Entzifferung von 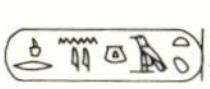, der Kartusche der Berenika aus dem Tempel von Karnak.

Von den dreizehn Hieroglyphen beider Kartuschen hatte Young die Hälfte genau richtig gedeutet und ein weiteres Viertel teilweise richtig. Auch hatte er das weibliche Schlußsymbol ausfindig gemacht, das nach den Namen von Königinnen und Göttinnen gesetzt wurde. Obwohl Young unmöglich wissen konnte, wie erfolgreich er war, hätte ihm das Vorkommen von 𓇌 in beiden Kartuschen, die beide Male für i stehen, bestätigen können, daß er auf der richtigen Spur war und ihm die Zuversicht vermitteln können, die er brauchte, um seine Entzifferungen voranzutreiben. Sein Arbeitseifer erlahmte jedoch plötzlich. Offenbar hatte er zuviel Respekt vor Kirchers Auffassung, die Hieroglyphen seien Ideogramme, und war nicht bereit, diesen Grundsatz in Frage zu stellen. Seine Entdeckungen, die auf eine phonographische Sprache hindeuteten, erklärte er mit dem Hinweis, daß die ptolemäische Dynastie von Lagus abstammte, einem General Alexanders des Großen. Anders gesagt, die Ptolemäer waren Fremde in Ägypten, und Young stellte die Vermutung auf, daß ihre Namen phonographisch geschrieben werden mußten, weil es im gängigen Vokabular der Hieroglyphen kein eigens dafür bestimmtes Ideogramm gab. Young faßte seine Gedanken in einem Vergleich der Hieroglyphen mit den chinesischen Schriftzeichen zusammen, zu denen die Europäer erst damals allmählich Zugang fanden:

> Es ist äußerst interessant, einige der Schritte nachzuvollziehen, durch welche die alphabetische Schrift aus der hieroglyphischen entstanden sein muß. Diese Entwicklung kann nämlich in gewissem Maße durch die Art und Weise verdeutlicht werden, wie die modernen Chinesen eine fremde Lautkombination ausdrücken. In diesem Fall werden die Schriftzeichen durch eine geeignete Markierung einfach »phonographisch« gemacht und verlieren ihre natürliche Bedeutung. Diese Markierung nähert sich in einigen gedruckten Werken der neueren Zeit sehr stark dem Ring an, der die hieroglyphischen Namen umgibt.

Young nannte seine Leistungen »das Vergnügen einiger Mußestunden«. Er verlor das Interesse an der Hieroglyphenforschung und faßte seine Arbeiten in einem Artikel für das Supplement der *Encyclopaedia Britannica* zusammen.

In Frankreich unterdessen war der vielversprechende junge Linguist Jean-François Champollion dazu bereit, Youngs Gedanken zu ihrem naheliegenden Abschluß zu führen. Champollion war noch keine dreißig, doch die Hieroglyphenforschung fesselte ihn schon fast zwei Jahrzehnte. Seine Leidenschaft war im Jahr 1800 entflammt, als der französische Mathematiker Jean-Baptiste Fourier, vormals einer der »Pekinesen« im Gefolge Napoleons, den zehnjährigen Jean-François in seine Sammlung ägyptischer Altertümer einweihte, von denen viele mit merkwürdigen Inschriften geschmückt waren. Niemand könne diese geheimnisvolle Schrift lesen, erklärte Fourier, woraufhin der Junge versicherte, eines Tages werde er das Mysterium lösen. Nur sieben Jahre später, mit siebzehn, legte er einen Aufsatz mit dem Titel »Ägypten unter den Pharaonen« vor. Es war eine bahnbrechende Arbeit, und Champollion wurde flugs in die Grenobler Akademie gewählt. Die Nachricht, daß er in seinen jungen Jahren schon Professor geworden war, überwältigt ihn dermaßen, daß er auf der Stelle in Ohnmacht fiel.

Dies war nicht das letzte Mal, daß Champollion seine Alterskollegen verblüffte. Er meisterte Latein, Griechisch, Hebräisch, Äthiopisch, das altpersische Zend, Pehlevi, Arabisch, Syrisch, Chaldäisch, Persisch und Chinesisch, und dies alles, um sich für einen Angriff auf die Hieroglyphen zu wappnen. Ein Zwischenfall aus dem Jahr 1808 zeigt, mit welcher Leidenschaft er bei der Sache war. Damals traf er auf der Straße einen alten Freund, der beiläufig erwähnte, daß Alexandre Lenoir, ein bekannter Ägyptologe, eine vollständige Entzifferung der Hieroglyphen veröffentlicht habe. Champollion war so schockiert, daß er auf der Stelle zusammenbrach. (Auch darin scheint er ausgesprochen talentiert gewesen zu sein.) Er schien ausschließlich dafür zu leben, der erste zu sein, der die Schrift der alten Ägypter lesen würde. Zum Glück für Champollion war Lenoirs Entzifferung nicht weniger fabulös als Kirchers Versuche aus dem 17. Jahrhundert, und die Herausforderung blieb bestehen.

Abbildung 56: Jean-François Champollion.

Hieroglyphe	Lautwert
	p
	t
	o
	l
	m
	e
	s

Hieroglyphe	Lautwert
	c
	l
	e
	o
	p
	a
	t
	r
	a

Tabelle 15: Champollions Entzifferung von  und , den Kartuschen für Ptolemäus und Kleopatra auf dem von Bankes mitgebrachten Obelisken.

Im Jahr 1822 wandte Champollion Youngs Ansatz auf die anderen Kartuschen an. Der englische Naturforscher W. J. Bankes hatte einen Obelisken mit griechischen und hieroglyphischen Inschriften nach Dorset mitgebracht und soeben eine Lithographie dieser zweisprachigen Texte veröffentlicht, in denen auch Kartuschen von Ptolemäus und Kleopatra vorkamen. Champollion besorgte sich eine Abschrift, und es gelang ihm, einzelnen Hieroglyphen Lautwerte zuzuordnen (Tabelle 15). Die Buchstaben p, t, o, l und e kommen in beiden Namen vor, und nur in einem Fall, t, gibt es eine Abweichung. Champollion vermutete, der t-Laut könnte von zwei Hieroglyphen dargestellt werden. Von seinem Erfolg angefeuert, machte sich Champollion an Kartuschen ohne zweisprachige Übersetzung und ersetzte, wo immer möglich, die Hieroglyphen durch die Lautwerte, die er aus den Kartuschen für Ptolemäus und Kleopatra gewonnen hatte. Seine erste rätselhafte Kartusche (Tabelle 16) enthielt einen der größten Namen der Antike. Für Champollion lag es auf der Hand, daß die Kartusche, die zunächst als a-l-?-s-e?-t-r-? zu lesen war, den Namen alksentrs darstellte, Alexandros auf griechisch oder Alexander auf deutsch. Champollion wurde auch klar, daß die Schreiber nicht gerne Vokale gebrauchten und sie oft wegließen; sie nahmen an, die Leser würden die fehlenden Vokale mühelos selbst einfügen können. Mit zwei neuen Hieroglyphen gewappnet, studierte der junge Wissenschaftler weitere Inschriften und entzifferte wiederum eine Reihe von Kartuschen. Der ganze Erfolg bestand jedoch allein darin, daß er Youngs Arbeit ergänzte. Namen wie Alexander und Kleopatra waren eben fremd und untermauerten die Theorie, daß die Lautwerte nur für Wörter außerhalb des herkömmlichen ägyptischen Wortschatzes gebraucht wurden.

Hieroglyphe	Lautwert
𓄿	a
𓃭	l
𓎡	?
𓋴	s
𓇋	e
𓈖	?
𓏏	t
𓂋	r
𓊃	?

Tabelle 16: Champollions Entzifferung von (𓄿𓃭𓎡𓋴𓇋𓈖𓏏𓂋𓊃), der Kartusche für Alksentrs (Alexander).

Dann jedoch, am 14. September 1822, erhielt Champollion Reliefdrucke aus dem Tempel von Abu Simbel mit Kartuschen, die vor der griechisch-römischen Herrschaft entstanden waren. Wichtig war dies deshalb, weil sie alt genug waren, um traditionelle ägyptische Namen zu enthalten, obwohl sie phonographisch dargestellt wurden – ein klarer Beweis gegen die Theorie, daß Lautwerte nur für fremde Namen benutzt wurden. Champollion konzentrierte sich auf eine Kartusche mit nur vier Hieroglyphen: (𓇳𓄟𓋴𓋴). Die ersten beiden Symbole waren unbekannt, doch das Zeichenpaar am Schluß, 𓋴𓋴, stellte, wie aus der Kartusche für Alexander (alksentrs) ersichtlich, zweimal den Buchstaben s dar. Die Kartusche lautete also (?-?-s-s). An diesem Punkt warf Champollion seine beeindruckenden Sprachkenntnisse in die Waagschale. Zwar war das Koptische, der direkte Abkömmling der alten ägyptischen Sprache, im 11. Jahrhundert n. Chr. zu einer toten Sprache geworden, es existierte jedoch noch immer in der Liturgie der Christlich-Koptischen Kirche. Champollion hatte als Heranwachsender Koptisch gelernt und beherrschte es so fließend, daß er damit sein Tagebuch führte. Allerdings hatte er bis dahin noch nie in Erwägung gezogen, daß das Koptische auch die Sprache der Hieroglyphen sein könnte.

Champollion fragte sich, ob das erste Zeichen in der Kartusche, ☉, ein Ideogramm für »Sonne« sein konnte. Dann, in einem Augenblick begnadeter Intuition, kam ihm der Gedanke, daß der Lautwert des Ideogramms der des koptischen Wortes für »Sonne«, ra, sein könnte. Das lieferte ihm die Folge (ra-?-s-s). Nur ein pharaonischer Name schien zu passen. Berücksichtigte er die irritierende Auslassung der Vokale und nahm an, der fehlende Buchstabe sei m, dann mußte dies der Name von Ramses sein, einem der ersten und größten Pharaonen. Der Bann war gebrochen. Selbst uralte traditionelle Namen wurden buchstabiert. Champollion stürzte in das Büro seines Bruders und rief: »Je tiens l'affaire!« (»Ich hab's!«). Doch noch einmal gewann die heftige Leidenschaft für die Hieroglyphen die Oberhand: Er wurde wiederum auf der Stelle ohnmächtig und mußte die nächsten fünf Tage das Bett hüten.

Champollion hatte gezeigt, daß die Schreiber manchmal das Rebus-Prinzip ausnutzten. In einem Bilderrätsel, wie sie auch heute noch für Kinder angefertigt werden, werden lange Wörte in Lautbestandteile zerlegt, die dann als Ideogramme dargestellt werden können. Das Wort »Eisbein« beispielsweise kann in »Eis« und »Bein« zerlegt und mit den Bildern einer Eistüte und eines Beines dargestellt werden. In dem von Champollion entdeckten Fall wird nur die erste Silbe (ra) bildhaft dargestellt, nämlich vom Sonnen-Ideogramm, während der Rest des Wortes wie üblich buchstabiert wird.

Das Sonnen-Ideogramm in der Ramses-Kartusche ist von unschätzbarer Bedeutung, denn es läßt auf die von den Schreibern gesprochene Sprache schließen. So konnten sie zum Beispiel nicht Griechisch gesprochen haben, denn dann wäre die Kartusche als »heliosmeses« ausgesprochen worden. Die Kartusche ist nur verständlich, wenn sie »ra-meses« ausgesprochen wird.

Zwar war dies nur eine unter vielen Kartuschen, doch ihre Entzifferung bahnte den Weg zu den vier Grundsätzen der Hieroglyphenkunde. Erstens ist die Sprache für diese Schrift mit dem Koptischen nicht nur verwandt, die Untersuchung weiterer Hieroglyphen ergab, daß es sich schlicht und einfach um das Koptische handelte. Zweitens, Ideogramme werden für einige Wörter verwendet, beispielsweise wird das Wort »Sonne« durch ein einfaches Bild der Sonne dargestellt. Drittens, manche langen Wörter werden zur Gänze oder teilweise nach dem Prinzip des Bilderrätsels zusammengebaut. Viertens schließlich gebrauchten die alten Schreiber für ihre Arbeit überwiegend das weit verbreitete phonographische Alphabet. Dies ist der wichtigste Punkt, und Champollion nannte die Phonographie die »Seele« der Hieroglyphenkunde.

Auf seinen eingehenden Kenntnissen des Koptischen aufbauend, konnte Champollion nun ohne Ballast mit der erfolgreichen Entzifferung der Hieroglyphen auch außerhalb der Kartuschen beginnen. Innerhalb von zwei Jahren fand er Lautwerte für die meisten Hieroglyphen und entdeckte, daß manche von ihnen Kombinationen von zwei oder gar drei Konsonanten darstellten. Dies gab den Schreibern die Möglichkeit, ein Wort mit einigen einfachen Hieroglyphen zu schreiben oder mit nur wenigen, mehrere Konsonanten darstellenden Hieroglyphen.

In einem Brief unterrichtete Champollion den Sekretär der französischen Académie des Inscriptions, Joseph Dacier, von seinen ersten Ergebnissen. Dann, im Jahr 1824, veröffentlichte er seine erfolgreichen Entzifferungen in einem Buch mit dem Titel *Précis du système hiéroglyphique.* Nach vierzehn Jahrhunderten war es nun wieder möglich, die Geschichte der Pharaonen so zu lesen, wie sie von den Schreibern des Altertums aufgezeichnet worden war. Die Linguisten hatten jetzt die Chance, die Entwicklung einer Sprache und einer Schrift über einen Zeitraum von über drei Jahrtausenden hinweg zu erforschen. Die Hieroglyphenschrift konnte vom 4. Jahrhundert v. Chr. bis auf das 3. Jahrtausend v. Chr. zurückverfolgt und verstanden werden. Zudem konnte man ihre Entwicklung mit derjenigen der hieratischen und demotischen Schrift vergleichen, die nun ebenfalls entziffert werden konnten.

Wissenschaftspolitik und Neid sorgten dafür, daß es einige Jahre dauerte, bis Champollions herausragende Leistung allgemein anerkannt wurde. Ein besonders bissiger Kritiker war Thomas Young. Das eine Mal erklärte er, es sei unmöglich, daß die Hieroglyphen weitgehend phonographischen Charakter hätten; das andere Mal gestand er dies zu, beschwerte sich jedoch, er sei schon vor Champollion zu diesem Schluß gekommen und der Franzose habe nur die Lücken gefüllt. Youngs Feindseligkeit rührte vor allem daher, daß es Champollion nicht über sich brachte, ihn lobend zu erwähnen, wo Youngs Pionierleistung den Franzosen vermutlich erst auf die richtige Spur gebracht hatte.

Im Juli 1828 reiste Champollion zu seiner ersten Expedition nach Ägypten. Sie dauerte anderthalb Jahre und war eine hervorragende Gelegenheit für ihn, mit eigenen Augen die Inschriften zu begutachten, die er bislang nur als Zeichnungen oder Lithographien zu Gesicht bekommen hatte. Dreißig Jahre zuvor hatte man in Napoleons Expedition wild über die Bedeutung der Hieroglyphen spekuliert, die die Tempel schmückten, doch nun konnte Champollion sie Buchstabe für Buchstabe lesen und neu und richtig deuten. Seine Reise hatte er gerade noch rechtzeitig angetreten. Drei Jahre später, als er die Notizen, Zeichnungen und Übersetzungen seiner ägyptischen Expedition nachbearbeitet hatte, erlitt er einen schweren Herzanfall. Die Ohnmachtsanfälle, unter denen er sein ganzes Leben gelitten hatte, waren vermutlich die Symptome einer ernsteren Krankheit gewesen, die von seinen leidenschaftlichen und kräftezehrenden Studien noch verschlimmert wurde. Er starb am 4. März 1832, im Alter von einundvierzig Jahren.

Das Geheimnis von Linear B

Seit Champollions bahnbrechender Leistung im 18. Jahrhundert haben die Ägyptologen tieferen Einblick in die Sprache der Hieroglyphen gewonnen. Sie sind inzwischen so gründlich erforscht, daß man auch in der Lage ist, verschlüsselte Hieroglyphen und damit einige der ältesten Geheimschriften der Welt zu entziffern. Solche Inschriften, wie sie auf den Gräbern der Pharaonen zu finden sind, wurden auf unterschiedliche Weise verschlüsselt, etwa mit dem Substitutionsverfahren. Manchmal verwendeten die Schreiber selbstgeschaffene Symbole anstelle der herkömmlichen Hieroglyphen, oder sie setzten eine im Lautwert andere, gestaltlich jedoch ähnliche Hieroglyphe anstelle der richtigen ein. Zum Beispiel nahm man statt der Schlange, die für z steht, die gehörnte Natter, die eigentlich den f-Laut darstellt. Die meisten kryptischen Grabinschriften sollten nicht unentschlüsselbar sein, sie waren eher als Rätsel gedacht, die die Neugier von Reisenden wecken und sie dazu verführen sollten, an einem Grab zu verweilen.

Nachdem die Archäologen die Hieroglyphen entziffert hatten, machten sie sich an die Aufgabe, viele weitere alte Schriften zu erforschen, darunter die Keilschriften aus Babylon, die türkischen Kök-Turki-Runen und das indische Brahmi-Alphabet. Künftige Champollions sollten sich allerdings nicht entmutigen lassen, denn es gibt immer noch einige Schriften, die ihrer Entzifferung harren, etwa die etruskische und die Indus-Schriften (siehe Anhang I). Die größte Schwierigkeit bei deren Entzifferung besteht darin, daß es keine Cribs gibt, keine Anhaltspunkte, die es erlauben würden, die Bedeutung dieser alten Texte zu erschließen. Bei den ägyptischen Hieroglyphen waren es die Kartuschen, die solche Hinweise lieferten und Young und Champollion den phonographischen Charakter dieser Schriften erahnen ließen. Ohne Cribs scheint die Entzifferung einer alten Schrift ein hoffnungsloses Unterfangen, doch gibt es ein bemerkenswertes Beispiel für eine Schrift, die entziffert wurde, ohne daß die Schreiber des Altertums Anhaltspunkte hinterlassen hätten. Das Rätsel von Linear B, einer kretischen Schrift aus der Bronzezeit, wurde durch eine Mischung aus Logik und Inspiration gelöst, ein schönes Beispiel reiner Kryptoanalyse. Die Entzifferung von Linear B gilt daher auch als eine herausragende archäologische Leistung.

Die Geschichte von Linear B beginnt mit den Ausgrabungen von Sir Arthur Evans, eines bedeutenden Archäologen der Jahrhundertwende. Evans interessierte vor allem die in Homers Zwillingsepen *Ilias* und *Odyssee* beschriebene Periode der griechischen Geschichte. Homer erzählt die Geschichte des Trojanischen Krieges, des griechischen Sieges von Troja und der sich anschließenden Irrfahrt des siegreichen Helden Odysseus. Dieses Geschehen hatte die Forschung im 12. Jahrhundert v. Chr. angesiedelt, doch einige Wissenschaftler des 19. Jahrhunderts bewerteten Homers Epen als bloße Legenden. Im Jahr 1872 jedoch entdeckte der deutsche Archäologe Heinrich Schliemann nahe der türkischen Westküste die historische Stätte Trojas, und plötzlich galten Homers Mythen als historische Darstellung. Zwischen 1872 und 1900 fanden die Archäologen weitere Hinweise auf eine reichhaltige Periode prähellenischer Geschichte noch vor der klassischen Zeit von Pythagoras, Plato und Aristoteles sechs Jahrhunderte später. Die prähellenische Periode dauerte von 2800 bis 1100 v. Chr. und erreichte ihre Blüte in den letzten vier Jahrhunderten. Ihr Mittelpunkt auf dem griechischen Festland war Mykene, wo die Archäologen eine Vielzahl von Artefakten und Kunstschätzen ausgruben. Sir Arthur Evans jedoch hielt es für ein Rätsel, daß die Archäologen keinerlei schriftliche Hinterlassenschaften entdeckt hatten. Ihm wollte nicht einleuchten, warum eine so hochentwickelte Gesellschaft gänzlich schriftlos geblieben sein sollte, und er nahm sich vor, den Beweis zu erbringen, daß die mykenische Kultur doch eine Form der Schrift gekannt hatte.

Nach Unterredungen mit verschiedenen Antikenhändlern in Athen stieß er schließlich auf einige Steine, in die offenbar Siegel aus der prähellenischen Zeit eingraviert waren. Die Zeichen auf den Siegeln waren bildhaft und schienen keine echte Schrift darzustellen, sie ähnelten eher den Symbolen, die auf Wappen verwendet werden. Evans fühlte sich jedoch ermutigt, seine Suche fortzusetzen. Die Wappen, so sagte man ihm, stammten von der Insel Kreta, dem Zentrum eines Reiches, das einst die Ägäis beherrscht hatte. Sir Arthur

Abbildung 57: Stätten des Altertums im Umkreis des Ägäischen Meeres. Sir Arthur Evans hatte in Mykene auf dem griechischen Festland Schätze ausgegraben und machte sich daraufhin auf die Suche nach Schrifttafeln. Die ersten Linear-B-Tafeln wurden auf der Insel Kreta entdeckt, dem Zentrum des Minoischen Reiches.

machte sich auf den Weg nach Kreta und begann im März 1900 mit seinen Ausgrabungen. Es kam zu einem schnellen und spektakulären Erfolg. Evans entdeckte die Reste eines luxuriösen Palastes, durchzogen von einem Gewirr aus verwinkelten Gängen und geschmückt mit Fresken junger Männer, die über gewaltige Stiere sprangen. Der Sport des Stierspringens brachte Evans auf die Legende des Minotaurus, eines Monstrums, halb Mensch, halb Stier, das junge Menschen fraß, und er vermutete, die verwirrende Gestaltung der Palastgänge könnte die Geschichte vom Labyrinth des Minotaurus inspiriert haben.

Am 31. März dann geriet Evans erstmals an den Schatz, auf den er es eigentlich abgesehen hatte. Zuerst entdeckte er eine einzelne Tontafel mit einer Inschrift, ein paar Tage später dann eine Holztruhe voller Tafeln, und schließlich mehr als er je erwartet hatte, nämlich stapelweise beschriebenes Material. Diese Tontafeln sollten ursprünglich in der Sonne getrocknet und nicht gebrannt werden, so daß sie in Wasser gelöst und wiederverwendet werden konnten. Der Regen der Jahrhunderte hätte sie schon längst aufgelöst, und sie wären für immer verloren gewesen, doch der Palast von Knossos war offenbar durch ein Feuer zerstört worden, das die Tafeln gebrannt und sie für die nächsten dreitausend Jahre konserviert hatte. Ihr Zustand war so gut, daß es immer noch möglich war, die Fingerabdrücke der Schreiber zu erkennen.

Die Tafeln ließen sich in drei Gruppen einteilen. Die erste Gruppe aus der Zeit von 2000 bis 1650 v. Chr. bestand nur aus bildhaften Zeichen, vermutlich Ideogrammen, die offenbar mit den Symbolen auf den Siegelsteinen verwandt waren. Die zweite Gruppe von Tafeln aus der Zeit von 1750 bis 1450 v. Chr. war mit Buchstaben versehen, die aus einfachen Linien bestanden, und so nannte man die Schrift Linear A. Die dritte Gruppe von Tafeln aus der Zeit von 1450 bis 1375 v. Chr. trug eine Schrift, die offenbar eine Verfeinerung von Linear A war und deshalb Linear B genannt wurde. Weil die meisten Tafeln Linear B trugen und dies die jüngste Schrift war, glaubten Evans und andere Archäologen, Linear B biete die besten Entzifferungschancen.

Viele der Täfelchen schienen Listen und Rechnungen zu enthalten. Bei so vielen Spalten mit numerischen Zeichen war es relativ einfach, das Ziffernsystem zu erschließen, doch die Schriftzeichen erwiesen sich als viel rätselhafter. Sie wirkten wie eine Ansammlung sinnloser Kritzeleien. Der Historiker David Kahn beschrieb einige der Buchstaben: »Ein gotischer Bogen, der eine vertikale Linie umschließt, eine Leiter, ein Herz mit durchlaufendem Fruchtstengel, ein gebogener Dreizack mit Widerhaken, ein dreibeiniger Dinosaurier, der sich umblickt, ein A mit einem zusätzlichen horizontalen Strich, ein umgekehrtes S, ein hohes Bierglas, halbvoll, mit einem an den Rand gebundenen Bogen; Dutzende Zeichen erinnern an gar nichts«. Nur zwei brauchbare Tatsachen konnten über Linear B ausfindig gemacht werden. Erstens wurde offensichtlich von links nach rechts geschrieben, da eine Lücke am Ende einer Zeile immer rechts auftrat. Zweitens gab es 90 unterschiedliche Zeichen, was den Schluß nahelegte, daß es sich um eine Silbenschrift handelte. Rein alphabetische Schriften haben meist zwischen 20 und 40 Buchstaben (das Russische etwa hat 36, das Arabische 28 Zeichen). Auf der anderen Seite haben Schriften, die auf Ideogrammen beruhen, meist Hunderte oder gar Tausende von Zeichen (das Chinesische hat über 5000). Silbenschriften liegen mit ihren 50 bis 100 Silbenzeichen in der Mitte. Abgesehen von diesen beiden Erkenntnissen blieb Linear B ein undurchdringliches Mysterium.

Das Grundproblem war, daß niemand genau wissen konnte, welcher Sprache Linear B als Schrift diente. Zu Anfang gab es Vermutungen, Linear B sei eine Schrift des Griechischen, weil sieben Linear-B-Zeichen eng verwandt waren mit der klassischen kyprischen Schrift. Diese wiederum war bekannt als eine Form der griechischen Schrift, wie sie zwischen 600 und 200 v. Chr. gebräuchlich war. Doch dann stellten sich Zweifel ein. Der häufigste Endkonsonant im Griechischen ist s, und dementsprechend ist das häufigste Endzeichen in der kyprischen Schrift das 𐠯, das die Silbe se darstellt. Weil es sich um Silbenzeichen handelt, muß ein Konsonant zusammen mit einem Vokal dargestellt werden, wobei der Vokal stumm bleibt. Dieses Zeichen taucht auch in Linear B auf, doch selten am Ende eines Wortes, weshalb man folgerte, Linear B könne nicht Griechisch sein. Man kam darin überein, daß Linear B, die ältere Schrift, eine unbekannte und tote Sprache darstellte. Als diese Sprache ausstarb, blieb die Schrift erhalten und entwickelte sich über die Jahrhunderte zur kyprischen Schrift, mit der die griechische Sprache geschrieben wurde. Daher sahen sich die beiden Schriften ähnlich, standen jedoch für völlig verschiedene Sprachen.

Arthur Evans war ein vehementer Verfechter der Theorie, wonach Linear B keine geschriebene Form des Griechischen sei, vielmehr eine ursprünglich kretische Sprache darstelle. Aus seiner Sicht gab es stichhaltige archäologische Belege für dieses Argument. Zum Beispiel deuteten seine Entdeckungen auf Kreta darauf hin, daß das Reich des

Königs Minos, als Minoisches Reich bezeichnet, viel fortgeschrittener war als die mykenische Kultur auf dem Festland. Das Minoische Reich war kein Herrschaftsgebiet des Mykenischen Reiches, viel eher ein Rivale und vielleicht sogar die vorherrschende Macht. Der Mythos des Minotaurus stützte Evans' Überzeugung. Der Legende zufolge verlangte König Minos von den Athenern, ihm Jünglinge und Jungfrauen zu schicken, die dem Minotaurus geopfert werden sollten. Evans zog daher den Schluß, die Minoer seien so erfolgreich gewesen, daß sie ihre ursprüngliche Sprache beibehalten und nicht das Griechische, die Sprache ihrer Gegner, übernommen hätten.

Zwar setzte sich weitgehend die Auffassung durch, daß die Minoer ihre eigene, nichtgriechische Sprache besaßen (und Linear B diese darstellte), doch gab es den einen oder anderen Häretiker, der behauptete, die Minoer hätten griechisch gesprochen und geschrieben. Sir Arthur nahm diese ketzerischen Meinungen keineswegs gelassen hin, sondern nutzte seinen Einfluß, um die Abweichler zu bestrafen. Als A. J. B. Wace, Professor für Archäologie an der Universität Cambrigde, sich für die Theorie aussprach, wonach Linear B das Griechische darstellte, schloß ihn Sir Arthur von allen Ausgrabungen aus und zwang ihn, seine Arbeit an der Britischen Schule in Athen niederzulegen.

Im Jahr 1939 bekam die Debatte um »Griechisch oder nicht Griechisch« neue Nahrung, als Carl Blegen von der Universität Cincinnati einen weiteren Stapel Linear-B-Tafeln im Nestorpalast von Pylos entdeckte. Dies war eine Überraschung, denn Pylos liegt auf dem griechischen Festland und mußte zum Mykenischen, nicht zum Minoischen Reich gehört haben. Die Minderheit der Archäologen, die glaubte, daß Linear B eine Schrift des Griechischen sei, sah darin einen Beleg für ihre Hypothese: Linear B wurde auf dem Festland gefunden, wo Griechisch gesprochen wurde, und mußte daher das Griechische darstellen; Linear B fand sich zudem auf Kreta, daher sprachen auch die Minoer griechisch. Das Evans-Lager argumentierte umgekehrt: Die Minoer auf Kreta sprachen die minoische Sprache; Linear B findet sich auf Kreta, also stellt Linear B die minoische Sprache dar; Linear B findet sich auch auf dem Festland, also sprach man auch auf dem Festland minoisch. Sir Arthur dekretierte mit al-

Abbildung 58: Eine Linear-B-Tafel, um 1400 v. Chr.

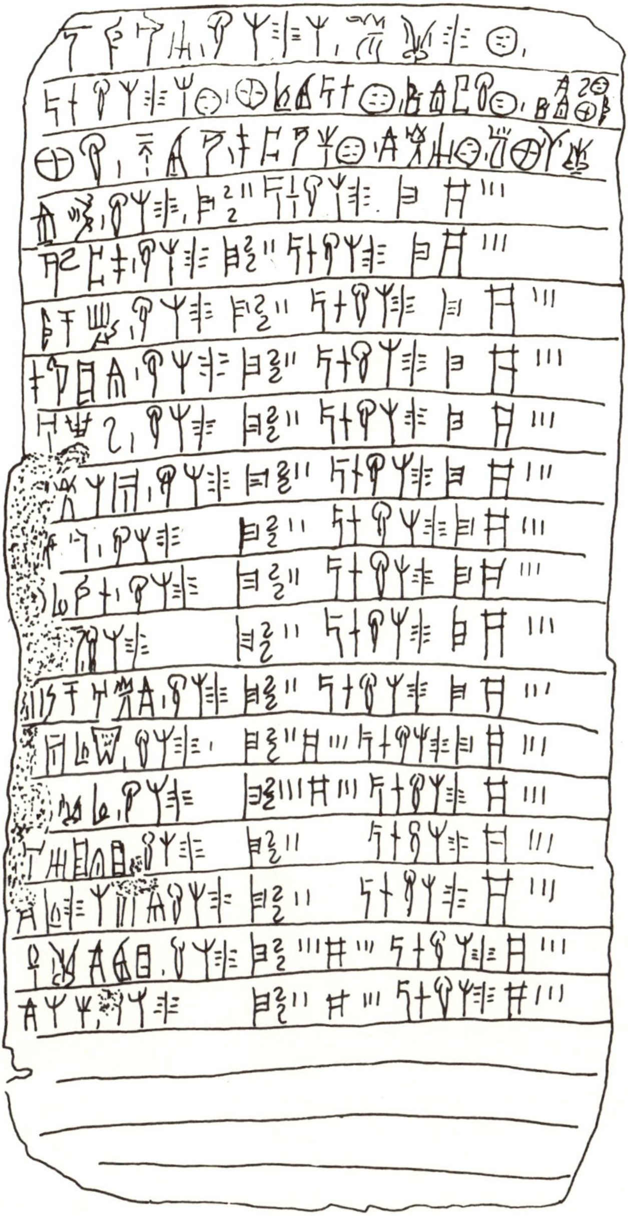

lem Nachdruck: »In Mykene gibt es keinen Platz für griechischsprachige Dynastien ... die Kultur und die Sprache waren im Kern immer noch minoisch.«

In Wahrheit bedeutete Blegens Entdeckung nicht unbedingt, daß die Mykener und Minoer jeweils nur eine Sprache gesprochen hatten. Im Mittelalter verfaßten viele europäische Staaten, unabhängig von der jeweiligen Volkssprache, ihre offiziellen Dokumente auf Latein. Vielleicht war auch Linear B eine Lingua franca unter den Buchhaltern der Ägäis, die den Handel zwischen Völkern ohne gemeinsame Sprache erleichterte.

Vier Jahrzehnte lang schlugen sämtliche Versuche fehl, Linear B zu entziffern. 1941 schließlich starb Sir Arthur im Alter von neunzig Jahren. Er sollte die Entzifferung von Linear B nicht mehr erleben und die Texte, die er entdeckt hatte, nicht mehr lesen können. Tatsächlich schien es zu diesem Zeitpunkt kaum noch Hoffnung zu geben, daß Linear B jemals entziffert würde.

Brückensilben

Nach dem Tod von Sir Arthur Evans waren das Archiv der Linear-B-Tafeln und seine archäologischen Aufzeichnungen nur einem engen Kreis von Archäologen zugänglich, namentlich jenen, die seine Theorie unterstützten, wonach Linear B eine eigenständige minoische Sprache darstelle. Mitte der vierziger Jahre allerdings gelang es Alice Kober, einer Altphilologin am Brooklyn College, Zugang zu dem Material zu gewinnen, und sie begann eine sorgfältige und unparteiische Analyse der Schrift. Wer sie nur flüchtig kannte, hielt Kober keineswegs für eine besondere Persönlichkeit; sie war eine nachlässig gekleidete Professorin, weder charmant noch charismatisch, mit einer recht nüchternen Lebenseinstellung. Doch lebte sie mit unglaublicher Leidenschaft für ihre Forschungen. »Sie arbeitete mit unterschwelliger Intensität«, erinnert sich Eva Brann, eine ehemalige Studentin von Kober und spätere Archäologin an der Yale-Universität. »Einmal hat sie mir gesagt, du weißt erst dann, wenn es dich im Rückgrat kitzelt, daß du etwas wirklich Großes geleistet hast.«

Um Linear B zu knacken, erkannte Kober, mußte sie alle gängigen Urteile über den Haufen werfen. Sie konzentrierte sich allein auf die Struktur der gesamten Schrift und den Aufbau der einzelnen Wörter. Vor allem fiel ihr auf, daß bestimmte Wörter Dreiergruppen bildeten, da offenbar dasselbe Wort in drei leicht unterschiedlichen Varianten wiederholt wurde. Innerhalb einer Dreiergruppe waren die Stämme identisch, doch es gab drei mögliche Endungen. Sie zog den Schluß, daß Linear B eine stark beugende Sprache darstellte, daß also die Wortendungen geändert wurden, um Geschlecht, Zeit, Fall und so weiter wiederzugeben. Das Deutsche zum Beispiel beugt ebenfalls stark; wir sagen »ich entziffere, du entzifferst, er/sie entziffert«. Viele alte Sprachen sind strenger und verwenden solche Endungen noch häufiger. Kober veröffentlichte eine Arbeit über die Beugung zweier bestimmter Wortgruppen in Linear B, wobei jede Gruppe ihren jeweiligen Stamm beibehält, jedoch drei Fällen entsprechend verschiedene Endungen annimmt (Tabelle 17, S. 276).

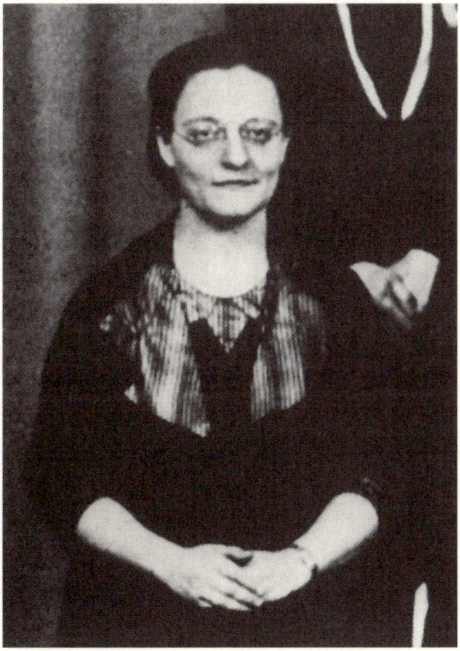

Abbildung 59: Alice Kober.

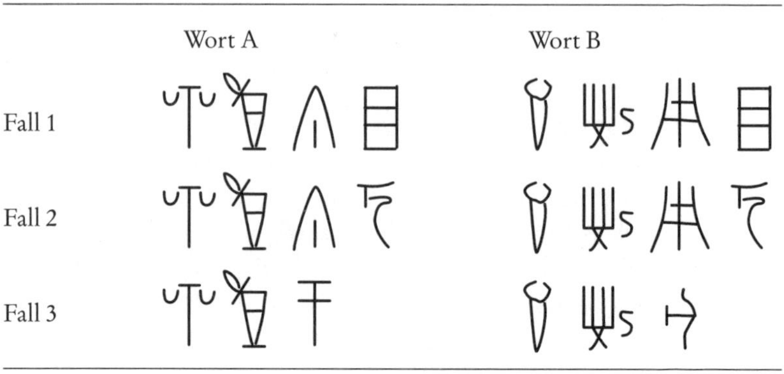

Tabelle 17: Zwei gebeugte Wörter in Linear B.

Für die wissenschaftliche Diskussion teilte man jedem Symbol von Linear B eine zweistellige Nummer zu (Tabelle 18). Anhand dieser Nummern können die Wörter in Tabelle 17 so geschrieben werden, wie in Tabelle 19 dargestellt. Beide von Kober vorgestellten Wortgruppen waren vermutlich Substantive, die ihre Endung je nach Fall änderten – Fall 1 etwa konnte der Nominativ sein, Fall 2 der Akkusativ und Fall 3 der Dativ. Klar ist, daß die ersten beiden Zeichen beider Wortgruppen (25-67- und 70-52-) jeweils Stämme bilden, da sie unabhängig vom Fall wiederholt werden. Allerdings ist das dritte Zeichen ziemlich rätselhaft. Wenn das dritte Zeichen zum Stamm gehören würde, dann sollte es bei einem gegebenen Wort, gleich in welchem grammatischen Fall, unverändert bleiben, doch dies trifft nicht zu. In Wort A ist für die Fälle 1 und 2 das dritte Zeichen die Nummer 37, für Fall 3 jedoch die Nummer 05. In Wort B ist für die Fälle 1 und 2 das dritte Zeichen 41, doch für Fall 3 ist es 12. Wenn also das dritte Zeichen nicht zum Stamm gehört, dann vielleicht zur Endung, doch dies wäre gleichermaßen merkwürdig. Bei einem bestimmten Fall sollte die Endung unabhängig vom Wort dieselbe sein, doch bei den Fällen 1 und 2 ist das dritte Zeichen in Wort A 37, in Wort B jedoch 41, und bei Fall 3 ist das dritte Zeichen in Wort A 05, in Wort B jedoch 12.

Die dritten Zeichen widersprachen allen Erwartungen, weil sie offenbar weder zum Stamm noch zur Endung gehörten. Kober löste das Rätsel, indem sie zunächst die Theorie ins Spiel brachte, daß jedes

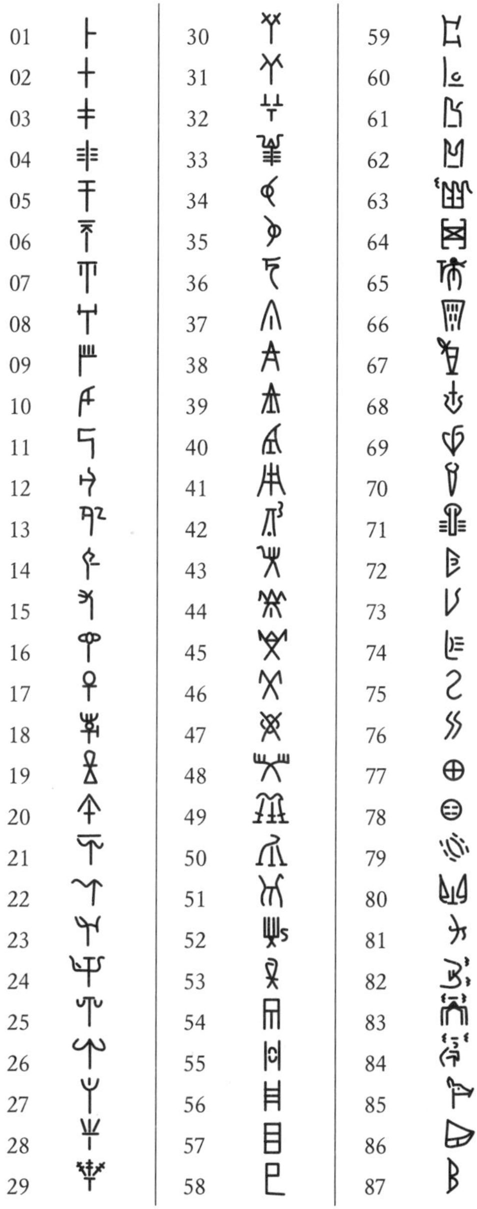

Tabelle 18: Die Zeichen von Linear B mit ihren Nummern.

Zeichen eine Silbe darstellt, vermutlich eine Kombination von Konsonant mit nachfolgendem Vokal. Dann stellte sie die These auf, die dritte Silbe könnte eine Art Brückensilbe sein, zum Teil Stamm, zum Teil Endung. Der Konsonant würde dann zum Stamm beitragen, der Vokal zur Endung. Um ihre These zu illustrieren, zog sie ein Beispiel aus der akkadischen Sprache heran, die ebenfalls Brückensilben kennt und stark beugend ist. *Sadanu* ist ein akkadisches Substantiv in Fall 1, das sich in Fall 2 zu *sadani* und in Fall 3 zu *sadu* ändert (Tabelle 20). Klar ist, daß die drei Wörter aus einem Stamm, sad-, einer Endung, -anu (Fall 1), -ani (Fall 2) oder -u (Fall 3) bestehen, mit -da-, -da- oder -du als Brückensilbe. Die Brückensilbe in den Fällen 1 und 2 ist dieselbe, im Fall 3 jedoch eine andere. Dies ist genau das Muster, das sich in den Linear-B-Wörtern feststellen läßt – das dritte Zeichen in Kobers Drillingen mußte eine Brückensilbe sein.

	Wort A	Wort B
Fall 1	25-67-37-57	70-52-41-57
Fall 2	25-67-37-36	70-52-41-36
Fall 3	25-67-05	70-52-12

Tabelle 19: Die beiden gebeugten Linear-B-Wörter in der Nummerndarstellung.

Allein die Feststellung, daß Linear B eine Sprache mit Beugung ist und Brückensilben besitzt, hieß, daß Kober bei der Entzifferung der minoischen Schrift größere Fortschritte gemacht hatte als alle Kollegen. Doch war dies nur der Anfang. Sie stand kurz vor einer noch erstaunlicheren Schlußfolgerung. In dem Beispiel aus der akkadischen Sprache wechselt die Brückensilbe von *-da-* zu *-du,* doch der Konsonant ist in beiden Silben derselbe. Auch die Linear-B-Silben 37 und 05 in Wort A müssen, wenn sie Brückensilben sind, denselben Konsonanten haben, und das gleiche gilt für die Silben 41 und 12 in Wort B. Zum ersten Mal, seit Evans Linear B entdeckt hatte, begannen Tatsachen über den phonographischen Charakter der Zeichen ans Licht zu kommen. Kober konnte nun auch eine weitere Gruppe von Beziehungen der Zeichen untereinander dingfest machen: Es ist klar, daß die Linear-B-Wörter A und B in Fall 1 dieselbe Endung haben müssen. Allerdings wechselt die Brückensilbe von 37 zu 41. Daraus ist zu folgern, daß die Zeichen 37 und 41 Silben mit unterschiedlichen Konsonanten, aber identischen Vokalen darstellen. Dies würde erklären, warum die beiden Zeichen unterschiedlich sind, doch für beide Wörter dieselbe Endung aufrechterhalten. Ähnlich verhält es sich mit den Substantiven im grammatischen Fall 3. Die Silben 05 und 12 haben einen gemeinsamen Vokal, jedoch unterschiedliche Konsonanten.

Fall 1	sa-da-nu
Fall 2	sa-da-ni
Fall 3	sa-du

Tabelle 20: Brückensilben im akkadischen Substantiv *sadanu*

Kober konnte nicht sagen, welcher Vokal genau den Silbenzeichen 05 und 12 sowie 37 und 41 gemeinsam ist; ebensowenig konnte sie feststellen, welcher Konsonant 37 und 05 sowie 41 und 12 gemeinsam ist. Allerdings hatte sie unabhängig von den konkreten Lautwerten notwendige Beziehungen zwischen bestimmten Zeichen ausfindig gemacht. Sie faßte ihre Ergebnisse als »Grid« in Form eines Silbengitters zusammen, wie in Tabelle 21 dargestellt. Anders gesagt, Kober hatte keine Ahnung, welche Silbe von Zeichen 37 dargestellt wird, wußte jedoch, daß sie ihren Konsonanten mit Zeichen 05 und ihren Vokal mit Zeichen 41 teilte. Auch hatte sie keine Ahnung, welche Silbe von Zeichen 12 dargestellt wird, doch wußte sie, daß es den gleichen Konsonanten wie Zeichen 41 und den gleichen Vokal wie Zeichen 05 besaß. Sie wandte ihr Verfahren auch auf andere Wörter an und stellte schließlich ein Gitter aus zehn Zeichen zusammen, zwei Vokale breit und fünf Konsonanten hoch. Durchaus möglich, daß Kober auch der nächste entscheidende Schritt der Entzifferung gelungen wäre und sie sogar die ganze Schrift geknackt hätte, doch konnte sie die Früchte ihrer Arbeit nicht mehr ernten. Im Jahr 1950 starb sie mit dreiundvierzig Jahren an Lungenkrebs.

Eine leichtfertige Abschweifung

Nur wenige Monate vor ihrem Tod erhielt Alice Kober einen Brief von Michael Ventris, einem englischen Architekten, den Linear B seit seiner Kindheit gefesselt hatte. Ventris wurde am 12. Juli 1922 als Sohn eines englischen Offiziers und seiner polnischstämmigen Frau geboren. Die Mutter vor allem war es, die das archäologische Interesse in ihm weckte: Regelmäßig ging sie mit ihm ins Britische Museum, wo der die Wunder der Alten Welt bestaunen konnte. Michael war ein aufgeweckter Junge mit einer überquellenden Begabung für Sprachen. Zu Beginn seiner Schulzeit ging er in die Schweiz, nach Gstaad, und bald sprach er fließend Französisch und Deutsch. Dann, im Alter von sechs Jahren, brachte er sich Polnisch bei.

	Vokal 1	Vokal 2
Konsonant I	37	05
Konsonant II	41	12

Tabelle 21: Kobers Gitter für die Beziehungen zwischen den Linear-B-Zeichen.

Wie Jean-François Champollion entwickelte Ventris eine frühe Vorliebe für alte Schriften. Mit sieben arbeitete er ein Buch über ägyptische Hieroglyphen durch, eine beeindruckende Leistung, vor allem wenn man bedenkt, daß das Werk auf deutsch verfaßt war. Dieses Interesse an den Schriften alter Kulturen ließ auch nicht nach, als er älter wurde. Im Jahr 1936 fand es weitere Nahrung, als der vierzehnjährige Michael einen Vortrag von Sir Arthur Evans besuchte, dem Entdecker von Linear B. Ventris erfuhr von der minoischen Kultur und dem Geheimnis von Linear B und schwor sich, die Schrift zu entziffern. An diesem Tag entflammte eine Leidenschaft, die ihn während seines kurzen, aber außergewöhnlichen Lebens begleiten sollte.

Im Alter von nur achtzehn Jahren faßte er seine ersten Überlegungen zu Linear B in einem Artikel zusammen, der später im hochangesehenen *American Journal of Archaeology* veröffentlicht wurde. Als er den Artikel einreichte, vermied er es sorgfältig, den Herausgebern sein Alter preiszugeben, aus Furcht, nicht ernstgenommen zu werden. Seine Arbeit stützte vehement Sir Arthurs Kritik an der These, Linear B stelle Griechisch dar: »Die Hypothese, wonach das Minoische Griechisch sein könnte, beruht natürlich auf einer willkürlichen Mißachtung historischer Wahrscheinlichkeit.« Er selbst glaubte, Linear B sei mit dem Etruskischen verwandt, ein gut begründeter Standpunkt, denn es gab Hinweise, daß die Etrusker, die sich in Italien angesiedelt hatten, aus der Ägäis gekommen waren. Zwar unternahm er in seinem Artikel keinen Entzifferungsversuch, doch der Schluß kündete von Zuversicht: »Es ist möglich.«

Ventris wurde Architekt und nicht professioneller Archäologe, doch seine Leidenschaft galt weiterhin der Schrift Linear B, die er in seinen Mußestunden eingehend studierte. Als er von Alice Kobers Arbeit hörte, wollte er mehr von ihren Fortschritten erfahren und bat sie brieflich um Einzelheiten. Zwar starb sie, bevor sie antworten konnte, doch ihre Ideen lebten in ihren Veröffentlichungen fort, die Ventris gründlich durcharbeitete. Die Stärke von Kobers Gitter (Tabelle 21) war ihm durchaus klar, und er versuchte, neue Wörter mit gemeinsamen Stämmen und Brückensilben zu finden. Er ergänzte ihr Silbengitter mit neuen Zeichen, die weitere Vokale und Konsonanten enthielten. Dann, nach einem Jahr intensiver Arbeit, fiel ihm etwas Merkwürdiges auf – etwas, das offenbar auf eine Ausnahme zu der Regel schließen ließ, daß alle Linear-B-Zeichen Silben darstellen.

Es herrschte weithin Übereinstimmung, daß jedes Linear-B-Zeichen eine Kombination aus Konsonant und Vokal (KV) darstellte. Um ein Wort zu »buchstabieren«, mußte man es daher in seine KV-Bestandteile auflösen. Das deutsche Wort Minute zum Beispiel würde als Mi-nu-te buchstabiert, als eine Folge von drei KV-Silben. Allerdings lassen sich viele Wörter nicht einfach in KV-Silben zerlegen. Wenn wir etwa das Wort »tolerable« in Buchstabenpaare zerlegen, bekommen wir to-le-ra-bl-e, was problematisch ist, weil es nicht aus einer Reihe von KV-Silben besteht: wir haben eine Doppelkonsonant-Silbe und ein übriges -e am Schluß. Ventris nahm an, daß die Minoer dieses Problem überwanden, indem sie ein stummes i einfügten, um eine kosmetische -bi- Silbe zu schaffen, so daß das Wort nun als to-le-ra-bi-le geschrieben werden kann, also mit einer Verknüpfung von KV-Silben.

Allerdings bleibt das Wort intolerable problematisch. Wiederum ist es nötig, stumme Vokale einzufügen, diesmal hinter dem n und dem b, um KV-Silben zu erhalten. Zudem muß etwas mit dem einzelnen Vokal i am Anfang des Wortes geschehen: i-ni-to-le-ra-bi-le. Das erste i kann nicht einfach in eine KV-Silbe verwandelt werden, weil ein stummer Konsonant am Beginn eines Wortes leicht Verwirrung stiften würde. Ventris schloß, daß es Linear-B-Zeichen geben mußte, die einzelne Vokale darstellten und in Wörtern verwendet wurden, die mit einem Vokal begannen. Diese Zeichen wären leicht auszumachen, denn sie würden nur am Beginn von Wörtern auftau-

Abbildung 60: Michael Ventris.

chen. Ventris zählte aus, wie oft jedes Zeichen am Beginn, in der Mitte und am Ende eines Wortes erschien. Er stellte fest, daß zwei bestimmte Zeichen, 08 und 61, vorwiegend an den Wortanfängen zu finden waren, und zog den Schluß, daß sie nicht Silben, sondern einzelne Vokale darstellten.

Ventris veröffentlichte seine Überlegungen zu den Vokalzeichen und sein erweitertes Silbengitter in einer Reihe von Werknotizen, die er an die anderen Linear-B-Forscher schickte. Am 1. Juni 1952 veröffentlichte er sein wichtigstes Resultat als Werknotiz 20, die einen Wendepunkt in der Entzifferung von Linear B darstellt. Er hatte die letzten beiden Jahre damit verbracht, Kobers Gitter zu der in Tabelle 22 (s.u., S. 284) gezeigten Version zu erweitern. Das Gitter bestand aus 5 Vokalspalten und 15 Konsonantenzeilen, insgesamt aus 75 Zellen, mit weiteren 5 Zellen für die reinen Vokalzeichen. Ventris hatte etwa die Hälfte der Zellen mit Zeichen gefüllt. Das Gitter ist eine Schatztruhe aus Informationen. Zum Beispiel läßt sich aus der sechsten Reihe schließen, daß die Silbenzeichen 37, 05 und 69 denselben Konsonanten, nämlich VI, besitzen, doch unterschiedliche Vokale, 1, 2 und 4, enthalten. Ventris hatte keine Ahnung von den genauen Werten des Konsonanten VI und der Vokale 1, 2 und 4, und bislang hatte er der Versuchung widerstanden, irgendwelchen Zeichen Lautwerte zuzuordnen. Allerdings war er nun bereit, ein paar Eingebungen zu folgen, versuchsweise einige Lautwerte einzusetzen und zu sehen, was passierte.

Ventris war aufgefallen, daß auf mehreren Linear-B-Täfelchen immer wieder drei Wörter auftauchten: 08-73-30-12, 70-52-12 und 69-53-12. Schlichte Intuition sagte ihm, diese Wörter könnten die Namen wichtiger Städte sein. Ventris hatte bereits spekuliert, daß das Zeichen 08 ein Vokal sein könnte, also begann der Name der ersten Stadt vielleicht mit einem Vokal. Der einzige bedeutende Name, der dazu paßte, war Amnisos, eine wichtige Hafenstadt. Wenn er recht hatte, dann mußten das zweite und das dritte Zeichen, 73 und 30, -mi- und -ni- darstellen. Diese beiden Silben enthalten mit i denselben Vokal, so daß die Nummern 73 und 30 in derselben Vokalspalte des Gitters auftauchen mußten, und das taten sie. Das letzte Zeichen, 12, mußte dann für -so- stehen, für das letzte s jedoch blieb nichts übrig.

		Vokale				
		1	2	3	4	5
Konsonanten	I					57
	II	40		75		54
	III	39				03
	IV		36			
	V		14			01
	VI	37	05		69	
	VII	41	12			31
	VIII	30	52	24	55	06
	IX	73	15			80
	X		70	44		
	XI	53				76
	XII		02	27		
	XIII					
	XIV			13		
	XV		32	78		
	Reine Vokale		61			08

Tabelle 22: Ventris' erweitertes Gitter für die Beziehungen der Linear-B-Silbenzeichen. Zwar sagt das Gitter nichts über bestimmte Konsonanten oder Vokale aus, doch es zeigt, welche Zeichen gemeinsame Vokale und Konsonanten besitzen. Zum Beispiel teilen sich alle Zeichen in der ersten Spalte denselben Vokal mit der Nummer 1.

Ventris beschloß, das Problem des fehlenden letzten s vorerst zurückzustellen und erprobte folgende Übersetzung:

Stadt 1 = 08-73-30-12 = a-mi-ni-so = Amnisos

Das war nur eine Vermutung, doch mit enormen Folgen für Ventris' Gitter. Zum Beispiel befand sich Zeichen 12, das offenbar -so- darstellte, in der zweiten Vokalspalte und in der siebten Konsonantenzeile. Wenn die Vermutung stimmte, dann mußten alle andern Silbenzeichen in der zweiten Vokalspalte den Vokal o enthalten und alle andern Silbenzeichen in der siebten Konsonantenzeile den Konsonanten s.

Als Ventris den zweiten mutmaßlichen Stadtnamen untersuchte, stellte er fest, daß auch er das Zeichen 12, -so-, enthielt. Die beiden anderen Zeichen, 70 und 52, standen in derselben Vokalspalte wie -so-, und das hieß, auch diese Zeichen enthielten den Vokal o. Auch beim zweiten Stadtnamen konnte er jetzt das -so- einfügen, sowie zwei einzelne o, wo sie hingehörten, und die fehlenden Konsonanten erst einmal weglassen. Damit hatte er folgendes in der Hand:

Stadt 2 = 70-52-12 = ?o-?o-so = ?

Konnte es Knossos sein? Die Zeichen konnten ko-no-so darstellen. Wiederum ließ Ventris das Problem des letzten s vorläufig beiseite. Erfreut stellte er fest, daß Zeichen 52, das vermutlich -no- darstellte, in derselben Konsonantenzeile wie Zeichen 30 lag, das vermutete -ni- aus Amnisos. Das stützte die Konstruktion, denn wenn die Silben denselben Konsonanten, n, enthielten, dann mußten sie tatsächlich in derselben Konsonantenzeile liegen. Anhand des Silbenertrags aus Knossos und Amnisos setzte er folgende Buchstaben in den dritten Stadtnamen ein:

Stadt 3 = 69-53-12 = ??-?i-so

Der einzige Name, der zu passen schien, war Tulissos (tu-li-so), eine wichtige Stadt in Zentralkreta. Wiederum fehlte das letzte s, und erneut stellte Ventris das Problem zurück. Er hatte nun versuchsweise drei Ortsnamen und die Lautwerte von acht verschiedenen Zeichen erschlossen:

Stadt 1 =	08-73-30-12	= a-mi-ni-so	= Amnisos
Stadt 2 =	70-52-12	= ko-no-so	= Knossos
Stadt 3 =	69-53-12	= tu-li-so	= Tulissos

Acht Zeichen waren damit identifiziert, und die Folgen waren beeindruckend. Ventris konnte nun vielen weiteren Zeichen im Gitter Konsonanten- oder Vokalwerte zuordnen, sofern sie in derselben Zeile oder Spalte wie die acht genannten lagen. Viele Zeichen gaben einen Teil ihres Silbengehalts preis, und einige ließen sich vollständig identifizieren. Zum Beispiel liegt Zeichen 05 in derselben Spalte wie 12 (so), 52 (no) und 70 (ko) und muß daher o als Vokal enthalten. Weiterhin liegt Zeichen 05 ist in derselben Zeile wie Zeichen 69 (tu) und muß daher t als Konsonanten enthalten. Zeichen 05 stellt also die Silbe -to- dar. Schließlich liegt Zeichen 31 in derselben Spalte wie Zeichen 08, der a-Spalte, und in derselben Zeile wie Zeichen 12, der s-Zeile. Daher stellt Zeichen 31 die Silbe -sa- dar.

Die Erschließung der Silbenwerte dieser beiden Zeichen, 05 und 31, war besonders wichtig, weil Ventris damit die Möglichkeit bekam, zwei ganze Wörter zu lesen, 05-12 und 05-31, die oft am Schluß der Listen auftauchten. Ventris wußte bereits, daß das Zeichen 12 die Silbe -so- darstellte, weil dieses Zeichen in dem Wort für Tulissos auftauchte, und so konnte er 05-12 als to-so lesen. Das andere Wort, 05-31, ergab dann to-sa. Ein verblüffendes Resultat. Diese Wörter fanden sich in den letzten Zeilen von Listen, und Fachleute hatten deshalb vermutet, daß dies »insgesamt« bedeuteten. Ventris las sie jetzt als toso und tosa, auffallend ähnlich den altgriechischen Wörtern *tossos* und *tossa,* männlich und weiblich für »so viel(e)«. Seit er mit vierzehn Jahren Sir Arthur Evans' Vortrag gehört hatte, war er überzeugt davon gewesen, daß die Minoer nicht griechisch gesprochen haben konnten. Nun entdeckte er Wörter, die offensichtlich die Auffassung belegten, daß die Sprache von Linear B das Griechische war.

Die alte kyprische Schrift hatte der Forschung schon früh vermeintliche Belege dafür geliefert, daß Linear B nicht Griechisch sein konnte, denn sie ließ vermuten, daß die Linear-B-Wörter selten mit s endeten, während dies bei griechischen Wörtern sehr häufig vorkommt. Ventris hatte entdeckt, daß die Linear-B-Wörter tatsächlich kaum mit s enden, doch wohl nur deshalb, weil das s aufgrund einer Schreibregel einfach weggelassen wurde. Amnisos, Knossos, Tulissos und *tossos* wurden alle ohne s hingeschrieben, was darauf hindeutete, daß die Schreiber sich einfach nicht darum kümmerten und es den Lesern überließen, die offensichtliche Lücke zu füllen.

Ventris entzifferte bald auch ein paar andere Wörter, die ebenfalls Ähnlichkeit mit dem Griechischen aufwiesen, er war jedoch immer noch nicht völlig überzeugt, daß Linear B eine Schrift des Griechischen war. Theoretisch konnten die wenigen von ihm entdeckten Wörter als Übernahmen aus dem Griechischen in die minoische Sprache abgetan werden. Ein Ausländer, der in einem deutschen Hotel ankommt, mag Wörter wie »Lounge« oder »Lift« aufschnappen, doch sollte er deshalb nicht glauben, daß die Deutschen englisch sprechen. Zudem stieß Ventris auf Wörter, die ihm unverständlich blieben, was weiterhin auf eine bislang unbekannte Sprache hindeutete. In Werknotiz 20 unterschlug er zwar die Überlegung nicht, es könnte sich um Griechisch handeln, doch er bezeichnete sie als »leichtfertige Abschweifung« und schloß: »Diese Entzifferungsspur wird, wenn wir sie weiter verfolgen, vermutlich irgendwann an einem toten Punkt enden oder sich ad absurdum führen.«

Trotz seiner Vorbehalte verfolgte Ventris diesen Weg weiter. Noch während Werknotiz 20 verteilt wurde, entdeckte er weitere griechische Wörter. Er konnte *poimen* (Hirt), *kerameus* (Töpfer), *chrysoworgos* (Goldschmied) und *chalkeus* (Bronzeschmied) identifizieren und übersetzte sogar einige ganze Sätze. Bislang verstellte ihm keine der befürchteten Widersinnigkeiten den Weg. Zum ersten Mal seit dreitausend Jahren begann die stumme Schrift Linear B flüsternd ihre Stimme zu erheben, und ihre Sprache war zweifellos das Griechische.

In dieser Zeit der raschen Fortschritte wurde Ventris von der BBC gebeten, von dem Geheimnis der minoischen Schriften zu erzählen. Er beschloß, diese Gelegenheit beim Schopfe zu packen und seine Entdeckung der Öffentlichkeit vorzustellen. Nach einer eher trockenen Darstellung der minoischen Geschichte und von Linear B verkündete er eine wissenschaftliche Revolution: »In den letzten fünf Wochen bin ich zu dem Schluß gekommen, daß die Tafeln von Knossos und Pylos entgegen allen Bedenken in Griechisch verfaßt sein müssen – ein schwieriges und archaisches Griechisch, immerhin fünfhundert Jahre älter als Homer und in recht verkürzter Gestalt, und nichtsdestotrotz Griechisch.« Unter seinen Hörern war John Chadwick, ein Forscher in Cambridge, der seit den dreißiger Jahren an der Entzifferung von Linear B interessiert war. Während des Krieges hatte er als Kryptoanalytiker in Alexandria gearbeitet, wo er italienische Chiffren entschlüsselte, später dann in Bletchley Park, wo er an japanischen Geheimtexten arbeitete. Nach dem Krieg versuchte er erneut, Linear B zu entziffern, diesmal mit den Methoden, die er bei der Arbeit an militärischen Codes gelernt hatte. Leider hatte er wenig Erfolg.

Als Chadwick das Radiogespräch hörte, versetzte ihm die scheinbar groteske Behauptung von Ventris einen Schock. Chadwick und die Mehrheit der Fachgelehrten, die die Sendung gehört hatten, taten Ventris' Arbeit als die eines Amateurs ab – die es in der Tat war. Allerdings war Chadwick klar, daß man ihn als Dozenten für Griechisch mit Fragen zum Thema löchern würde, und um sich auf den Ansturm vorzubereiten, beschloß er, Ventris' Argumente im einzelnen zu prüfen. Er besorgte sich Ventris' Werknotizen und arbeitete sie durch, in der selbstverständlichen Erwartung, sie wissenschaftlich zerfleddern zu können. Innerhalb von ein paar Tagen jedoch wurde der skeptische Gelehrte zu einem der ersten Verfechter von Ventris' Theorie, Linear B sei eine Schrift des Griechischen. Chadwick lernte bald den jungen Architekten zu bewundern:

Abbildung 61: John Chadwick.

Sein Verstand arbeitete erstaunlich schnell, so daß er alle Folgen eines Vorschlags durchdacht hatte, bevor man ihn vollständig dargelegt hatte. Er hatte einen scharfen Sinn für praktische Lebensumstände. Die Mykener waren für ihn nicht vage Abstraktionen, sondern lebendige Menschen, deren Gedanken er durchschaute. Er selbst legte Wert auf die visuelle Seite des Problems und machte sich so vertraut mit der äußeren Gestalt der Texte, daß ganze Teile davon als Bilder in seinem Kopf fest eingeprägt waren, lange bevor die Entzifferung ihnen eine Bedeutung verlieh. Aber ein nur photographisches Gedächtnis war nicht genug, und gerade hier kam ihm seine Übung als Architekt zustatten. Das Auge des Architekten sieht ein Gebäude nicht als bloße Fassade, nicht als ein Durcheinander von schmückenden und tragenden Elementen, es erkennt hinter dem äußeren Schein die wesentlichen Teile des Ganzen, den stützenden Aufbau und das Gebälk. So konnte Ventris auch unter der verwirrenden Mannigfaltigkeit der geheimnisvollen Zeichen Ordnungen und Regelmäßigkeiten sehen, welche die dahinter bestehende Struktur verrieten. Diese Eigenschaft, die Gabe, in scheinbarer Verwirrung Ordnung zu sehen, kennzeichnet das Vermögen aller großen Männer.

Allerdings fehlte es Ventris an einem bestimmten Fachwissen, nämlich einer gründlichen Kenntnis des Griechischen. Ventris' kannte das Griechische nur aus seiner Schulzeit und konnte deshalb seine bahnbrechenden Erkenntnisse nicht zur Gänze ausschöpfen. So konnte er sich aus einigen der entzifferten Wörter keinen Reim machen, weil sie nicht zu seinem griechischen Wortschatz gehörten. Chadwicks Fachgebiet war die griechische Philologie, das Studium der historischen Entwicklung der griechischen Sprache, und so war er bestens gerüstet, um zu zeigen, daß diese problematischen Wörter durchaus zu den Theorien über die ältesten Formen des Griechischen paßten. Chadwick und Ventris bildeten das ideale Forscherpaar.

Das Griechische Homers ist dreitausend Jahre alt, doch das Griechische von Linear B ist noch fünfhundert Jahre älter. Um es zu übersetzen, mußte Chadwick vom gesicherten Altgriechisch aus die Wörter von Linear B erschließen und dabei die drei Wege berücksichtigen, auf denen sich eine Sprache entwickelt. Erstens ändert sich die Aussprache im Lauf der Zeit. Beispielsweise wandelt sich das griechische Wort für »Badeingießer« von *lewotrochowoi* in Linear B zu *loutrochooi* in Homers Zeit. Zweitens ändert sich die Grammatik. So lautet etwa die Genitiv-Endung in Linear B *-oio,* im klassischen Griechischen jedoch *-ou.* Schließlich kann sich auch der Wortschatz drastisch ändern. Einige Wörter bilden sich neu, andere sterben aus, wieder andere ändern ihre Bedeutung. In Linear B bedeutet *harmo* »Rad«, doch im jüngeren Griechisch bedeutet dasselbe Wort »Pferdewagen«. Chadwick verglich dies mit dem englischen Wort »wheels« (Räder), das im heutigen Englisch auch »Auto« bedeuten kann.

Mit Ventris' Entzifferungstalent und Chadwicks eingehender Kenntnis des Griechischen gelang es dem Duo, den Rest der Welt davon zu überzeugen, daß Linear B tatsächlich Griechisch ist. Jeden Tag ging es mit der Übersetzung schneller. Chadwick schreibt in seinem Buch über die gemeinsame Arbeit, *Linear B – die Entzifferung der Mykenischen Schrift:*

> Die Kunst des Entzifferns besteht aus scharfsinniger Denkarbeit und deren Prüfung am Textmaterial; Hypothesen werden geschmiedet, gewogen und gar oft zu leicht befunden. Aber das Wenige, das allen Prüfungen standgehalten hat, nimmt doch zu, bis schließlich der Entzifferer festen Grund unter seinen Füßen spürt: Seine Hypothesen bestätigen einander, und da und dort springt der Sinn aus seiner Verhüllung heraus; der Code hat nachgegeben. Diesen Augenblick hat man dann erreicht, wenn die einzelnen Resultate sich schneller einstellen, als man ihre Konsequenzen auszuschöpfen vermag. Es ist wie die Auslösung einer Kettenreaktion in der Atomphysik: Ist die kritische Schwelle überschritten, so läuft der Prozeß von selber weiter. Aber nur bei Versuchen an den einfachsten Geheimschriften verläuft er mit explosiver Heftigkeit. In den schwierigeren Fällen bleibt dann noch viel zu tun, und die kleinen Textstellen, die einen Sinn ergeben, bleiben, selbst wenn sie sichere Beweise für den Erfolg sind, doch eine Zeitlang ohne Zusammenhang; erst allmählich füllt sich das Bild aus.

Es sollte nicht lange dauern, bis sie ihre Meisterschaft bewiesen, indem sie sich kurze Notizen in Linear B schickten.

Ein vorläufiger Test für die Genauigkeit einer Entzifferung ist die Zahl der Götter in einem Text. In den Jahren zuvor hatten alle, die auf dem Holzweg gewesen waren, unsinnige Wörter produziert, die sie dann zu Namen bislang unbekannter Götter erklärten. Chadwick und Ventris jedoch legten nur vier Götternamen vor, allesamt gut bekannt.

Zufrieden mit ihrer Untersuchung faßten sie ihre Arbeit im Jahr 1953 in einem Artikel zusammen. Der bescheidene Titel des Aufsatzes im *Journal of Hellenic Studies* lautete »Hinweise auf einen griechischen Dialekt in den mykenischen Archiven«. In der Folgezeit wurde Archäologen auf der ganzen Welt allmählich klar, daß sie Zeugen einer Revolution waren. In einem Brief an Ventris faßte der deutsche Wissenschaftler Ernst Sittig die Stimmung der akademischen Gemeinde in die Worte: »Ich wiederhole: Ihre Beweisführungen sind kryptographisch das Interessanteste, von dem ich je gehört habe, und wirklich faszinierend. Wenn Sie recht haben, werden die Methoden der Archäologie, Ethnologie, Geschichtsforschung und Philologie der letzten fünfzig Jahre ad absurdum geführt.«

Die Linear-B-Tafeln widersprachen fast allem, was Arthur Evans und seine Generation verkündet hatten. Zunächst einmal hatte man es mit der schlichten Tatsache zu tun, daß Linear B Griechisch war. Wenn zweitens die Minoer auf Kreta griechisch gesprochen hatten, dann waren die Archäologen gezwungen, ihre Auffassungen von der minoischen Geschichte neu zu überdenken. Nun schien es, daß Mykene die herrschende Macht in der Region war, das minoische Kreta hingegen nur ein nachrangiger Staat, dessen Menschen die Sprache ihrer mächtigeren Nachbarn sprachen. Allerdings gibt es Hinweise, wonach Minoa vor 1450 v. Chr. tatsächlich ein unabhängiger Staat mit eigener Sprache war. Um 1450 trat Linear B an die Stelle von Linear A, und obwohl sich die beiden Schriften recht ähnlich sehen, hat noch niemand Linear A entziffert. Linear A stellt daher wahrscheinlich eine von Linear B deutlich unterschiedene Sprache dar. Durchaus möglich ist, daß die Mykener um 1450 die Minoer unterwarfen, ihnen ihre Sprache aufzwangen und Linear A zu Linear B umgestalteten, so daß es als Schrift für das Griechische dienen konnte.

Die Entzifferung von Linear B trug nicht nur zur umfassenden Klärung des historischen Hintergrunds bei, sie füllte auch einige kleinere Wissenslücken. So ist es bei Ausgrabungen in Pylos nie gelungen, in dem prächtigen Palast, der einst durch Feuer zerstört wurde, irgendwelche wertvollen Gegenstände ans Licht zu bringen. Dies hat zu der Vermutung geführt, daß der Palast durch Eroberer absichtlich niedergebrannt wurde, allerdings nicht bevor sie seine Schätze geraubt hatten. Während die Linear-B-Tafeln von Pylos nicht direkt von einem solchen Angriff künden, weisen sie doch auf Vorbereitungen für eine Invasion hin. Auf einer Tafel ist der Aufbau einer speziellen Militäreinheit zum Schutz der Küste beschrieben, während auf einer anderen die Beschlagnahme von bronzenen Ornamenten geschildert wird, die zu Speerspitzen umgegossen wurden. Eine dritte Tafel, weniger gut gegliedert als die andern beiden, beschreibt ein besonders kompliziertes Tempelritual, vielleicht mit Menschenopfern. Die meisten Linear-B-Tafeln sind feinsäuberlich geschrieben, was darauf hindeutet, daß die Schreiber erst einen Entwurf machten, der später wieder aufgelöst wurde. Auf der Entwurftafel finden sich jedoch große Lücken, halbe Zeilen und Text, der über die Ränder auf die andere Seite quillt. Möglich ist auch, daß auf der Tafel eine Bitte um göttliche Hilfe angesichts einer Invasion festgehalten ist, die Tafel jedoch nicht mehr ins Reine geschrieben werden konnte, weil der Palast gestürmt wurde.

Der Großteil der Linear-B-Tafeln enthält Güterlisten und beschreibt daher alltägliche Geschäfte. Die Güter und landwirtschaftlichen Produkte sind im einzelnen beschrieben, was auf die Existenz einer Bürokratie schließen läßt, die anderen in der Geschichte keineswegs nachsteht. Chadwick verglich das Tafel-Archiv mit dem Reichsgrundbuch Englands aus dem elften Jahrhundert, und Professor Denys Page bemerkt zur Detailgenauigkeit: »Schafe mögen bis zu einer beeindruckenden Gesamtzahl von Fünfundzwanzigtausend gezählt werden; doch muß es auch noch einen Zweck gehabt haben, die Tatsache festzuhalten, daß *ein* Tier von Komawens beigesteuert wurde... Man gewinnt den Eindruck, daß kein Korn gesät, kein

Gramm Bronze bearbeitet, kein Gewand gewoben, kein Esel aufgezogen und kein Schwein gemästet werden konnte, ohne daß im königlichen Palast eine Formtafel ausgefüllt werden mußte.« Diese Palastakten mögen von Alltagsgeschäften künden, doch haftet ihnen etwas Faszinierendes an, da sie ja untergründig mit der *Odyssee* und der *Ilias* verwandt sind. Während die Schreiber in Knossos und Pylos die täglichen Geschäfte festhielten, tobte der Trojanische Krieg. Die Sprache von Linear B ist die Sprache des Odysseus.

Am 24. Juni 1953 hielt Ventris einen öffentlichen Vortrag, in dem der die Entzifferung von Linear B darstellte. Am Tag darauf berichtete die *Times* darüber, neben einem Kommentar über die soeben gelungene Erstbesteigung des Everest. Daraufhin wurde Ventris' und Chadwicks Leistung die »Everestbesteigung der griechischen Archäologie« getauft. Im folgenden Jahr beschlossen die beiden, ein dreibändiges Grundlagenwerk über ihre Arbeit zu schreiben, mitsamt einer Darstellung der Entzifferung, einer eingehenden Analyse von 300 Tafeln, einem Wörterbuch mit 630 mykenischen Wörtern und einer Liste der Lautwerte für fast alle Linear-B-Zeichen, wie in Tabelle 23 (s. u., S. 294) abgedruckt. *Documents in Mycenaean Greek* war im Sommer 1955 vollendet und sollte im Herbst 1956 erscheinen. Wenige Wochen vor der Drucklegung jedoch, am 6. September 1956, starb Michael Ventris. Auf der Heimfahrt auf der Great North Road bei Hatfield stieß er mit einem Lastwagen zusammen. John Chadwick erwies seinem Kollegen Tribut, einem Mann, dessen Genie dem Champollions nicht nachstand und der ebenfalls in tragisch jungem Alter starb: »Sein Werk lebt weiter, und sein Name wird erinnert werden, solange Sprache und Kultur des alten Griechenland studiert werden.«

Nr.	Lautwert	Nr.	Lautwert	Nr.	Lautwert
01	*da*	30	*ni*	59	*ta*
02	*ro*	31	*sa*	60	*ra*
03	*pa*	32	*qo*	61	*o*
04	*te*	33	ra_2	62	*pte*
05	*to*	34		63	
06	*na*	35		64	
07	*di*	36	*jo*	65	*ju*
08	*a*	37	*ti*	66	ta_2
09	*se*	38	*e*	67	*ki*
10	*u*	39	*pi*	68	ro_2
11	*po*	40	*wi*	69	*tu*
12	*so*	41	*si*	70	*ko*
13	*me*	42	*wo*	71	*dwe*
14	*do*	43	*ai*	72	*pe*
15	*mo*	44	*ke*	73	*mi*
16	pa_2	45	*de*	74	*ze*
17	*za*	46	*je*	75	*we*
18		47		76	ra_2
19		48	*nwa*	77	*ka*
20	*zo*	49		78	*qe*
21	*qi*	50	*pu*	79	*zu*
22		51	*du*	80	*ma*
23	*mu*	52	*no*	81	*ku*
24	*ne*	53	*ri*	82	
25	a_2	54	*wa*	83	
26	*ru*	55	*nu*	84	
27	*re*	56	pa_3	85	
28	*i*	57	*ja*	86	
29	pu_2	58	*su*	87	

Tabelle 23: Die Linear-B-Zeichen mit ihren Nummern und Lautwerten.

6

Alice und Bob gehen an die Öffentlichkeit

Während des Zweiten Weltkrieges gewannen die britischen Codebrecher in Bletchley Park vor allem deshalb die Oberhand über die deutschen Kryptographen, weil sie, mit Hilfe der polnischen Vorarbeit, die technischen Grundlagen der automatischen Entschlüsselung schufen. Neben Turings Bomben, mit denen sie die Enigma knackten, entwickelten die Briten die Colossus, eine Maschine, mit der sie ein noch stärkeres Chiffrierverfahren knacken konnten, nämlich die deutsche Lorenz-Chiffre. Es war Colossus, die die Entwicklung der Kryptographie in der zweiten Hälfte des 20. Jahrhunderts prägte.

Die Lorenz-Chiffre, der sogenannte *Schlüsselzusatz,* diente zur Chiffrierung des Nachrichtenverkehrs zwischen Hitler und seinen Generälen. Die dazu eingesetzte Maschine, die Lorenz SZ40, arbeitete ähnlich wie die Enigma, das Gerät war jedoch technisch viel komplizierter und stellte eine noch größere Herausforderung für die Codebrecher von Bletchley dar. Zwei von ihnen jedoch, John Tiltman und Bill Tutte, entdeckten eine Schwachstelle im Gebrauch des Lorenz-Schlüssels, die Bletchley ausnutzen konnte, und schließlich gelang es, Hitlers Funksprüche zu lesen.

Die Lorenz-Chiffre zu knacken war ein Erfolg, der Suchen, Vergleichen, statistische Analyse und erfahrene Urteilskraft zugleich verlangte, wozu die Bomben technisch nicht in der Lage waren. Sie konnten nur eine bestimmte Aufgabe mit hoher Geschwindigkeit lösen, waren aber nicht flexibel genug, um mit den Feinheiten des Lorenz-Schlüssels zurechtzukommen. Lorenz-verschlüsselte Meldungen mußten gleichsam von Hand geknackt werden, in Wochen mühseliger Arbeit, und dann waren die Meldungen schon weitgehend veraltet. Max Newman, als Mathematiker in Bletchley, trug schließlich eine Idee vor, wie die Analyse der Lorenz-Chiffre zu mechanisieren wäre. Auf der Grundlage von Alan Turings Konzept der universellen Maschine entwarf Newman ein Gerät, das in der Lage war, sich an verschiedene Probleme anzupassen. Heute würden wir diese Maschine einen programmierbaren Computer nennen.

Die Leitung von Bletchley hielt es jedoch für technisch unmöglich, Newmans Entwurf umzusetzen, und legte ihn vorerst zu den Akten. Zum Glück beschloß Tommy Flowers, ein Ingenieur, der an den Diskussionen über Newmans Entwurf teilgenommen hatte, trotz aller Vorbehalte die Maschine zu bauen. Im Forschungszentrum der Britischen Post in Dollis Hill im Norden Londons nahm sich Flowers die Blaupause Newmans vor und arbeitete zehn Monate am Bau der Colossus-Maschine. Am 8. Dezember 1943 schließlich brachte er die Colossus nach Bletchley Park. Sie bestand aus 1500 elektrischen Röhren, die um einiges schneller waren als die trägen Relais-Schalter der Bomben. Wichtiger jedoch als die Schnelligkeit der Colossus war die Tatsache, daß sie programmierbar war. Die Maschine war der Vorläufer des modernen digitalen Computers.

Wie alles andere in Bletchley Park wurde auch die Colossus nach dem Krieg zerstört, und allen, die mit ihr gearbeitet hatten, wurde Stillschweigen auferlegt. Als Tommy Flowers den Befehl erhielt, die Pläne für Colossus zu vernichten, trug er sie gehorsam hinunter in den Heizungsraum und verbrannte sie. Die Pläne des ersten Computers der Welt waren für immer verloren. Diese Geheimhaltung hatte zur Folge, daß andere Wissenschaftler die Lorbeeren für die Erfindung des Computers ernteten. Im Jahr 1945 vollendeten J. Presper Eckert und John W. Mauchly von der Universität Pennsylvania den Bau der ENIAC (Electronic Numerical Integrator And Calculator). Sie bestand aus 18000 Röhren, die 5000 Berechnungen pro Sekunde ausführen konnten. Jahrzehntelang galt die ENIAC, nicht die Colossus, als die Mutter aller Computer.

Die Kryptoanalytiker, im Krieg Geburtshelfer des modernen

Computers, setzten auch im Frieden ihre Arbeit an der Entwicklung und Nutzung dieser Technik fort, die alle erdenklichen Verschlüsselungen knacken sollte. Nun konnten sie sich die Schnelligkeit und Flexibilität der programmierbaren Computer zunutze machen, um alle möglichen Schlüssel zu prüfen, bis der richtige gefunden war. Bald darauf jedoch schlugen die Kryptographen zurück und nutzten ihrerseits die Leistungsfähigkeit des Computers, um immer komplexere Chiffriersysteme zu entwickeln. Kurz, der Computer spielte eine entscheidende Rolle in der Nachkriegsschlacht zwischen Verschlüßlern und Codebrechern.

Die Verschlüsselung einer Botschaft mit dem Computer ähnelt weitgehend den herkömmlichen Verfahren. Es gibt nur drei kennzeichnende Unterschiede zwischen der computergestützten und der mechanischen Verschlüsselung, wie sie als Grundlage etwa für die Enigma-Chiffre diente. Der erste Unterschied ist, daß die mechanische Chiffriermaschine durch die bautechnischen Möglichkeiten beschränkt ist, während der Computer eine hypothetische Chiffriermaschine von immenser Komplexität nachahmen kann. Zum Beispiel könnte ein Computer so programmiert werden, daß er die Bewegungen von Hunderten von Walzen simuliert, von denen einige sich im Uhrzeigersinn, andere dagegen drehen, manche nach jedem zehnten Buchstaben verschwinden, andere im Lauf der Verschlüsselung immer schneller rotieren. Eine solche mechanische Maschine wäre praktisch unmöglich zu bauen, doch ihr »virtuelles« Gegenstück im Computer würde eine äußerst starke Chiffre liefern.

Der zweite Unterschied ist schlicht und einfach die Geschwindigkeit. Die Elektronik arbeitet viel schneller als mechanische Walzen: ein Computer, auf dem ein Programm zur Nachahmung der Enigma-Verschlüsselung läuft, kann eine lange Nachricht im Bruchteil einer Sekunde verschlüsseln. Und ein Rechner, der für eine noch komplexere Form der Verschlüsselung programmiert ist, kann seine Aufgabe immer noch in annehmbarer Zeit lösen.

Der dritte und wohl wichtigste Unterschied besteht darin, daß Computer Zahlen und nicht Buchstaben des Alphabets verarbeiten. Computer arbeiten nur mit binären Zahlen (*binary digits* oder Bits), also Folgen von Einsen und Nullen. Jede Nachricht muß daher vor der Verschlüsselung in Binärzahlen verwandelt werden. Dafür gibt es verschiedene Normen, etwa der American Standard Code for Information Interchange, bekannt unter dem Kürzel ASCII. ASCII weist jedem Buchstaben des Alphabets eine siebenstellige binäre Zahl zu. Vorläufig genügt es, wenn wir uns eine solche binäre Zahl einfach als eine Folge von Einsen und Nullen vorstellen, der jeweils genau ein Buchstabe zugeordnet ist (Tabelle 24), wie beim Morsecode jedes Muster aus Punkten und Strichen einem Buchstaben zugeordnet ist. Es gibt 128 (2^7) Möglichkeiten, Nullen und Einsen auf einer Länge von sieben Stellen anzuordnen, daher kann ASCII höchstens 128 Zeichen einer Binärzahl zuordnen. Das genügt vollauf, um alle Kleinbuchstaben zu definieren (so ist a = 1100001), die notwendigen Satzzeichen (z.B. ! = 0100001) sowie eine Reihe anderer Symbole (z.B. & = 0100110). Sobald die Mitteilung in binäre Zahlen verwandelt ist, kann die Verschlüsselung beginnen.

Zwar haben wir es mit Computern und Zahlen zu tun und nicht mit Maschinen und Buchstaben, doch verschlüsselt wird nach wie vor gemäß den altehrwürdigen Grundsätzen der Substitution und Transposition. Die Bausteine der Nachricht werden also durch andere Bausteine ersetzt, oder ihre Positionen werden vertauscht und in manchen Fällen beides zugleich.

Jede Verschlüsselung, wie kompliziert auch immer, kann begriffen werden als Verknüpfung dieser beiden einfachen Vorgänge. Die folgenden zwei Beispiele zeigen, wie einfach im Grunde die Verschlüsselung durch den Computer ist. Sehen wir uns an, wie ein Computer eine elementare Verschlüsselung durch Substitution und durch Transposition erzeugen würde.

Wir wollen die Botschaft HALLO verschlüsseln und entscheiden uns für eine schlichte computergestützte Transposition. Bevor die Verschlüsselung beginnen kann, müssen wir die Botschaft gemäß Tabelle 24 in ASCII übersetzen:

Klartext = HALLO = 1001000 1000001 1001100 1001100 1001111

Eine der einfachsten Formen der Transposition wäre es, die ersten beiden Zahlen zu vertauschen, dann die dritte und vierte und so weiter. In diesem Falle behielte die letzte Zahl ihren Platz, weil die Anzahl der Stellen ungerade ist. Um die Wirkung zu verdeutlichen, habe ich die Leerstellen zwischen den ASCII-Blöcken weggelassen und die beiden Zahlenstränge zum Vergleich untereinandergeschrieben:

Klartext = 10010001000001100110010011001001111
Geheimtext = 01100010000010011001100011000110111

Ein interessanter Aspekt der Transposition auf der Ebene von Binärzahlen ist, daß sie innerhalb eines Buchstabens erfolgen kann. Zudem können Teile eines Buchstabens ihre Plätze mit Teilen anderer Buchstaben tauschen. Wenn zum Beispiel die einundzwanzigste und die zweiundzwanzigste Zahl vertauscht werden, tauscht die letzte 0 von L ihren Platz mit der ersten 1 von E. Die verschlüsselte Botschaft ist eine einzige Folge von 35 Binärzahlen, die dem Empfänger übermittelt wird, der die Transposition dann wieder rückgängig macht und die ursprüngliche Sequenz von Binärzahlen wiederherstellt. Abschließend übersetzt der Empfänger die Binärzahlen aus dem ASCII-Code und erhält die Nachricht HALLO.

A	1	0	0	0	0	0	1		N	1	0	0	1	1	1	0
B	1	0	0	0	0	1	0		O	1	0	0	1	1	1	1
C	1	0	0	0	0	1	1		P	1	0	1	0	0	0	0
D	1	0	0	0	1	0	0		Q	1	0	1	0	0	0	1
E	1	0	0	0	1	0	1		R	1	0	1	0	0	1	0
F	1	0	0	0	1	1	0		S	1	0	1	0	0	1	1
G	1	0	0	0	1	1	1		T	1	0	1	0	1	0	0
H	1	0	0	1	0	0	0		U	1	0	1	0	1	0	1
I	1	0	0	1	0	0	1		V	1	0	1	0	1	1	0
J	1	0	0	1	0	1	0		W	1	0	1	0	1	1	1
K	1	0	0	1	0	1	1		X	1	0	1	1	0	0	0
L	1	0	0	1	1	0	0		Y	1	0	1	1	0	0	1
M	1	0	0	1	1	0	1		Z	1	0	1	1	0	1	0

Tabelle 24: Die Binärzahlen des ASCII-Codes für die Großbuchstaben.

Nehmen wir nun an, wir wollten dieselbe Botschaft, HALLO, diesmal mit einer einfachen Computerversion der Substitutions-Chiffre verschlüsseln. Wiederum verwandeln wir zunächst die Botschaft in ASCII. Wie üblich ist die Grundlage der Substitution ein zwischen Sender und Empfänger vereinbarter Schlüssel. In diesem Fall ist der Schlüssel das Wort DAVID – in den ASCII-Code übertragen und wie folgt eingesetzt: Jeder Baustein des Klartextes wird zu dem entsprechenden Baustein des Schlüssels »hinzuaddiert«. Die Addition von Binärzahlen folgt zwei einfachen Regeln. Wenn die Bausteine im Klartext und im Schlüssel gleich sind, wird der Baustein im Klartext durch eine 0 im Geheimtext ersetzt. Wenn sich die Bausteine in der Botschaft und im Schlüssel unterscheiden, wird der Baustein im Klartext durch eine 1 im Geheimtext ersetzt:

Botschaft	HALLO
Botschaft in ASCII	10010001000001100110010011001001111
Schlüssel = DAVID	10001001000001101011010010011000100
Geheimtext	00011000000000001101000001010001011

Die auf diese Weise erzeugte verschlüsselte Botschaft ist eine ununterbrochene Folge aus 35 Binärzahlen, die dem Empfänger übermittelt wird, der die Substitution mit demselben Schlüssel rückgängig macht. Am Ende überträgt er die Binärzahlen des ASCII-Codes in Buchstaben und erhält das Wort HALLO.

Die computergestützte Verschlüsselung blieb zunächst jenen vorbehalten, die Computer besaßen, und in der Pionierzeit waren dies staatliche Behörden und das Militär. Eine Reihe bahnbrechender wissenschaftlicher und technischer Leistungen machte die Computerverschlüsselung jedoch auch einem breiteren Publikum zugänglich. Im Jahr 1947 wurde bei AT&T Bell Laboratories der Transistor erfunden, eine kostengünstige Alternative zur elektrischen Röhre. Der kommerzielle Einsatz des Computers begann 1951, als Firmen wie Ferranti begannen, auf Bestellung Computer zu bauen. IBM präsentierte 1953 seinen ersten Computer, und vier Jahre später führte es die Programmiersprache Fortran ein, die es allen Interessierten ermöglichte, Computerprogramme zu schreiben. Im Jahr 1959 schließlich läutete die Erfindung des integrierten Schaltkreises eine neue Ära der Computertechnologie ein.

In den sechziger Jahren wurden die Computer leistungsfähiger und zugleich billiger. Immer mehr Unternehmen konnten sich Computer leisten und damit wichtige Mitteilungen, etwa Geldüberweisungen oder vertrauliche Geschäftsberichte verschlüsseln. Während nun ein Unternehmen nach dem andern Computer kaufte und die Verschlüsselung in der Wirtschaft immer gebräuchlicher wurde, ergaben sich für die Kryptographen neue Probleme, die sie nicht gekannt hatten, als die Kryptographie noch Staat und Militär vorbehalten war. Eine der wichtigsten Fragen war die der Standardisierung. Ein Unternehmen konnte zwar ein bestimmtes Verschlüsselungssystem für interne Zwecke verwenden, doch keinem Außenstehenden eine Mitteilung schicken, solange der Empfänger nicht dasselbe System verwendete. Am 15. Mai 1973 schließlich forderte die amerikanische Normenbehörde, die das Problem lösen wollte, offiziell Vorschläge für ein standardisiertes Verschlüsselungssystem an, das es den Unternehmen ermöglichen sollte, geheim mit anderen Unternehmen zu kommunizieren.

Ein recht gebräuchlicher Verschlüsselungs-Algorithmus und als solcher ein Kandidat für den Standard war ein IBM-Produkt namens Lucifer. Entwickelt hatte es Horst Feistel, ein Deutscher, der 1934 nach Amerika emigriert war. Er stand kurz davor, die amerikanische Staatsbürgerschaft zu erhalten, als die USA in den Krieg eintraten und ihn bis 1944 unter Hausarrest stellten. Um nicht das Mißtrauen der amerikanischen Behörden zu wecken, hielt er sich auch noch einige Jahre darauf bedeckt. Als er sich endlich im Forschungszentrum der Luftwaffe in Cambridge mit Verschlüsselung befassen konnte, bekam er bald Probleme mit der National Security Agency (NSA), der amerikanischen Behörde, die für die Sicherung des Nachrichtenverkehrs von Militär und Regierung verantwortlich ist und zudem die Aufgabe hat, den Nachrichtenverkehr anderer Länder abzuhören und zu entschlüsseln. Die NSA beschäftigt mehr Mathematiker, kauft mehr Computer-Hardware und belauscht mehr Gespräche als jede andere Organisation der Welt. Wenn es ums Schnüffeln geht, ist sie die Weltmeisterin.

Die NSA hatte keine Einwände wegen Feistels Herkunft, sie wollte sich nur das Monopol in der kryptographischen Forschung sichern, und offenbar sorgte sie dafür, daß man Feistels Forschungsprojekt einstellte. In den sechziger Jahren ging Feistel zur Firma Mitre, doch die NSA ließ nicht locker und zwang ihn, sein Vorhaben ein weiteres Mal fallenzulassen. Feistel landete schließlich im Thomas J. Watson Laboratory von IBM in New York, wo er mehrere Jahre lang unbehelligt forschen konnte. Dort entwickelte er in den siebziger Jahren das Lucifer-Verfahren.

Lucifer verschlüsselt Nachrichten, indem es sie wie folgt verwirbelt. Zuerst wird der Text in eine lange Reihe binärer Zahlen verwandelt. Dann wird diese Reihe in Blöcke von 64 Zahlen aufgespalten, die je für sich verschlüsselt werden. Drittens werden innerhalb jedes Blockes die Zahlen vertauscht und dann in zwei Halbblöcke aus 32 Zahlen geteilt, genannt Links^0 und Rechts^0. Die Zahlen in Rechts^0 werden daraufhin »in die Mangel genommen«, das heißt, sie werden auf komplizierte Weise substituiert. Das so bearbeitete Rechts^0 wird dann zu Links^0 addiert, es ergibt sich ein neuer Halbblock aus Zahlen mit der Bezeichnung Rechts^1. Das ursprüngliche Rechts^0 wird in Links^1 umbenannt. Diese Schrittfolge wird als »Runde« bezeichnet. Der gesamte Prozeß wird in einer zweiten Runde wiederholt, diesmal mit den neuen Halbblöcken Links^1 und Rechts^1, die schließlich Links^2 und Rechts^2 ergeben. Insgesamt sechzehn Runden werden gespielt. Der Verschlüsselungsvorgang erinnert ein wenig ans Teigkneten. Stellen wir uns eine lange Rolle Teig vor, auf die eine Mitteilung geschrieben ist. Zunächst wird sie in Blöcke von 64 cm Länge geschnitten. Dann nimmt man die eine Hälfte eines Blocks, knetet ihn durch, klappt ihn auf die andere Hälfte und walzt das Ganze zu einem neuen Block aus. Dieser Vorgang wird so lange wiederholt, bis die Nachricht gründlich durchgewalkt ist. Nach 16 Runden Kneten wird der Geheimtext gesendet und dann am anderen Ende durch den umgekehrten Prozeß entschlüsselt.

Die genauen Einzelheiten der Verwirbelungsfunktion können sich ändern und werden durch einen von Sender und Empfänger vereinbarten Schlüssel festgelegt. Mit anderen Worten, dieselbe Nachricht kann auf eine Unzahl verschiedener Weisen verschlüsselt werden, je nachdem, welcher Schlüssel festgelegt wurde. Die in der Computerkryptographie eingesetzten Schlüssel sind nichts weiter als Zahlen. Daher müssen sich Sender und Empfänger nur auf eine Zahl als Schlüssel einigen. Dann gibt der Sender die Schlüsselzahl und die Nachricht in das Programm Lucifer ein, das den Geheimtext erzeugt. Zur Entschlüsselung muß der Empfänger dieselbe Schlüsselzahl und den Geheimtext in Lucifer eingeben, das die ursprüngliche Nachricht wiederherstellt.

Lucifer galt weithin als eines der besten im Handel erhältlichen Verschlüsselungsprodukte und wurde daher von einer Vielzahl von Unternehmen und Institutionen eingesetzt. Es schien kein Weg daran vorbeizuführen, dieses System als amerikanischen Standard zu übernehmen, doch wiederum mischte sich die NSA in Feistels Arbeit ein. Lucifer war so stark, daß es einen Verschlüsselungsstandard zu ermöglichen schien, der über die Dechiffrierfähigkeiten der NSA hinausging. Natürlich wollte man keinen Verschlüsselungsstandard, den man nicht sprengen konnte. Gerüchten zufolge übte die NSA Druck aus mit dem Ziel, einen Kernbestandteil von Lucifer zu schwächen, nämlich die Zahl der möglichen Schlüssel.

Die Zahl der möglichen Schlüssel ist einer der entscheidenden Faktoren für die Stärke von Chiffriersystemen. Ein Kryptoanalytiker, der eine verschlüsselte Botschaft knacken will, könnte versuchen, alle möglichen Schlüssel durchzuprüfen. Je größer die Zahl möglicher Schlüssel, desto länger wird er brauchen, den richtigen zu finden. Wenn es nur 1000000 mögliche Schlüssel gibt, könnte ein Kryptoanalytiker mit einem leistungsfähigen Computer in ein paar Minuten den richtigen finden und dann die abgefangene Nachricht entschlüsseln. Wenn die Zahl der möglichen Schlüssel jedoch groß genug ist, wird es praktisch unmöglich, den richtigen zu finden. Sollte Lucifer der Verschlüsselungsstandard werden, dann wollte die NSA gewährleistet sehen, daß das System nur mit einer begrenzten Zahl von Schlüsseln arbeitete.

Die NSA drängte darauf, die Zahl der Schlüssel auf etwa 100000000000000000 zu begrenzen (in der Fachsprache 56 Bits, weil diese Zahl, binär dargestellt, aus 56 Nullen und Einsen besteht). Offenbar glaubte die NSA, eine solche Obergrenze würde im zivilen

Gebrauch die Sicherheit gewährleisten, weil keine nichtmilitärische Organisation einen Computer besaß, der leistungsfähig genug war, um jeden möglichen Schlüssel in einem vernünftigem Zeitraum zu prüfen. Die NSA selbst jedoch, die über die besten Computer der Welt verfügt, würde gerade noch in der Lage sein, in den verschlüsselten Nachrichtenverkehr einzubrechen. Am 23. November 1976 wurde die 56-Bit-Version von Feistels Lucifer-Chiffre offiziell unter dem Namen Data Encryption Standard (DES) übernommen. Auch noch ein Vierteljahrhundert später ist DES der offizielle amerikanische Verschlüsselungsstandard.

Die Einführung von DES löste die Frage der Standardisierung und ermutigte die Unternehmen, die Kryptographie zu nutzen. DES war stark genug, um Sicherheit gegen Angriffe konkurrierender Firmen zu bieten. Mit einem auf dem nichtmilitärischen Markt erhältlichen Computer war es praktisch unmöglich, eine DES-verschlüsselte Mitteilung zu knacken, weil die Zahl möglicher Schlüssel hinreichend groß war. Trotz der Standardisierung und der Stärke von DES blieb ein Problem zu lösen, nämlich die Frage der *Schlüsselverteilung.*

Nehmen wir an, eine Bank will einem Kunden vertrauliche Daten per Telefon schicken, sorgt sich aber, jemand könnte die Leitung angezapft haben. Die Bank wählt einen Schlüssel und chiffriert das Datenpaket mit DES. Um die Sendung zu entschlüsseln, braucht der Kunde nicht nur eine lauffähige Version von DES auf seinem Computer, er muß auch wissen, welcher Schlüssel verwendet wurde. Wie teilt die Bank ihrem Kunden den Schlüssel mit? Am Telefon kann sie ihn nicht übermitteln, weil sie vermutet, daß jemand den Anschluß abhört. Die einzig sichere Art und Weise, den Schlüssel zu übermitteln, besteht darin, ihn persönlich auszuhändigen, und das ist natürlich sehr zeitaufwendig. Eine weniger sichere, doch praktischere Lösung bestünde darin, den Schlüssel von einem Kurier überbringen zu lassen. In den siebziger Jahren gingen die Banken dazu über, ihre Schlüssel von eigenen Botenfahrern verteilen zu lassen, besonders zuverlässigen Mitarbeitern, die zudem auf Herz und Nieren geprüft wurden. Diese Boten fuhren mit schloßbehangenen Aktenkoffern kreuz und quer durchs Land und verteilten die Schlüssel an alle Kunden, die in der Woche darauf Mitteilungen von ihrer Bank erhalten sollten. Doch die Unternehmensnetze wuchsen, immer mehr Daten wurden verschickt und immer mehr Schlüssel mußten verteilt werden. Die Firmen mußten schließlich einsehen, daß sich diese Art der Schlüsselverwaltung zu einem fürchterlichen logistischen Alptraum auswuchs und die Kosten ins Unermeßliche trieb.

Das Problem der Schlüsselverteilung hat den Kryptographen schon immer Kopfzerbrechen bereitet. Beispielsweise mußte das deutsche Oberkommando im Zweiten Weltkrieg die monatlichen Schlüsselbücher an alle Enigma-Operateure verteilen – ein gewaltiges logistisches Problem. Auch die U-Boote, die oft lange Zeit im Einsatz waren, mußten regelmäßig ihren Schlüsselnachschub bekommen. Wer in noch früheren Zeiten die Vigenère-Verschlüsselung verwenden wollte, mußte einen Weg finden, das Schlüsselwort zum Empfänger zu bringen. Wie sicher eine Verschlüsselung theoretisch auch sein mag, in der Praxis kann sie durch das Problem der Schlüsselverteilung unterhöhlt werden.

Regierung und Militär bewältigten das Problem mit massiven Ausgaben. Ihr Nachrichtenverkehr galt als so wichtig, daß sie viel Geld und Ressourcen in die sichere Schlüsselverwaltung steckten. Die Schlüssel der amerikanischen Regierung werden von COMSEC (Communications Security) verwaltet und verteilt. In den siebziger Jahren verteilte COMSEC buchstäblich tonnenweise Schlüssel. Wenn Schiffe mit COMSEC-Material in einen Hafen einliefen, marschierten Krypto-Treuhänder an Bord, sammelten stapelweise Lochkarten, Lochstreifen, Disketten oder andere Datenträger ein, auf denen die Schlüssel gespeichert waren, und überbrachten sie den Empfängern.

Die Schlüsselverteilung scheint eine simple Sache zu sein, doch für die Nachkriegskryptographen wurde sie zum erstrangigen Problem. Wenn zwei Parteien sicher kommunizieren wollten, mußten sie sich auf eine dritte Partei verlassen, die den Schlüssel lieferte, und diese wurde zum schwächsten Glied in der Sicherheitskette. Für die Unternehmen war das Problem klar: Wenn schon der Staat sich trotz üppiger Geldmittel schwertat, die Schlüssel sicher zu verwalten, wie konnten dann zivile Unternehmen jemals das Gleiche leisten, ohne sich in den Bankrott zu stürzen?

Zwar gab es Stimmen, die behaupteten, das Problem der Schlüsselverteilung sei unlösbar, doch eine Gruppe wagemutiger Pioniere schlug alle Skepsis in den Wind und legte Mitte der siebziger Jahre eine brillante Lösung vor. Sie entwickelten ein Verschlüsselungssystem, das offenbar aller Logik ins Gesicht schlug. Die Computer mochten die Praxis der Verschlüsselung verändert haben, doch die größte Revolution in der Kryptographie des 20. Jahrhunderts war die Entwicklung von Verfahren, mit denen das Problem der Schlüsselverteilung aus der Welt geschafft wurde. Tatsächlich gilt dieser Durchbruch als die größte kryptographische Leistung seit Erfindung der monoalphabetischen Verschlüsselung vor über zweitausend Jahren.

Gott belohnt die Narren

Whitfield Diffie ist ein Riesenkerl von einem Kryptographen. Schon sein bloßer Anblick erweckt einen verblüffenden und etwas widersprüchlichen Eindruck. Sein tadelloser Anzug sagt uns, daß er die neunziger Jahren überwiegend im Dienst einer der großen amerikanischen Computerfirmen verbracht hat – seine gegenwärtige Stellenbezeichnung bei Sun Microsystems lautet Distinguished Engineer, man könnte sagen, ein Programmentwickler mit herausragenden Verdiensten. Sein schulterlanges Haar und sein langer weißer Bart jedoch verraten, daß sein Herz immer noch in den Sixties schlägt. Einen großen Teil seiner Zeit verbringt er vor einer Workstation, doch er sieht aus, als würde er sich in einem Bombayer Ashram genauso wohl fühlen. Diffie ist sich bewußt, daß seine Kleidung und seine Persönlichkeit andere durchaus beeindrucken können: »Die Leute halten mich immer für größer, als ich wirklich bin. Man sagt mir, das sei der Doppler-Effekt.«

Diffie wurde 1944 geboren und verbrachte den größten Teil seiner Kindheit im New Yorker Stadtteil Queens. Als Kind schon fesselte ihn die Mathematik, er las alles querbeet, vom *Handbuch mathematischer Tabellen für die Gummi-Industrie* bis zu G.H. Hardys *Course of Pure Mathematics.* Später dann studierte er am Massachusetts Institute of Technology (MIT), wo er 1965 seinen Abschluß machte. Er nahm eine Reihe von Jobs in der Datensicherung an, und Anfang der Siebziger hatte er sich zu einem der wenigen wirklich unabhängigen Sicherheitsexperten gemausert, einem schöpferischen Kryptographen, der nicht in Diensten der Regierung oder eines der großen Konzerne stand. Rückblickend kann man ihn den ersten Cypher-Punk nennen.

Diffie interessierte sich vor allem für das Problem der Schlüsselverteilung, und eines war ihm klar: Wer dafür eine Lösung fand, würde als einer der größten Kryptographen aller Zeiten in die Geschichte eingehen. Das Problem schlug Diffie so sehr in Bann, daß es zum wichtigsten Eintrag in seinem speziellen Notizbuch für »Probleme einer anspruchsvollen Theorie der Kryptographie« wurde. Nicht zuletzt feuerte ihn seine Vision einer verdrahteten Welt an. Schon in den sechziger Jahren stellte das amerikanische Verteidigungsministerium Mittel für ein Unternehmen an der vordersten Forschungsfront bereit. Eines der wichtigsten Projekte der Advanced

Abbildung 62:
Whitfield Diffie.

Research Projects Agency (ARPA) war die Frage, wie man die Computer des Militärs über weite Entfernungen miteinander verbinden konnte. Dann würde ein beschädigter Computer seine Aufgaben an einen anderen Rechner im Netzwerk übertragen. Das Hauptziel war, die Computerbasis des Pentagon stärker gegen einen nuklearen Angriff zu schützen, doch würde ein solches Netz auch Wissenschaftlern die Möglichkeit bieten, sich Mitteilungen zu schicken und für aufwendige Berechnungen freie Kapazitäten weit entfernter Computer zu nutzen. Das ARPAnet entstand 1969, und gegen Ende des Jahres gab es vier miteinander vernetzte Rechenzentren. Es wuchs unaufhaltsam, und 1982 gebar es das Internet. Gegen Ende der achtziger Jahre erhielten auch Nichtwissenschaftler und Privatleute Zugang zum Internet, und daraufhin wuchs die Zahl der Nutzer explosionsartig an. Heute nutzen mehr als hundert Millionen Menschen das Internet, um Informationen auszutauschen und sich E-Mails zu schicken.

Als das ARPAnet noch in den Kinderschuhen steckte, war Diffie weitsichtig genug, die kommende Datenautobahn und die digitale Revolution vorherzusagen. Eines Tages würden auch ganz gewöhnliche Leute Computer besitzen, und diese Computer würden über die Telefonleitungen miteinander verbunden sein. Wenn diese Menschen sich dann elektronische Briefe schickten, überlegte Diffie, sollten sie das Recht haben, ihre Mitteilungen zu verschlüsseln und ihr Privatleben zu schützen. Die Verschlüsselung setzte jedoch den sicheren Austausch von Schlüsseln voraus. Wenn die Regierungen und großen Unternehmen schon Schwierigkeiten damit hatten, würde es für das breite Publikum unmöglich sein, und damit würde ihm letztlich das Recht auf Privatsphäre verwehrt.

Diffie stellte sich zwei Fremde vor, die sich via Internet begegnen, und fragte sich, wie sie verschlüsselte Botschaften austauschen konnten. Außerdem dachte er über die Lage eines Menschen nach, der über das Internet eine Ware bestellen will. Wie war es möglich, daß dieser Kunde eine E-Mail mit den verschlüsselten Daten seiner Kreditkarte auf eine Weise verschickte, daß nur der Internet-Händler sie entschlüsseln konnte? In beiden Fällen brauchten die beiden Parteien allem Anschein nach einen gemeinsamen Schlüssel, doch wie sollten sie ihre Schlüssel auf sicherem Weg austauschen? Die Zahl der beiläufigen Kontakte und die Zahl der spontanen E-Mails im breiten Publikum würde gewaltig sein, und dies bedeutete, daß eine Verteilung von Schlüsseln wie bisher praktisch unmöglich sein würde. Diffie befürchtete, dieses Hindernis würde der Masse der Anwender das Recht auf ihre digitale Privatsphäre verwehren, und er vernarrte sich in den Gedanken, es müsse eine Lösung für dieses Problem zu finden sein.

Im Jahr 1974 besuchte Diffie, der ruhelose Kryptograph, das Thomas J. Watson Forschungszentrum von IBM, wo er zu einem Vortrag eingeladen war. Er sprach über verschiedene Strategien, das Problem der Schlüsselverteilung anzugehen, doch seine Überlegungen steckten noch in den Anfängen und die Zuhörer äußerten sich skeptisch zu den Lösungsaussichten. Der einzige, bei dem Diffie Zustimmung fand, war Alan Konheim, ein führender Kryptographie-Experte von IBM. Er erwähnte, daß vor kurzem ein anderer Gast im Forschungszentrum über die Schlüsselverteilung gesprochen hatte, nämlich Martin Hellman, Professor an der kalifornischen Stanford-Universität. Noch am selben Abend setzte sich Diffie in seinen Wagen und machte sich auf die fünftausend Kilometer lange Reise zur Westküste, um den einzigen Menschen zu treffen, der seine Leidenschaft offenbar teilte. Das Arbeitsbündnis Diffie-Hellman wurde zu einer der fruchtbarsten Partnerschaften in der Kryptographie.

Martin Hellman wurde 1946 in einem jüdischen Viertel in der Bronx geboren, doch als er vier war, zog seine Familie in eine vorwiegend von irischen Katholiken bewohnte Gegend. Das habe seine Lebenseinstellung für immer geprägt, erzählt Hellman: »Die anderen Kinder gingen zur Kirche und lernten dort, daß die Juden Christus ermordet hätten, und so nannten sie mich ›Christusmörder‹. Natürlich haben sie mich auch verprügelt. Zu Anfang wollte ich wie die anderen Kinder sein, ich wollte auch einen Weihnachtsbaum und ich wollte auch Weihnachtsgeschenke. Aber dann erkannte ich, daß ich nicht so sein konnte wie sie und wehrte mich nach dem Motto: ›Wer will schon wie alle andern sein?‹« Hellman führt sein Interesse an Verschlüsselung auf diesen tiefsitzenden Wunsch zurück, anders zu sein. Seine Kollegen hatten ihn als verrückt bezeichnet, weil er auf dem Gebiet der Kryptographie forschte, denn immerhin würde er ja mit der NSA und deren Multimillionen-Dollar-Budget konkurrieren. Wie konnte er nur hoffen, etwas zu entdecken, von dem sie nicht schon wußten? Und wenn er wirklich etwas entdeckte, würde die NSA es unter Geheimhaltung stellen.

Hellman hatte gerade mit seinen Forschungen begonnen, da stieß er auf das Buch *The Codebreakers* des Historikers David Kahn. Dieses Werk war die erste genaue Darstellung der Entwicklung der Chiffren und damit das ideale Lehrbuch für einen angehenden Kryptographen. *The Codebreakers* war Hellmans einziger Forschungspartner, bis er im September 1974 einen überraschenden Anruf von Whitfield Diffie erhielt, der soeben den Kontinent durchquert hatte, um ihn zu treffen. Hellman hatte noch nie von Diffie gehört und stimmte nur widerwillig einem halbstündigen Treffen später am Nachmittag zu. Am Ende des Gesprächs war Hellman klar, daß Diffie der sachkundigste Mensch war, den er je getroffen hatte. Der Eindruck beruhte auf Gegenseitigkeit. Hellman erinnert sich: »Ich hatte meiner Frau versprochen, nach Hause zu kommen und auf die Kinder aufzupassen, also nahm ich ihn mit, und wir aßen gemeinsam zu Abend. Gegen zwölf brach er auf. Vom Typ her sind wir sehr unterschiedlich – er ist eher ein Mann der Gegenkultur –, doch der Zusammenprall unserer Persönlichkeiten war letztlich sehr produktiv. Für mich war es wie ein Schwall frischer Luft. Es war sehr schwer gewesen, in einem Vakuum zu arbeiten.«

Da Hellman keine großen Mittel zur Verfügung hatte, konnte er seinen neuen Seelenverwandten nicht als Forschungskraft einstellen. Statt dessen schrieb sich Diffie als Doktorand an der Universität ein. Hellman und Diffie arbeiteten von nun an zusammen und suchten mit aller Kraft nach einer Alternative zum mühseligen physischen Transport der Schlüssel über weite Entfernungen. Nach kurzer Zeit stieß Ralph Merkle zu den beiden. Merkle war ein intellektueller Emigrant, aus einer anderen Forschergruppe geflohen, weil der zuständige Professor kein Verständnis hatte für den absurden Traum von einer Lösung des Problems der Schlüsselverteilung. Hellman erinnert sich:

Ralph war wie wir bereit, ein Narr zu sein. Und wenn es darum geht, in der Forschung etwas wirklich Neues zu entwickeln, gelangt man nur an die Spitze der Meute, wenn man ein Narr ist, weil nur Narren es immer wieder probieren. Du hast Idee Nummer 1, du bist begeistert, und sie ist ein Flop. Dann hast du Idee Nummer 2, du bist begeistert, und sie ist ein Flop. Irgendwann hast du Idee Nummer 99, du bist aus dem Häuschen, und sie floppt. Nur ein Narr wäre von der hundertsten Idee begeistert, aber vielleicht brauchst du hundert Ideen, bis sich eine auszahlt. Wenn du nicht närrisch genug bist, ständig begeistert zu sein, hast du nicht die Motivation, nicht die Kraft, um es durchzuhalten. Gott belohnt die Narren.

Das ganze Problem der Schlüsselverteilung ist eine klassische Paradoxie. Wenn ein Mensch einem anderen eine geheime Nachricht am Telefon übermitteln will, muß er sie verschlüsseln. Dazu braucht er einen Schlüssel, der selbst wiederum ein Geheimnis ist, und so ergibt sich das Problem, diesen geheimen Schlüssel dem Empfänger zu übermitteln, damit die geheime Botschaft gesendet werden kann. Kurz, wenn zwei Menschen sich ein Geheimnis (eine verschlüsselte Botschaft) mitteilen wollen, müssen sie sich zuvor bereits ein Geheimnis (den Schlüssel) mitgeteilt haben.

Beim Nachdenken über das Problem der Schlüsselverteilung hilft es, sich drei Personen vorzustellen, Alice, Bob und Eve, wie sie in der kryptographischen Diskussion genannt werden. In der Standardsituation will Alice Bob eine Mitteilung schicken, oder umgekehrt, und Eve versucht, diese Nachricht zu belauschen und aufzuzeichnen. Wenn Alice private Mitteilungen an Bob schickt, wird sie jede dieser Botschaften zuvor chiffrieren, und jedesmal verwendet sie einen anderen Schlüssel. Alice muß sich ständig mit dem Problem herumschlagen, wie sie Bob die Schlüssel auf sicherem Wege übermitteln soll, damit er ihre Mitteilungen lesen kann. Eine Möglichkeit wäre, daß Alice und Bob sich einmal in der Woche treffen und genug Schlüssel für die Mitteilungen der nächsten sieben Tage austauschen. Die persönliche Schlüsselübergabe ist natürlich eine sichere, allerdings aufwendige Lösung, und wenn Alice oder Bob krank wird, funktioniert sie nicht mehr. Alice und Bob könnten auch Kuriere beauftragen, ein weniger sicheres und teureres Verfahren, doch zumindest hätten sie ihren Arbeitsaufwand verringert. So oder so, um den Austausch der Schlüssel kommen sie offenbar nicht herum. Zwei Jahrtausende lang galt dies als Axiom der Kryptographie – als unbestreitbare Wahrheit. Diffie und Hellman jedoch kannten ein Gedankenexperiment, das diesem Axiom zu widersprechen schien.

Stellen wir uns vor, Alice und Bob lebten in einem Land, in dem der Postdienst völlig korrumpiert ist und die Postboten jede ungeschützte Mitteilung lesen. Eines Tages will Alice Bob eine sehr persönliche Nachricht schicken. Sie legt sie in eine kleine eiserne Kiste, klappt sie zu und sichert sie mit einem Vorhängeschloß. Sie gibt die Kiste zur Post und behält den Schlüssel für das Vorhängeschloß. Wenn Bob die Kiste bekommt, kann er sie nicht öffnen, weil er den Schlüssel nicht hat. Alice überlegt vielleicht, den Schlüssel in eine zweite Kiste zu stecken, sie ebenfalls mit einem Vorhängeschloß zu

Abbildung 63:
Martin Hellman.

verschließen und an Bob zu schicken, doch ohne den Schlüssel zum zweiten Schloß kann er die zweite Kiste nicht öffnen, also kommt er auch nicht an den Schlüssel für die erste Kiste heran. Die einzige Möglichkeit, das Problem zu umgehen, besteht offenbar darin, daß Alice eine Kopie ihres Schlüssels, einen Nachschlüssel, anfertigt und ihn Bob, wenn sie sich das nächste Mal zum Kaffee treffen, im voraus überreicht. Bis hierher ist das alte Problem nur mit neuen Worten beschrieben. Die Vermeidung der Schlüsselverteilung scheint logisch unmöglich: Wenn Alice ihren Brief in eine Kiste schließt, die nur Bob öffnen kann, muß sie ihm einen Nachschlüssel geben. Oder, in kryptographischen Begriffen, wenn Alice eine Botschaft so verschlüsseln will, daß nur Bob sie entschlüsseln kann, muß sie ihm eine Kopie des Schlüssels geben. Der Schlüsselaustausch ist ein unvermeidlicher Teil der Verschlüsselung – oder etwa nicht?

Stellen wir uns nun die folgende Situation vor. Wie zuvor will Alice eine höchst persönliche Mitteilung an Bob schicken. Wiederum legt sie ihre Nachricht in die Eisenkiste, sichert sie mit einem Vorhängeschloß und schickt sie an Bob. Sobald die Kiste angekommen ist, fügt Bob sein eigenes Vorhängeschloß hinzu und schickt die Kiste an Alice zurück. Sie entfernt ihr Schloß, so daß jetzt nur noch Bobs Schloß die Kiste sichert. Dann schickt sie die Kiste an Bob zurück. Der entscheidende Unterschied ist nun: Bob kann die Kiste öffnen, weil sie nur mit seinem eigenen Vorhängeschloß gesichert ist, dessen Schlüssel er allein besitzt.

Diese kleine Geschichte hat es in sich. Sie zeigt, daß eine geheime Mitteilung auf sichere Weise übermittelt werden kann, ohne daß die beiden Beteiligten einen Schlüssel austauschen müssen. Zum ersten Mal schöpfen wir den Verdacht, daß ein Schlüsselaustausch in der Kryptographie nicht unbedingt notwendig ist. Wir können die Geschichte unter dem Gesichtspunkt der Verschlüsselung umformulieren: Alice verschlüsselt ihre Botschaft an Bob mit ihrem eigenen Schlüssel, Bob verschlüsselt sie zusätzlich mit seinem Schlüssel und schickt sie zurück. Wenn Alice die doppelt verschlüsselte Nachricht erhält, entfernt sie ihre eigene Verschlüsselung und schickt die Nachricht an Bob zurück, der seine Verschlüsselung entfernen und die Nachricht lesen kann.

Dem Anschein nach ist das Problem der Schlüsselverteilung damit gelöst, denn bei der doppelten Verschlüsselung ist ein Schlüsselaustausch unnötig. Allerdings hat dieses Verfahren, bei dem Alice verschlüsselt, Bob verschlüsselt, Alice entschlüsselt und Bob entschlüsselt, einen entscheidenden Nachteil. Das Problem besteht in der Reihenfolge, in der Verschlüsselungen und Entschlüsselungen vorgenommen werden. Im allgemeinen ist diese Reihenfolge von entscheidender Bedeutung und muß dem Grundsatz »die letzte muß die erste sein« gehorchen: Die letzte Verschlüsselung sollte die erste sein, die wieder rückgängig gemacht wird. Im obigen Beispiel führt Bob die letzte Verschlüsselung aus, deshalb müßte er sie auch als erste rückgängig machen. Doch Alice entfernte die ihre zuerst, danach kam Bob. Wie wichtig die Reihenfolge ist, begreifen wir am besten, wenn wir uns eine ganz alltägliche Handlung ansehen. Morgens ziehen wir zuerst unsere Socken und dann unsere Schuhe an, und abends ziehen wir die Schuhe aus, bevor wir die Socken ausziehen – die Socken können wir unmöglich vor den Schuhen ausziehen. Wir müssen dem Grundsatz »die letzte muß die erste sein« gehorchen.

Einige ganz elementare Verschlüsselungen, etwa der Caesar, sind so einfach, daß die Reihenfolge keine Rolle spielt. In den siebziger Jahren jedoch gelangte man zu der Erkenntnis, daß jede starke Verschlüsselung der oben genannten Regel folgen muß. Wenn eine Botschaft mit Alices Schlüssel chiffriert wird und daraufhin noch einmal mit Bobs Schlüssel, dann muß sie zuerst mit Bobs Schlüssel dechiffriert werden, bevor Alice mit ihrem Schlüssel an die Reihe kommt. Selbst bei einer monoalphabetischen Substitution ist die Reihenfolge entscheidend. Angenommen, Alice und Bob haben ihre eigenen Schlüssel. Beobachten wir nun, was passiert, wenn die Reihenfolge nicht stimmt. Alice verwendet, wie unten gezeigt, ihren Schlüssel, um eine Botschaft für Bob zu chiffrieren, dann verschlüsselt Bob das Ergebnis noch einmal mit seinem eigenen Schlüssel. Alice verwendet daraufhin ihren Schlüssel für eine Teilentschlüsselung, und am Ende versucht Bob mit seinem Schlüssel die vollständige Entschlüsselung.

Alice' Schlüssel

a b c d e f g h i j k l m n o p q r s t u v w x y z
H F S U G T A K V D E O Y J B P N X W C Q R I M Z L

Bobs Schlüssel

a b c d e f g h i j k l m n o p q r s t u v w x y z
C P M G A T N O J E F W I Q B U R Y H X S D Z K L V

Mitteilung	k o m m	h e u t e	n a c h t
von Alice verschlüsselt	E B Y Y	K G Q C G	J H S K C
von Bob verschlüsselt	A P L L	F N R M N	E O H F M
von Alice entschlüsselt	G P Z Z	B Q V X Q	K L A B X
von Bob entschlüsselt	D B W W	O N Z T N	X Y E O T

Das Ergebnis ist Unsinn. Dagegen können Sie selbst feststellen, daß die ursprüngliche Botschaft wiederhergestellt worden wäre, wenn Bob vor Alice entschlüsselt und der »letzte-erste-Regel« gehorcht hätte. Doch wenn die Reihenfolge so wichtig ist, warum hat das Verfahren im obigen Beispiel mit den verschlossenen Kisten dann funktioniert? Die Antwort lautet, daß die Reihenfolge bei Vorhängeschlössern keine Rolle spielt. Wir können zwanzig Schlösser an eine Kiste hängen und sie in beliebiger Reihenfolge öffnen, die Kiste geht auf jeden Fall wieder auf. Leider sind Verschlüsselungssysteme viel empfindlicher als Vorhängeschlösser, wenn es um die Reihenfolge geht.

Zwar würde das Verfahren mit den doppelt verschlossenen Kisten in der wirklichen Welt der Kryptographie nicht funktionieren, doch es ermutigte Diffie und Hellman auf ihrer Suche nach einer brauchbaren Methode, das Problem der Schlüsselverteilung zu umgehen. Mit einer Idee nach der andern scheiterten sie, doch sie erwiesen sich als waschechte Narren und ließen nicht locker. Sie interessierten sich jetzt zunehmend für verschiedene mathematische *Funktionen.* Eine Funktion ist eine mathematische Regel, die jede Zahl in eine andere verwandelt. Zum Beispiel ist »verdoppeln« eine Funktion, weil dabei die Zahl 3 in 6 verwandelt wird oder die Zahl 9 in 18. Auch alle Formen der computergestützten Verschlüsselung können wir als Funktionen betrachten, weil sie eine Zahl (den Klartext) in eine andere (den Geheimtext) verwandeln.

Die meisten mathematischen Funktionen lassen sich als *umkehrbar* bezeichnen, weil sie genauso leicht in der einen wie in der anderen Richtung auszuführen sind. »Verdoppeln« zum Beispiel ist eine umkehrbare Funktion, weil es leicht ist, eine Zahl zu verdoppeln und damit eine neue Zahl zu erhalten, und genauso leicht, diese Funktion umzukehren und von der neuen Zahl wieder zur Ausgangszahl zu gelangen. Wenn wir beispielsweise wissen, daß das Ergebnis einer Verdopplung 26 ist, dann ist es einfach, die Funktion umzukehren und darauf zu schließen, daß die ursprüngliche Zahl 13 lautete. Den Begriff der umkehrbaren Funktion versteht man am einfachsten, wenn man an alltägliche Handlungen denkt. Einen Lichtschalter zu drehen ist eine Funktion, weil damit eine Glühbirne in eine brennende Glühbirne verwandelt wird. Es handelt sich um eine umkehrbare Funktion, denn wenn der Schalter gedreht ist, kann er auch einfach wieder zurückgedreht werden, und damit kehrt die Glühbirne in ihren Ausgangszustand zurück.

Diffie und Hellman jedoch interessierten sich nicht für umkehrbare Funktionen. Ihre Aufmerksamkeit galt allein den Einwegfunktionen. Wie der Name schon sagt, ist eine Einwegfunktion leicht auszuführen, doch sehr schwer wieder umzukehren. Dies läßt sich wiederum mit einem alltäglichen Beispiel erläutern. Gelbe und blaue Farbe zu grüner Farbe vermischen ist eine Einwegfunktion, weil es leicht ist, die Farbe zu mischen, aber unmöglich, sie wieder zu entmischen. Eine andere Einwegfunktion ist das Zerschlagen eines Hühnereis, weil es leicht ist, das Ei in die Pfanne zu hauen, jedoch unmöglich, es in seinen alten Zustand zurückzuversetzen.

Die *Modul-Arithmetik,* in Schulen manchmal auch Uhren-Arithmetik genannt, ist ein Gebiet der Mathematik, auf dem sich reichlich Einwegfunktionen finden. In der Modul-Arithmetik werden endliche Gruppen von Zahlen untersucht, die auf einer Schleife angeordnet sind, ähnlich wie die Ziffern einer Uhr. Abbildung 64 (s. u. S. 318) zeigt beispielsweise eine Uhr für modulo 7 (oder mod 7), die nur 7 Zahlen von 0 bis 6 besitzt. Um die Aufgabe 2+3 zu lösen, beginnen wir bei 2, gehen drei Schritte im Kreis und landen bei 5, erhalten also dieselbe Antwort wie in der üblichen Arithmetik. Um 2+6 zu lösen, beginnen wir bei 2 und gehen sechs Schritte im Kreis, doch diesmal überschreiten wir die 0 und landen bei 1, was wir in der normalen Arithmetik nicht erhalten würden. Die Rechnungen können wie folgt dargestellt werden:

$$2+3=5 \pmod 7 \text{ und } 2+6=1 \pmod 7$$

Die Modul-Arithmetik ist relativ einfach, und tatsächlich betreiben wir sie jeden Tag, wenn wir über die Zeit reden. Wenn es jetzt 9 Uhr ist und wir in 8 Stunden eine Verabredung haben, können wir sagen, das Treffen ist um 5 Uhr. Wir haben im Kopf 9+8 in (mod 12) ausgerechnet. Stellen wir uns eine Uhr vor, schauen wir auf die 9 und gehen 8 Ziffern weit im Kreis, dann landen wir bei 5:

$$9+8=5 \pmod{12}$$

Anstelle von Uhren nehmen die Mathematiker eine Abkürzung und führen Modulberechnungen nach der folgenden Regel aus. Erstens wird das Ergebnis in der normalen Arithmetik berechnet. Wenn wir zweitens die Antwort in (mod x) wissen wollen, teilen wir das normale Ergebnis durch x und notieren den Rest. Dieser Rest ist die Antwort in (mod x). Um die Antwort auf 11×9 (mod 13) zu finden, tun wir folgendes:

$$11 \times 9 = 99$$
$$99 \div 13 = 7, \text{ Rest } 8$$
$$11 \times 9 = 8 \pmod{13}$$

Funktionen in der Modul-Arithmetik verhalten sich oft unstet, was sie in manchen Fällen zu Einwegfunktionen macht. Dies wird deutlich, wenn wir eine einfache Funktion in der gewöhnlichen Arithmetik mit der gleichen einfachen Funktion in der Modul-Arithmetik vergleichen. Im ersten Fall haben wir es mit einer Zweiwegfunktion zu tun, die leicht umzukehren ist; in der Modul-Arithmetik jedoch ist sie eine Einwegfunktion. Nehmen wir beispielsweise die Funktion 3^x.

Das heißt, wir nehmen ein Zahl x, multiplizieren dann die 3 x-mal mit sich selbst und erhalten eine neue Zahl. Wenn $x=2$ ist und wir die Funktion ausführen, dann erhalten wir:

$$3^x = 3^2 = 3 \times 3 = 9$$

Die Funktion verwandelt also 2 in 9. In der normalen Arithmetik erhöht sich mit dem Wert von x auch das Ergebnis der Funktion. Wenn man uns also das Ergebnis der Funktion lieferte, wäre es recht einfach, sie umzukehren und die Ausgangszahl zu erschließen. Wenn das Resultat beispielsweise 81 lautet, können wir schließen, daß x den Wert 4 hat, denn $3^4=81$. Wenn wir nur raten und annehmen, x habe den Wert 5, können wir $3^5=243$ berechnen und feststellen, daß wir zu hoch angesetzt haben. Dann können wir den Wert von x auf 4 senken und bekommen die richtige Antwort. Kurz, selbst wenn wir falsch raten, können wir uns auf den richtigen Wert von x einpendeln und damit die Funktion umkehren.

In der Modul-Arithmetik verhält sich dieselbe Funktion jedoch nicht so vernünftig. Nehmen wir an, man sagt uns, daß $3x$ in (mod 7) 1 ist und fordert uns auf, den Wert von x zu finden. Auf Anhieb fällt uns kein Wert ein, weil wir mit der Modul-Arithmetik nicht vertraut sind. Wir könnten versuchsweise annehmen, daß $x=5$ und das Ergebnis von 3^5 (mod 7) ausrechnen. Die Antwort lautet 5, und das ist zu groß, denn wir suchen nach 1 als Ergebnis. Wenn wir dann den

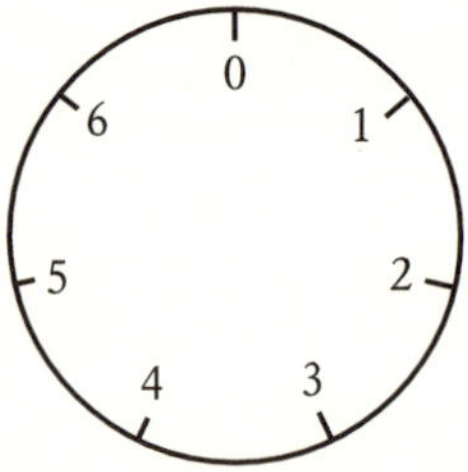

Abbildung 64: Die Modul-Arithmetik arbeitet mit einer endlichen Menge von Zahlen, die man sich im Uhrzeigersinne angeordnet vorstellen kann. Im obigen Fall können wir 6+5 modulo 7 ausrechnen, indem wir bei 6 beginnen und fünf Schritte im Kreis gehen, was uns zur 4 bringt. (Anders ausgedrückt, 11 geteilt durch 7 ergibt 1 mit Rest 4).

Wert von x verringern, vielleicht auf 4, und es erneut probieren, würden wir in die falsche Richtung gehen, denn die Antwort lautet $x = 6$.

In der normalen Arithmetik können wir Zahlenwerte ausprobieren und feststellen, ob die Spur heißer oder kälter wird. Auf dem Feld der Modul-Arithmetik gibt es keine nützlichen Hinweise, und die Umkehrung der Funktionen ist viel schwieriger. Oft besteht der einzige Weg darin, die Funktion für viele Werte von x zu berechnen und eine Tabelle zu erstellen, bis die richtige Antwort gefunden ist. Tabelle 25 zeigt die Ergebnisse mehrerer Werte von x für die Funktion $3x$ in der gewöhnlichen Arithmetik und in der Modul-Arithmetik. Sie zeigt deutlich das unstete Verhalten der Funktion, wenn sie in der Modul-Arithmetik berechnet wird. Eine solche Tabelle mit relativ kleinen Zahlen zu erstellen ist zwar ein wenig mühselig, doch wäre es unglaublich schwer, eine Tabelle für Funktionen wie 453^x (mod 21 997) zu erstellen. Dies ist ein klassisches Beispiel für eine Einwegfunktion, weil ich einen Wert für x wählen und das Ergebnis der Funktion berechnen könnte, doch wenn ich Ihnen ein Resultat geben würde, sagen wir 5 787, hätten Sie enorme Schwierigkeiten, die Funktion umzukehren und auf das von mir gewählte x zu schließen. Ich habe nur ein paar Sekunden gebraucht, um meine Berechnung auszuführen und auf 5787 zu gelangen, doch Sie würden Stunden brauchen, um die Tabelle zu erstellen und das von mir gewählte x herauszufinden.

x	1	2	3	4	5	6
3^x	3	9	27	81	243	729
3^x(mod 7)	3	2	6	4	5	1

Tabelle 25: Werte der Funktion 3^x in der gewöhnlichen Arithmetik (Zeile 2) und in der Modul-Arithmetik (Zeile 3). Im ersten Fall steigen die Werte kontinuierlich an, im zweiten Fall verhalten sie sich höchst unstet.

Nachdem sich Hellman zwei Jahre lang eingehend mit Modul-Arithmetik und Einwegfunktionen beschäftigt hatte, zahlte sich seine Vernarrtheit allmählich aus. Im Frühjahr 1976 kam ihm die Idee, wie das Problem des Schlüsselaustauschs zu lösen wäre. Nach einer halben

Stunde hektischen Gekritzels hatte er den Beweis in der Hand, daß Alice und Bob einen Schlüssel vereinbaren können, ohne sich zu treffen, und damit den Jahrhunderte alten Grundsatz, der das Gegenteil behauptete, widerlegt. Hellmans Konzept beruhte auf einer Einwegfunktion der Form Y^x (mod P). Zunächst vereinbaren Alice und Bob Werte für Y und P. Dabei haben sie weitgehend freie Hand, doch einige Einschränkungen müssen sie beachten, etwa, daß Y kleiner als P sein muß. Diese Werte sind nicht geheim, daher kann Alice Bob anrufen und ihm zum Beispiel $Y=7$ und $P=11$ vorschlagen. Auch wenn die Verbindung nicht sicher ist und die heimtückische Eve ihr Gespräch abhört, spielt das keine Rolle, wie wir später sehen werden. Alice und Bob haben sich jetzt auf die Einwegfunktion 7^x (mod 11) geeinigt. An diesem Punkt können sie damit beginnen, einen geheimen Schlüssel zu vereinbaren, ohne sich zu treffen. Weil sie gleichzeitig arbeiten, erläutere ich ihre Schritte in den beiden Spalten von Tabelle 26.

Wenn Sie die Schritte in Tabelle 26 nachvollzogen haben, sehen Sie, daß Alice und Bob ohne eine Zusammenkunft denselben Schlüssel vereinbart haben, mit dem sie Nachrichten chiffrieren können. Beispielsweise könnten sie ihre Zahl, die 9, als Schlüssel für eine DES-Chiffrierung einsetzen. (DES verwendet in Wirklichkeit viel größere Zahlen, und der in Tabelle 26 beschriebene Austausch würde mit solch großen Zahlen stattfinden.) Hellmans Verfahren hat Alice und Bob in die Lage versetzt, einen Schlüssel zu vereinbaren; doch sie mußten sich nicht treffen und sich den Schlüssel ins Ohr flüstern. Der verblüffende Erfolg besteht darin, daß sie den geheimen Schlüssel über eine gewöhnliche Telefonverbindung vereinbart haben. Doch wenn Eve diese Verbindung angezapft hat, kennt sie doch sicher ebenfalls den Schlüssel?

Sehen wir uns Hellmans Verfahren von Eves Standpunkt aus an. Wenn sie die Verbindung abhört, erfährt sie die folgenden Tatsachen: daß die Funktion 7^x (mod 11) lautet, daß Alice $\alpha=2$ sendet und Bob $\beta=4$. Um den Schlüssel zu finden, muß sie entweder das tun, was Bob tut, nämlich α anhand von B in den Schlüssel verwandeln, oder das, was Alice tut, nämlich β mittels A in den Schlüssel verwandeln. Allerdings kennt Eve weder den Wert von A noch von B, weil Alice und Bob diese Zahlen nicht ausgetauscht haben und sie geheimhalten. Eve

	Alice	Bob
Stufe 1:	Alice wählt eine Zahl, zum Beispiel 3, und hält sie geheim. Wir nennen ihre Zahl A.	Bob wählt eine Zahl, zum Beispiel 6, und hält sie geheim. Wir nennen seine Zahl B.
Stufe 2:	Alice setzt 3 in die Einwegfunktion ein und berechnet das Ergebnis von 7^A (mod 11): 7^3 (mod 11) = 343 (mod 11) = 2	Bob setzt 6 in die Einwegfunktion ein und berechnet das Ergebnis von 7^B (mod 11): 7^6 (mod 11) = 117649 (mod 11) = 4
Stufe 3:	Alice nennt das Ergebnis ihrer Rechnung α und schickt das Ergebnis, 2, an Bob.	Bob nennt das Ergebnis seiner Rechnung β und schickt das Ergebnis, 4, an Alice.

Der Austausch: Normalerweise wäre dies der kritische Moment, denn Alice und Bob tauschen Informationen aus. Eve hat die Möglichkeit, sie Wort für Wort abzuhören. Allerdings stellt sich heraus, daß Eve sie belauschen kann, ohne die Sicherheit des Verfahrens zu gefährden. Alice und Bob könnten dieselbe Telefonleitung benutzen, über die sie schon Werte für *Y* und *P* vereinbart haben, und Eve könnte die beiden Zahlen, die sie austauschen, 2 und 4, abhören. Jedoch sind diese Zahlen nicht der Schlüssel, und es spielt deshalb keine Rolle, ob Eve sie kennt.

Stufe 4:	Alice nimmt Bobs Ergebnis und berechnet β^A (mod 11): 4^3 (mod 11) = 64 (mod 11) = 9	Bob nimmt Alices Ergebnis und berechnet α^B (mod 11): 2^6 (mod 11) = 64 (mod 11) = 9

Der Schlüssel: Wundersamerweise erhalten Alice und Bob dieselbe Zahl, nämlich 9. Diese Zahl ist der Schlüssel!

Tabelle 26: Die allgemeine Einwegfunktion lautet Y^x (mod P). Alice und Bob haben Werte für Y und P gewählt und sich damit auf die Einwegfunktion 7^x (mod 11) geeinigt.

stutzt. Jetzt hat sie nur noch eine Hoffnung: Theoretisch könnte sie von α auf *A* schließen, weil α sich daraus ergeben hatte, daß *A* in eine Funktion eingesetzt wurde, und Eve kennt diese Funktion. Oder sie könnte *B* aus β erschließen, weil β sich daraus ergeben hat, daß *B* in eine Funktion eingesetzt wurde, und wiederum kennt Eve diese Funktion. Pech für Eve, daß es sich um eine Einwegfunktion handelt. So ist es zwar einfach für Alice, *A* in α, und für Bob, *B* in β zu verwandeln, doch sehr schwer für Eve, diesen Prozeß umzukehren, besonders wenn die Zahlen sehr groß sind.

Bob und Alice haben gerade genug Informationen ausgetauscht, um einen Schlüssel zu erhalten, doch diese Informationen genügen Eve nicht, um diesen Schlüssel ausfindig zu machen. Um Hellmans Konzept zu verdeutlichen, stellen wir uns eine Verschlüsselung vor, bei der Farben als Schlüssel verwendet werden. Nehmen wir zuerst an, daß alle Beteiligten, also Alice, Bob und Eve, einen Dreiliter-Kanister Farbe mit einem Liter gelber Farbe besitzen. Wenn Alice und Bob einen Geheimschlüssel erstellen wollen, rühren sie jeweils für sich einen Liter frei gewählte, aber geheimgehaltene Farbe in den Kanister mit der gelben Farbe. Vielleicht nimmt Alice einen bestimmten Ton Purpurrot und Bob Scharlachrot. Alice schickt Bob ihren Kanister mit der entstandenen Farbmischung, und Bob schickt ihr den seinen. Jetzt nimmt Alice Bobs Mischung und fügt einen Liter ihrer geheimen Farbe hinzu, und Bob nimmt Alices Mischung und rührt ebenfalls einen Liter seiner geheimen Farbe ein. Beide Mischungen haben jetzt dieselbe Farbe, weil sie beide einen Liter Gelb, einen Liter Purpurrot und einen Liter Scharlachrot enthalten. Die Farbe des aus drei Farben zusammengemischten Kanisterinhalts dient nun als Schlüssel. Alice hat keine Ahnung, welche Farbe Bob hinzugefügt hat, und Bob hat keine Ahnung, welche Farbe Alice hineingeschüttet hat, doch beide haben dasselbe Resultat erhalten. Eve unterdessen ist sauer. Selbst wenn sie die Kanister, die beide austauschen, abfängt, kann sie die endgültige Farbe, also den vereinbarten Schlüssel, nicht herausfinden. Vielleicht sieht sie die Mischung aus Gelb und Alices geheimer Farbe auf dem Weg zu Bob, und vielleicht auch die Mischung aus Gelb und Bobs geheimer Farbe auf dem Weg zu Alice, doch um den Schlüssel herauszufinden, muß sie Alices und Bobs ursprüngliche, geheime

Farben kennen. Diese jedoch kann sie nicht finden, indem sie sich die Farbmischungen anschaut. Selbst wenn sie eine Probe aus einer der Mischungen entnimmt, kann sie die Farbe nicht entmischen, weil die Mischung von Farben eine Einwegfunktion ist.

Hellman gelang der Durchbruch spät nachts zu Hause am Schreibtisch, und als er mit seinen Berechnungen fertig war, war es zu spät, Diffie und Merkle anzurufen. Er mußte bis zum nächsten Morgen warten, dann erst konnte er den einzigen beiden Menschen, die geglaubt hatten, das Problem der Schlüsselverteilung sei überhaupt zu lösen, von seiner Entdeckung berichten. »Die Muse hat mir ins Ohr geflüstert«, sagt Hellman, »doch die Fundamente haben wir alle zusammen gebaut.« Diffie erkannte auf der Stelle die Möglichkeiten, die Hellmans Entdeckung eröffnete. »Marty erläuterte mir das Verfahren in all seiner verblüffenden Einfachheit. Während ich ihm zuhörte, hatte ich das Gefühl, schon eine Zeitlang kurz davor gestanden, aber nie den Durchbruch geschafft zu haben.«

Das sogenannte Diffie-Hellman-Merkle-Verfahren des Schlüsselaustauschs erlaubt es Alice und Bob, im öffentlichen Gespräch miteinander ein Geheimnis zu erzeugen. Es handelt sich um eine jener Entdeckungen der Wissenschaftsgeschichte, die für den Common sense schwer zu verkraften sind. Auch die herrschende Lehre der Kryptographie mußte umgeschrieben werden. Als Diffie, Merkle und Hellman ihre Entdeckung bei der National Computer Conference 1976 vorstellten, verblüfften sie das Expertenpublikum. Im Jahr darauf ließen sie ihre Leistung patentieren. Von nun an mußten sich Alice und Bob nicht mehr persönlich treffen, um einen Schlüssel auszutauschen. Alice konnte Bob jetzt einfach anrufen, mit ihm ein paar Zahlen austauschen, woraufhin sie je für sich den geheimen Schlüssel erzeugen und und ihre Mitteilungen chiffrieren konnten.

Der Diffie-Hellman-Merkle-Schlüsselaustausch war zwar ein gewaltiger Sprung nach vorne, doch das Verfahren war noch recht umständlich. Nehmen wir an, Alice lebt in Hawaii und will eine E-Mail an Bob in Istanbul schicken. Bob schläft wahrscheinlich, doch das Reizvolle an der E-Mail ist ja gerade, daß Alice jederzeit eine abschicken und Bob sie lesen kann, wenn er aufgewacht ist. Wenn Alice ihren Brief jedoch verschlüsseln will, dann muß sie sich mit Bob auf einen Schlüssel einigen, und um den Schlüssel auszutauschen, ist es besser, wenn sie gleichzeitig online sind – denn um einen Schlüssel zu erstellen, müssen sie Informationen austauschen. Letztendlich muß Alice warten, bis Bob aufwacht, oder sie schickt ihm schon mal ihren Baustein und wartet zwölf Stunden auf Bobs Antwort. Dann kann der Schlüssel erstellt werden, und Alice kann, wenn sie jetzt nicht selbst schlafen geht, die Botschaft verschlüsseln und senden. Wie auch immer, Hellmans Schlüsseltauschverfahren versetzt der spontanen Lust, eine E-Mail abzuschicken, einen Dämpfer.

Hellman hatte jedoch eine der Grundfesten der Kryptographie erschüttert und bewiesen, daß Bob und Alice sich nicht unbedingt treffen müssen, um einen geheimen Schlüssel zu vereinbaren. Nun blieb die Frage, wer ein effizienteres Verfahren der Schlüsselverteilung erfinden würde.

Kryptographie mit öffentlichem Schlüssel

Mary Fisher wird nie den Tag vergessen, an dem Whitfield Diffie sie zum ersten Mal fragte, ob sie mit ihm ausgehen wolle: »Er wußte, daß ich in die Raumfahrt vernarrt war, also schlug er vor, wir sollten uns einen Raketenstart ansehen. Er wollte noch am selben Abend losfahren, um den Start von Skylab zu sehen, und wir fuhren die ganze Nacht durch, bis wir um drei Uhr morgens ankamen. Zwischen uns funkte es, wie man damals sagte. Whit hatte einen Presseausweis, ich aber nicht. Und als sie mich um meine Zulassung baten und fragten, wer ich sei, sagte Whit: ›Meine Frau.‹« Das war am 16. November 1973. Sie heirateten schließlich, und in den ersten Jahren unterstützte Mary ihren Mann bei seinen kryptographischen Meditationen. Diffie arbeitete immer noch als Assistent an der Uni und erhielt nur ein mageres Gehalt. Mary, von der Ausbildung her Archäologin, nahm eine Arbeit bei British Petroleum an, damit es für beide reichte.

Während Martin Hellman sein Verfahren des Schlüsselaustauschs entwickelte, arbeitete Whitfield Diffie an einem völlig anderen Ansatz, um das Problem der Schlüsselverteilung zu lösen. Oft vertiefte er sich tagelang erfolglos in die Sache, und einmal, im Jahr 1975, war er so verbittert, daß er Mary erklärte, er sei nichts weiter als ein gescheiterter Wissenschaftler, dem nie etwas gelingen würde. Er sagte sogar, sie solle sich einen andern suchen. Mary entgegnete, sie hätte absolutes Vertrauen zu ihm, und nur zwei Wochen später hatte Diffie eine brillante Idee.

Er weiß noch gut, wie der Gedanke ihm plötzlich einfiel und dann beinahe wieder verschwand. »Ich ging nach unten, um mir eine Cola zu holen, und dabei vergaß ich die Idee fast wieder. Ich wußte nur noch, daß ich über etwas Interessantes nachgedacht hatte, aber nicht mehr, was es genau war. Dann kam es mit einem richtigen Adrenalinschub zurück. Zum ersten Mal während dieser ganzen Kryptographiearbeit war mir klar, daß ich etwas wirklich Wertvolles entdeckt hatte. Alles, was ich auf diesem Gebiet bis dahin herausgefunden hatte, kam mir vor wie unbedeutender technischer Kleinkram.« Es war Nachmittag, und er mußte ein paar Stunden warten, bis Mary nach Hause kam. »Whit stand schon an der Tür«, erinnert sie sich. »Er müsse mir etwas sagen, meinte er und machte dabei ein komisches Gesicht. Ich ging rein, und er sagte: ›Setz dich bitte, ich möchte mit dir reden. Ich glaube, ich hab eine große Entdeckung gemacht – ich weiß, daß ich bei dieser Sache der erste bin.‹ Für einen Augenblick stand die Welt still. Ich kam mir vor wie in einem Hollywood-Film.«

Diffie hatte ein neues Verschlüsselungsverfahren entwickelt, das mit einem sogenannten *asymmetrischen Schlüssel* arbeitete. Alle bisher dargestellten Verschlüsselungstechniken sind *symmetrisch*, das heißt, die Entschlüsselung ist einfach die Umkehr der Verschlüsselung. Die Enigma beispielsweise verwendet einen bestimmten Schlüssel, um eine Meldung zu chiffrieren, und der Empfänger stellt auf seiner identischen Maschine denselben Schlüssel ein, um sie zu dechiffrieren. Auch die DES-Verschlüsselung verwendet einen Schlüssel, um den Text in 16 Runden zu verwürfeln, und die DES-Entschlüsselung arbeitet mit demselben Schlüssel die 16 Runden in umgekehrter Folge wieder ab. Sender und Empfänger haben das gleiche Wissen und benutzen denselben Schlüssel zur Ver- und Entschlüsselung – ihre Beziehung ist symmetrisch. Bei einem asymmetrischen Schlüsselsystem hingegen sind, wie der Name schon sagt, Verschlüsselungs-Schlüssel und Entschlüsselungs-Schlüssel nicht identisch.

Beim asymmetrischen Verfahren kann Alice zwar, wenn sie den Chiffrier-Schlüssel kennt, eine Botschaft verschlüsseln, diese Botschaft jedoch nicht wieder entschlüsseln. Dazu braucht sie Zugang zum Dechiffrier-Schlüssel. Diese Unterscheidung zwischen Chiffrier-Schlüssel und Dechiffrier-Schlüssel ist das Kennzeichen der asymmetrischen Verschlüsselung.

An diesem Punkt sollte gesagt werden, daß Diffie zwar den Begriff einer asymmetrischen Verschlüsselung entwickelt hatte, doch noch kein konkretes Beispiel dafür besaß. Allerdings war schon der bloße Begriff einer asymmetrischen Verschlüsselung revolutionär. Wenn die Kryptographen eine echte, funktionierende asymmetrische Verschlüsselung finden konnten, ein System, das Diffies Anforderungen erfüllte, dann würde dies die Lage von Alice und Bob grundlegend verändern. Alice könnte dann ihr eigenes Schlüsselpaar herstellen: einen Chiffrier-Schlüssel und einen Dechiffrier-Schlüssel. Wenn wir davon ausgehen, daß die asymmetrische Chiffre computergestützt ist, dann ist Alices Chiffrier-Schlüssel eine Zahl und ihr Dechiffrier-Schlüssel eine andere Zahl. Alice hält ihren Dechiffrier-Schlüssel geheim, weshalb er als *privater Schlüssel* bezeichnet wird. Hingegen veröffentlicht sie ihren Chiffrier-Schlüssel und stellt ihn allen zur Verfügung, weshalb er als *öffentlicher Schlüssel* bezeichnet wird. Wenn Bob Alice eine Mitteilung schicken will, sucht er einfach ihren öffentlichen Schlüssel heraus, den er in einem Verzeichnis, ähnlich einem Telefonregister, aufbewahrt. Dann verwendet Bob Alices öffentlichen Schlüssel, um die Mitteilung zu chiffrieren. Er schickt sie an Alice, und wenn die Mitteilung angekommen ist, kann Alice sie mit ihrem privaten Schlüssel dechiffrieren. Wenn Charlie, Sophie oder Edward verschlüsselte Mitteilungen an Alice schicken wollen, können sie ebenfalls ihren öffentlichen Schlüssel heraussuchen. In allen Fällen hat nur Alice Zugang zu dem geheimen Schlüssel, der nötig ist, um die Mitteilungen zu lesen.

Der große Vorteil dieses Verfahrens ist, daß ein Hin und Her wie bei der Schlüsselvereinbarung nach Diffie, Hellman und Merkle überflüssig ist. Bob muß nicht warten, bis er Informationen von Alice bekommt, bevor er verschlüsseln und ihr eine Nachricht schicken kann. Er sucht einfach ihren öffentlichen Schlüssel heraus. Zudem erledigt das asymmetrische Verfahren endgültig das Problem der Schlüsselverteilung. Alice muß ihren öffentlichen Schlüssel keineswegs auf sicherem Weg Bob überbringen, im Gegenteil: sie kann ihn, wenn sie will, allen andern zur Verfügung stellen. Sie will ja, daß alle Welt ihren öffentlichen Schlüssel kennt, damit es allen freisteht, ihr verschlüsselte Nachrichten zu schicken. Doch selbst wenn Gott und die Welt Alices öffentlichen Schlüssel kennen, kann niemand, auch Eve nicht, irgendeine damit verschlüsselte Nachricht dechiffrieren, weil der öffentliche Schlüssel dazu nicht taugt. Daher kann nicht einmal Bob, sobald er mit Alices öffentlichem Schlüssel eine Nachricht chiffriert hat, diese wieder entschlüsseln. Das kann nur Alice mit ihrem privaten Schlüssel.

Dieses Verfahren ist das genaue Gegenteil der herkömmlichen symmetrischen Verschlüsselung, bei der Alice einigen Aufwand treiben muß, um den Schlüssel auf sicherem Wege Bob zu überbringen. Bei einer symmetrischen Verschlüsselung sind Chiffrier- und Dechiffrier-Schlüssel identisch, daher müssen Alice und Bob scharf darauf achten, ihn nicht in Eves Hände fallen zu lassen. Das ist der Kern des Schlüsselverteilungsproblems.

Wenn wir zu dem Vergleich mit dem Vorhängeschloß zurückkehren, kann man sich dic asymmetrische Kryptographie wie folgt vorstellen. Jeder kann ein Vorhängeschloß einschnappen lassen, doch nur der Besitzer des Schlüssels kann es wieder öffnen. Das Verschließen (Verschlüsselung) ist einfach, alle können es tun, doch das Öffnen (Entschlüsselung) ist einzig dem Besitzer des Schlüssels vorbehalten. Das schlichte Wissen, wie man das Vorhängeschloß zuschnappen läßt, bedeutet nicht, daß man es auch öffnen kann. Stellen wir uns weiter vor, daß Alice ein Vorhängeschloß mit Schlüssel bastelt. Sie behält den Schlüssel, stellt jedoch Tausende von identischen Vorhängeschlössern her und verteilt sie an Postämter in aller Herren Länder. Wenn Bob ihr eine Nachricht schicken will, legt er sie in eine Kiste, geht zum nächsten Postamt, verlangt ein »Vorhängeschloß Alice« und verschließt damit seine Kiste. Jetzt kann er sie nicht mehr öffnen, doch wenn sie bei Alice ankommt, kann sie die Kiste mit ihrem, dem einzigen Schlüssel, aufmachen. Der öffentliche Schlüssel ist vergleichbar mit dem Vorhängeschloß, das man zuschnappen läßt, denn jeder hat Zugang zu den Vorhängeschlössern und kann damit seine Nachricht in eine Kiste schließen. Der private Schlüssel ist vergleichbar mit dem Schlüssel zum Vorhängeschloß, denn nur Alice besitzt ihn, nur sie kann das Vorhängeschloß öffnen, und nur sie hat Zugang zur Mitteilung in der Kiste.

Das Verfahren erscheint simpel, wenn man es anhand von Vorhängeschlössern erklärt, doch es ist keineswegs einfach, eine mathematische Funktion zu finden, die für diese Aufgabe geeignet ist und in ein brauchbares kryptographisches Verfahren eingebaut werden kann. Um die großartige Idee einer asymmetrische Verschlüsselung in eine praktische Neuerung zu verwandeln, mußte eine geeignete mathematische Funktion gefunden werden. Diffie dachte zunächst an eine Einwegfunktion besonderen Typs, die sich unter ganz speziellen Voraussetzungen umkehren ließ. Bei Diffies asymmetrischem Verfahren verschlüsselt Bob die Nachricht mit einem öffentlichen Schlüssel, doch entschlüsseln kann er sie nicht – das ist nichts anderes als eine Einwegfunktion. Hingegen kann Alice die Nachricht entschlüsseln, weil sie den privaten Schlüssel besitzt, ein besonderes Stück Information, das es ihr erlaubt, die Funktion umzukehren. Wiederum bieten Vorhängeschlösser einen guten Vergleich. Das Verschließen eines Vorhängeschlosses ist eine Einwegfunktion, weil es im allgemeinen schwierig ist, es wieder zu öffnen, wenn man nicht etwas Bestimmtes in der Hand hat (den Schlüssel), mit dem man es leicht bewerkstelligen kann.

Im Sommer 1975 veröffentlichte Diffie sein Konzept in groben Zügen. Daraufhin schlossen sich andere Wissenschaftler der Suche nach einer Einwegfunktion an, welche die Kriterien für eine asymmetrische Verschlüsselung erfüllte. Anfangs herrschte große Zuversicht, doch als das Jahr um war, hatte noch niemand einen geeigneten Kandidaten gefunden. Weitere Monate vergingen, und es schien immer wahrscheinlicher, daß solch spezielle Einwegfunktionen nicht existierten. Offenbar funktionierte Diffies Idee nur in der Theorie, nicht in der Praxis. Dennoch, Ende 1976 hatte die Gruppe Diffie, Hellman und Merkle das Feld der Kryptographie von Grund auf verändert. Sie hatten alle Welt davon überzeugt, daß es eine Lösung für das Problem der Schlüsselverteilung gab, und das nach ihnen benannte Verfahren entwickelt – ein perfektes, in der Praxis noch nicht funktionsfähiges System. Sie trieben ihre Forschungen an der Universität Stanford weiter, auf der Suche nach einer speziellen Einwegfunktion, mit der man die asymmetrische Verschlüsselung in die Praxis umsetzen konnte. Doch es waren nicht sie, denen die Entdeckung gelang. Das Wettrennen um die asymmetrische Verschlüsselung gewann eine andere Forschergruppe, die 5000 Kilometer entfernt an der amerikanischen Ostküste arbeitete.

Die üblichen Verdächtigen: Primzahlen

»Ich kam in Ron Rivests Büro«, erinnert sich Leonard Adleman, »und Ron hatte diesen Artikel in der Hand. Dann fing er an: ›Diese Stanford-Leute haben da wirklich etwas Blablabla‹, und ich dachte nur: ›Schön und gut, Ron, aber ich will was anderes mit dir besprechen.‹ Von der Geschichte der Kryptographie hatte ich keine Ahnung, und was er sagte, interessierte mich herzlich wenig.«

Was Ron Rivest so aufgeregt in Händen hielt, war der Artikel von Diffie und Hellman, in dem sie ihr Konzept der asymmetrischen Verschlüsselung vorstellten. Am Ende konnte Rivest Adleman doch noch davon überzeugen, daß in dem Problem interessante mathematische Fragen steckten, und sie beschlossen, nach einer Einwegfunktion zu suchen, die den Anforderungen entsprach. An der Jagd beteiligte sich auch Adi Shamir. Alle drei arbeiteten als Forscher im achten Stock des MIT-Labors für Computerwissenschaften.

Rivest, Shamir und Adleman bildeten das perfekte Team. Rivest, ein Computerwissenschaftler, hatte eine beeindruckende Fähigkeit, neue Ideen aufzunehmen und sie auf Gebieten anzuwenden, an die niemand gedacht hätte. Er las immer die neueste wissenschaftliche Literatur, die ihn dazu anregte, eine ganze Reihe merkwürdiger und schöner Kandidatinnen für die Einwegfunktionen im Herzen der asymmetrischen Verschlüsselung vorzuschlagen. Allerdings hatten alle den einen oder anderen Makel. Shamir, ebenfalls Computerwissenschaftler, hatte einen blitzschnellen Intellekt und war in der Lage, alles Nebensächliche beiseite zu lassen und zum Kern eines Problems vorzustoßen. Auch er brachte regelmäßig Ideen für eine asymmetrische Verschlüsselung vor, doch auch sie waren letztlich fehlerhaft. Adleman, als Mathematiker ausdauernd, gründlich und geduldig, war weitgehend dafür zuständig, die Fehler in den Ideen von Rivest und Shamir aufzuspüren und so dafür zu sorgen, daß sie ihre Zeit nicht auf Holzwegen verschwendeten. Rivest und Shamir entwickelten ein Jahr lang neue Ideen, und Adleman verbrachte das Jahr damit, sie zu zerfleddern. Das Trio verlor allmählich die Hoffnung, doch sie wußten, daß dieses ständige Scheitern ein notwendiger Teil ihrer Forschungsarbeit war und sie mit sanfter Hand aus mathematischen Sümpfen hinaus in fruchtbarere Gefilde führte. Und bald schon wurden ihre Mühen belohnt.

Im April 1977 verbrachten Rivest, Shamir und Adleman das Pasahfest im Haus eines Studenten. Beträchtliche Mengen Manischewitz-Wein flossen, bis sie schließlich um Mitternacht nach Hause fuhren. Rivest konnte nicht schlafen und legte sich mit einem Mathematik-Lehrbuch auf die Couch. Er begann das Problem zu wälzen, das ihn schon seit Wochen beschäftigte: Ist es möglich, eine asymmetrische Verschlüsselung zu entwickeln? Ist es möglich, eine Einwegfunktion zu finden, die nur umgekehrt werden kann, wenn der Empfänger eine besondere Information besitzt? Plötzlich lichtete sich der Nebel, und die Lösung stand ihm klar vor Augen. Den Rest der Nacht verbrachte er mit der mathematischen Ausarbeitung seiner Idee, und noch vor Tagesanbruch hatte er einen kompletten wissenschaftlichen Artikel geschrieben. Rivest war der Durchbruch gelungen, doch sein Erfolg wäre nicht möglich gewesen ohne die jahrelange Zusammenarbeit mit Shamir und Adleman. Am Schluß des Artikels führte er die Autoren in alphabetischer Reihenfolge auf: Adleman, Rivest, Shamir.

Am nächsten Morgen überreichte Rivest das Papier Adleman, der wie üblich versuchte, die Argumentation zu zerfleddern, doch diesmal konnte er keine Fehler ausfindig machen. Nur gegen die Autorenliste erhob er Einwände: »Ich sagte Ron, er solle meinen Namen streichen«, erinnert sich Adleman. »Es sei immerhin seine Erfindung, nicht meine. Aber Ron weigerte sich, und wir gerieten in Streit. Schließlich kamen wir überein, daß ich das Papier nach Hause nehmen und es mir die Nacht über durch den Kopf gehen lassen sollte. Am nächsten Tag schlug ich Ron vor, mich an dritter Stelle zu nennen. Ich weiß noch, daß ich dachte, es wäre der uninteressanteste Artikel, der je meinen Namen tragen würde.« Adleman täuschte sich gründlich. Das Verfahren, das sie nicht ARS, sondern RSA (Rivest, Shamir, Adleman) tauften, sollte die einflußreichste Verschlüsselung der modernen Kryptographie werden.

Bevor ich Rivests Idee erläutere, sei hier noch einmal kurz zusammengefaßt, wonach die Wissenschaftler suchten, um die asymmetrische Verschlüsselung in die Praxis umsetzen zu können.

(1) Alice muß einen öffentlichen Schlüssel erzeugen, den sie öffentlich an Bob (und andere) übergibt, damit er Mitteilungen an sie verschlüsseln kann. Der öffentliche Schlüssel muß eine Einwegfunktion sein, es muß also praktisch unmöglich sein, die Funktion umzukehren und die Mitteilungen für Alice zu entschlüsseln.

(2) Alice jedoch muß die ihr zugeschickten Mitteilungen entschlüsseln können. Dazu braucht sie einen privaten Schlüssel, ein besonderes Stück Information, das es ihr erlaubt, die Wirkung des öffentlichen Schlüssels umzukehren. So hat Alice (und nur Alice) die Möglichkeit, an sie gerichtete Mitteilungen zu entschlüsseln.

Abbildung 65: Ronald Rivest, Adi Shamir und Leonard Adleman.

Kern der asymmetrischen Verschlüsselung von Rivest ist eine Einwegfunktion, die auf den oben beschriebenen Modulfunktionen beruht. Rivests Einwegfunktion kann zur Verschlüsselung einer Nachricht verwendet werden – die Nachricht, letztlich eine Zahl, wird in die Funktion eingesetzt, und das Ergebnis ist ebenfalls eine Zahl, nämlich der Geheimtext. Ich beschreibe Rivests Einwegfunktion nicht im Detail (siehe dazu Anhang J), möchte jedoch einen bestimmten Aspekt erläutern, der einfach als N bezeichnet wird. Es ist dieses N, das die Einwegfunktion unter bestimmten Voraussetzungen umkehrbar macht, weshalb es für den Gebrauch als asymmetrische Verschlüsselung bestens geeignet ist.

N ist ein variabler Bestandteil der Einwegfunktion, der es ermöglicht, daß jeder Anwender einen anderen Wert von N wählen kann. Um ihren eigenen Wert für N zu bestimmen, nimmt Alice zwei Primzahlen, p und q, und multipliziert sie. Eine Primzahl ist eine Zahl, die nur durch sich selbst und durch 1 geteilt werden kann. Zum Beispiel ist 7 eine Primzahl, weil sie sich nur durch 1 und durch 7 ohne Rest teilen läßt. Auch 13 ist eine Primzahl, weil sie sich ohne Rest nur durch 1 und 13 teilen läßt. Hingegen ist die 8 keine Primzahl, weil sie durch 2 und 4 geteilt werden kann.

Alice könnte beispielsweise die Primzahlen $p = 17\,159$ und $q = 10\,247$ wählen. Die Multiplikation dieser beiden Zahlen ergibt $N = 17\,159 \times 10\,247 = 175\,828\,273$. Alices N wird nun ihr öffentlicher Schlüssel, sie könnte ihn auf ihre Visitenkarte drucken, ihn per E-Mail im Internet verschicken oder ihn in einem Verzeichnis öffentlicher Schlüssel abdrucken lassen, zusammen mit den Werten, die andere Menschen für N gewählt haben. Wenn Bob eine Botschaft an Alice verschlüsseln will, sucht er sich Alices Wert N heraus (175 828 273) und setzt ihn in die allgemeine Form der Einwegfunktion ein, die ebenfalls öffentlich bekannt ist. Bob hat jetzt eine Einwegfunktion, die auf Alices Schlüssel zugeschnitten ist, man könnte sie daher Alices Einwegfunktion nennen. Um eine Mitteilung an Alice zu verschlüsseln, nimmt er Alices Einwegfunktion, fügt die Nachricht ein, notiert das Ergebnis und schickt es Alice.

An diesem Punkt ist die verschlüsselte Nachricht sicher. Die Botschaft wurde mit einer Einwegfunktion verschlüsselt, deren Umkehrung naturgemäß sehr schwierig ist. Allerdings bleibt die Frage: Wie kann Alice die Mitteilung entschlüsseln? Um die für sie bestimmte Nachricht zu lesen, muß Alice die Möglichkeit haben, die Einwegfunktion umzukehren. Sie braucht ein besonderes Stück Information, das es ihr erlaubt, die Nachricht zu entschlüsseln. Zum Glück für Alice hat Rivest die Einwegfunktion so angelegt, daß sie für jemanden, der die Werte von p und q kennt, umkehrbar ist. Zwar hat Alice überall verkündet, daß ihr Wert für N 175 828 273 lautet, doch ihre Werte für p und q, deren Produkt N ist, hält sie streng geheim. Nur sie besitzt die besondere Information, die zur Entschlüsselung ihrer Post nötig ist.

Wie p und q verwendet werden, um die Einwegfunktion umzukehren, wird in Anhang J näher beschrieben. Eine Frage jedoch muß sofort beantwortet werden. Wenn alle Welt N, den öffentlichen Schlüssel, kennt, dann gibt es doch sicher Leute, die p und q, den privaten Schlüssel, herausfinden und Alices Post lesen können? Schließlich wurde N aus p und q erzeugt. Wenn N groß genug ist, so stellt sich jedoch heraus, ist es praktisch unmöglich, p und q aus N zu deduzieren, und dies ist der vielleicht schönste und eleganteste Zug an der asymmetrischen RSA-Chiffrierung.

Alice selbst hat p und q gewählt, sie multipliziert und damit N erzeugt. Der entscheidende Punkt ist, daß ebendies eine Einwegfunktion war. Um zu zeigen, daß die Multiplikation von Primzahlen eine Einwegfunktion ist, nehmen wir zwei Primzahlen, beispielsweise 9419 und 1933, und multiplizieren sie. Mit einem Taschenrechner bekommen wir sofort das Ergebnis, nämlich 18 206 927. Hätten wir jedoch die Zahl 18 206 927 vorgelegt bekommen und wären nach den Primfaktoren gefragt worden (den beiden Zahlen, die miteinander multipliziert 18 206 927 ergeben), dann hätten wir viel länger gebraucht. Wer bezweifelt, daß die Suche nach Primfaktoren schwierig ist, nehme folgendes Beispiel. Um die Zahl 1709 023 zu erzeugen, habe ich nur zehn Sekunden gebraucht, doch Sie werden mit dem Taschenrechner fast einen ganzen Nachmittag benötigen, um deren Primfaktoren zu berechnen.

Dieses RSA genannte asymmetrische Verfahren ist ein Form der Public-Key-Kryptographie, der *Kryptographie mit öffentlichem*

Schlüssel. Um herauszufinden, wie sicher RSA ist, können wir es von Eves Standpunkt aus unter die Lupe nehmen und versuchen, eine Mitteilung von Alice an Bob zu entschlüsseln. Um eine Nachricht an Bob zu verschlüsseln, muß Alice Bobs öffentlichen Schlüssel heraussuchen. Bob hatte, um ihn herzustellen, seine eigenen Primzahlen ausgewählt, p_B und q_B, diese multipliziert und N_B erhalten. Die Zahlen p_B und q_B hält er geheim, weil sie seinen privaten Schlüssel bilden, doch N_B hat er veröffentlicht, der Wert lautet 408 508 091. Nun setzt Alice Bobs öffentlichen Schlüssel in ihre allgemeine Einwegfunktion ein und verschlüsselt ihre Mitteilung. Wenn Bob sie erhält, kann er die Funktion umkehren und die Nachricht mit seinen Werten für p_B und q_B, also mit seinem privaten Schlüssel dechiffrieren. Allerdings hat Eve die Nachricht unterwegs abgefangen. Ihre einzige Hoffnung, sie je zu entschlüsseln, beruht darauf, die Einwegfunktion umzukehren, was nur möglich ist, wenn sie p_B und q_B kennt. Bob hat p_B und q_B geheimgehalten, doch Eve weiß wie alle Welt, daß N_B den Wert 408 508 091 hat. Eve versucht nun, die Werte für p_B und q_B herauszufinden, das heißt, die Frage zu beantworten, welche Zahlen, miteinander multipliziert, den Wert 408 508 091 ergeben. Man nennt diesen Vorgang *Faktorzerlegung.*

Die Faktorzerlegung ist sehr zeitaufwendig, doch wie lange genau würde Eve brauchen, um die Faktoren von 408 508 091 zu finden? Es gibt verschiedene Rezepte für die Faktorzerlegung von N_B. Obwohl einige schneller zum Erfolg führen als andere, geht es im Grunde jedesmal darum, für jede Primzahl zu prüfen, ob sich N_B ohne Rest durch sie teilen läßt. Beispielsweise ist 3 eine Primzahl, doch kein Faktor von 408 508 091, weil diese Zahl nicht ohne Rest durch 3 teilbar ist. Also geht Eve zur nächsten Primzahl, 5. Auch 5 ist kein Faktor von N_B, Eve nimmt die nächste Primzahl, und so weiter. Schließlich stößt Eve auf 18 313, die zweitausendste Primzahl und diese Zahl ist tatsächlich ein Faktor von 408 508 091. Damit hat sie zugleich auch den anderen Faktor, nämlich 22 307. Wenn Eve einen Taschenrechner benutzt hat und vier Primzahlen in der Minute prüfen konnte, dann hätte sie 500 Minuten, mehr als 8 Stunden, benötigt, um p_B und q_B herauszufinden. Mit anderen Worten, Eve hätte Bobs privaten Schlüssel in weniger als einem Tag ausfindig machen und die abgefangene Mitteilung dann lesen können.

Das ist nicht gerade ein hohes Maß an Sicherheit, doch Bob hätte sehr viel größere Primzahlen wählen und damit die Sicherheit seines öffentlichen Schlüssels steigern können. Bob könnte beispielsweise Primzahlen nehmen, die um die 10^{65} groß sind (eine 1 gefolgt von 65 Nullen, eine astronomisch hohe Zahl). Dann hätte sich ein Wert für *N* ergeben, der im Bereich von $10^{65} \times 10^{65}$ liegt, das heißt 10^{130}. Ein Computer könnte die beiden Primzahlen multiplizieren und *N* in knapp einer Sekunde erzeugen, doch wenn Eve den Prozeß umkehren und *p* und *q* herausfinden wollte, würde dies sehr viel länger dauern. Wie lange genau, hinge von der Schnelligkeit ihres Computers ab. Der Sicherheitsexperte Garfinkel hat vor einiger Zeit geschätzt, daß ein 100 Mhz Intel Pentium Computer mit 8 MB Arbeitsspeicher ungefähr 50 Jahre benötigen würde, um eine Zahl im Bereich von 10^{130} in ihre Faktoren zu zerlegen. Die Kryptographen neigen ein wenig zur Paranoia und stellen sich gerne die größten anzunehmenden Katastrophen vor, etwa eine weltweite Verschwörung mit dem Ziel, ihre Verschlüsselungen zu knacken. Garfinkel überlegte also, wie es wäre, wenn hundert Millionen PCs vernetzt würden (so viel wurden 1995 verkauft). Dann könnte eine Zahl im Bereich von 10^{130} in etwa 15 Sekunden faktoriert werden. Daher geht man heute allgemein davon aus, daß noch höhere Primzahlen verwendet werden müssen, um in den wirklich sicheren Bereich zu gelangen. Für wichtige Banktransaktionen liegt *N* bei mindestens 10^{308}, das ist zehn Millionen Milliarden Milliarden Milliarden Milliarden Milliarden Milliarden Milliarden Milliarden Milliarden Milliarden Milliarden Milliarden Milliarden Milliarden Milliarden Milliarden Milliarden Milliarden Milliarden mal größer als 10^{130}. Mit den vereinten Kräften von hundert Millionen PCs würde man mehr als tausend Jahre brauchen, um eine solche Verschlüsselung zu knacken. Bei hinreichend hohen Werten für *p* und *q* ist RSA unschlagbar.

Der einzige Sicherheitsvorbehalt bei der Public-Key-Methode RSA ist, daß irgendwann in der Zukunft ein schnellerer Weg gefunden werden könnte, um *N* in Faktoren zu zerlegen. Dies ist vielleicht in einem Jahrzehnt möglich, vielleicht sogar schon morgen, und damit würde RSA unbrauchbar. Allerdings suchen die Mathematiker seit zweitausend Jahren vergeblich nach einer Abkürzung, und die

Faktorzerlegung ist bis heute eine enorm zeitaufwendige Beschäftigung. Die meisten Mathematiker glauben, daß dies in der Natur der Sache liegt und ein mathematisches Gesetz jede Abkürzung verwehrt. Wenn wir davon ausgehen, daß sie recht haben, dann ist RSA für die absehbare Zukunft eine sichere Bank.

Der große Vorteil der RSA-Kryptographie ist, daß sie alle Probleme, die mit den herkömmlichen Verfahren und dem Schlüsselaustausch verbunden sind, beseitigt. Alice muß sich nicht mehr darum sorgen, wie sie Bob den Schlüssel sicher überbringen kann und ob Eve ihn vielleicht abfangen könnte. Im Gegenteil, Alice ist es gleich, wer den öffentlichen Schlüssel sieht – je mehr, desto besser, denn der öffentliche Schlüssel dient nur zur Chiffrierung, nicht zur Dechiffrierung. Das einzige, was geheim bleiben muß, ist der private Schlüssel zur Dechiffrierung, und den kann Alice immer bei sich tragen.

RSA hatte im August 1977 seinen ersten öffentlichen Auftritt. Martin Gardner stellte das Verfahren in seiner Kolumne »Mathematische Spiele« für den *Scientific American* vor. »Eine neue Verschlüsselung, die zu knacken Millionen Jahre dauern würde«, lautete der Artikel, in dem Gardner zunächst erklärte, wie die Kryptographie mit öffentlichem Schlüssel funktioniert, und dann seine Leser zu einem Wettbewerb aufrief. Er druckte einen verschlüsselten Text ab und dazu den öffentlichen Schlüssel, mit dem er chiffriert war:

N = 114 381 625 757 888 867 669 235 779 976 146 612 010 218 296
721 242 362 562 561 842 935 706 935 245 733 897 830 597 123 563
958 705 058 989 075 147 599 290 026 879 543 541.

Die Herausforderung für die Leser lautete, N in die Faktoren p und q zu zerlegen und anhand dieser Zahlen die Botschaft zu entschlüsseln. Gardner hatte nicht genug Platz, um die Einzelheiten von RSA zu erläutern, und bat seine Leser, an das Labor für Computerwissenschaften am MIT zu schreiben, das die soeben fertiggestellten mathematischen Unterlagen verschicken würde. Zu ihrer Verblüffung erhielten Rivest, Shamir und Adleman dreitausend Anfragen. Sie antworteten jedoch nicht sofort, weil sie befürchteten, die weite Verbreitung ihrer Idee könne ihre Chancen auf ein Patent gefährden. Als die

Patentfrage endlich geklärt war, veranstalteten die drei ein Fest, auf dem Professoren und Studierende bei Bier und Pizza die technischen Unterlagen für die Leser des *Scientific American* in Briefe eintüteten.

Es sollte siebzehn Jahre dauern, bis Gardners Verschlüsselung geknackt war. Am 26. April 1994 verkündete eine Gruppe von sechshundert Freiwilligen die Faktoren von N:

$$q = 3\,490\,529\,510\,847\,650\,949\,147\,849\,619\,903\,898\,133\,417\,764\,638\,493\,387\,843\,990\,820\,577$$

$$p = 32\,769\,132\,993\,266\,709\,549\,961\,988\,190\,834\,461\,413\,177\,642\,967\,992\,942\,539\,798\,288\,533.$$

Mit diesen Werten, dem geheimen Schlüssel, konnten sie die Nachricht dechiffrieren. Sie bestand aus einer Reihe von Ziffern, doch als diese in Buchstaben verwandelt waren, stand da zu lesen: »Die magischen Worte sind zimperliche Lämmergeier.« Das Problem der Faktorzerlegung war unter Freiwilligen aus der ganzen Welt, aus Ländern wie Australien, England, USA und Venezuela, aufgeteilt worden. Sie stellten freie Rechenkapazitäten ihrer Bürocomputer, Großrechner oder Supercomputer zur Verfügung, um jeweils ein kleines Stück des Problems abzuarbeiten. Auf diese Weise bildete sich ein weltumspannendes Netzwerk aus Computern, die gleichzeitig an Gardners Aufgabe arbeiteten. Selbst angesichts dieses gewaltigen Aufwands an parallel laufenden Computern werden einige Leser überrascht sein, daß RSA in so kurzer Zeit geknackt wurde. Allerdings verwendete Gardner für seine Aufgabe einen relativ kleinen Wert von N – nämlich im Bereich von 10^{129}. Heute wählen RSA-Anwender viel größere Werte, um ihre wichtigen Informationen zu schützen. Inzwischen werden Nachrichten mit hinreichend großen Werten von N verschlüsselt, so daß alle Computer des Planeten länger brauchen würden, als das Universum alt ist, um die Verschlüsselung zu knakken.

Public-Key-Kryptographie: Die geheime Geschichte

In den vergangenen zwei Jahrzehnten gelangten Diffie, Hellman und Merkle als die Erfinder des Konzepts der Public-Key-Kryptographie zu Ruhm, Rivest, Shamir und Adleman wiederum ernteten die Lorbeeren für RSA, die eleganteste Umsetzung dieses Konzepts. In jüngster Zeit jedoch wurde bekannt, daß dieser Abschnitt der Kryptographiegeschichte umgeschrieben werden muß. Britischen Regierungsquellen zufolge wurde die Public-Key-Kryptographie zuerst von Mitarbeitern des Government Communications Headquarters (GCHQ) in Cheltenham erfunden, jener hochgeheimen Organisation, die nach dem Zweiten Weltkrieg aus den Überbleibseln von Bletchley Park aufgebaut worden war. Die folgende Geschichte handelt von verblüffendem Erfindergeist, von namenlosen Helden und von einer Jahrzehnte währenden, staatlich verordneten Geheimhaltung.

Die Geschichte beginnt in den späten sechziger Jahren, als das britische Militär sich zunehmend Sorgen um das Problem der Schlüsselverteilung machte. Hochrangige Militärplaner sagten für die siebziger Jahre eine drastische Miniaturisierung der Funkgeräte, verbunden mit sinkenden Kosten, voraus, so daß es möglich sein würde, jeden einzelnen Soldaten in ständigem Funkkontakt mit seinem Vorgesetzten zu halten. Die Vorteile dieser neuen Kommunikationstechnik lagen auf der Hand, doch natürlich mußte der gesamte Funkverkehr verschlüsselt werden, und das Problem der Schlüsselverteilung schien unter diesen Umständen nicht mehr lösbar zu sein. In dieser Zeit kannte man nur die symmetrische Kryptographie, ein bestimmter Schlüssel mußte daher auf sicherem Wege jedem Mitglied des Kommunikationsnetzes überbracht werden. Ein Ausbau des Funkverkehrs würde bald an der unüberwindlichen Hürde der Schlüsselverteilung scheitern. Anfang 1969 bat das Militär James Ellis, einen herausragenden Kryptographen im Staatsdienst, verschiedene Möglichkeiten auszuloten, wie man dieses Problem bewältigen könnte.

Ellis war eine unverwechselbare, leicht exzentrische Persönlichkeit. Stolz brüstete er sich damit, schon vor seiner Geburt eine halbe

Weltreise unternommen zu haben, denn seine Mutter wurde in England mit ihm schwanger, gebar ihn jedoch in Australien. Noch als Baby kehrte er nach London zurück, wo er im East End der zwanziger Jahre aufwuchs. In der Schule interessierten ihn vor allem die Naturwissenschaften, er studierte Physik am Imperial College und arbeitete danach im Forschungszentrum der britischen Post in Dollis Hill, wo Tommy Flowers den ersten codebrechenden Computer, die Colossus, gebaut hatte. Die kryptographische Abteilung in Dollis Hill ging schließlich im GCHQ auf, und am 1. April 1965 zog Ellis nach Cheltenham, wo er in einer Arbeitsgruppe des GCHQ zur Sicherung der elektronischen Kommunikation arbeitete. Da er mit Fragen der nationalen Sicherheit befaßt war, schwor man Ellis für seine gesamte Laufbahn auf Geheimhaltung ein. Zwar wußten seine Frau und seine Familie, daß er für das GCHQ arbeitete, doch von seinen Entdeckungen ahnten sie nichts, und ebensowenig, daß er einer der besten Kryptographen seines Landes war.

Abbildung 66: James Ellis.

Trotz seiner Fähigkeiten ernannte man Ellis nie zum Verantwortlichen für eine der Forschungsgruppen am GCHQ. Er war brillant, doch er war auch unberechenbar, introvertiert und nicht der geborene Teamarbeiter. Sein Kollege Richard Walton erinnert sich:

> Er war ein recht schrulliger Kollege und paßte nicht so recht in den Alltag beim GCHQ. Doch wenn es um neue Ideen ging, verblüffte er uns immer wieder. Zwar mußten wir uns manchmal durch Nonsens wühlen, doch er hatte viele neue Ideen und war immer bereit, das Gängige in Frage zu stellen. Wenn alle so wären wie er, hätten wir wirklich ein Problem, doch wir können im GCHQ einen höheren Anteil solcher Leute ertragen als die meisten anderen Organisationen. Wir hatten es mit einer ganzen Reihe von Leuten seines Schlags zu tun.

Ein großer Vorzug von Ellis war seine umfassende Bildung. Er las jede Fachzeitschrift, die er in die Hände bekam, und warf nie etwas weg. Aus Sicherheitsgründen müssen GCHQ-Mitarbeiter jeden Abend ihre Schreibtische aufräumen und alles in Schränke schließen. Ellis' Schränke waren vollgestopft mit den obskursten Publikationen. Er erwarb sich den Ruf eines Krypto-Gurus, und wenn die Forscherkollegen sich vor unlösbaren Problemen sahen, klopften sie bei ihm an, in der Hoffnung, mit seinem breiten Wissen und seinem originellen Geist würde er eine Lösung finden. Wahrscheinlich war dieser Ruf der Grund, warum man ihn aufforderte, das Problem der Schlüsselverteilung zu untersuchen.

Deren Kosten waren ohnehin schon gewaltig und würden einem verstärkten Gebrauch der Verschlüsselung klare Grenzen setzen. Selbst einer Reduzierung der Schlüsselverteilungskosten um nur ein Zehntel konnte den entsprechenden Haushalt des Militärs deutlich entlasten. Anstatt jedoch einfach an den Ausgaben zu sparen, suchte Ellis gleich nach einer radikalen und umfassenden Lösung. Walton erinnert sich: »Einem Problem rückte er immer zuerst mit der Frage zu Leibe: ›Ist es wirklich das, was wir tun wollen?‹ James war nun einmal James, und das erste, was er tat, war, die Voraussetzung in Frage zu stellen, daß es notwendig sei, geheime Schlüssel auszutauschen. Es gab keinen ehernen Satz, der lautete, es müsse sich um ein geteiltes Geheimnis handeln.«

Ellis nahm das Problem zunächst in Angriff, indem er seinen Schatz wissenschaftlicher Literatur durchsah. Jahre später erinnerte er sich, wie er die Entdeckung machte, daß die Verteilung geheimer Schlüssel zum Austausch geheimer Nachrichten nicht unbedingt notwendig ist:

> Was diese Auffassung zu Fall brachte, war die Entdeckung eines von Bell Telephone in Auftrag gegebenen Berichts. Der unbekannte Autor legte darin eine geniales Konzept für abhörsichere Telefongespräche vor. Der Empfänger solle die Worte des Senders verbergen, indem er ein Rauschen in die Leitung brachte. Das Rauschen konnte der Empfänger später wieder abziehen, denn er selbst hatte es hinzugefügt und wußte daher, woraus es bestand. Die offensichtlichen praktischen Nachteile dieses Systems verhinderten, daß es eingesetzt wurde, doch es war unter verschiedenen Gesichtspunkten recht interessant. Der Unterschied zur herkömmlichen Verschlüsselung ist, daß der Empfänger hier am Verschlüsselungsprozeß teilnimmt ... Damit war die Idee in der Welt.

Rauschen ist der Fachbegriff für jedes Signal, das auf eine Kommunikation einwirkt. Es hat meist natürliche Ursachen und den besonderen Nachteil, daß es ganz und gar zufällig ist. Das Rauschen aus einer Nachrichtenverbindung zu entfernen ist daher sehr schwierig. Eine gute Funkanlage hält den Rauschpegel niedrig, und die Mitteilung ist klar verständlich, doch wenn der Rauschpegel hoch ist und die Mitteilung übertönt, gibt es keine Möglichkeit, sie zu retten. Ellis' Vorschlag lautete, der Empfänger, Alice, solle absichtlich Rauschen erzeugen, es messen und dann die Verbindung mit Bob mit diesem Rauschen überlagern. Bob könnte dann eine Nachricht an Alice schicken, und selbst wenn Eve die Verbindung angezapft hätte, wäre sie nicht in der Lage, die Mitteilung zu lesen, weil sie im Rauschen unterginge. Die einzige Person, die das Rauschen entfernen und die Botschaft lesen kann, ist in diesem Fall Alice, weil nur sie weiß, um welche Art von Rauschen es sich handelt, denn sie hat es ja erzeugt.

Bei diesem Verfahren war die Sicherheit auch ohne Schlüsseltausch gewährleistet. Das Rauschen war der Schlüssel, und nur Alice konnte dessen Eigenschaften genau kennen.

In einem Memorandum erläuterte Ellis seinen Gedankengang genauer: »Die nächste Frage lag auf der Hand: Ist dies auch mit einer gewöhnlichen Verschlüsselung zu bewerkstelligen? Können wir eine sicher verschlüsselte Nachricht erzeugen, die der berechtigte Empfänger lesen kann, ohne daß vorher ein Austausch geheimer Schlüssel stattgefunden hat? Diese Frage fiel mir übrigens eines Nachts im Bett ein, und der Beweis der theoretischen Möglichkeit nahm nur einige Minuten in Anspruch. Wir hatten jetzt einen Existenzsatz. Das Undenkbare war tatsächlich möglich.« (Ein Existenzsatz beweist, daß die Lösung eines Problems möglich ist, ohne zu sagen, wie sie aussieht.) Bis dahin glich die Suche nach einer Lösung für das Problem der Schlüsselverteilung der sprichwörtlichen Suche nach der Nadel im Heuhaufen. Dank des Existenzsatzes wußte Ellis jetzt immerhin, daß es die Nadel überhaupt gab.

Ellis' Ideen hatten große Ähnlichkeit mit denen Diffies, Hellmans und Merkles, er war ihnen allerdings um mehrere Jahre voraus. Davon wußte jedoch niemand, weil er für die britische Regierung arbeitete und auf Geheimhaltung eingeschworen war. Ende 1969 schließlich steckte Ellis offenbar in der gleichen Sackgasse, in die das Stanforder Trio 1975 geriet. Er hatte sich selbst bewiesen, daß die Kryptographie mit öffentlichem Schlüssel möglich war (er nannte es nichtgeheime Verschlüsselung), und er hatte den Begriff des öffentlichen und privaten Schlüssels entwickelt. Er wußte zudem, daß er eine besondere Einwegfunktion finden mußte, die nur umgekehrt werden konnte, wenn der Empfänger ein spezielles Stück Information besaß. Nun war Ellis kein Mathematiker. Er experimentierte mit einigen mathematischen Funktionen, doch bald wurde ihm klar, daß er auf eigene Faust nicht mehr weiterkommen würde.

An diesem Punkt angelangt, präsentierte Ellis seine bahnbrechende Arbeit den Vorgesetzten. Wie sie reagierten, ist immer noch geheim, doch Richard Walton war in einem Gespräch mit mir bereit, den Inhalt der verschiedenen Aktennotizen, die nun von Hand zu Hand gingen, zusammenzufassen. Mit der Aktentasche auf dem

Schoß, deren Deckel seine Unterlagen vor meinem Blick schützten, durchblätterte er seine Dokumente:

> Ich kann Ihnen die Papiere hier nicht zeigen, weil immer noch häßliche Wörter wie TOP SECRET draufgestempelt sind. Kurz gesagt, James' Idee geht an den Chef, der sie weiterleitet, wie es hohe Tiere eben tun, damit die Experten ein Auge darauf werfen. Sie stellen fest, daß James absolut recht hat. Mit anderen Worten, sie können ihn nicht als Spinner abtun. Zugleich jedoch haben sie keine Vorstellung, wie man seine Idee in die Praxis umsetzen könnte. Also sind sie zwar beeindruckt von James' Erfindergeist, wissen aber nicht, wie man ihn ausnutzen soll.

Während der nächsten drei Jahre suchten die hellsten Köpfe des GCHQ verbissen nach einer Einwegfunktion, die Ellis' Anforderungen genügte, doch ohne Erfolg. Dann, im September 1973, stieß ein neuer Mathematiker zur Arbeitsgruppe. Clifford Cocks hatte soeben seinen Abschluß in Cambridge gemacht, wo er sich auf die Zahlentheorie spezialisiert hatte, eine der reinsten Disziplinen der Mathematik. Als Anfänger im GCHQ wußte er sehr wenig über Verschlüsselung und die Schattenwelt des militärischen und diplomatischen Nachrichtenverkehrs, und so stellte man ihm einen Mentor zur Seite, Nick Patterson, der ihn durch die ersten Wochen im GCHQ geleitete.

Nach gut sechs Wochen erzählte Patterson Cocks von einer »wirklich verrückten Idee«. Er skizzierte Ellis' Theorie einer Kryptographie mit öffentlichem Schlüssel und erklärte, es sei bisher niemandem gelungen, eine mathematische Funktion zu finden, die den Anforderungen genügte. Patterson erzählte davon, weil es gerade die verlockendste kryptographische Idee im Umlauf war, nicht weil er erwartete, Cocks würde das Problem lösen. Cocks jedoch setzte sich nach eigenen Worten noch am selben Tag an die Arbeit: »Es lag nichts Besonderes an, also begann ich über die Idee nachzudenken. Weil ich auf dem Feld der Zahlentheorie gearbeitet hatte, lag es nahe, daß ich an Einwegfunktionen dachte, also an etwas, was man tun, aber nicht wieder umkehren kann. Primzahlen und Faktorzerlegung waren die natürlichen Kandidaten, und das wurde zu meinem Ausgangspunkt.« Cocks begann jetzt das zu formulieren, was später als asymmetrische RSA-Verschlüsselung bezeichnet wurde. Rivest, Shamir und Adleman entdeckten ihre Formel für die Public-Key-Kryptographie im Jahr 1977, doch vier Jahre zuvor verfolgte der junge Cambridge-Absolvent genau den gleichen Denkweg. Cocks erinnert sich: »Alles in allem brauchte ich nicht länger als eine halbe Stunde. Ich war ganz zufrieden mit mir. ›Ach, ist ja schön‹, dachte ich. ›Man gibt mir ein Problem, und ich löse es.‹«

Cocks war die Bedeutung seiner Entdeckung nicht so recht klar. Er hatte keine Ahnung, daß die besten Köpfe des GCHQ sich drei Jahre lang mit dem Problem herumgeschlagen hatten und daß ihm eine der bedeutendsten kryptographischen Erkenntnisse des Jahrhunderts gelungen war. Vielleicht war Cocks Naivität ein Grund für seinen Erfolg, denn er ging das Problem voll Zuversicht an und stocherte nicht schüchtern im Nebel herum. Cocks erzählte seinem Mentor Patterson von der Entdeckung, der daraufhin einen Bericht an die Vorgesetzten schrieb. Cocks war eigentlich noch ein Grünschnabel und recht unerfahren, doch Patterson kannte die Zusammenhänge genau

Abbildung 67: Clifford Cocks.

und konnte die technischen Fragen besser beantworten, die unweigerlich auftauchen würden. Plötzlich traten wildfremde Leute auf das Wunderkind Cocks zu und gratulierten ihm. Einer dieser Unbekannten war James Ellis, der unbedingt den Mann sehen wollte, der seine Träume verwirklicht hatte. Weil Cocks immer noch nicht begriffen hatte, was an seiner Leistung so besonders sein sollte, prägte sich das Treffen nicht in sein Gedächtnis ein, und heute, mehr als zwei Jahrzehnte später, weiß er nicht mehr, was Ellis gesagt hat.

Als Cocks endlich klar wurde, was ihm gelungen war, fiel ihm ein, daß seine Entdeckung vielleicht G.H. Hardy enttäuscht hätte, einen der großen englischen Mathematiker der ersten Jahrhunderthälfte. In *A Mathematician's Apology* von 1940 verkündet Hardy stolz: »Echte Mathematik hat keine Auswirkungen auf den Krieg. Bisher hat noch niemand einen kriegerischen Nutzen der Zahlentheorie entdeckt.« Echte Mathematik heißt hier reine Mathematik, zu der auch die für Cocks' Arbeit entscheidende Zahlentheorie gehört. Cocks hatte Hardy widerlegt. Die Feinheiten der Zahlentheorie konnten jetzt dazu beitragen, daß Generäle ihre Schlachten unter vollkommener Geheimhaltung planten. Weil Cocks' Arbeit sich auf den militärischen Nachrichtenverkehr auswirkte, verbot man ihm ebenso wie Ellis, außerhalb des GCHQ darüber zu sprechen. So konnte er weder seinen Eltern noch seinen einstigen Kollegen in Cambridge etwas sagen. Der einzige Mensch, dem er sich anvertrauen konnte, war seine Frau Gill, die ebenfalls für das GCHQ arbeitete.

Cocks' Idee, vom GCHQ unter Verschluß gehalten, hatte es zwar in sich, war ihrer Zeit jedoch weit voraus. Cocks hatte eine mathematische Funktion für die Kryptographie mit öffentlichem Schlüssel entdeckt, doch es blieb das Problem, wie man das Verfahren praktisch umsetzen sollte. Public-Key-Kryptograpie verlangt viel leistungsfähigere Computer als ein symmetrisches Verfahren wie DES. Anfang der siebziger Jahre waren die Rechner noch vergleichsweise lahm und brachten in vernünftiger Zeit keine solche Verschlüsselung zustande. Daher war das GCHQ nicht in der Lage, sich die Public-Key-Kryptographie zunutze zu machen. Cocks und Ellis hatten bewiesen, daß das Unmögliche möglich war, doch niemand fand einen Weg, um das Mögliche auch ins Praktische umzusetzen.

Anfang des folgenden Jahres, 1974, erläuterte Cocks seine Arbeit dem Kryptographen Malcolm Williamson, einem Neuling im GCHQ. Es traf sich, daß Cocks und Williamson alte Freunde waren. Beide hatten ein Gymnasium in Manchester besucht, dessen Motto *sapere aude* lautet: wage es, weise zu sein. Im Jahr 1968 hatten die beiden Schüler Großbritannien bei der Mathematik-Olympiade in Moskau vertreten. Nach dem gemeinsamen Studium in Cambridge waren sie für einige Jahre getrennte Wege gegangen, doch nun saßen sie wieder zusammen im GCHQ. Schon als Elfjährige hatten sie über ihre mathematischen Ideen geredet, doch Cocks' Konzept einer Kryptographie mit öffentlichem Schlüssel war die verblüffendste Idee, von der Williamson je gehört hatte. »Cliff hatte mir seine Idee erklärt«, erinnert sich Williamson, »und ich konnte es einfach nicht fassen. Ich war ziemlich skeptisch, denn damit kann man einige unheimliche Dinge anstellen.«

Nach dem Gespräch versuchte Williamson zu beweisen, daß Cocks ein Fehler unterlaufen war und die Public-Key-Kryptographie unmöglich war. Er prüfte die mathematischen Grundlagen aufs genaueste, denn irgendwo mußte ein Fehler stecken. Die Idee schien

Abbildung 68:
Malcolm Williamson.

einfach zu gut, um wahr zu sein. Williamson, fest entschlossen, einen Irrtum zu finden, arbeitete auch zu Hause weiter an dem Problem. Den Mitarbeitern des GCHQ ist es verboten, Arbeit mit nach Hause zu nehmen, weil ihre gesamte Tätigkeit geheim ist und die Wohnungen bessere Angriffspunkte für Spionage bieten. Williamson trug das Problem jedoch im Kopf herum und konnte einfach nicht anders, als darüber nachzudenken. Entgegen den Anweisungen arbeitete er also zu Hause weiter. Fünf Stunden lang versuchte er, einen Fehler zu entdecken. »In diesem Punkt bin ich gescheitert«, meint Williamson. »Statt dessen hatte ich am Schluß eine weitere Lösung für das Problem der Schlüsselverteilung in der Hand.« Williamson hatte das Verfahren des Schlüsselaustauschs nach Diffie, Hellman und Merkle entdeckt, ungefähr zur gleichen Zeit wie Martin Hellman. Seine erste Reaktion zeugt von seiner sarkastischen Einstellung: »Sieht großartig aus, sagte ich mir. Mal sehen, ob ich wenigstens hier einen Fehler finden kann. Ich war an diesem Tag wohl ziemlich skeptisch drauf.«

Im Jahr 1975 hatten James Ellis, Clifford Cocks und Malcolm Williamson alle wesentlichen Elemente der Public-Key-Kryptographie beisammen, doch sie waren gezwungen, Stillschweigen zu bewahren. Die drei Briten mußten stumm mitansehen, wie ihre Entdeckungen in den folgenden drei Jahren von Diffie, Hellman, Merkle, Rivest, Shamir und Adleman noch einmal gemacht wurden. Eigenartigerweise entdeckte das GCHQ das RSA-Verfahren vor dem Schlüsseltausch nach der Methode Diffie-Hellman-Merkle, während diese bei den Amerikanern zuerst dran waren. Die Wissenschaftspresse berichtete über die Erfolge in Stanford und am MIT, und die Forscher, die ihre Arbeiten in den Fachzeitschriften veröffentlichen durften, wurden zu Berühmtheiten der wissenschaftlichen Kryptographie. Ein kurzer Blick ins Internet mit einer Suchmaschine ergibt 15 Webseiten mit dem Namen Clifford Cocks, hingegen 1382 Seiten mit dem Namen Whitfield Diffie. Cocks nimmt es bewundernswert gelassen: »Man arbeitet nicht wegen der öffentlichen Anerkennung in dieser Branche.« Williamson ist genauso leidenschaftlos: »Meine Reaktion war: ›Okay, es ist nun einmal so.‹ Das Leben ging einfach weiter.«

Was Williamson dem GCHQ einzig übelnimmt, ist die Tatsache, daß es kein Patent für die Public-Key-Kryptographie beantragte. Als Cocks und Williamson der Durchbruch gelang, war man in der Führungsetage des GCHQ einstimmig der Meinung, eine Patentierung sei aus zwei Gründen ausgeschlossen. Erstens hätte man dann die genauen Einzelheiten der Arbeit veröffentlichen müssen, und dies wäre mit den Zielen des GCHQ nicht vereinbar gewesen. Zweitens war es Anfang der siebziger Jahre keineswegs klar, ob mathematische Algorithmen patentiert werden konnten. Als dann Diffie und Hellman 1976 ihr Patent beantragten, war dies schon kein Problem mehr. Damals wollte Williamson unbedingt an die Öffentlichkeit gehen und Diffies und Hellmans Antrag blockieren, doch seine Vorgesetzten lehnten ab. Sie waren nicht weitsichtig genug, um die digitale Revolution und die Möglichkeiten der Public-Key-Kryptographie kommen zu sehen. Anfang der achtziger Jahre dann begannen sie ihre Entscheidung zu bereuen, denn nun war angesichts der Fortschritte der Computertechnik und des Internet klar, daß RSA und der Schlüsseltausch nach Diffie, Hellman und Merkle als Produkte auf dem Markt ungeheuer erfolgreich sein würden. RSA Data Security, die Firma mit den Rechten auf die RSA-Produkte, wurde 1996 für 200 Millionen Dollar verkauft.

Abbildung 69: Malcolm Williamson (zweiter von links) und Clifford Cocks (ganz rechts) bei der Ankunft zur Mathematik-Olympiade in Moskau 1968.

Zwar unterlag die Arbeit des GCHQ weiterhin der Geheimhaltung, doch es gab eine andere Organisation, die von den Erfolgen der Briten Kenntnis hatte. Anfang der achtziger Jahre erfuhr die amerikanische National Security Agency von den Arbeiten Ellis', Cocks' und Williamsons, und vermutlich hörte Whitfield Diffie über die NSA gerüchteweise von den Entdeckungen in England. Im September 1982 wollte Diffie ein für allemal wissen, ob an dem Gerücht etwas dran war, und er fuhr mit seiner Frau nach England, um mit James Ellis in Cheltenham persönlich zu sprechen. Sie trafen sich in einem Pub, und Mary war schnell beeindruckt von Ellis' erstaunlichem Charakter:

> Wir saßen da und unterhielten uns, und mir wurde plötzlich klar, daß dies der wunderbarste Mensch war, den man sich vorstellen kann. Natürlich kann ich seine mathematischen Kenntnisse nicht richtig beurteilen, doch er war ein richtiger Gentleman, äußerst bescheiden und zugleich enorm großzügig und vornehm. Wenn ich vornehm sage, meine ich nicht altmodisch und verstaubt. Dieser Mann war ritterlich. Er war ein guter Mensch, ein wirklich guter Mensch, und eine sanftmütige Seele.

Diffie und Ellis sprachen über dies und das, von der Archäologie bis zur Frage, wie Ratten im Faß den Geschmack von Apfelwein verbessern, doch als sich das Gespräch der Kryptographie näherte, wechselte Ellis höflich das Thema. Am Ende, schon kurz vor der Abreise, konnte Diffie der Versuchung nicht mehr widerstehen und stellte Ellis unverblümt die Frage, die er wirklich auf dem Herzen hatte: »Wollen Sie mir nicht erzählen, wie Sie die Public-Key-Kryptographie erfunden haben?« Eine lange Pause trat ein. Schließlich flüsterte Ellis: »Nun, ich weiß nicht, wieviel ich sagen soll. Ich denke einfach, daß Sie und ihre Leute viel mehr damit angefangen haben als wir.«

Zwar wurde die Public-Key-Kryptographie zuerst vom GCHQ erfunden, doch dies sollte nicht die Leistungen der Forscher an den Universitäten schmälern, die sie ein zweites Mal erfunden haben. Es waren die Hochschulforscher, die als erste das Potential dieser Form der Kryptographie erkannten, und sie waren es auch, die ihr zum Durchbruch verhalfen. Zudem ist es durchaus denkbar, daß das

GCHQ aus eigenem Antrieb nie seine Erfindungen veröffentlicht und damit eine Technik verhindert hätte, die der digitalen Revolution erst richtig zur Entfaltung verhalf. Schließlich gelang den Akademikern ihre Entdeckung völlig unabhängig vom GCHQ und mit den gleichen intellektuellen Mitteln. Die hochgeheimen Forschungsstätten sind von der akademischen Welt abgeschottet, und die Hochschulforscher haben keinen Zugang zu den Werkzeugen und dem geheimen Wissen, das dort womöglich verborgen liegt. Dagegen haben die Forscher der Geheimdienste immer Zugang zur wissenschaftlichen Literatur. Diesen Informationsfluß könnte man fast mit einer Einwegfunktion vergleichen – die Information fließt ungehindert in die eine Richtung, doch es ist verboten, Informationen in die andere Richtung zu schicken.

Als Diffie seinem Partner Hellman von Ellis, Cocks und Williamson erzählte, meinte dieser, die Entdeckungen der Hochschulforscher wären eine Fußnote in der Geschichte der geheimen Forschung wert, die Entdeckungen am GCHQ dagegen eine Fußnote in der Geschichte der Hochschulforschung. Allerdings wußte zu diesem Zeitpunkt noch niemand außer dem GCHQ, der NSA, Diffie und Hellman von den geheimen Erfolgen, und so konnte man nicht einmal von einer Fußnote sprechen.

Mitte der achtziger Jahre änderte sich die Stimmung im GCHQ; in der Führungsetage überlegte man, ob man die Arbeiten von Ellis, Cocks und Williamson veröffentlichen sollte. Die Mathematik der Public-Key-Kryptographie war in Fachkreisen schon gut bekannt, und für die Geheimhaltung schien es keinen Grund mehr zu geben. Man versprach sich sogar einigen Nutzen von der Veröffentlichung der bahnbrechenden Arbeiten. Richard Walton erinnert sich:

> Wir spielten 1984 mit dem Gedanken, die Karten auf den Tisch zu legen. Allmählich hielten wir es für vorteilhaft, wenn das GCHQ öffentliche Anerkennung erntete. Dies war die Zeit, als sich der Sicherheitsmarkt über die traditionelle Kundschaft aus Militär und Diplomatie hinaus ausdehnte, und wir mußten das Vertrauen von Leuten erwerben, die bislang nichts mit uns zu tun gehabt hatten. Wir steckten mitten im Thatcherismus und versuchten der Hal-

tung entgegenzusteuern, wonach »alles Staatliche schlecht, alles Private gut« sei. Daher planten wir, einen Bericht zu veröffentlichen, doch dieser Peter Wright, der Mistkerl, der den *Spycatcher* schrieb, hat uns das Vorhaben vermasselt. Wir waren gerade dabei, die hohen Tiere für die Veröffentlichung zu gewinnen, als es diesen Skandal um den *Spycatcher* gab. Dann hieß es für uns nur noch »Hüte auf, Köpfe runter«.

Peter Wright war ein pensionierter britischer Geheimdienstoffizier, und die Veröffentlichung von *Spycatcher,* seiner Memoiren, brachte die Regierung in größte Verlegenheit. Es sollte weitere 13 Jahre dauern, bis das GCHQ doch noch an die Öffentlichkeit ging – 28 Jahre nach Ellis' bahnbrechender Leistung. Im Jahr 1997 stellte Clifford Cocks eine wichtige, nicht als geheim klassifierte Arbeit über RSA fertig, die auch für eine breitere Öffentlichkeit interessant war und kein Sicherheitsrisiko darstellte. Daher bat man ihn, einen Vortrag auf der Konferenz für Mathematik und ihre Anwendungen in Cirencester zu halten. Dort sollten viele Kryptographie-Experten zusammenkommen. Eine Handvoll von ihnen wußte, daß Cocks, der nur über einen Aspekt von RSA sprechen würde, in Wahrheit der nie gepriesene Erfinder dieses Verfahrens war. Es gab durchaus das Risiko, daß jemand eine peinliche Frage stellte, etwa: »Haben Sie RSA erfunden?« Was sollte Cocks dann tun? Den Regeln des GCHQ zufolge mußte er dann seine Rolle bei der Entwicklung von RSA verleugnen, also bei einem vollkommen harmlosen Thema lügen. Das war offensichtlich lächerlich, und das GCHQ beschloß, es sei an der Zeit, seine Politik zu ändern. Cocks erhielt die Erlaubnis, seinen Vortrag mit einer kurzen historischen Würdigung der Beiträge des GCHQ zur Public-Key-Kryptographie zu beginnen.

Am 18. Dezember 1997 hielt Cocks seinen Vortrag. Nach fast drei Jahrzehnten der Geheimhaltung ernteten Ellis, Cocks und Williamson die verdiente Anerkennung. Leider war James Ellis nur einen Monat zuvor, am 25. November 1997, im Alter von dreiundsiebzig Jahren gestorben. Ellis verlängerte damit die Liste britischer Kryptologen, deren Leistungen zu ihren Lebzeiten nie anerkannt wurden. Daß Charles Babbage die Vigenère-Verschlüsselung geknackt hatte, wurde zu seinen Lebzeiten nie honoriert, weil seine Arbeit für die britischen Streitkräfte im Krimkrieg wertlos war. Statt dessen erntete Friedrich Kasiski die Lorbeeren. Auch Alan Turings Beitrag zum Krieg war von unermeßlicher Bedeutung, und doch verlangte die staatlich verordnete Geheimhaltung, daß seine Arbeit zur Entschlüsselung der Enigma nicht veröffentlicht werden durfte.

Im Jahr 1987 schrieb Ellis einen geheimen Bericht über seinen Beitrag zur Public-Key-Kryptographie, der auch seine Überlegungen zur Geheimhaltung enthält, die die kryptographische Arbeit oft umgibt:

> Die Kryptographie ist eine höchst ungewöhnliche Wissenschaft. Die meisten Wissenschaftler von Beruf wollen mit ihrer Arbeit möglichst schnell an die Öffentlichkeit, denn nur so kann sie auch ihren Wert verwirklichen. Hingegen erlangt die Kryptographie nur dann ihren vollen Wert, wenn die entsprechenden Informationen vor potentiellen Gegnern geschützt werden. Daher arbeiten die professionellen Kryptographen meist in geschlossenen Zirkeln, die genug Austauschmöglichkeiten bieten, um die Qualität zu gewährleisten, doch Außenstehenden verborgen bleiben. Der Gang an die Öffentlichkeit ist normalerweise nur im Interesse der historischen Wahrheit zu verantworten, nachdem bewiesen ist, daß eine weitere Geheimhaltung keinen Nutzen mehr abwirft.

7
Pretty Good Privacy

Wie Whit Diffie Anfang der siebziger Jahre voraussagte, bricht nun das Informationszeitalter an, eine postindustrielle Ära, in der Information die wertvollste Ware darstellt. Der Austausch digitaler Information ist zu einem wesentlichen Moment unserer Gesellschaft geworden. Schon heute werden täglich Dutzende Millionen E-Mails verschickt, und die elektronische Post wird bald beliebter sein als die herkömmliche Briefpost. Das Internet, immer noch in den Kinderschuhen, stellt die Infrastruktur für den digitalen Markt bereit, und der elektronische Handel floriert. Geld fließt durch den Cyberspace, und Schätzungen zufolge wird die Hälfte des Bruttosozialprodukts der Welt durch das Netz der Society of Worldwide International Financial Telecommunication (SWIFT) geleitet. In Zukunft werden Volksabstimmungen in Demokratien auch per Online-Stimmabgabe möglich sein, und der Staat wird sich das Internet für seine Aufgaben zunutze machen und den Bürgern beispielsweise die Möglichkeit bieten, ihre Steuererklärungen über das Netz abzuliefern.

Für den Erfolg des Informationszeitalters ist jedoch wichtig, ob die Informationen auf ihrer Reise um den Globus geschützt werden können, und hier spielt die Kryptographie die entscheidende Rolle. Die Kryptographie liefert die Schlüssel und Schlösser des Informationszeitalters. Zwei Jahrtausende lang war die Verschlüsselung vor allem für die Obrigkeit und das Militär von Bedeutung, doch heute erleichtert sie auch den Geschäftsverkehr, und morgen werden sich die Durchschnittsbürger der Kryptographie bedienen, um ihre Privatsphäre zu schützen. Zum Glück haben wir am Beginn des Informationszeitalters die Werkzeuge für beeindruckend starke Verschlüsselungen zur Hand. Mit der Entwicklung der Public-Key-Kryptographie, besonders des RSA-Verfahrens, haben die heutigen Kryptographen einen klaren Vorteil in ihrem ständigen Kampf ge-

Abbildung 70: Phil Zimmermann.

gen die Kryptoanalytiker errungen. Wenn der Wert von N groß genug ist, dann braucht Eve unerträglich lange, um p und q zu finden, und daher ist die RSA-Verschlüsselung praktisch nicht zu knacken. Entscheidend ist, daß diese Kryptographietechnik nicht mehr durch das Problem des Schlüsselaustauschs beeinträchtigt wird. Für unsere wertvollsten Informationen liefert RSA Schlösser, die fast nicht mehr zu knacken sind.

Allerdings hat die Verschlüsselung wie jede Technik ihre dunkle Seite. Sie schützt nicht nur die Kommunikation gesetzestreuer Bürger, sondern auch die von Kriminellen und Terroristen. Gegenwärtig dringt die Polizei in die elektronischen Kommunikationsmedien ein, um in schweren Fällen, etwa organisiertem Verbrechen oder Terrorismus, Beweise zu sammeln. Dies wird jedoch unmöglich, wenn die Kriminellen starke Chiffrierverfahren einsetzen. Am Beginn des 21. Jahrhunderts steckt die Kryptographie in einem Dilemma. Wie sollen der Öffentlichkeit und der Wirtschaft die Verschlüsselung und damit die Früchte des Informationszeitalters zugute kommen, ohne daß Kriminelle die Verschlüsselung mißbrauchen und der Strafverfolgung entgehen? Gegenwärtig ist die Debatte um den richtigen Weg in vollem Gange. Angeregt wurde sie vor allem durch die Geschichte des Phil Zimmermann. Er hatte sich zum Ziel gesetzt, die hochgradig sichere Verschlüsselung einem breiten Publikum zugänglich zu machen, versetzte damit die amerikanischen Sicherheits-Experten in Panik, stellte den Nutzen der milliardenschweren NSA in Frage, brachte das FBI gegen sich auf und handelte sich ein gerichtliches Untersuchungsverfahren ein.

Phil Zimmermann studierte in den siebziger Jahren an der Florida Atlantic University Physik und Computerwissenschaften. Beim Abschluß des Studiums schien alles auf eine reibungslose Karriere in der rasch wachsenden Computerindustrie hinzudeuten, doch die politischen Ereignisse der frühen achtziger Jahre veränderten sein Leben von Grund auf. Immer weniger interessierte ihn die Technik der Siliziumchips, in wachsendem Maße jedoch die Gefahr eines Atomkriegs. Die sowjetische Invasion in Afghanistan beunruhigte ihn ebenso wie die Wahl Ronald Reagans, die Instabilität, die ein alternder Breschnew hervorrief, und die wachsenden Spannungen im

Kalten Krieg. Er überlegte sogar, mit seiner Familie nach Neuseeland auszuwandern, weil er glaubte, dies sei eines der wenigen Länder der Erde, die nach einem Atomkrieg noch bewohnbar sein würden. Gerade hatte er sich Pässe und die nötigen Einwanderungspapiere besorgt, als er mit seiner Frau eine Versammlung der Kampagne gegen das nukleare Wettrüsten besuchte. Danach beschlossen die Zimmermanns, in den USA zu bleiben und die Schlacht zu Hause zu schlagen; sie gehörten bald zu den aktivsten Kämpfern der Bewegung für nukleare Abrüstung und kümmerten sich beispielsweise um die Information politischer Kandidaten zu Fragen der Militärpolitik. Eines Tages wurden sie auf dem Atomtestgelände von Nevada verhaftet, zusammen mit Carl Sagan und vierhundert weiteren Demonstranten.

Ein paar Jahre später, 1988, wurde Michail Gorbatschow zum sowjetischen Staatschef, der Verfechter von Perestroika, Glasnost und der Entspannung zwischen Ost und West. Zimmermanns Befürchtungen ließen nach, nicht jedoch seine Leidenschaft für die politische Arbeit, der er nur eine andere Richtung gab. Er richtete sein Augenmerk auf die digitale Revolution und die Notwendigkeit der Verschlüsselung:

> Die Kryptographie war früher ein obskures Fach, das kaum Bedeutung für das Alltagsleben hatte. Historisch gesehen spielte es jedoch immer eine besondere Rolle im militärischen und diplomatischen Nachrichtenverkehr. Doch im Informationszeitalter geht es in der Kryptographie um politische Macht und besonders um das Machtverhältnis zwischen Regierung und Volk. Es geht um das Recht auf Privatsphäre, um Meinungsfreiheit, Versammlungsfreiheit, Pressefreiheit, Freiheit von willkürlicher Durchsuchung und Festnahme, um die Freiheit, in Ruhe gelassen zu werden.

Diese Ansichten mögen von übertriebener Sorge künden, doch Zimmermann sieht einen wesentlichen Unterschied zwischen der herkömmlichen und der digitalen Kommunikation, der sich entscheidend auf die Sicherheit auswirkt:

Wenn die Regierungen in früheren Zeiten die Privatsphäre der Bürger verletzen wollten, mußten sie einen gewissen Aufwand betreiben, um die Briefpost abzufangen, unter Dampf zu öffnen und zu lesen oder Telefongespräche abzuhören und womöglich zu protokollieren. Das ist, wie wenn man mit Angel und Leine fischt, einen Fisch nach dem andern. Zum Glück für Freiheit und Demokratie ist diese Art der arbeitsintensiven Überwachung in großem Maßstab nicht mehr zu leisten. Heute ersetzt die elektronische Post allmählich die herkömmliche Briefpost, bald wird sie die Norm für alle sein, nicht mehr der neueste Schrei. Im Gegensatz zur Briefpost sind E-Mails unglaublich leicht abzufangen und auf interessante Stichwörter hin elektronisch zu prüfen. Das läßt sich ohne weiteres, routinemäßig, automatisch und nicht nachweisbar in großem Maßstab bewerkstelligen. Man kann das mit dem Schleppnetzfischen vergleichen – ein quantitativer und qualitativer Unterschied mit Orwellschen Folgen für das Wohlergehen der Demokratie.

Der Unterschied zwischen herkömmlicher und digitaler Post läßt sich anhand eines Beispiels verdeutlichen. Alice will Einladungen zu ihrer Geburtstagsfeier verschicken, und Eve, die nicht eingeladen ist, will erfahren, wo und wann die Party stattfindet. Wenn Alice die herkömmliche Briefpost benutzt, ist es für Eve recht schwierig, eine ihrer Einladungen abzufangen. Zunächst einmal weiß Eve gar nicht, an welchem Punkt Alices Einladungen ins Postsystem gelangen, weil Alice jeden Briefkasten in der Stadt benutzen kann. Eves einzige Hoffnung, eine der Einladungen abzufangen, besteht darin, die Adresse eines Freundes von Alice ausfindig zu machen und sich ins örtliche Zustellamt einzuschleichen. Dort muß sie jeden einzelnen Brief von Hand prüfen. Wenn es ihr gelingt, einen Brief von Alice zu finden, muß sie ihn über Dampf öffnen, um an die Informationen heranzukommen, und ihn dann sorgfältig in den ursprünglichen Zustand zurückversetzen, um keinen Verdacht zu erregen.

Im Vergleich dazu ist Eves Aufgabe beträchtlich einfacher, wenn Alice ihre Einladungen per E-Mail versendet. Wenn Alice die Texte am Computer abschickt, gelangen sie zunächst in einen lokalen Server, ein Haupttor für das Internet. Wenn Eve pfiffig genug ist, kann sie sich von zu Hause aus in diesen Server einhacken. Die Einladungen tragen Alices E-Mail-Adresse, und es wäre kein Problem, ein elektronisches Raster einzurichten, das nach E-Mails mit Alices Adresse sucht. Wenn sich dann eine Einladung findet, muß nicht erst ein Umschlag geöffnet werden, um die Nachricht zu lesen. Zudem kann sie weitergeschickt werden ohne den geringsten Hinweis darauf, daß sie gelesen wurde. Alice würde es nie erfahren. Allerdings gibt es eine Möglichkeit, Eve daran zu hindern, Alices E-Mails zu lesen, nämlich die Verschlüsselung.

Mehr als hundert Millionen E-Mails jagen täglich rund um die Erde, und sie alle können abgefangen werden. Die Digitaltechnik hat der Kommunikation zwar Beine gemacht, doch liefert sie zugleich die Möglichkeit, elektronische Mitteilungen zu überwachen. Zimmermann ist der Überzeugung, daß die Kryptographen die Pflicht haben, sich für den breiten Gebrauch der Verschlüsselung einzusetzen und damit die Privatsphäre der Bürger zu schützen:

> Eine künftige Regierung könnte eine technische Infrastruktur erben, die für Überwachungszwecke bestens geeignet ist. Sie kann dann die Bewegungen der politischen Gegner, jede finanzielle Transaktion, jede Kommunikation, jede einzelne E-Mail, jedes Telefongespräch überwachen. Alle Mitteilungen könnten gefiltert und gescannt und mit Stimmerkennungsverfahren automatisch zugeordnet und protokolliert werden. Es ist an der Zeit, daß die Kryptographie aus dem Schatten der Geheimdienste und des Militärs ins Sonnenlicht tritt und von uns allen genutzt wird.

Als RSA 1977 erfunden wurde, bot es theoretisch die Möglichkeit, den Großen Bruder in die Schranken zu weisen. Denn nun konnten die Bürger ihre eigenen öffentlichen und privaten Schlüssel erzeugen und damit vollkommen sichere Mitteilungen versenden und empfangen. In der Praxis jedoch gab es ein schwerwiegendes Problem, denn eine RSA-Verschlüsselung benötigte im Vergleich zu symmetrischen Verfahren wie DES sehr viel leistungsfähigere Computer. In den achtziger Jahren besaßen allerdings nur die Regierung, das Militär und große Unternehmen solche Computer, auf denen RSA lief. Es überrascht nicht, daß RSA Data Security, das zur Vermarktung von RSA gegründete Unternehmen, seine Verschlüsselungssoftware ausschließlich für diese Zielgruppen entwickelte.

Dagegen glaubte Zimmermann, jeder Mann und jede Frau habe das Recht auf Privatsphäre, und diese werde durch RSA geschützt. Von nun an steckte er seine politischen Energien in die Entwicklung einer RSA-Verschlüsselungssoftware für die breite Öffentlichkeit. Als Computerfachmann wollte er ein Produkt entwickeln, das vor allem wirtschaftlich und schnell arbeitete und die Leistungsfähigkeit eines durchschnittlichen PCs nicht überforderte. Seine Version von RSA sollte zudem eine besonders anwenderfreundliche Programmoberfläche erhalten, so daß die Nutzer keine Experten sein mußten, um damit zu arbeiten. Er taufte sein Projekt Pretty Good Privacy, kurz PGP. Zu dieser Namensgebung inspiriert hatte ihn Ralph's Pretty Good Groceries, Sponsor für den *Prairie Home Companion,* eine Radioshow von Garrison Keillor, die Zimmermann gerne hörte.

In den späten achtziger Jahren baute Zimmermann zu Hause in Boulder, Colorado, seine Verschlüsselungssoftware Stück für Stück zusammen. Sein Hauptziel war, die RSA-Verschlüsselung zu beschleunigen. Wenn Alice mittels RSA eine Nachricht an Bob verschlüsseln will, dann sucht sie normalerweise seinen öffentlichen Schlüssel heraus und wendet dann die Einwegfunktion von RSA auf den Text an. Bob wiederum entschlüsselt den Geheimtext, indem er seinen privaten Schlüssel benutzt, um die Einwegfunktion umzukehren. Beide Vorgänge erfordern beträchtlichen mathematischen Aufwand und können, wenn die Nachricht lang genug ist, auf einem PC mehrere Minuten dauern. Wenn Alice hundert Mitteilungen am Tag verschickt, kann sie es sich nicht leisten, bei jeder Verschlüsselung ein paar Minuten zu warten. Zimmermann fand eine pfiffige Methode, um Ver- und Entschlüsselung zu beschleunigen. Er verwendete die asymmetrische RSA-Verschlüsselung zusammen mit dem althergebrachten symmetrischen Verfahren. Dieses kann genauso sicher sein wie die asymmetrische Verschlüsselung und läßt sich viel schneller ausführen, doch muß der Schlüssel verteilt, also auf sicherem Wege vom Sender zum Empfänger gebracht werden.

Hier bietet sich RSA als Verfahren an, den symmetrischen Schlüssel zu chiffrieren.

Zimmermann stellte sich folgende Situation vor. Wenn Alice Bob eine verschlüsselte Nachricht senden will, chiffriert sie diese zunächst mit einem symmetrischen Verfahren. Zimmermamm schlug ein Verfahren namens IDEA vor, das mit DES zu vergleichen ist. Um mit IDEA zu chiffrieren, muß Alice einen Schlüssel wählen, doch damit Bob die Nachricht entschlüsseln kann, muß sie den Schlüssel irgendwie an Bob übermitteln. Alice löst dieses Problem, indem sie sich Bobs öffentlichen RSA-Schlüssel heraussucht und ihn dann benutzt, um den IDEA-Schlüssel zu verschlüsseln. Alice schickt also zweierlei an Bob: die mit dem symmetrischen IDEA-Verfahren chiffrierte Nachricht und den IDEA-Schlüssel, der mit dem asymmetrischen RSA-Verfahren chiffriert wurde. Auf der Empfängerseite entschlüsselt Bob den IDEA-Schlüssel mit seinem privaten RSA-Schlüssel, dann benutzt er den IDEA-Schlüssel, um die eigentliche Nachricht zu entschlüsseln. Das mag kompliziert erscheinen, hat jedoch den Vorteil, daß die Nachricht, die womöglich sehr umfangreich ist, mit einem schnellen symmetrischen Verfahren verschlüsselt wird und nur der symmetrische IDEA-Schlüssel, der vergleichsweise wenig Information enthält, mit dem langsamen asymmetrischen Verfahren chiffriert wird. Zimmermann wollte diese Verbindung aus RSA und IDEA in seine PGP-Software packen, sie jedoch mit einer anwenderfreundlichen Oberfläche ausstatten, die es dem Nutzer ersparen würde, sich mit den Einzelheiten zu befassen.

Nachdem Zimmermann das Problem der Geschwindigkeit weitgehend gelöst hatte, baute er eine Reihe praktischer Elemente in PGP ein. Beispielsweise muß Alice, bevor sie die RSA-Komponente von PGP nutzt, ihr eigenes Schlüsselpaar erzeugen. Die Schlüsselgenerierung ist keine triviale Angelegenheit, weil dazu ein Paar gigantisch großer Primzahlen benötigt wird. Bei PGP muß Alice jedoch nur ein paar Sekunden lang mit der Maus kreuz und quer über den Bildschirm fahren, und schon ist das Programm in der Lage, ihren privaten und öffentlichen Schlüssel zu erzeugen – die Mausbewegungen ergeben einen Zufallsfaktor, mit dem PGP sicherstellt, daß jeder Anwender sein eigenes Paar Primzahlen und daher auch sein einzigartiges Schlüsselpaar erhält. Danach muß Alice nur noch ihren öffentlichen Schlüssel veröffentlichen.

Ein weiteres hilfreiches Element von PGP ist die Möglichkeit, eine E-Mail digital zu unterzeichnen. Gewöhnliche E-Mails tragen keine Unterschrift, das heißt, es ist unmöglich, den wahren Urheber einer elektronischen Botschaft festzustellen. Wenn Alice beispielsweise per E-Mail einen Liebesbrief an Bob schickt, chiffriert sie ihn normalerweise mit dessen öffentlichem Schlüssel, und wenn Bob die Mitteilung bekommt, dechiffriert er sie mit seinem privaten Schlüssel. Bob fühlt sich zunächst einmal geschmeichelt, doch wie kann er sichergehen, daß der Liebesbrief wirklich von Alice stammt? Vielleicht hat die heimtückische Eve die E-Mail geschrieben und Alices Namen daruntergesetzt? Ohne die Sicherheit einer eigenhändigen Unterschrift, etwa mit Tinte auf Papier, gibt es auf den ersten Blick gar keine Möglichkeit, die Urheberschaft festzustellen. Man kann sich auch eine Bank vorstellen, die eine E-Mail von einem Kunden erhält mit der Anweisung, sein gesamtes Guthaben auf ein privates Nummernkonto auf den Cayman-Inseln zu überweisen. Auch hier lautet die Frage, wie die Bank ohne eigenhändige Signatur wissen soll, ob die E-Mail wirklich von ihrem Kunden stammt. Auch ein Krimineller hätte sie schreiben können mit dem Ziel, sich das Geld auf das eigene Konto überweisen zu lassen. Für das Vertrauen ins Internet ist die elektronische Unterschrift von entscheidender Bedeutung.

Die elektronische Unterschrift von PGP beruht auf einem Prinzip, das von Whitfield Diffie und Martin Hellman entwickelt wurde. Als sie das Konzept getrennter öffentlicher und privater Schlüssel vorschlugen, erkannten sie, daß ihre Erfindung nicht nur das Schlüsselverteilungsproblem löste, sondern zugleich auch einen einfachen Mechanismus zur Erzeugung von elektronischen Unterschriften lieferte. Aus Kapitel 6 wissen wir, daß der öffentliche Schlüssel zur Chiffrierung und der private Schlüssel zur Dechiffrierung verwendet wird. Nun kann der Prozeß umgekehrt werden, so daß der private Schlüssel zur Verschlüsselung und der öffentliche Schlüssel zur Entschlüsselung dient. Diese Möglichkeit fällt meist unter den Tisch, weil sie keine Sicherheit bietet. Wenn Alice mit ihrem privaten Schlüssel eine Nachricht an Bob chiffriert, kann alle Welt sie entschlüsseln, weil alle Welt Alices öffentlichen Schlüssel kennt. Diese Form der Verschlüsselung bestätigt jedoch die Urheberschaft, denn wenn Bob eine Nachricht mit Alices öffentlichem Schlüssel dechiffrieren kann, dann muß sie mit ihrem privaten Schlüssel chiffriert worden sein, und nur Alice hat Zugang zu ihrem privaten Schlüssel, daher muß die Botschaft von Alice stammen.

Wenn Alice also einen Liebesbrief an Bob schicken will, hat sie zwei Möglichkeiten. Entweder sie verschlüsselt die Mitteilung mit Bobs öffentlichem Schlüssel, um die Geheimhaltung zu garantieren, oder sie chiffriert sie mit ihrem privaten Schlüssel, um die Autorschaft zu bestätigen. Wenn sie jedoch beide Optionen verknüpft, kann sie Geheimhaltung und Autorschaft garantieren. Es gibt zwar schnellere Wege, doch Alice kann ihren Liebesbrief auf folgende Art und Weise verschlüsseln: Zuerst verschlüsselt sie die Botschaft mit ihrem privaten Schlüssel, dann verschlüsselt sie den erzeugten Geheimtext mit Bobs öffentlichem Schlüssel. Wir können uns die Botschaft als von zwei Hüllen umgeben vorstellen: einer zerbrechlichen inneren Hülle, welche die Verschlüsselung durch Alices privaten Schlüssel darstellt, und einer starken äußeren Hülle, welche die Verschlüsselung durch Bobs öffentlichen Schlüssel darstellt. Der erzeugte Geheimtext kann nur von Bob entziffert werden, denn nur er hat den privaten Schlüssel, der nötig ist, um die starke äußere Hülle zu entfernen. Im nächsten Schritt löst Bob die innere Hülle auf, indem er einfach Alices öffentlichen Schlüssel einsetzt – die innere Hülle hat nicht den Zweck, die Mitteilung zu schützen, sie beweist nur, daß sie von Alice und nicht von einem Betrüger stammt.

Inzwischen sieht es so aus, als wäre es recht umständlich, eine PGP-Nachricht zu verschicken. Mit der IDEA-Chiffre wird die Nachricht verschlüsselt, mit RSA wird der IDEA-Schlüssel chiffriert, und für eine elektronische Unterschrift ist eine weitere Stufe der Verschlüsselung nötig. Zimmermann legte seine Software jedoch so an, daß sie alles automatisch erledigte. Alice und Bob würden sich also nicht um die Mathematik kümmern müssen. Um eine Mitteilung an Bob zu schicken, sollte Alice einfach ihren Brief schreiben und das PGP-Programm aus ihrem Menü anklicken. Dann würde sie Bobs Namen eingeben, PGP würde Bobs Schlüssel laden und automatisch die gesamte Verschlüsselung besorgen. Zugleich würde PGP alle nötigen Kleinigkeiten erledigen, um die Nachricht digital zu unterzeichnen. Bob als Empfänger der Mitteilung würde ebenfalls PGP aufrufen, das Programm würde die Nachricht entschlüsseln und die Echtheit der Unterschrift prüfen. Nichts an PGP war neu – schon Diffie und Hellman hatten das Konzept der digitalen Unterschrift entwickelt, und einige Kryptographen hatten bereits eine Kombination aus symmetrischen und asymmetrischen Verfahren eingesetzt, um die Chiffrierung zu beschleunigen. Doch Zimmermann war der erste, der alles in ein handliches Produkt packte, das so wenig Ressourcen verbrauchte, daß es auch auf einem durchschnittlichen PC lauffähig war.

Im Sommer 1991 war Zimmermann auf dem besten Weg, PGP den letzten Schliff zu verpassen. Nur zwei Probleme waren noch zu klären, beide nichttechnischer Natur. Schon länger hatte es Schwierigkeiten gegeben, weil RSA, Kernbestandteil von PGP, ein patentiertes Produkt war, weshalb Zimmermann eine Lizenz von RSA Data Security erwerben mußte, bevor er PGP auf den Markt bringen konnte. Er beschloß jedoch, dieses Problem vorerst zurückzustellen. PGP war nicht als Produkt für die Industrie gedacht, sondern für Privatleute. Er hatte nicht die Absicht, direkt mit RSA Data Security zu konkurrieren, und hoffte, die Firma würde ihm bald eine kostenlose Lizenz gewähren.

Ein ernsteres und drängenderes Problem war ein berüchtigter Gesetzesentwurf zur Verbrechensbekämpfung, der 1991 im amerikanischen Senat verhandelt wurde und folgende Klausel enthielt: »Der Kongreß hält es für erforderlich, daß die Anbieter elektronischer Kommunikationsdienste und die Hersteller elektronischer Kommunikationsgeräte garantieren, ihre Kommunikationssysteme so auszustatten, daß die Klartextinhalte von Telefongesprächen, Datenübertragungen und anderen Mitteilungen den staatlichen Behörden zur Verfügung gestellt werden können, sofern hierzu eine gesetzliche Erlaubnis vorliegt.« Die Senatoren befürchteten, neue Entwicklungen in der Digitaltechnik, etwa die Mobiltelefone, könnten die Abhörmöglichkeiten der Gesetzeshüter deutlich beschränken. Allerdings sollte die Industrie mit diesem Gesetz nicht nur gezwungen werden,

Abhörmöglichkeiten zu gewährleisten, es schien auch alle sicheren Verschlüsselungstechniken in Frage zu stellen.

Eine gemeinsame Kampagne von RSA Data Security, von Unternehmen der Kommunikationselektronik und von Bürgerrechtsgruppen erzwang die Streichung dieser Klausel, doch offenbar hatte man es nur mit einem vorübergehenden Rückzug zu tun. Zimmermann fürchtete, die Regierung werde früher oder später erneut versuchen, Verschlüsselungsverfahren wie PGP gesetzlich zu verbieten. Bislang hatte er PGP am Markt verkaufen wollen, doch jetzt besann er sich anders. Statt abzuwarten und ein staatliches Verbot seiner Software zu riskieren, erschien es ihm besser, sie jedermann verfügbar zu machen, bevor es zu spät war. Im Juni 1991 wagte er den entscheidenden Schritt und bat einen Freund, PGP auf einem Bulletin Board im Usenet auszuhängen. PGP ist nichts weiter als ein Stück Software, und alle Nutzer konnten sie von diesem elektronischen Schwarzen Brett kostenlos herunterladen. PGP war auf die Reise durchs Internet gegangen.

Zunächst erregte PGP nur bei jenen Aufsehen, die sich schon länger mit Kryptographie befaßt hatten. Es dauerte einige Zeit, dann luden auch andere Internet-Nutzer die Software herunter. Computer-Zeitschriften brachten erst kurze Berichte, dann groß aufgemachte Artikel über das Phänomen PGP. Ganz allmählich drang PGP in die entferntesten Winkel der Netzgemeinde vor. In vielen Ländern nutzten beispielsweise Menschenrechtsgruppen PGP, um ihre Dokumente zu verschlüsseln, damit sie nicht in die Hände der Regimes fielen, die sie anklagten. Zimmermann erhielt jetzt E-Mails mit Lobeshymnen auf sein Geschöpf. »In Burma gibt es Widerstandsgruppen, die es in ihren Trainingslagern im Dschungel verwenden«, berichtet er. »Sie sagen, es stützte die Moral, denn vor PGP hatten die abgefangenen Dokumente Verhaftungen, Folter und die Hinrichtung ganzer Familien zur Folge.« Im Oktober 1993, am Tag, als Boris Jelzin das lettische Parlamentsgebäude beschießen ließ, erhielt Zimmermann die folgende E-Mail aus Lettland: »Phil, ich möchte, daß Sie wissen: Möge es nie geschehen, aber wenn Rußland eine Diktatur wird, dann gibt es ihr PGP von der Ostsee bis in den Fernen Osten, und im Notfall wird es den demokratischen Menschen helfen. Danke.«

Während Zimmermann begeisterte Anhänger auf der ganzen Welt gewann, wurde er zu Hause in den USA zur Zielscheibe der Kritik. RSA Data Security beschloß, Zimmermann keine kostenlose Lizenz zu gewähren, und war empört, daß das firmeneigene Patent rechtswidrig benutzt wurde. Zwar hatte Zimmermann PGP als Freeware (kostenlose Software) herausgebracht, doch es enthielt das RSA-Verfahren der Public-Key-Kryptographie, weshalb man PGP als »Banditware« bezeichnete. Zimmermann hatte etwas verschenkt, das jemand anderem gehörte. Der Patentstreit dauerte noch einige Jahre und sollte nicht das einzige Problem für Zimmermann bleiben.

Im Februar 1993 bekam Zimmermann Besuch von zwei Ermittlern. Nach anfänglichen Fragen zum Vorwurf des Patentmißbrauchs gingen sie zu der schwerwiegenderen Anschuldigung über, Zimmermann habe illegal eine Waffe exportiert. Weil die amerikanische Regierung auch Verschlüsselungs-Software zu den Rüstungsgütern zählte – neben Raketen, Granatwerfern und Maschinengewehren –, durfte PGP nicht ohne eine Genehmigung des Außenministeriums exportiert werden. Mit anderen Worten, Zimmermann sah sich beschuldigt, ein Waffenhändler zu sein, weil er PGP über das Internet exportiert habe. Während der nächsten drei Jahre lief ein Verfahren zur Anklageerhebung gegen Zimmermann, und das FBI setzte sich auf seine Fährte.

Verschlüsselung für die Massen – oder lieber nicht?

Die Untersuchung in Sachen Phil Zimmermann und PGP entfesselte eine Debatte über Nutzen und Nachteil der Verschlüsselung im Informationszeitalter. Die Verbreitung von PGP veranlaßte Krypto-Experten, Politiker, Bürgerrechtler und Ermittlungsbehörden, über die Folgen eines weitverbreiteten Gebrauchs der Verschlüsselung nachzudenken. Auf der einen Seite standen Leute wie Zimmermann, die darin einen gesellschaftlichen Nutzen sahen, weil die Bürger auch im Bereich der elektronischen Kommunikation ihre Privatsphäre schützen konnten. Auf der anderen Seite standen jene, die glaubten, Verschlüsselung sei eine Gefahr für die Gesellschaft, weil Kriminelle und Terroristen in der Lage sein würden, geschützt vor Lauschaktionen der Ermittler, geheime Mitteilungen auszutauschen.

Die Debatte setzte sich in den neunziger Jahren fort und wird noch immer mit Vehemenz geführt. Die entscheidende Frage lautet, ob die Kryptographie gesetzlich in die Schranken gewiesen werden soll. Der freie Gebrauch von Verschlüsselungstechniken ermöglicht es allen, auch den Kriminellen, ihre Mitteilungen auf sicherem Weg zu versenden. Andererseits würde eine Beschränkung des Gebrauchs der Kryptographie zwar bedeuten, daß die Ermittler Kriminelle besser abhören könnten, gleichzeitig jedoch würden die Polizei und andere Behörden auch den Durchschnittsbürger aushorchen können. Letztendlich werden wir alle durch die von uns gewählten Gesetzgeber über die künftige Rolle der Kryptographie entscheiden. In diesem Abschnitt sollen die beiden Argumentationslinien der Debatte dargestellt werden. Er handelt vorwiegend von der politischen Auseinandersetzung in den Vereinigten Staaten, zum einen, weil PGP, um das sich die Debatte hauptsächlich dreht, von dort stammt, zum andern, weil die politischen Entscheidungen in Amerika sich letztlich auch auf die Entscheidungen in vielen anderen Ländern auswirken.

Die Argumente gegen einen breiten Gebrauch der Verschlüsselung, wie sie die Strafverfolger vortragen, beruhen hauptsächlich auf dem Wunsch, den Status quo zu erhalten. Jahrzehntelang haben die Polizeibehörden rund um den Globus mit Hilfe legaler Abhöraktionen Kriminelle dingfest gemacht. Im Kriegsjahr 1918 wurden in den Vereinigten Staaten zur Spionageabwehr Telefonanschlüsse abgehört, und in den zwanziger Jahren erwiesen sich Abhöraktionen bei der Überführung von Alkoholschmugglern als besonders wirksam. In den späten sechziger Jahren dann setzte sich der Glaube, Abhöraktionen seien ein notwendiges Werkzeug der Strafverfolgung, endgültig durch, als dem FBI klar wurde, daß das organisierte Verbrechen eine wachsende Bedrohung für das Land darstellte. Die Ermittler hatten große Schwierigkeiten, Verdächtige zu überführen, weil die Mafia jeden bedrohte, der erwog, gegen sie auszusagen, und zudem die *Omerta,* das Schweigegebot, herrschte. Die Polizei sah die einzige Hoffnung für die Beweissicherung in den Abhöraktionen, und auch der Oberste Gerichtshof neigte dieser Auffassung zu. Im Jahr 1967 entschied er, daß die Polizei abhören dürfe, vorausgesetzt, es liege eine richterliche Erlaubnis vor.

Zwei Jahrzehnte später ist das FBI immer noch der Auffassung, daß »richterlich angeordnete Abhöraktionen die wirksamsten Fahndungstechniken der Ermittler im Kampf gegen Drogenhandel, Terrorismus, Gewaltverbrechen, Spionage und organisiertes Verbrechen sind«. Die Abhöraktionen der Polizei wären jedoch nutzlos, wenn die Kriminellen Verschlüsselungstechniken einsetzen könnten. Ein Telefongespräch über eine digitale Verbindung ist nichts weiter als ein Strom von Zahlen und kann mit denselben Verfahren verschlüsselt werden wie die E-Mail. »PGPfone« beispielsweise ist nur eines der Produkte, mit denen Telefongespräche über das Internet verschlüsselt werden können.

Die Strafverfolger behaupten, nur mit effizienten Abhöraktionen seien Recht und Ordnung aufrechtzuerhalten, deshalb solle der Einsatz von Chiffrierverfahren beschränkt werden. Bereits jetzt kann man auf Fälle verweisen, in denen Kriminelle starke Verschlüsselungsverfahren eingesetzt haben. Einem deutschen Rechtsexperten zufolge werden »heiße Geschäfte wie Waffen- und Drogenhandel nicht mehr per Telefon erledigt, sondern in verschlüsselter Form über die weltweiten Datennetze«. Ein Sprecher des Weißen Hauses verwies auf eine ähnlich beunruhigende Entwicklung für Amerika, wo die »Mitglieder des organisierten Verbrechens im Besitz einiger der technisch fortgeschrittensten Computer und starker Verschlüsselungsverfahren sind«. Das Cali-Kartell beispielsweise organisiert seine Drogengeschäfte mit Hilfe verschlüsselter Absprachen. Die Ermittler befürchten, daß das Internet, gepaart mit der Kryptographie, den Kriminellen helfen wird, ihre Machenschaften gegenseitig abzustimmen. Die größte Gefahr bildeten dabei die sogenannten vier infokalyptischen Reiter: Drogenhändler, organisiertes Verbrechen, Terroristen und Pädophile – Gruppen, die am meisten von der Verschlüsselung profitieren.

Kriminelle und Terroristen verschlüsseln nicht nur ihre Mitteilungen, sondern auch ihre Pläne und Aufzeichnungen, und erschweren dadurch die Beweissicherung. Die Aum-Sekte, verantwortlich für die Giftgasanschläge von 1995 in der Tokioter U-Bahn, hatte erwiesenermaßen manche ihrer Unterlagen mit RSA verschlüsselt. Ramsey Yousef, ein am Bombenanschlag auf das World Trade Center beteiligter Terrorist, hatte Pläne für künftige terroristische Gewalttaten verschlüsselt in seinem Laptop gespeichert. Neben dem internationalen Terrorismus profitieren auch durchschnittliche Kriminelle von der Verschlüsselung. Ein illegales Glücksspiel-Syndikat in den USA beispielsweise hat jahrelang seine Buchführung verschlüsselt. Eine 1997 von einer amerikanischen Behörde zur Bekämpfung des organisierten Verbrechens in Auftrag gegebene Untersuchung hat den Autoren Dorothy Denning und William Baug zufolge ergeben, daß es im genannten Jahr weltweit etwa fünfhundert Kriminalfälle gab, bei denen Verschlüsselung eine Rolle gespielt hat, und diese Zahl werde sich vermutlich jährlich verdoppeln.

Neben der Verbrechensbekämpfung sind auch Fragen der nationalen Sicherheit betroffen. Die amerikanische National Security Agency sammelt Informationen über die Gegner der USA und belauscht zu diesem Zweck deren Nachrichtenverkehr. Die NSA betreibt ein weltweites Netz von Horchposten in Zusammenarbeit mit England, Australien, Kanada und Neuseeland, die ebenfalls Informationen sammeln und sie untereinander teilen. Zu diesem Netz gehören Einrichtungen wie die Menwith Hill Signals Intelligence Base in Yorkshire, die weltgrößte Spionagestation. Menwith Hill arbeitet unter anderem mit dem Echelon-System, das in der Lage ist, E-Mails, Faxe, Telexe und Telefongespräche auf bestimmte Stichwörter hin zu überprüfen. Echelon arbeitet mit einem Verzeichnis verdächtiger Wörter, etwa »Hisbollah«, »Attentäter« und »Clinton«, und das System ist schnell genug, um diese Wörter in Echtzeit zu erkennen. Echelon kann verdächtige Mitteilungen zur weiteren Überprüfung markieren und auf diese Weise den Nachrichtverkehr bestimmter politischer Gruppen oder terroristischer Organisationen überwachen. Allerdings wäre Echelon praktisch wertlos, wenn alle Mitteilungen stark verschlüsselt wären. Sämtlichen an Echelon beteiligten Ländern würden dann wertvolle Informationen über politische Verschwörungen und terroristische Anschläge entgehen.

Auf der anderen Seite der Debatte stehen die Bürgerrechtler, darunter Gruppen wie das amerikanische Zentrum für Demokratie und

Technologie und die Electronic Frontier Foundation. Die Befürworter der Verschlüsselung stützten sich auf die Überzeugung, daß es ein elementares Menschenrecht auf Privatsphäre gibt, wie es in Artikel 12 der Allgemeinen Erklärung der Menschenrechte festgehalten ist: »Niemand darf willkürlichen Eingriffen in sein Privatleben, seine Familie, sein Heim oder seinen Briefwechsel noch Angriffen auf seine Ehre und seinen Ruf ausgesetzt werden. Jeder Mensch hat Anspruch auf rechtlichen Schutz gegen derartige Eingriffe oder Anschläge.«

Die Bürgerrechtler argumentieren, daß der breite Gebrauch von Verschlüsselungstechniken für die Gewährleistung des Rechts auf Privatsphäre unerläßlich ist. Ansonsten, so fürchten sie, werde mit der Digitaltechnik, die die Überwachung stark erleichtere, auch eine Ära eingeläutet, in der das Abhören und der unweigerlich daraus folgende Mißbrauch von Daten gang und gäbe seien. In der Vergangenheit finden sich genug Beispiele dafür, daß Regierungen ihre Macht eingesetzt haben, unbescholtene Bürger abzuhören. Die Präsidenten Lyndon Johnson und Richard Nixon ließen illegal abhören, und Präsident John F. Kennedy ordnete im ersten Monat seiner Amtszeit zweifelhafte Lauschaktionen an. Während der Vorbereitung einer Gesetzesvorlage zu dominikanischen Zuckerimporten verlangte Kennedy, die Telefone mehrerer Kongreßabgeordneter anzuzapfen. Zu seiner Rechtfertigung ließ er verlauten, sie würden bestochen, eine Scheinbegründung im Sinne der nationalen Sicherheit. Allerdings fanden sich keine Beweise für Bestechung, und die abgehörten Gespräche lieferten Kennedy nur wertvolle politische Informationen, mit deren Hilfe die Regierung die Gesetzesvorlage durchbrachte.

Einer der bekanntesten Fälle ungerechtfertigter Lauschangriffe betraf Martin Luther King, dessen Telefongespräche mehrere Jahre lang abgehört wurden. Im Jahr 1963 zum Beispiel erhielt das FBI über eine angezapfte Leitung Informationen über King und gab sie an Senator James Eastland weiter, um ihn im Bürgerrechtsstreit gegen King zu unterstützen. Doch das FBI sammelte auch unterschiedslos Informationen über Kings Privatleben, mit denen er in Mißkredit gebracht werden sollte. Bänder mit anzüglichen Gesprächen Kings wurden an seine Frau geschickt und vor Präsident Johnson abgespielt. Später, nachdem King den Friedensnobelpreis erhalten hatte, wurden vermeintlich peinliche Details über Kings Privatleben an jede Organisation weitergereicht, die beabsichtigte, ihn zu ehren.

Auch andere Regierungen haben abgehörtes Material mißbraucht. Nach Angaben der Kontrollkommission der französischen Sécurité gibt es in Frankreich jährlich 100 000 illegale Abhöraktionen. Das internationale Echelon-Programm stellt vielleicht den größten Übergriff auf das Privatleben der Bürger dar. Die Echelon-Betreiber müssen ihre Angriffe nicht rechtfertigen und beschränken sich nicht auf bestimmte Personen. Die Abhöranlagen für den Satellitenfunk sammeln vielmehr unterschiedslos Informationen. Wenn Alice eine harmlose Mitteilung an Bob über den Atlantik schickt und die Nachricht zufällig ein paar Wörter enthält, die im Echelon-Verzeichnis auftauchen, wird sie zur weiteren Prüfung ausgesondert, zusammen mit Mitteilungen extremistischer politischer Gruppen und terroristischer Banden. Während die Strafverfolger darauf dringen, die Verschlüsselung zu verbieten, weil sie Echelon wertlos machen würde, behaupten die Bürgerrechtler, die Verschlüsselung sei notwendig, eben weil sie Echelon wertlos mache.

Wenn die Strafverfolger behaupten, daß starke Verschlüsselung zur Verringerung der Zahl von Verurteilungen führen werde, halten die Bürgerrechtler dagegen, der Schutz der Privatsphäre sei wichtiger. Zudem sei die Verschlüsselung keine unüberwindliche Hürde für die Beweissicherung, denn Abhöraktionen seien in den meisten Fällen nicht entscheidend. Im Jahr 1994 zum Beispiel gab es in den USA etwa tausend richterlich genehmigte Abhöraktionen, verglichen mit einer Viertelmillion Fällen vor den Bundesgerichten.

Wie zu erwarten, gehören zu den Verfechtern der kryptographischen Freiheit auch einige der Erfinder der Public-Key-Kryptographie. Whitfield Diffie weist darauf hin, daß die amerikanischen Bürger, historisch gesehen, fast immer eine uneingeschränkte Privatsphäre genossen haben:

> In den 1790er Jahren, als die Bill of Rights verabschiedet wurde, konnten zwei beliebige Leute sich ganz privat unterhalten – mit einer Sicherheit, die heute niemand mehr genießt –, einfach indem sie ein paar Schritte die Straße entlang gingen und sich vergewis-

serten, daß sich niemand in den Büschen versteckte. Es gab keine Aufzeichnungsgeräte, Richtmikrophone oder Laser-Interferometer, deren Strahlen von Brillengläsern reflektiert werden. Wie man sieht, hat die Zivilisation das überlebt. Viele von uns halten diese Zeit für die goldene Ära der politischen Kultur in Amerika.

Ron Rivest, einer der Erfinder von RSA, ist der Auffassung, daß die Beschränkung des Gebrauchs der Kryptographie ein Eigentor wäre:

> Es ist schlechte Politik, eine bestimmte Technik unterschiedslos zu verdammen, nur weil ein paar Kriminelle vielleicht in der Lage sind, sie zu ihrem Vorteil auszunutzen. So kann jeder amerikanische Bürger ohne weiteres ein Paar Handschuhe kaufen, obwohl ein Einbrecher damit ein Haus ausräumen könnte, ohne Fingerabdrücke zu hinterlassen. Die Kryptographie ist eine Datenschutztechnik, und Handschuhe sind eine Handschutztechnik. Die Kryptographie schützt Daten vor Hackern, vor Betriebsspionage und Betrugskünstlern, während Handschuhe die Hände vor Schnitten, Kratzern, Hitze, Kälte und Infektionen schützen. Mit dem einen kann man sich vor Abhöraktionen des FBI schützen, mit dem andern kann man die Fingerabdruck-Auswertung durch das FBI verhindern. Kryptographie und Handschuhe sind spottbillig und überall zu haben. Tatsächlich kann man gute Kryptographie-Software aus dem Internet herunterladen und bezahlt dafür weniger als für ein gutes Paar Handschuhe.

Die wohl stärksten Verbündeten der Bürgerrechtler sind die großen Unternehmen. Der Internet-Handel steckt immer noch in den Kinderschuhen, doch die Umsätze wachsen schnell, wobei die Anbieter von Büchern, Musik-CDs und Software die Speerspitze bilden, mit Supermärkten, Reiseunternehmen und anderen Anbietern im Gefolge. Im Jahr 1998 haben eine Million Briten über das Internet Waren im Wert von 400 Millionen Pfund gekauft, eine Zahl, die sich 1999 vervierfacht haben dürfte. In nur wenigen Jahren könnte der Internet-Handel den Markt beherrschen, doch nur, wenn die Unternehmen Sicherheit und Vertraulichkeit gewährleisten können. Ein

Unternehmen muß in der Lage sein, die Vertraulichkeit finanzieller Transaktionen zu garantieren, und das geht nur mit Hilfe starker Verschlüsselung.

Gegenwärtig kann ein Kauf per Internet mit Public-Key-Kryptographie abgesichert werden. Alice besucht die Webseite eines Unternehmens und wählt eine Ware. Dann füllt sie ein Bestellformular aus, mit Name, Adresse und Angaben zur Kreditkarte. Schließlich nutzt sie den öffentlichen Schlüssel des Unternehmens, um das Bestellformular zu chiffrieren. Die verschlüsselte Bestellung wird der Firma übermittelt, die sie als einzige entschlüsseln kann, denn nur sie hat den privaten Schlüssel. All dies erledigt Alices Browser (z.B. Netscape oder Explorer) automatisch in Zusammenarbeit mit dem Firmencomputer.

Wie immer hängt die Sicherheit der Verschlüsselung von der Größe des Schlüssels ab. In den USA gibt es hierzu keine Beschränkungen, doch die amerikanischen Software-Unternehmen dürfen immer noch keine Web-Produkte exportieren, die starke Verschlüsselung bieten. Die ins Ausland exportierten Browser unterstützen also nur kurze Schlüssel und bieten somit nur ein geringes Maß an Sicherheit. Wenn Alice in London ein Buch bei einem Unternehmen in Chicago bestellt, ist ihre Internet-Transaktion daher eine Milliarde Milliarde Milliarde mal weniger sicher als eine Transaktion Bobs in New York, der ein Buch von derselben Firma kauft. Bobs Transaktion ist vollkommen sicher, weil sein Browser die Chiffrierung mit einem größeren Schlüssel unterstützt, während Alices Daten von einem entschlossenen Kriminellen dechiffriert werden könnten. Zum Glück sind die Kosten für die Ausrüstung, die erforderlich ist, um Alices Kreditkarteninformationen zu entschlüsseln, sehr viel höher als die übliche Kreditlinie für solche Karten, daher trägt ein solcher Angriff seine Kosten nicht. Der Geldbetrag, der durch das Internet fließt, wächst jedoch stetig, und eines Tages wird es für Kriminelle profitabel sein, Kreditkartennummern zu entschlüsseln. Kurz, wenn der Internet-Handel florieren soll, müssen die Kunden in aller Welt entsprechende Sicherheit genießen; die Wirtschaft kann eine gestutzte Verschlüsselung nicht hinnehmen.

Die Wirtschaft braucht die starke Verschlüsselung auch aus einem anderen Grund. Unternehmen speichern riesige Mengen an Informationen in Datenbanken, etwa Produktbeschreibungen, Kundendaten und ihre gesamte Buchhaltung. Natürlich sollen diese Informationen vor Hackern geschützt werden, die in den Computer eindringen könnten. Dazu dient die Verschlüsselung gespeicherter Informationen, zu denen nur Mitarbeiter mit Dechiffrier-Schlüssel Zugang haben.

Fassen wir zusammen. Der Streit tobt zwischen zwei Lagern: Bürgerrechtler und Unternehmen sind für die starke Verschlüsselung, während die Strafverfolger für drastische Einschränkungen plädieren. Die öffentliche Meinung insgesamt scheint sich der Pro-Verschlüsselungs-Allianz zuzuneigen, die in der Gunst der Medien steht und auch einige Hollywood-Filme auf ihr Konto verbuchen kann. Der Film *Das Mercury-Puzzle* von 1998 erzählt die Geschichte eines neunjährigen autistischen Wunderkindes, das unabsichtlich eine neue, vermeintlich narrensichere Verschlüsselung der NSA knackt. Alec Baldwin als NSA-Agent macht sich auf, um den Knaben, der als Gefahr für die nationale Sicherheit gilt, zu ermorden. Zum Glück hat der Junge Bruce Willis als Schutzengel. Ebenfalls 1998 brachte Hollywood *Staatsfeind Nr. 1* heraus, in dem es um eine NSA-Verschwörung zur Ermordung eines Politikers geht, der einen Gesetzesentwurf zugunsten der starken Verschlüsselung verficht. Der Politiker wird ermordet, doch Will Smith als Anwalt und Gene Hackman als NSA-Rebell bringen die NSA-Mörder am Ende zur Strecke. Beide Filme malen die NSA in noch dunkleren Farben als die CIA, und tatsächlich verkörpert die NSA heute in vieler Hinsicht die vom Staat ausgehende Gefahr.

Während die Pro-Verschlüsselungs-Lobby für kryptographische Freiheit kämpft und ihre Gegner für die Beschränkung der Kryptographie eintreten, gibt es eine dritte Möglichkeit, die vielleicht einen Kompromiß bietet. Seit etwa zehn Jahren diskutieren Kryptographen und Politiker die Vor- und Nachteile des Konzepts der *Schlüsselhinterlegung.* Dabei denkt man zuerst an ein Geschäft, bei dem die eine Partei Geld bei einer dritten Partei hinterlegt, die den Betrag unter bestimmten Bedingungen einer zweiten Partei aushändigen kann. Ein Mieter beispielsweise kann bei einem Notar einen

Betrag hinterlegen, den er im Falle eines Schadens an der Wohnung dem Vermieter aushändigen kann. In der Kryptographie bedeutet dies, daß Alice eine Kopie ihres geheimen privaten Schlüssels einem Schlüsseltreuhänder überläßt, einer unabhängigen, zuverlässigen Instanz, die mit der Vollmacht ausgestattet ist, den Schlüssel der Polizei zu übergeben, wenn es genügend Verdachtsmomente dafür gibt, daß Alice an einem Verbrechen beteiligt war.

Der bekannteste Großversuch in dieser Richtung war der 1994 verabschiedete American Escrowed Encryption Standard. Das Ziel war die Verbreitung zweier Chiffriersysteme namens *Clipper* und *Capstone* für die Telefon- bzw. Computerkommunikation. Um die Clipper-Verschlüsselung einzusetzen, muß sich Alice ein Telefon mit eingebautem Chip kaufen, der ihren geheimen privaten Schlüssel enthält. In dem Augenblick, da sie ein Clipper-Telefon kauft, wird eine Kopie des privaten Schlüssels im Chip zweigeteilt, dann wird jeweils eine Hälfte an zwei Bundesbehörden zur Aufbewahrung geschickt. Die amerikanische Regierung behauptet, Alice könne ihre Mitteilungen von nun an sicher verschlüsseln, und ihre Privatsphäre würde nur verletzt, wenn die Polizei die beiden Bundesbehörden davon überzeugen könne, daß es gute Gründe für die Aushändigung ihres hinterlegten privaten Schlüssels gebe.

Der Staat setzte Clipper und Capstone für den eigenen Nachrichtenverkehr ein und machte den Standard für Unternehmen anwendungspflichtig, die Regierungsaufträge erhalten wollten. Andere Unternehmen und Privatpersonen konnten weiterhin frei verschlüsseln, doch die Regierung hoffte, Clipper und Capstone würden allmählich zur bevorzugten Verschlüsselungstechnik im Land werden. Allerdings scheiterte diese Strategie. Der Gedanke der Schlüsselhinterlegung fand außerhalb der staatlichen Behörden wenig Anhänger. Die Bürgerrechtler konnten sich nicht mit dem Gedanken anfreunden, daß Bundesbehörden im Besitz der Schlüssel aller Privatleute sein sollten. Sie zogen einen Vergleich mit Haustürschlüsseln und fragten, was die Leute davon halten würden, wenn die Regierung Schlüssel für alle Häuser besäße. Kryptologen wiesen darauf hin, daß ein einziger korrupter Mitarbeiter, der die Schlüssel an den höchsten Bieter verkauft, das ganze System untergraben würde. Unternehmen wiederum zweifelten an der Vertraulichkeit des Verfahrens. Ein europäisches Unternehmen in den USA beispielsweise müßte befürchten, seine Mitteilungen könnten von amerikanischen Einfuhrbehörden abgefangen werden, um den amerikanischen Rivalen einen Wettbewerbsvorteil zu verschaffen.

Trotz des Scheiterns von Clipper und Capstone sind viele Regierungen immer noch davon überzeugt, die Schlüsseltreuhänderschaft könne funktionieren, wenn die Schlüssel nur hinreichend vor Kriminellen geschützt und einem staatlichen Mißbrauch Riegel vorgeschoben wären. FBI-Chef Louis J. Freeh erklärte 1996: »Die Strafverfolgungsbehörden sind keineswegs gegen einen vernünftigen Gebrauch der Verschlüsselung... Die Schlüsselhinterlegung ist nicht die einzige, aber eine sehr gute Lösung, weil sie wesentliche gesellschaftliche Interessen wie Privatsphäre, Datenschutz, elektronischen Handel, öffentliche und nationale Sicherheit auf effiziente Weise unter einen Hut bringt.« Zwar hat die amerikanische Regierung zunächst einen Rückzieher gemacht, doch viele vermuten, daß sie eines nahen Tages versuchen wird, eine andere Form der Schlüsseltreuhänderschaft einzuführen. Nachdem es auf freiwilliger Basis nicht gelungen ist, könnten Regierungen sogar versucht sein, ein solches Verfahren zur Pflicht zu machen. Unterdessen kämpft die Verschlüsselungs-Lobby weiter gegen die Schlüsselhinterlegung. Der Technikjournalist Kenneth Neil Cukier schreibt dazu: »Die Leute, die sich an der Krypto-Debatte beteiligen, sind intelligent, ehrenwert und für die Schlüsselhinterlegung, doch keiner vereint mehr als zwei dieser Vorzüge auf sich.«

Es gibt verschiedene andere Möglichkeiten, für die sich der Gesetzgeber entscheiden könnte, um die Positionen von Bürgerrechtlern, Unternehmen und Strafverfolgern unter einen Hut zu bringen. Was sich schließlich durchsetzen wird, ist völlig offen, eine klare Kontur der Kryptographie-Politik zeichnet sich gegenwärtig noch nicht ab. Ständig passiert irgendwo auf der Welt etwas, das die Debatte beeinflußt. Im November 1998 ließ der britische Premierminister in der Queen's Speech verlauten, der digitale Marktplatz solle gesetzlich geregelt werden. Im Dezember 1998 unterzeichneten 33 Länder das Wassenaar-Abkommen, das die Waffenexporte begrenzt, darunter auch die starke Verschlüsselungstechnik. Im Januar 1999 hob Frankreich sein Anti-Kryptographie-Gesetz auf, das bis dahin strengste in Westeuropa, vermutlich auf Betreiben der Wirtschaft. Im März 1999 veröffentlichte die britische Regierung ein Gutachten zu einer möglichen gesetzlichen Regelung des elektronischen Handels.

Bis zum Erscheinen dieses Buches wird es noch viel Irrungen und Wirrungen in der Kryptographiedebatte geben. Was in einer künftigen kryptographischen Infrastruktur aller Voraussicht nach jedoch nicht fehlen darf, sind sogenannte *Beglaubigungsinstanzen.* Wenn Alice einem neuen Freund, Zak, eine sichere E-Mail schicken will, braucht sie Zaks öffentlichen Schlüssel. Sie kann Zak bitten, ihr diesen per Post zu schicken. Leider läuft sie dann Gefahr, daß Eve Zaks Brief an Alice abfängt, ihn vernichtet und einen Brief fälscht, der ihren eigenen öffentlichen Schlüssel und nicht den Zaks enthält. Alice schickt daraufhin womöglich eine wichtige E-Mail an Zak, chiffriert mit Eves öffentlichem Schlüssel. Falls Eve diese E-Mail abfängt, kann sie den Inhalt ohne weiteres entschlüsseln und lesen. Ein Problem bei der Kryptographie mit öffentlichem Schlüssel besteht also darin, sicherzustellen, daß man wirklich den öffentlichen Schlüssel der Person besitzt, mit der man korrespondieren will. Beglaubigungsinstanzen haben die Funktion, zu bestätigen, daß ein öffentlicher Schlüssel tatsächlich einer bestimmten Person gehört. Eine solche Instanz verlangt womöglich, daß Zak persönlich vorbeikommt, um zu gewährleisten, daß man wirklich seinen öffentlichen Schlüssel ins Verzeichnis eingeträgt. Wenn Alice dieser Behörde vertraut, kann sie sich Zaks öffentlichen Schlüssel dort besorgen.

Wir haben gesehen, wie Alice auf sicherem Wege Produkte im Internet kaufen kann, indem sie das Bestellformular mit dem öffentlichen Schlüssels der jeweiligen Firma verschlüsselt. Alice tut dies nur, wenn der öffentliche Schlüssel von einer Beglaubigungsinstanz als echt bestätigt wurde. Im Jahr 1998 war der Marktführer im Bereich Zertifizierung die Firma Verisign, die in nur vier Jahren auf einen Wert von dreißig Millionen Dollar gewachsen ist. Zertifizierungsbehörden bestätigen nicht nur die Echtheit öffentlicher Schlüssel, sie können auch die Echtheit elektronischer Unterschriften garantieren. Im Jahr 1998 beglaubigte Baltimore Technologies in Irland die Echtheit der elektronischen Unterschriften von Präsident Bill Clinton und dem irischen Premierminister Bertie Ahern. Die beiden Politiker konnten daraufhin ein Kommuniqué in Dublin digital unterzeichnen.

Beglaubigungsinstanzen stellen kein Sicherheitsrisiko dar. Ihre Arbeit besteht einfach darin, daß sie beispielsweise Zak bitten, eine Kopie seines öffentlichen Schlüssels abzugeben, damit sie ihn für alle beglaubigen können, die ihm eine verschlüsselte Mitteilung schicken wollen. Allerdings gibt es andere Unternehmen, die sich »Vertrauenswürdige Dritte« (Trusted Third Parties, TTPs) nennen und eine umstrittenere Dienstleistung anbieten, nämlich die *Schlüsselwiederbeschaffung*. Nehmen wir an, eine Anwaltsfirma schützt ihre wichtigen Dokumente durch Chiffrierung mit dem eigenen öffentlichen Schlüssel, so daß nur sie die Unterlagen mit ihrem privaten Schlüssel dechiffrieren kann. Ein solches Verfahren bietet wirksamen Schutz gegen Hacker und alle andern, die versuchen könnten, Informationen zu stehlen. Was geschieht jedoch, wenn der Angestellte, der den privaten Schlüssel aufbewahrt, ihn vergißt, mit ihm das Weite sucht oder von einem Bus überfahren wird? Staatlicherseits wird die Einrichtung von TTPs empfohlen, um Kopien aller Schlüssel aufzubewahren. Eine Firma, die ihren privaten Schlüssel verliert, wäre dann in der Lage, ihn über die TTPs wiederzubeschaffen.

»Vertrauenswürdige Dritte« sind umstritten, weil sie Zugang zu den privaten Schlüsseln haben und damit die Möglichkeit, die Korrespondenz ihrer Kunden zu lesen. Sie müssen tatsächlich vertrauenswürdig sein, denn ein Mißbrauch wäre allzu leicht. Manche Stimmen behaupten, TTPs seien im Grunde nichts anderes als Schlüsseltreuhänder, und polizeiliche Ermittler könnten versucht sein, sie unter Druck zu setzen, um die Herausgabe der Schlüssel eines Kunden zu erzwingen. Andere glauben, daß vertrauenswürdige Dritte für eine vernünftige kryptographische Infrastruktur unerläßlich sind.

Niemand kann voraussagen, welche Rolle die TTPs in Zukunft spielen werden, und auch nicht, wie die Kryptographiepolitik in zehn Jahren aussieht. Ich vermute jedoch, daß die Befürworter der Verschlüsselung den Streit in naher Zukunft zunächst für sich entscheiden werden, vor allem, weil sich kein Land Kryptographie-Gesetze wird leisten wollen, die den elektronischen Handel blockieren. Wenn sich diese Politik jedoch als Fehlschlag erweist, ist es immer noch möglich, die Gesetze wieder aufzuheben. Wenn es zu einer Reihe terroristischer Greueltaten käme und die Strafverfolger zeigen könnten, daß sie durch Abhöraktionen hätten verhindert werden können, dann würden die Regierungen rasch Zustimmung für eine gesetzliche Pflicht zur Schlüsselhinterlegung gewinnen. Alle Anwender starker Verschlüsselung wären dann gezwungen, ihre Schlüssel bei einem Treuhänder zu hinterlegen, und in der Folgezeit würde jeder, der eine verschlüsselte Mitteilung mit einem nicht hinterlegten Schlüssel verschickt, eine Straftat begehen. Bei entsprechend scharfer Strafandrohung könnten die Ermittlungsbehörden schließlich die Oberhand gewinnen. Später dann, wenn Regierungen beginnen sollten, das mit der Schlüsseltreuhänderschaft einhergehende Vertrauen zu mißbrauchen, könnte die Öffentlichkeit erneut eine kryptographische Liberalisierung verlangen, und das Pendel würde zurückschwingen. Kurz, es gibt keinen Grund, warum sich die Kryptographiepolitik nicht dem wirtschaftlichen und gesellschaftlichen Klima anpassen sollte. Entscheidend wird sein, wen die Öffentlichkeit am meisten fürchtet – die Kriminellen oder die Regierung.

Zimmermanns Rehabilitation

Im Jahr 1993 prüfte eine Geschworenen-Jury die Frage, ob gegen Zimmermann Anklage erhoben werden solle. Dem FBI zufolge hatte er ein Rüstungsgut exportiert, weil er feindliche Staaten und Terroristen mit den Werkzeugen beliefert hatte, die sie brauchten, um Abwehrmaßnahmen der amerikanischen Regierung zu entgehen. Während das Verfahren lief, kamen immer mehr Kryptographie-Experten und Bürgerrechtler Zimmermann zu Hilfe, und für seine Anwaltskosten wurde ein internationaler Spendenfonds eingerichtet. Zugleich stand Zimmermann nun in dem Ruf, vom FBI verfolgt zu werden, was seiner Schöpfung, PGP, zu noch schnellerer Verbreitung im Internet verhalf – diese Verschlüsselungssoftware war immerhin so gut, daß sie sogar der Bundespolizei Angst einjagte.

Pretty Good Privacy war in aller Hast herausgebracht worden und war daher anfangs nicht so ausgereift, wie eigentlich beabsichtigt. Bald kam die Forderung nach einer verbesserten Version von PGP auf, doch Zimmermann war natürlich nicht in der Lage, an seinem Produkt weiterzuarbeiten. An seiner Stelle begannen Software-Entwickler in Europa, PGP umzubauen. Hier hat man im allgemeinen eine liberalere Einstellung zur Verschlüsselung, und es gab keine Beschränkungen für den weltweiten Export einer europäischen Version von PGP. Zudem war der Streit um die RSA-Patente in Europa kein Thema, weil sie außerhalb der USA nicht galten.

Auch nach drei Jahren hatte es die Jury nicht geschafft, Zimmermann vor Gericht zu bringen. Der Fall war aufgrund des Charakters von PGP und seines Verteilungsweges kompliziert. Wenn Zimmermann PGP auf einen Computer geladen und ihn an ein feindliches Regime geliefert hätte, dann wäre der Fall klar gewesen, denn er hätte ein vollständiges und funktionsfähiges Verschlüsselungssystem exportiert. Auch wenn er eine Diskette mit dem PGP-Programm exportiert hätte, wäre die Anklage wasserdicht gewesen, denn ein solcher materieller Datenträger könnte als kryptographisches Gerät gedeutet werden. Wenn er hingegen das Computerprogramm abgedruckt und als Buch exportiert hätte, wäre der Fall längst nicht so klar gewesen, denn dann hätte er Wissen und kein kryptographisches Gerät ausgeführt. Allerdings können Drucksachen schnell gescannt und in einen Computer eingelesen werden, ein Buch ist also genauso gefährlich wie eine Diskette. In Wirklichkeit geschah folgendes: Zimmermann gab einem »Freund« eine Kopie von PGP, der es wiederum auf einem amerikanischen Computer installierte, der zufälligerweise ans Internet angeschlossen war. Daraufhin hat ein gegnerisches Regime die Software heruntergeladen – oder auch nicht. Hatte sich Zimmermann wirklich des Exports von PGP schuldig gemacht? Bis heute sind viele rechtliche Fragen im Zusammenhang mit dem Internet strittig und ungeklärt. Doch Anfang der neunziger Jahre stocherte man noch völlig im Dunkeln.

Nach dreijähriger Ermittlung stellte die amerikanische Bundesanwaltschaft 1996 das Verfahren gegen Zimmermann ein. Dem FBI war klar, daß es ohnehin zu spät war – PGP war durchs Internet entwischt, und Zimmermann strafrechtlich zu belangen würde daran nichts ändern. Außerdem hatte Zimmermann den Rückhalt wichtiger Institutionen, namentlich der MIT-Press, die PGP in einem sechshundertseitigen Buch veröffentlicht hatte. Das Buch wurde auf der ganzen Welt vertrieben, eine Anklage gegen Zimmermann hätte also einen Prozeß gegen MIT-Press nach sich gezogen. Das FBI zögerte außerdem, den Fall weiterzuverfolgen, weil Zimmermann gute Chancen auf einen Freispruch hatte. Würde man weiter auf eine Anklage drängen, handelte man sich vermutlich nichts weiter ein als eine für das FBI peinliche Verfassungsdebatte zum Recht auf Privatsphäre und würde ausgerechnet dazu beitragen, daß noch mehr Bürger sich für die Verschlüsselung ihrer Mitteilungen entschieden.

Auch Zimmermanns anderes Hauptproblem, die Patentfrage, erledigte sich. Am Ende erreichte er doch noch eine Einigung mit RSA und erhielt eine Lizenz. Endlich war PGP ein legales Produkt, und Zimmermann war ein freier Mann. Die Untersuchung hatte aus ihm einen Kreuzzügler für die Kryptographie gemacht, und jeder Marketing-Chef muß ihn um die Bekanntheit und die kostenlose Medienpräsenz beneidet haben, die der Fall dem Produkt PGP verschaffte. Ende 1997 verkaufte Zimmermann PGP an Network Associates und wurde zugleich Unternehmensteilhaber. Zwar wird PGP inzwischen an die Industrie verkauft, doch es steht weiterhin allen frei zur Verfügung, die es nicht für kommerzielle Zwecke nutzen wollen. Mit anderen Worten, wer nur sein Recht auf Privatsphäre schützen will, kann PGP immer noch kostenlos aus dem Internet herunterladen.

Wenn Sie PGP nutzen wollen, finden Sie die Software auf vielen Seiten im Internet. Die wohl zuverlässigste Quelle ist http://www.pgpi.com/, die internationale PGP-Homepage, von der sie die amerikanische und internationale Versionen von PGP herunterladen können. Ich möchte an dieser Stelle betonen, daß die Verantwortung allein bei Ihnen liegt – wenn Sie sich entscheiden, PGP zu installieren, müssen Sie prüfen, ob es auf Ihrem Computer lauffähig ist, ob die Software virenfrei ist und so weiter. Sie sollten auch prüfen, ob Sie in einem Land leben, das den Gebrauch starker Chiffrierung erlaubt. Schließlich sollten Sie sichergehen, daß Sie die richtige Version von PGP herunterladen: Wer außerhalb der Vereinigten Staaten lebt, sollte die amerikanische Version von PGP nicht herunterladen, weil er damit amerikanische Exportgesetze verletzen würde. Die internationale Version von PGP unterliegt keinen Exportbeschränkungen.

Ich erinnere mich noch lebhaft an jenen Sonntag nachmittag, an dem ich zum ersten Mal eine Kopie der PGP-Software aus dem Internet heruntergeladen habe. Seit diesem Tag kann ich darauf vertrauen, daß meine E-Mails nicht mitgelesen werden, weil ich vertrauliche Mitteilungen für Alice, Bob und alle andern, die PGP besitzen, verschlüsseln kann. Mein Laptop und seine PGP-Software bieten mir eine Datensicherheit, der auch mit den vereinten Kräften aller Codeknackerdienste der Welt nicht beizukommen ist.

8
Ein Quantensprung in die Zukunft

Zwei Jahrtausende währt inzwischen der Kampf, bei dem die einen versuchen, Informationen zu verschlüsseln, und die andern, den verschlüsselten Texten ihre Geheimnisse wieder zu entreißen. Bislang lagen die Gegner nie weit auseinander; immer wenn die Verschlüßler die Oberhand gewonnen hatten, konnten die Codeknacker wieder zurückschlagen, und wenn die alten Verschlüsselungstechniken nichts mehr taugten, erfanden die Kryptographen neue und stärkere. Mit der Public-Key-Kryptographie und der politischen Debatte um die starke Kryptographie sind wir in der Gegenwart angelangt, und nun sieht es so aus, als würden die Kryptographen den Informationskrieg gewinnen. Phil Zimmermann zufolge leben wir in einem Goldenen Zeitalter: »In der modernen Kryptographie lassen sich Chiffren herstellen, die tatsächlich weit jenseits der Reichweite aller Verfahren der Kryptoanalyse sind. Und ich glaube, das wird so bleiben.« William Crowell, stellvertretender NASA-Direktor, pflichtet ihm bei: »Wenn alle PCs der Welt – annähernd 200 Millionen Computer – auf eine PGP-verschlüsselte Mitteilung angesetzt würden, würde es etwa 12 Millionen mal länger dauern, als das Universum alt ist, um diese eine Mitteilung zu knacken.«

Die Erfahrung zeigt jedoch, daß noch jede vermeintlich narrensichere Verschlüsselung früher oder später der Kryptoanalyse zum Opfer gefallen ist. Die Vigenère-Chiffre wurde »le chiffre indéchiffrable« genannt, doch Babbage hat sie geknackt; Enigma hielt man für uneinnehmbar, bis die Polen ihre Schwächen aufdeckten. Stehen die Kryptoanalytiker also vor einem neuen Durchbruch, oder hat Zimmermann recht? Künftige Entwicklungen einer bestimmten

Technik vorherzusagen ist immer schwierig, besonders waghalsig ist dies jedoch, wenn es um Chiffrierverfahren geht. Wir müssen nicht nur Vermutungen über künftige Entwicklungen anstellen, sondern auch rätseln, welche Entwicklungen bereits gelungen sind. Die Geschichte von James Ellis und des GCHQ lehrt uns, daß es hinter dem Schleier staatlich verordneter Geheimhaltung schon heute verblüffende Entwicklungen gibt.

In diesem letzten Kapitel sollen einige der futuristischen Ideen erörtert werden, die unsere Privatsphäre im 21. Jahrhundert vielleicht erweitern, vielleicht aber auch zerstören könnten. Der folgende Abschnitt ist der Zukunft der Kryptoanalyse gewidmet und besonders einer Idee, die es den Analytikern ermöglichen könnte, alle heute gängigen Verschlüsselungen zu knacken. Dagegen handelt der letzte Abschnitt vom aufregendsten kryptographischen Projekt überhaupt, einem Verfahren, das eines Tages vielleicht die absolute Geheimhaltung garantieren kann.

Die Zukunft der Kryptoanalyse

Trotz der enormen Stärke von RSA und anderer moderner Verschlüsselungstechniken sind die Kryptoanalytiker immer noch in der Lage, ein wichtiges Wort mitzureden, wenn es um die Beschaffung von Informationen geht. Wie erfolgreich sie sind, zeigt der Umstand, daß die Nachfrage nach Kryptoanalytikern größer ist denn je – die NSA ist immer noch der weltgrößte Arbeitgeber für Mathematiker.

Nur ein kleiner Bruchteil der Informationen, die um den Globus fließen, ist sicher verschlüsselt, der Rest schlecht oder überhaupt nicht. Nur wenige Internet-Nutzer, deren Zahl rasch wächst, schützen ihre Privatsphäre auf geeignete Weise. Dies wiederum bedeutet, daß Geheimdienste, Ermittlungsbehörden und alle, die neugierig und klug genug sind, mehr Informationen in die Finger bekommen, als sie bewältigen können.

Selbst wenn die Nutzer die RSA-Verschlüsselung richtig einsetzen, können die Kryptoanalytiker immer noch genug unternehmen, um aus den abgefangenen Mitteilungen Informationen herauszupressen.

Auch heute noch setzen sie althergebrachte Verfahren wie die Verkehrsanalyse ein; selbst wenn sie nichts über den Inhalt der Mitteilung herausfinden, könnten sie feststellen, wer sie an wen schickt, und auch diese Information kann schon verräterisch sein. In jüngster Zeit wurde eine Art elektronischer Lauschangriff entwickelt, der sogenannte *tempest› attack,* bei dem die verschiedenen elektromagnetischen Signale analysiert werden, die ein Computer jedesmal aussendet, wenn ein Buchstabe eingetippt wird. Wenn Eve einen Lieferwagen vor Alices Haus parkt, kann sie mit hochempfindlichen Meßgeräten jeden einzelnen Tastaturanschlag Alices identifizieren. Damit bekäme Eve die Mitteilung so in die Hand, wie Alice sie in den Computer tippt, also noch unverschlüsselt. Zur Abwehr solcher Angriffe werden bereits Folien angeboten, mit denen Wände abgedichtet werden können, um zu verhindern, daß elektromagnetische Signale nach außen dringen. In den USA ist für den Erwerb solcher Materialien eine offizielle Genehmigung erforderlich, was vermuten läßt, daß Ermittlungsbehörden wie das FBI bereits heute regelmäßig solche elektronischen Lauschangriffe unternehmen.

Angriffe können auch mit Viren und Trojanischen Pferden geführt werden. Eve könnte einen Virus entwickeln, der PGP-Software infiziert und sich unauffällig in Alices Computer einnistet. Wenn sie eine Mitteilung mit ihrem privaten Schlüssel chiffriert, erwacht der Virus und notiert ihn. Wenn Alice dann das nächste Mal ins Internet geht, schickt der Virus den privaten Schlüssel unauffällig an Eve, die dann alle späteren Mitteilungen an Alice entschlüsseln kann. Eine andere Software-Falle ist das Trojanische Pferd. Eve schreibt ein Programm, das scheinbar wie ein echtes Verschlüsselungsprogramm arbeitet, in Wahrheit jedoch seinen Anwender verrät. Alice mag etwa glauben, daß sie eine Originalversion von PGP aus dem Internet holt, während sie in Wahrheit ein Trojanischenes Pferd herunterlädt. Diese veränderte Version sieht aus wie das echte PGP-Programm, enthält jedoch den Befehl, Klartextkopien aller Briefe, die Alice schreibt, an Eve zu schicken. Zimmermanns Kommentar dazu: »Jeder könnte den Quellcode verändern und ein hirnamputiertes Zombie-Plagiat von PGP herstellen, das zwar echt aussieht, aber das Spiel seines diabolischen Meisters spielt. Dieses wie PGP aussehende Trojanische Pferd könnte dann unter meinem Namen überall verbreitet werden. Wie hinterlistig! Sie sollten sich unbedingt bemühen, Ihr Exemplar von PGP aus einer verläßlichen Quelle zu beziehen, was auch immer das bedeutet.«

Eine Abwandlung des Trojanischen Pferdes stellt eine brandneue Verschlüsselungssoftware dar, die vertrauenswürdig scheint, doch in Wahrheit eine *Hintertür* enthält, die es ihren Entwicklern erlaubt, alle Mitteilungen zu lesen. Ein Bericht von Wayne Mansfield enthüllte 1998, daß die Schweizer Krypto AG Hintertüren in einige ihrer Produkte eingebaut und den Amerikanern deren Funktion offenbart hatte. So seien die Amerikaner in der Lage gewesen, den geheimen Nachrichtenverkehr mehrerer Länder zu lesen. Die Mörder des ehemaligen iranischen Ministerpräsidenten Schahpour Bachtiar wurden 1991 gefaßt, weil Mitteilungen iranischer Stellen, die mit Geräten der Krypto AG chiffriert waren, durch die Hintertür gelesen werden konnten.

Zwar sind Verkehrsanalyse, elektronischer Lauschangriff, Viren und Trojanische Pferde nützliche Techniken zur Informationsgewinnung, doch liegt den Kryptoanalytikern ein Ziel klar vor Augen, nämlich die RSA-Verschlüsselung und damit die tragende Säule der modernen Verschlüsselung zu brechen. Mit RSA werden die wichtigsten militärischen, diplomatischen, geschäftlichen und kriminellen Mitteilungen verschlüsselt – und genau darauf haben es die Geheimdienste abgesehen. Wenn sie es jedoch mit der starken RSA-Verschlüsselung aufnehmen wollen, muß den Kryptoanalytikern zunächst ein entscheidender theoretischer oder technischer Durchbruch gelingen.

Ein theoretischer Erfolg bestünde in einem völlig neuen Verfahren, Alices privaten Schlüssel ausfindig zu machen. Dieser besteht aus p und q, Primzahlen, die aus der Faktorzerlegung des öffentlichen Schlüssels N zu gewinnen sind. Der übliche Ansatz besteht darin, für jede Primzahl zu prüfen, ob sie ein Teiler von N ist, doch wir wissen bereits, daß dies unverhältnismäßig viel Zeit kostet. Die Kryptographen sind auf der Suche nach einer Abkürzung, nach einem Verfahren, bei dem viel weniger mathematische Schritte nötig sind, um p und q zu finden, doch bislang sind alle derartigen Versuche gescheitert. Die Mathematiker befassen sich schon seit Jahrhunderten mit der Faktorzerlegung, und die modernen Techniken sind nicht wesentlich besser als die alten. Es könnte sogar sein, daß die Gesetze der Mathematik einen wesentlich kürzeren Weg der Faktorzerlegung nicht zulassen.

Bei den geringen Aussichten für einen theoretischen Durchbruch sind die Kryptoanalytiker gezwungen, nach einer technischen Neuerung zu suchen. Wenn es keine einfache Methode zur Beschleunigung der Faktorzerlegung gibt, dann bleibt den Analytikern nur noch die Hoffnung auf eine Technik, mit der die erforderlichen Schritte schneller abgearbeitet werden können. Die Siliziumchips werden immer schneller und verdoppeln die Rechengeschwindigkeit etwa alle achtzehn Monate, doch dies reicht nicht aus, um die Faktorzerlegung entscheidend zu beschleunigen. Die Kryptoanalytiker benötigen eine Technik, die milliardenfach schneller ist als die gegenwärtigen Computer. Daher setzen sie ihre Hoffnungen auf einen neuen Rechnertyp, den *Quantencomputer.* Wenn es möglich wäre, einen solchen Computer zu bauen, würden die Berechnungen mit so enormer Geschwindigkeit ablaufen, daß ein heutiger Supercomputer dastehen würde wie ein kaputter Rechenschieber.

Der Rest des Abschnitts ist dem Konzept des Quantencomputers gewidmet. Wir müssen uns daher mit einigen Grundsätzen der Quantenphysik befassen, der sogenannten Quantenmechanik. Bevor wir weitergehen, sei eine Warnung von Niels Bohr zitiert, einem der Väter der Quantenmechanik: »Jeder, der über die Quantenmechanik nachdenken kann, ohne daß ihm schwindelig wird, hat sie nicht verstanden.« Mit anderen Worten, bereiten Sie sich auf ein paar recht absonderliche Gedankengänge vor.

Um die wesentlichen Funktionen eines Quantencomputers zu verstehen, gehen wir am besten zurück ans Ende des 18. Jahrhunderts, zum Werk von Thomas Young, des englischen Mathematikers, dem der erste Erfolg bei der Entzifferung der ägyptischen Hieroglyphen gelang. Als Fellow des Cambridger Emmanuel College entspannte sich Young nachmittags gern am dortigen Ententeich. Eines Tages, so die Legende, sah er zwei Enten friedlich Seite an Seite daherschwimmen. Hinter den Enten bildeten sich Kräuselwellen, die sich fächerförmig ausbreiteten, sich gegenseitig beeinflußten und ein ganz bestimmtes Muster aus bewegten und ruhigen Wasserflächen entstehen ließen. Wenn ein Wellenkamm auf ein Wellental traf, bildete sich eine kleine Fläche mit ruhigem Wasserspiegel – der Kamm und das Tal hoben sich gegenseitig auf. Wenn dagegen zwei Wellenkämme gleichzeitig an einem bestimmten Punkt zusammentrafen, ergab sich ein noch höherer Kamm, und wenn zwei Täler aufeinandertrafen, ergab sich ein noch tieferes Tal. Gespannt sah Young zu, denn die beiden Enten erinnerten ihn an ein Experiment zur Natur des Lichts, das er 1799 durchgeführt hatte.

Bei diesem Experiment hatte er Licht auf eine Trennwand fallen lassen, in der sich zwei schmale senkrechte Spalte befanden, wie in Abbildung 71 (a) gezeigt. Auf einem Schirm, den er in einiger Entfernung von der Trennwand aufgestellt hatte, erwartete Young, zwei helle Streifen zu sehen, die das Licht durch die Spalte warf. Statt dessen beobachtete er, daß das Licht sich hinter den beiden Spalten fächerartig ausbreitete und ein Muster aus mehreren hellen und dunklen Streifen auf dem Schirm entstehen ließ. Dieses Streifenmuster hatte ihm Rätsel aufgegeben, doch jetzt glaubte er, die Frage anhand seiner Beobachtung des Ententeichs klären zu können.

Young nahm zunächst einmal an, Licht sei eine Art von Wellenbewegung. Wenn das Licht wellenförmig aus den beiden Spalten kam, dann war es vergleichbar mit den Wasserwellen hinter den Enten. Die hellen und dunklen Streifen auf dem Schirm wurden dann von denselben Wechselwirkungen verursacht, aufgrund derer die Wasserwellen hohe Berge, tiefe Täler und ruhige Stellen entstehen ließen. Young konnte sich Punkte auf dem Schirm vorstellen, wo ein Tal auf einen Kamm traf, beide sich gegenseitig aufhoben und einen dunklen Streifen ergaben, sowie Punkte, an denen zwei Kämme (oder zwei Täler) aufeinandertrafen, sich gegenseitig verstärkten und einen hellen Streifen erzeugten, wie in Abbildung 71(b) dargestellt. Die Enten hatten Young tiefe Einsicht in die Natur des Lichts gewährt, und sein Aufsatz »Die Wellentheorie des Lichts« wurde zu einem zeitlosen Klassiker der Physik.

Heute wissen wir, daß sich Licht tatsächlich wellenförmig verhält, doch zugleich auch so, als bestünde es aus Teilchen. Ob wir Licht als

(a)

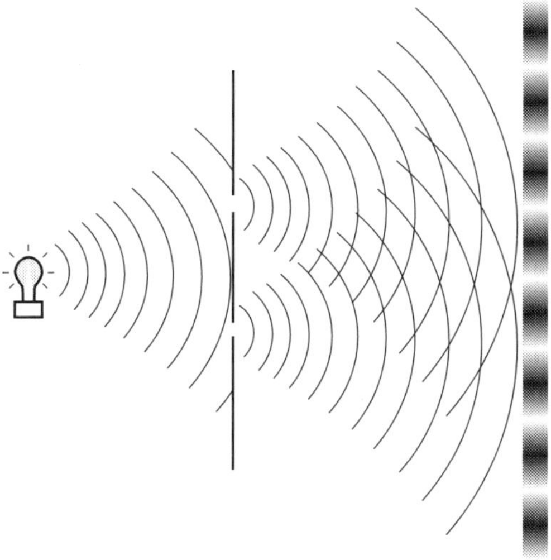

(b)

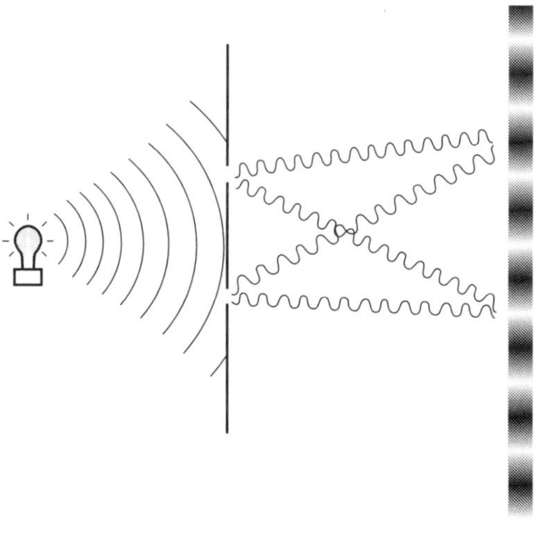

Abbildung 71: Youngs Doppelspaltexperiment, von oben gesehen. Zeichnung (a) zeigt Licht, das sich von den zwei Spalten in der Trennwand aus fächerförmig verbreitet, in Wechselwirkung tritt und ein Streifenmuster auf dem Schirm erzeugt. Zeichnung (b) zeigt die Wechselwirkung einzelner Wellen. Wenn am Schirm ein Wellental auf einen Wellenkamm trifft, ergibt sich ein dunkler Streifen. Wenn zwei Täler (oder zwei Kämme) am Schirm aufeinandertreffen, ergibt sich ein heller Streifen.

wellen- oder teilchenförmig betrachten, hängt von den Umständen ab, und diese Zweideutigkeit des Lichts wird als Welle-Teilchen-Dualismus bezeichnet. Wir wollen diesen Dualismus nicht weiter erörtern, es genügt zu sagen, daß der modernen Physik zufolge ein Lichtstrahl aus zahllosen einzelnen Teilchen, den sogenannten Photonen, besteht, die Welleneigenschaften aufweisen. Bei Youngs Experiment geht es daher um Photonen, die durch die Spalte der Trennwand fliegen und auf der anderen Seite in Wechselwirkung treten.

Bislang ist nichts besonders Merkwürdiges an Youngs Experiment. Nun kann es in der moderne Physik jedoch mit einem Glühfaden wiederholt werden, der so schwach leuchtet, daß er nur einzelne Photonen abgibt. Die Photonen werden im Abstand von beispielsweise einer Minute erzeugt, und jedes Photon fliegt alleine auf die Trennwand zu. Manchmal fliegt ein Photon durch einen der Spalte und trifft auf den Schirm. Unser Auge ist zwar nicht empfindlich genug, um diese einzelnen Photonen zu sehen, doch sie können mit einem speziellen Detektor aufgespürt werden. Im Verlauf einiger Stunden ergibt sich schließlich ein Muster auf dem Schirm. Wenn ein einzelnes Photon durch die Spalte fliegt, würden wir nicht erwarten, daß sich das von Young beobachtete Streifenmuster ergibt, weil dieses Phänomen doch offenber nur von zwei Photonen erzeugt werden kann, die gleichzeitig durch verschiedene Spalten fliegen und auf der anderen Seite in Wechselwirkung treten. Vielmehr erwarten wir nur zwei Lichtstreifen, einfache Projektionen der Spalten in der Trennwand. Aus einem mysteriösen Grund jedoch ergibt sich selbst bei einzelnen Photonen, die nacheinander durch die Spalte fliegen, ein Muster aus hellen und dunklen Streifen, als hätten die Photonen einander beeinflußt.

Dieses merkwürdige Ergebnis widerspricht dem Common sense. Es gibt keine Möglichkeit, das Phänomen mit der klassischen Physik zu erklären, das heißt im Rahmen der Gesetze, die entwickelt wurden, um zu erklären, wie sich Alltagsobjekte verhalten. Die klassische Physik kann die Umlaufbahnen von Planeten oder die Flugbahn einer Kanonenkugel erklären, doch die Welt der wahrhaft winzigen Objekte, etwa die Flugbahn eines Photons, kann sie nicht vollständig beschreiben. Um das Verhalten von Photonen zu erklären, greifen die Physiker auf die Quantenphysik zurück, einer Theorie der Objekte auf mikroskopischer Ebene. Allerdings können sich nicht einmal die Quantenphysiker darauf einigen, wie dieses Experiment zu deuten ist. Unter ihnen gibt es zwei konkurrierende Lager mit jeweils eigener Interpretation dieser Phänomene.

Das erste Lager vertritt das sogenannte *Superpositionsprinzip.* Die Vertreter dieser Richtung stellen zunächst fest, daß wir nur zwei Dinge über das Photon mit Sicherheit wissen – es verläßt den Glühdraht und trifft auf den Schirm. Alles andere ist ein vollkommenes Rätsel, auch die Frage, ob das Photon durch den linken oder den rechten Spalt geflogen ist. Weil der genaue Weg des Photons unbekannt ist, vertreten die Überlagerungstheoretiker die eigenartige Auffassung, daß das Photon irgendwie durch beide Spalte gleichzeitig fliegt, weshalb es dann fähig ist, mit sich selbst in Wechselwirkung zu treten und das auf dem Schirm beobachtete Streifenmuster zu erzeugen. Doch wie kann ein Photon gleichzeitig durch beide Spalte fliegen?

Die Überlagerungstheoretiker argumentieren wie folgt. Wenn wir nicht wissen, was ein Teilchen tut, dann darf es alles mögliche gleichzeitig anstellen. Im Falle des Photons wissen wir nicht, ob es durch den linken oder den rechten Spalt geflogen ist, also nehmen wir an, daß es durch beide Spalte gleichzeitig geflogen ist. Jede Möglichkeit ist ein sogenannter *Zustand,* und weil das Photon beide Möglichkeiten verwirklicht, befindet es sich in einer sogenannten *Superposition,* einer Überlagerung seiner Zustände. Wir wissen, daß ein Photon den Glühdraht verlassen hat, und wir wissen, daß ein Photon den Schirm auf der anderen Seite der Trennwand getroffen hat, doch dazwischen hat es sich irgendwie in zwei »Geisterphotonen« aufgespalten, die durch beide Spalte geflogen sind. Die Überlagerungstheorie mag haarsträubend klingen, doch zumindest erklärt sie das Streifenmuster, das man erhält, wenn man Youngs Experiment mit einzelnen Photonen veranstaltet. Die altmodische klassische Ansicht lautet hingegen, daß das Photon durch einen der Spalte geflogen sein muß und wir einfach nicht wissen, durch welchen: Dies scheint viel vernünftiger zu sein als die Quantentheorie, doch damit läßt sich das beobachtete Phänomen leider nicht erklären.

Erwin Schrödinger, der 1933 den Nobelpreis für Physik erhielt, erfand ein Gedankenexperiment, das als »Schrödingers Katze« bekannt wurde und oft gebraucht wird, um den Begriff der Superposition zu erklären. Stellen wir uns eine Katze in einer Kiste vor. Es gibt zwei mögliche Zustände für die Katze, nämlich tot oder lebendig. Anfangs wissen wir genau, daß die Katze in einem bestimmten Zustand ist, weil wir sehen, daß sie lebt. Zu diesem Zeitpunkt befindet sich die Katze nicht in einer Überlagerung ihrer Zustände. Als nächstes legen wir eine Phiole Zyankali zu der Katze in die Kiste und schließen den Deckel. Jetzt beginnt für uns eine Zeit des Nichtwissens, denn wir können den Zustand der Katze nicht beobachten oder messen. Ist sie noch am Leben, oder hat sie die Giftampulle zertreten und ist gestorben? Normalerweise würden wir sagen, die Katze ist entweder lebendig oder tot, wir wissen es einfach nicht. Die Quantentheorie sagt jedoch, daß die Katze sich in einer Überlagerung ihrer Zustände befindet – sie ist tot und lebendig, sie verwirklicht beide Möglichkeiten zugleich. Diese Überlagerung tritt nur auf, wenn wir ein Objekt aus den Augen verlieren, sie ist eine Möglichkeit, das Objekt während einer Phase der Ungewißheit zu beschreiben. Wenn wir den Deckel schließlich öffnen, können wir sehen, ob die Katze lebt oder tot ist. Der Akt, die Katze anzuschauen, zwingt sie, in einem bestimmten Zustand zu sein, und in diesem Augenblick verschwindet die Überlagerung.

Für Leser, die sich mit der Überlagerungshypothese nicht anfreunden können, steht das zweite quantentheoretische Lager bereit, das eine andere Deutung von Youngs Experiment vertritt. Leider mutet diese Auffassung gleichermaßen befremdlich an. Die *Vielwelten-Deutung* behauptet, daß das Photon, wenn es den Glühfaden verläßt, zwei Wahlmöglichkeiten hat, nämlich entweder durch den rechten oder den linken Spalt zu fliegen. An diesem Punkt teilt sich das Universum in zwei Universen; im einen Universum fliegt das Photon durch den linken Spalt, im andern durch den rechten. Diese beiden Universen stehen auf irgendeine Weise in Wechselwirkung, und dies ist die Ursache für das Streifenmuster. Die Anhänger der Vielwelten-Deutung glauben, wann immer ein Objekt die Möglichkeit habe, einen von mehreren möglichen Zuständen anzunehmen, teile sich das Universum in viele Universen, so daß jede Möglichkeit in einem anderen Universum Wirklichkeit werde. Diese Vielzahl von Universen bezeichnet man als *Multiversum.*

Ob wir nun die Superpositionsthese oder die Vielweltendeutung übernehmen, die Quantentheorie liefert auf jeden Fall eine verblüffende Weltsicht. Dennoch hat sie sich als die erfolgreichste und in der Praxis fruchtbarste wissenschaftliche Theorie aller Zeiten erwiesen. Sie ist nicht nur allein fähig, die Ergebnisse von Youngs Experiment zu erklären, sondern erhellt auch viele andere Phänomene. Einzig die Quantentheorie erlaubt es den Physikern, atomare Kettenreaktionen in Kernkraftwerken zu berechnen; nur die Quantentheorie kann die Wunder der DNS erklären; nur die Quantentheorie erklärt, wie die Sonne scheint; nur mit Hilfe der Quantentheorie kann der Laserabtaster gebaut werden, der die CDs in der Stereoanlage liest. Ob wir es wollen oder nicht, wir leben in einer Quantenwelt.

Die technisch bedeutsamste Frucht der Quantentheorie könnte eines Tages der Quantencomputer sein. Mit ihm würde ein neues Zeitalter beispielloser Rechnerleistung beginnen, und damit würden alle heutigen Verschlüsselungstechniken obsolet werden. Einer der

Abbildung 72: David Deutsch.

Pioniere des Quantencomputers ist David Deutsch, ein britischer Physiker, der 1984 an diesem Konzept zu arbeiten begann, als er eine Konferenz zur Theorie des Computers besuchte. Während Deutsch sich einen Vortrag anhörte, fiel ihm etwas auf, was bislang übersehen worden war. Die stillschweigende Annahme lautete, alle Computer würden im Grunde nach den Gesetzen der klassischen Physik funktionieren. Deutsch jedoch war der Auffassung, sie sollten den Gesetzen der Quantenphysik gehorchen, denn diese Gesetze setzen noch tiefer an.

Gewöhnliche Computer arbeiten auf der Makro-Ebene, und hier sind Quantengesetze und klassische Gesetze fast nicht unterscheidbar. Es spielt daher keine Rolle, daß die Wissenschaft den herkömmlichen Computer im Begriffsrahmen der klassischen Physik beschrieben hat. Für die Mikro-Ebene jedoch liefern die beiden Gesetzestypen unterschiedliche Ergebnisse, und hier stimmen nur die Gesetze der Quantenphysik. Auf der Mikro-Ebene enthüllen die Quantengesetze ihren merkwürdigen Charakter, und ein Computer, der so konstruiert ist, daß er diese Gesetze ausnutzen kann, würde sich verblüffend anders als ein gewöhnlicher Rechner verhalten. Nach der Konferenz begann Deutsch die Theorie des Computers im Licht der Quantenphysik neu zu schreiben. In einem 1985 veröffentlichten Aufsatz beschreibt er seine Vision eines Quantencomputers, der nach den Gesetzen der Quantenphysik arbeitet. Und hier erläutert er auch, wie sich dieser Quantencomputer von einem herkömmlichen Computer unterscheidet.

Nehmen wir an, wir hätten zwei Versionen einer Frage. Um beide Fragen mit einem herkömmlichen Computer zu beantworten, müssten wir zunächst die erste Frage eingeben und auf die Antwort warten, dann die zweite und ebenfalls die Antwort abwarten. Kurz, der herkömmliche Computer kann nur eine Frage auf einmal bearbeiten, und wenn es mehrere Fragen gibt, muß er sie nacheinander abarbeiten. Bei einem Quantencomputer jedoch könnten die beiden Fragen als Überlagerung von Zuständen zusammengefaßt und gleichzeitig eingegeben werden – die Maschine selbst würde dann in die Superposition von Zuständen übergehen, für jede Frage in einen Zustand. Der konkurrierenden Vielweltendeutung zufolge, würde die Maschine in zwei verschiedene Universen eintreten und jede Version der Frage in einem anderen Universum beantworten. Welcher Deutung auch immer man den Vorzug gibt, der Quantencomputer kann zwei Fragen zugleich bearbeiten, indem er die Gesetze der Quantenphysik ausnutzt.

Um eine Vorstellung von der Leistungsfähigkeit eines Quantencomputer zu gewinnen, vergleichen wir sie mit der eines herkömmlichen Computers. Nehmen wir an, die beiden Computer sollen eine Zahl finden, in deren Quadrat und Dreierpotenz alle Ziffern von 0 bis 9 einmal und nur einmal vorkommen. Bei der Zahl 19 beispielsweise bekommen wir als Ergebnisse $19^2 = 361$ und $19^3 = 6859$. Die Zahl 19 entspricht nicht der Forderung, weil ihr Quadrat und ihre Dreierpotenz nur folgende Ziffern enthalten: 1, 3, 5, 6, 6, 8, 9, das heißt die Ziffern 0, 2, 4, und 7 fehlen und die Ziffer 6 wird wiederholt.

Um dieses Problem mit einem herkömmlichen Computer zu lösen, müßte man wie folgt vorgehen. Man gibt die Zahl 1 ein und gibt dem Computer Zeit, sie zu testen. Wenn der Computer die notwendigen Berechnungen ausgeführt hat, zeigt er an, ob die Zahl dem Kriterium entspricht. Die Zahl 1 erfüllt sie nicht, also gibt man die Zahl 2 ein und läßt den Computer erneut rechnen, und so weiter, bis die richtige Zahl gefunden ist. Es stellt sich heraus, daß die Antwort 69 ist, weil $69^2 = 4761$ und $69^3 = 328\,509$ und hier die zehn Ziffern jeweils einmal auftreten. Tatsächlich ist die 69 die einzige Zahl, die dieser Forderung genügt. Natürlich ist diese Rechnerei zeitaufwendig, weil ein herkömmlicher Computer nur eine Zahl auf einmal testen kann. Wenn der Computer für jede Zahl eine Sekunde braucht, würde es 69 Sekunden dauern, um die Antwort zu finden. Hingegen würde ein Quantencomputer die Antwort in nur einer Sekunde finden.

Vor der Eingabe werden die Zahlen zunächst auf eine bestimmte Weise aufbereitet, um die Leistungsfähigkeit des Quantencomputers zu nutzen. Sie könnten zum Beispiel als Teilchen mit einem sogenannten Spin dargestellt werden. Viele Elementarteilchen drehen sich um ihre eigene Achse, entweder in östlicher oder westlicher Richtung, etwa wie ein Basketball, der sich auf einer Fingerspitze dreht. Wenn ein Teilchen sich ostwärts dreht, stellt es die 1 dar, wenn es sich westwärts dreht, die 0. Eine Sequenz sich drehender Teilchen kann also eine Folge von Nullen und Einsen darstellen, und das ist nichts anderes als eine binäre Zahl. Sieben Teilchen beispielsweise, die sich ostwärts, ostwärts, westwärts, ostwärts, westwärts, westwärts, westwärts drehen, stellen zusammengenommen die Binärzahl 1101000 dar, die der Dezimalzahl 104 entspricht. Je nach ihren Spins kann eine Kombination aus sieben Teilchen jede Zahl zwischen 0 und 127 darstellen.

Bei einem herkömmlichen Computer würde man eine bestimmte Spinfolge eingegeben, etwa West, West, West, West, West, West, Ost für die Binärzahl 0000001, die der Dezimalzahl 1 entspricht. Dann würde man warten, bis der Computer die Zahl geprüft hat und feststellen, ob sie dem obengenannten Kriterium entspricht. Als nächstes würde man 0000010 eingeben, in Gestalt sich drehender Teilchen, welche die 2 darstellen, und so weiter. Wie zuvor müßte man die Zahlen nacheinander eingeben, eine sehr zeitraubende Angelegenheit. Wenn wir es jedoch mit einem Quantencomputer zu tun haben, können die Zahlen auf eine andere, viel schnellere Weise eingegeben werden. Weil es sich um Elementarteilchen handelt, gehorchen sie den Gesetzen der Quantenphysik. Wenn ein solches Teilchen nicht beobachtet wird, kann es in die Zustandsüberlagerung eintreten, was bedeutet, daß es sich in beide Richtungen zugleich drehen und daher 0 und 1 gleichzeitig darstellen kann. Alternativ dazu können wir uns vorstellen, daß das Teilchen in zwei verschiedene Universen eintritt: Im einen dreht es sich ostwärts und stellt die 1 dar, im andern dreht es sich westwärts und stellt die 0 dar.

Die Superposition erreicht man wie folgt. Nehmen wir an, wir könnten eines der Teilchen beobachten, und es drehe sich westwärts. Um seinen Spin zu ändern, feuern wir einen Energie-Impuls auf das Teilchen ab, stark genug, um den Spin in die Gegenrichtung zu kehren. Wenn wir einen schwächeren Impuls abfeuern, haben wir manchmal Glück, und das Teilchen ändert seinen Spin, manchmal haben wir jedoch Pech, und das Teilchen behält seine westliche Drehung bei. Bisher war das Teilchen ständig in unserem Blickfeld, und wir konnten seinen Bewegungen folgen. Wenn es sich allerdings westwärts dreht und in einer Kiste vor unserem Blick verborgen wird und gleichzeitig ein schwacher Energie-Impuls auf das Teilchen abgefeuert wird, dann wissen wir nicht, ob sich sein Spin geändert hat. Das Teilchen geht in eine Superposition gegensätzlicher Spins über, wie auch die Katze in eine Superposition von tot und lebendig überging. Wenn wir sieben Teilchen mit West-Spin nehmen, sie in eine Kiste befördern und sieben schwache Energie-Impulse auf sie abfeuern, dann treten alle Teilchen in die Superposition ein.

Wenn sich alle sieben Teilchen in dieser Zustandsüberlagerung befinden, können sie alle möglichen Kombinationen von östlichen und westlichen Spins darstellen. Die sieben Teilchen stellen gleichzeitig 128 verschiedene Zustände dar – oder 128 verschiedene Zahlen. Sie werden in dieser Superposition in den Quantencomputer eingegeben, der dann seine Berechnungen ausführt, als würde er 128 Zahlen gleichzeitig prüfen. Nach einer Sekunde gibt der Computer die Zahl 69 aus, die dem Kriterium entspricht. Wir bekommen also 128 Berechnungen auf einen Streich.

Dem Alltagsverstand widerstrebt die Vorstellung von einem Quantencomputer. Wenn wir die Feinheiten beiseitelassen, können wir uns den Quantencomputer auf zwei verschiedene Weisen verständlich machen, je nachdem, welche Deutung der Quantenphänomene wir bevorzugen. Manche Physiker betrachten den Quantencomputer als eine Einheit, die dieselben Berechnungen gleichzeitig an 128 Zahlen ausführt. Andere betrachten ihn als 128 Entitäten, jede in einem anderen Universum, in dem jede nur eine Berechnung ausführt. Die Technologie des Quantencomputers bewegt sich in einer Art Schattenreich.

Wenn herkömmliche Computer mit Nullen und Einsen operieren, werden diese als Bits bezeichnet. Weil ein Quantencomputer mit Nullen und Einsen arbeitet, die sich in einer Zustandsüberlagerung befinden, werden sie Quantenbits oder kurz *Qubits* genannt. Der Vorteil der Qubits wird deutlicher, wenn wir noch mehr Teilchen in Betracht ziehen. Bei 250 sich drehenden Teilchen oder 250 Qubits ist es möglich, ungefähr 10^{75} Kombinationen darzustellen, mehr als die Zahl der Atome im Universum. Wenn es möglich wäre, die oben beschriebene Zustandsüberlagerung mit 250 Teilchen zu erzielen, könnte ein Quantencomputer gleichzeitig 10^{75} Berechnungen ausführen und sie alle in einer Sekunde abschließen.

Die Zähmung des Quanteneffekts könnte zur Entwicklung unvorstellbar leistungsfähiger Quantencomputer führen. Als Deutsch Mitte der achtziger Jahre die visionäre Idee des Quantencomputers hatte, konnte sich noch niemand so recht vorstellen, wie eine Maschine zu bauen wäre, die auf diese Weise funktioniert. Beispielsweise waren die Wissenschaftler nicht einmal annähernd in der Lage, etwas zu bauen, was mit sich drehenden Teilchen in Superposition irgendwelche Berechnungen ausführen konnte. Eine der größten Hürden besteht darin, die Superposition während der gesamten Berechnung aufrechtzuerhalten. Ein einziges verirrtes Atom, das mit einem der Teilchen in Wechselwirkung tritt, würde dazu führen, daß die Zustandsüberlagerung zu einem einzigen Zustand zusammenbricht und das Quantenkalkül scheitert.

Hinzu kam, daß die Wissenschaftler nicht wußten, wie ein Quantencomputer zu programmieren wäre, und daher auch nicht, welche Art von Berechnungen er ausführen könnte. Im Jahr 1994 jedoch gelang es Peter Shor von AT&T Bell Laboratories in New Jersey, ein brauchbares Programm für einen Quantencomputer zu entwickeln. Die Kryptoanalytiker horchten auf, denn Shors Programm bestand aus einer Reihe von Schritten, die ein Quantencomputer ausführen konnte, um eine astronomisch hohe Zahl in ihre Faktoren zu zerlegen – genau das brauchten sie, um die RSA-Chiffre zu knacken. Als Martin Gardner im *Scientific American* seinen RSA-Wettbewerb ausrief, benötigten 600 Computer mehrere Monate, um eine 129stellige Zahl zu faktorieren. Im Vergleich dazu konnte Shors Programm eine millionenfach höhere Zahl in einem Millionstel dieser Zeit faktorieren. Leider konnte Shor sein Programm zur Faktorzerlegung nicht vorführen, weil es noch nichts gab, was einem Quantencomputer auch nur nahekam.

Im Jahr 1996 schließlich entwickelte Lov Grover, ebenfalls von Bell, ein anderes mächtiges Programm. Es stellt ein Verfahren dar, eine Liste mit unglaublicher Geschwindigkeit abzusuchen, was nicht besonders interessant klingen mag, doch genau diese Leistung ist nötig, um eine DES-Verschlüsselung zu knacken. Dazu muß eine Liste aller möglichen Schlüssel durchsucht werden, bis der richtige gefunden ist. Wenn ein herkömmlicher Computer eine Million Schlüssel in der Sekunde prüfen kann, würde es über tausend Jahre dauern, bis eine DES-Verschlüsselung geknackt ist, während ein Quantencomputer mit Grovers Programm den Schlüssel in weniger als vier Minuten finden könnte.

Wie es sich trifft, entsprechen die ersten beiden Programme für Quantencomputer genau den Herzenswünschen der Kryptoanalytiker. Obwohl Shors und Grovers Programme unter den Codebrechern enorme Zuversicht weckten, herrschte auch gewaltige Enttäuschung, weil es immer noch keinen funktionierenden Quantencomputer gab, auf dem diese Programme hätten laufen können. Es überrascht nicht, daß die Aussicht auf die Entwicklung einer ultimativen Dechiffrierwaffe Organisationen wie der amerikanischen Defense Advanced Research Projects Agency (DARPA) und dem Los Alamos National Laboratory mächtig Appetit gemacht hat. Beide versuchen mit allen Mitteln, Maschinen zu bauen, die man mit Qubits füttern kann wie die Siliziumchips mit Bits. Zwar gab es in jüngerer Zeit einige Erfolge, die die Moral der Forscher gestärkt haben, doch muß man deutlich sagen, daß diese Technologie immer noch in den Anfängen steckt. Serge Haroche von der Universität Paris VI hat das Aufsehen um die Erfolge etwas gedämpft. Die Entwicklung eines funktionierenden Quantencomputers sei keineswegs eine Frage von nur wenigen Jahren. Dies zu behaupten hieße, mit größter Mühe das erste Stockwerk eines Kartenhauses zustande zu bringen und dann zu verkünden, die nächsten 15000 Stockwerke seien eine bloße Formalität.

Ob und wann die Schwierigkeiten beim Bau eines Quantencomputers bewältigt werden können, bleibt abzuwarten. Unterdessen können wir nur spekulieren, wie er sich auf die Welt der Kryptographie auswirken würde. Schon seit den siebziger Jahren haben die Verschlüßler dank solcher Techniken wie DES und RSA einen klaren Vorsprung gegenüber den Entschlüßlern. Diese Verfahren stellen eine wertvolle Ressource dar, denn inzwischen vertrauen wir darauf, daß sie unsere E-Mails und unsere Privatsphäre schützen. Und im 21. Jahrhundert wird der Internet-Handel stetig wachsen, der elektronische Markt wird starke Kryptotechniken benötigen, um die finanziellen Transaktionen zu sichern und zu beglaubigen. Wenn Information die wertvollste Ware überhaupt wird, hängt das wirtschaftliche, politische und militärische Schicksal ganzer Länder von der Stärke der eingesetzten Verschlüsselungstechniken ab.

Daher würde die Entwicklung eines voll funktionsfähigen Quantencomputers unsere Privatsphäre gefährden, den elektronischen Handel untergraben und sämtliche Vorstellungen von nationaler Sicherheit zunichte machen. Ein Quantencomputer würde die internationale Stabilität gefährden. Welches Land auch immer ihn als erstes einsetzt, es wird in der Lage sein, die Post seiner Bürger zu überwachen, die Gedanken der wirtschaftlichen Konkurrenz zu lesen und die Planungen seiner Gegner zu belauschen. Der Quantencomputer steckt zwar noch in den Kinderschuhen, doch er ist eine potentielle Gefahr für das Individuum, für den internationalen Handel und für die globale Sicherheit.

Quantenkryptographie

Während die Kryptoanalytiker gespannt auf den Quantencomputer warten, arbeiten die Kryptographen an ihrem eigenen technischen Wunderwerk – einem Verschlüsselungssystem, das seine Geheimnisse schützt, selbst wenn ein mächtiger Quantencomputer dagegen antritt. Diese neue Form der Verschlüsselung unterscheidet sich insofern ganz wesentlich von allem, was wir bislang kennengelernt haben, als sie die Aussicht auf perfekte Geheimhaltung bietet. Um es deutlich zu sagen, dieses System würde makellos arbeiten und die Geheimhaltung bis in alle Ewigkeit garantieren. Zudem beruht dieses System auf der Quantentheorie, die auch Grundlage des Quantencomputers ist. Während die Quantentheorie an einen Computer denken läßt, der alle heutigen Verschlüsselungen knackt, bildet sie auch den Kern einer nicht mehr aufzulösenden Verschlüsselung, der *Quantenkryptographie.*

Die Geschichte der Quantenkryptographie geht zurück auf eine merkwürdige Idee aus den sechziger Jahren. Ihr Urheber war Stephen Wiesner, damals Doktorand an der Columbia University. Leider hatte Wiesner das Pech, eine Idee zu entwickeln, die ihrer Zeit so weit voraus war, daß keiner sie ernst nahm. Er erinnert sich noch an die Reaktion seiner Professoren: »Von meinem Doktorvater bekam ich keinerlei Unterstützung – er zeigte überhaupt kein Interesse. Ich trug die Idee einigen anderen Leuten vor, doch alle verzogen nur das Gesicht und machten sich wieder an ihre Arbeit.« Wiesners ungeheuerlicher Vorschlag lautete, Quantengeld zu entwickeln, das den großen Vorzug haben sollte, absolut fälschungssicher zu sein.

Wiesner Konzept des Quantengelds beruhte vor allem auf der Physik der Photonen. Während ein Photon durch den Raum fliegt, schwingt es, wie in Abbildung 73(a) gezeigt (s.u., S. 402). Alle vier Photonen fliegen in dieselbe Richtung, doch die Ausrichtung dieser Schwingung ist jedesmal verschieden. Man bezeichnet sie als die Polarisation des Photons. Eine Glühbirne erzeugt Photonen aller Polarisationen, das heißt, manche Photonen schwingen auf und ab, manche seitlich, und wieder andere in allen Ausrichtungen dazwischen. Um die Sache zu vereinfachen, nehmen wir an, die Photonen hätten nur vier verschiedene Polarisationen, die wir mit ↕, ↔,⤡ und ⤢ bezeichnen.

Wenn ein sogenannter Polarisationsfilter in die Flugbahn der Photonen gestellt wird, bewirkt er, daß der hinter dem Filter austretende Lichtstrahl nur aus Photonen besteht, die in einer bestimmten Richtung schwingen, also dieselbe Polarisation haben. Wir können uns den Polarisationsfilter gewissermaßen als einen Gitterrost vorstellen, auf den Photonen in Form von Streichhölzern geworfen werden. Die Streichhölzer fallen nur durch den Gitterrost, wenn sie im richtigen Winkel ankommen. Jedes Photon, das bereits in derselben Richtung wie der Filter polarisiert ist, wird unverändert durchfliegen, die Photonen, die quer zum Filter polarisiert sind, werden blokkiert.

Leider führt uns der Streichholz-Vergleich nicht weiter, wenn es um diagonal polarisierte Photonen geht, die sich einem vertikalen Polarisationsfilter nähern. Diagonal ausgerichtete Streichhölzer würden durch ein vertikales Gitter blockiert, doch bei diagonal polarisierten Photonen, die sich einem vertikalen Polarisationsfilter nähern, ist dies nicht unbedingt der Fall. Diese Photonen geraten in ein Quanten-Dilemma, wenn sie auf einen solchen Filter treffen. Insgesamt die Hälfte der Photonen wird nämlich blockiert, die andere Hälfte kommt durch, und diese durchkommenden Photonen werden vertikal polarisiert. Abbildung 73(b) zeigt acht Photonen, die sich einem vertikalen Polarisationsfilter nähern, und Abbildung 73(c) zeigt, daß nur vier von ihnen durchgekommen sind. Alle vertikal polarisierten Photonen haben es geschafft, alle horizontal polarisierten wurden blockiert, doch die Hälfte der diagonal polarisierten Photonen sind ebenfalls durchgekommen.

Auf dieser Blockade bestimmter Photonen beruht die Funktionsweise von sogenannten Polaroid-Sonnenbrillen. Tatsächlich läßt sich die Wirkung von Polarisationsfiltern anhand zweier Polaroid-Sonnenbrillen aufzeigen. Wir nehmen eine Linse heraus, schließen ein Auge und schauen mit dem anderen durch das verbliebene Brillenglas. Die Umgebung wirkt natürlich dunkel, denn die Linse blockiert

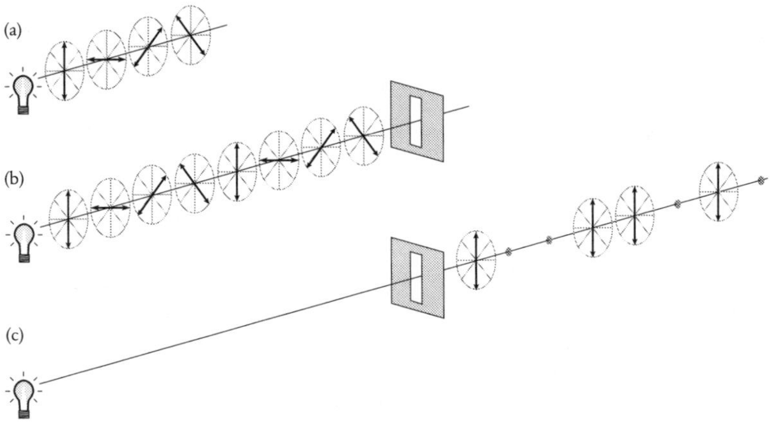

Abbildung 73: (a) Zwar schwingen Lichtphotonen in alle Richtungen, doch der Einfachheit halber nehmen wir an, es seien nur vier verschiedene Richtungen, wie hier gezeigt. (b) Die Lampe hat acht Photonen emittiert, die in verschiedene Richtungen schwingen. Jedes Photon, so heißt es, hat eine Polarisation. Die Photonen fliegen auf einen vertikalen Polarisationsfilter zu. (c) Auf der anderen Seite des Filters ist nur noch die Hälfte der Photonen übrig. Die vertikal polarisierten Photonen sind durchgekommen, die horizontal polarisierten nicht. Doch die Hälfte der diagonal polarisierten Photonen ist ebenfalls durchgekommen und ist danach vertikal polarisiert.

viele der Photonen, die sonst unser Auge erreicht hätten. Alle Photonen, die jetzt das Auge erreichen, haben dieselbe Polarisation. Als nächstes halten wir das herausgebrochene Brillenglas vor die verbliebene Linse und drehen es langsam im Kreis. An einem bestimmten Punkt wird die freie Linse keine Wirkung auf die Lichtmenge haben, die unser Auge erreicht, weil sie genau gleich ausgerichtet ist wie die feste Linse – alle Photonen, die durch die freie Linse kommen, gelangen auch durch die feste Linse. Wenn wir jetzt die freie Linse um neunzig Grad drehen, wird es völlig dunkel. In dieser Stellung liegt die Polarisation der freien Linse quer zur Polarisation der festen Linse, so daß alle Photonen, die durch die freie Linse gelangen, von der festen Linse blockiert werden. Wenn wir die freie Linse jetzt um weitere fünfundvierzig Grad drehen, erreichen wir eine Zwischenstufe mit nur partieller Blockade, und die Hälfte der Photon, die durch die freie Linse kommen, schafft es auch durch die feste Linse.

Wiesner wollte die Polarisation der Photonen ausnutzen, um Dollarnoten herzustellen, die niemals gefälscht werden könnten. Jede dieser Dollarnoten sollte zwanzig Lichtfallen enthalten, winzige Vorrichtungen, die ein Photon einfangen und speichern können. Die Notenbank, so Wiesners Vorschlag, könnte diese zwanzig Lichtfallen mit Hilfe von vier unterschiedlich polarisierten Filtern (↕, ↔, ⤡ ,⤢) mit jeweils einem polarisierten Photon füllen und dabei für jede Dollarnote eine andere Reihenfolge wählen. Abbildung 74 (s. u., S. 404) beispielsweise zeigt eine Banknote mit der Polarisationsfolge (⤡ ↕ ⤢ ⤢ ↔ ↕ ↕ ⤡ ↕ ⤡ ↔ ↔ ⤢ ↔ ⤡ ⤢ ↔ ⤢ ↕ ↕). In Wirklichkeit wären die Polarisationen natürlich unsichtbar. Jede Banknote erhielte zudem eine Seriennummer, in unserem Beispiel B2801695E. Die Notenbank würde eine Urliste der Seriennummern und der entsprechenden Polarisations-Folge aufbewahren und könnte jede Geldnote anhand des Polarisations-Schemas und der aufgedruckten Seriennummer identifizieren.

Ein Fälscher hat es jetzt schwer – er kann nicht einfach eine Dollarnote mit einer willkürlichen Seriennummer und einer ebenfalls willkürlichen Polarisationsfolge in den Lichtfallen fälschen, denn diese Paarung wird auf der Urliste der Bank nicht auftauchen, und damit ist klar, daß die Dollarnote falsch ist. Um gutes Falschgeld herzustellen, muß der Fälscher eine echte Dollarnote als Vorlage nehmen, auf

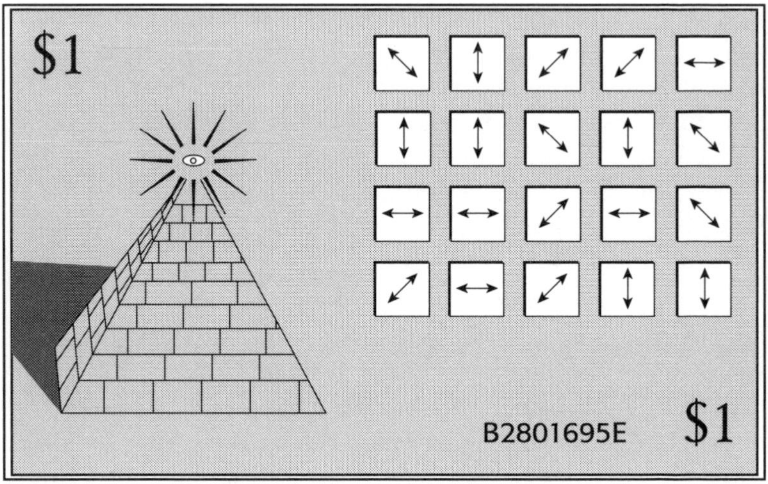

Abbildung 74: Stephen Wiesners Quantengeld. Jede Geldnote ist einzigartig aufgrund ihrer Seriennummer, die deutlich aufgedruckt ist, und ihrer zwanzig Lichtfallen, deren Inhalt ein Geheimnis ist. Die Lichtfallen enthalten Photonen unterschiedlicher Polarisation. Die Bank kennt die Reihenfolge der Polarisationen für jede Seriennummer, ein Fälscher jedoch nicht.

irgendeine Weise ihre zwanzig Polarisationen messen, die Lichtfallen auf dieselbe Weise laden und die Seriennummer kopieren. Die Messung der Photonen-Polarisation ist jedoch eine abschreckend schwierige Aufgabe, und wenn der Fälscher sie in der echten Geldnote nicht richtig messen kann, kann er auch keine Kopie herstellen.

Das Problem bei der Messung der Photonen-Polarisation wird deutlich, wenn wir überlegen, wie wir dabei vorgehen würden. Die einzige Möglichkeit, die Polarisation eines Photons festzustellen, besteht darin, einen Polarisationsfilter zu benutzen. Um die Polarisation des Photons in einer bestimmten Falle zu messen, nimmt der Fälscher einen solchen Filter und richtet ihn auf bestimmte Weise aus, sagen wir vertikal, ↕. Wenn das Photon, das aus der Lichtfalle austritt, zufällig vertikal polarisiert ist, kommt es durch den vertikalen Filter, und der Fälscher wird richtig feststellen, daß es ein vertikal polarisiertes Photon ist. Wenn das austretende Photon horizontal polarisiert ist, kommt es nicht durch den vertikalen Filter und der Fälscher stellt korrekt fest, daß es ein horizontal polarisiertes Photon ist. Wenn das austretende Photon jedoch diagonal polarisiert ist (↘ oder ↗), wird es durch den Filter gelangen oder auch nicht, und in jedem Fall wird der Fälscher seine wahre Polarisation nicht erkennen. Ein ↘ Photon könnte durch den vertikalen Polarisationsfilter gelangen, dann wird der Fälscher zu Unrecht annehmen, daß es sich um ein vertikal polarisiertes Photon handelt. Oder dasselbe Photon kommt nicht durch den Filter, dann wird er zu Unrecht glauben, daß es horizontal polarisiert ist. Wenn der Fälscher dagegen das Photon in einer anderen Lichtfalle messen will, indem er den Filter diagonal ausrichtet, etwa ↘, dann würde er damit ein diagonal polarisiertes Photon richtig identifizieren, ein vertikal oder horizontal polarisiertes Photon jedoch nicht.

Der Fälscher steht vor dem Problem, daß er den Polarisationsfilter richtig ausrichten muß, um die Polarisation eines Photons festzustellen, doch er weiß nicht, wie er das anstellen soll, weil er die Polarisation des Photons nicht kennt. Diese Paradoxie steckt unauslöschlich in der Physik der Photonen. Nehmen wir an, der Fälscher wählt einen ↘-Filter, um das Photon zu messen, das aus der zweiten Lichtfalle austritt, und das Photon gelangt nicht durch den Filter. Der Fälscher weiß jetzt sicher, daß das Photon nicht ↘-polarisiert war, denn ein solches Photon wäre durchgekommen. Allerdings weiß er nicht, ob das Photon ↗-polarisiert war und deshalb nicht durch den Filter gelangen konnte oder ob es ↕- oder ↔-polarisiert war, wobei es in beiden Fällen eine fünfzigprozentige Chance gehabt hätte, durchzukommen.

Dieses Meßproblem bei Photonen ist ein Aspekt des von Werner Heisenberg in den zwanziger Jahren formulierten Unschärfeprinzips. Er faßte seine technischen Ausführungen in dem Satz zusammen: »Wir können die Gegenwart in allen Bestimmungsstücken prinzipiell nicht kennenlernen.« Damit soll nicht gesagt sein, daß wir nicht alles wissen können, weil wir nicht genug Meßgeräte zur Verfügung hätten oder weil unsere Geräte unvollkommen wären. Vielmehr stellte Heisenberg fest, daß es logisch unmöglich ist, jede Eigenschaft eines bestimmten Objekts mit vollkommener Genauigkeit zu messen. In unserem Beispiel können wir nicht jede Eigenschaft der Photonen in den Lichtfallen mit vollkommener Genauigkeit messen. Das Unschärfeprinzip ist eine weitere merkwürdige Konsequenz der Quantentheorie.

Wiesners Konzept des Quantengelds beruhte auf der Tatsache, daß Fälschen ein zweistufiger Vorgang ist: Zuerst muß der Fälscher die Eigenschaften der echten Banknote mit großer Genauigkeit messen, dann muß er sie nachbauen. Für Wiesners Idee spielen Photonen eine wesentliche Rolle, denn sie machen es praktisch unmöglich, die Eigenschaften der Banknote genau zu messen und sie zu fälschen.

Ein naiver Fälscher mag glauben, wenn er die Polarisation der Photonen in den Lichtfallen nicht messen kann, wäre auch die Bank dazu nicht in der Lage. Vielleicht stellt er dann Dollarnoten her und füllt die Lichtfallen mit willkürlich polarisierten Photonen. Die Bank jedoch kann durchaus prüfen, ob das Geld echt ist. Sie stellt die Seriennummer fest und zieht dann ihre geheime Liste zu Rate, auf der verzeichnet ist, wie die Photonen in den Lichtfallen polarisiert sind. Mit diesem Wissen kann die Bank den Polarisationsfilter für jede Lichtfalle korrekt ausrichten und die Polarisation des jeweiligen Photons zutreffend messen. Wenn die Banknote gefälscht ist, führen die willkürlichen Polarisationen des Fälschers zu falschen Ergebnissen und die Fälschung ist bewiesen. Wenn die Bank zum Beispiel einen ↕-Filter verwendet, um ein erwartetes ↕-polarisiertes Photon festzustellen, der Filter das Photon jedoch blockiert, dann weiß sie, daß ein Fälscher die Falle mit einem falschen Photon gefüllt hat. Wenn sich die Banknote jedoch als echt erweist, füllt die Bank die Lichtfallen erneut mit dem richtigen Photon und bringt sie wieder in Umlauf.

Kurz, der Fälscher kann die Polarisationen in einer echten Banknote nicht feststellen, weil er nicht weiß, welcher Typ Photon sich in den einzelnen Lichtfallen befindet, daher kann er auch nicht wissen, wie er den Polarisationsfilter ausrichten muß, um richtig zu messen. Andererseits kann die Bank die Polarisationen einer echten Geldnote messen, weil sie diese ursprünglich selbst festgelegt hat, und weiß, wie der Polarisationsfilter jeweils auszurichten ist.

Quantengeld ist eine glänzende Idee. Doch verwirklichen läßt sie sich nicht. Zunächst einmal haben die Ingenieure noch keine Technik entwickelt, um Photonen mit bestimmter Polarisation über einen hinreichend langen Zeitraum festzuhalten. Selbst wenn es diese Technik gäbe, wäre es viel zu teuer, damit zu arbeiten. Eine einzige Dollarnote in ihrem ursprünglichen Zustand zu halten, könnte durchaus eine Million Dollar kosten. Obwohl das Quantengeld nicht zu verwirklichen ist, war es eine interessante und einfallsreiche Anwendung der Quantentheorie, und so reichte Wiesner seinen Artikel trotz der mangelnden Unterstützung durch seinen Doktorvater bei einer wissenschaftlichen Zeitschrift ein. Er wurde abgelehnt. Wiesner versuchte es bei drei anderen Zeitschriften und erhielt drei weitere Ablehnungen. Sie hätten einfach die dahintersteckende Physik nicht verstanden, behauptet Wiesner.

Offenbar teilte nur ein einziger Mensch Wiesners Begeisterung für die Idee des Quantengelds. Es war ein alter Freund, Charles Bennett, der einige Jahre zuvor mit ihm an der Brandeis-Universität studiert hatte. Ein bemerkenswerter Zug von Bennetts Persönlichkeit ist seine Neugier auf alles, was mit Naturwissenschaft zu tun hat. Er behauptet, daß er schon als Dreijähriger wußte, daß er eines Tages Wissenschaftler sein würde, und diese kindliche Begeisterung bekam auch seine Mutter zu spüren. Eines Tages kam sie nach Hause und fand einen Topf mit einem merkwürdigen Gebräu auf dem Herd blubbern. Zum Glück verspürte sie keine Lust, davon zu kosten, denn es stellte sich heraus, daß der kleine Charles die Überreste einer Schildkröte kochte, um das Fleisch von den Knochen zu lösen und ein makelloses Exemplar eines Schildkrötenskeletts zu gewinnen. Als Teenager wandte Bennett seine Neugier der Biochemie zu, und als er nach Brandeis kam, hatte er beschlossen, seinen Abschluß in Chemie zu machen. Im Grundstudium belegte er vor allem physikalische Chemie, später betrieb er Forschungen in Physik, Mathematik, Logik und schließlich Computerwissenschaften.

Wiesner, der die Vielfalt von Bennetts Interessen kannte, hegte die Hoffnung, sein Freund würde etwas mit dem Gedanken des Quantengeldes anfangen können, und gab ihm eine Kopie seines abgelehnten Artikels. Die ungewöhnlich elegante Idee begeisterte Bennett. Während der nächsten Jahre kam er immer wieder auf das Ma-

Abbildung 75: Charles Bennett.

nuskript zurück. Vielleicht gab es ja eine Chance, etwas so Geniales auch in etwas Brauchbares umzusetzen. Auch noch als Forscher im Thomas-J.-Watson-Zentrum der IBM beschäftigte ihn die Idee. Die Zeitschriften mochten sie nicht veröffentlichen, doch Bennett war besessen davon.

Eines Tages erläuterte Bennett einem Computerwissenschaftler an der Universität Montreal, Gilles Brassard, das Konzept des Quantengeldes. Bennett und Brassard, die schon bei verschiedenen Forschungsprojekten zusammengearbeitet hatten, diskutierten wiederholt die Einzelheiten von Wiesners Arbeit. Allmählich zeichnete sich ab, daß sie in der Kryptographie Anwendung finden könnte. Damit Eve eine verschlüsselte Mitteilung zwischen Alice und Bob entziffern kann, muß sie diese erst abfangen, das heißt, auf irgendeine Weise den Inhalt der Übertragung korrekt wahrnehmen können. Wiesners Quantengeld war deshalb narrensicher, weil es unmöglich war, die Polarisationen der in der Dollarnote gefangenen Photonen richtig zu beobachten. Bennett und Brassard fragten sich, was passieren würde, wenn eine verschlüsselte Mitteilung von einer Reihe polarisierter Photonen dargestellt und übertragen würde. Theoretisch schien es so, als wäre Eve dann nicht in der Lage, die verschlüsselte Mitteilung richtig wahrzunehmen, und wenn dies schon unmöglich war, dann würde sie die Mitteilung erst recht nicht entschlüsseln können.

Bennett und Brassard entwickelten ein Verfahren, das auf dem folgenden Grundsatz beruht. Nehmen wir an, Alice will Bob eine verschlüsselte Mitteilung schicken, die aus einer Reihe von Einsen und Nullen besteht. Diese Einsen und Nullen stellt sie jeweils mit Photonen verschiedener Polarisation dar. Dafür verwendet sie zwei verschiedene Schemata. Im ersten, dem sogenannten rektilinearen oder +-Schema, sendet sie ↕, um die 1 darzustellen, und ↔, um die 0 darzustellen. Im anderen Schema, dem diagonalen oder ×-Schema, sendet sie ⤢ für die 1 und ⤡ für die 0. Um eine in Binärzahlen übersetzte Mitteilung zu schicken, springt sie nach Zufallsprinzip zwischen diesen beiden Schemata hin und her. Die binäre Mitteilung 1101101001 könnte daher folgendermaßen übermittelt werden:

Mitteilung	1	1	0	1	1	0	1	0	0	1
Schema	+	×	+	×	×	×	+	+	×	×
Übermittlung	↕	⤢	↔	⤢	⤢	⤡	↕	↔	⤡	⤢

Alice sendet die erste 1 mit dem +-Schema und die zweite 1 mit dem ×-Schema. Beide Male wird also die 1 gesendet, doch jedesmal mit unterschiedlich polarisierten Photonen.

Wenn Eve diese Mitteilung abfangen will, muß sie die Polarisation jedes Photons identifizieren, genau wie der Fälscher die Polarisation jedes Photons in den Lichtfallen der Dollarnote. Um die Polarisation jedes Photons zu messen, muß Eve entscheiden, wie sie ihren Polarisationsfilter ausrichten soll. Sie kann nicht wissen, welches Schema Alice für welches Photon genommen hat, also wird sie den Polarisationsfilter auf gut Glück wählen müssen und in durchschnittlich der Hälfte der Fälle falsch liegen. Daher kann sie die Übermittlung überhaupt nicht vollständig erkennen.

Wir können uns Eves Dilemma einfacher vorstellen, wenn wir annehmen, daß sie zwei verschiedene Polarisationsdetektoren zur Verfügung hat. Der +-Detektor kann horizontal und vertikal polarisierte Photonen genau messen, doch nicht diagonal polarisierte Photonen; diese mißdeutet er einfach als vertikal oder horizontal polarisiert. Hingegen kann der ×-Detektor diagonal polarisierte Photonen vollkommen genau messen, nicht jedoch die horizontal und vertikal polarisierten, die er als diagonal polarisierte mißdeutet. Wenn Eve beispielsweise den ×-Detektor benutzt, um das erste Photon zu messen, also ↕, wird sie es als ⤢ oder ⤡ mißdeuten. Wenn sie es als ⤢ mißdeutet, ist das kein Problem, weil dies ebenfalls 1 darstellt, doch wenn sie es als ⤡ auffaßt, bekommt sie Schwierigkeiten, denn diese Polarisation steht für 0. Schlimmer noch, Eve hat nur eine Gelegenheit, das Photon genau zu messen. Ein Photon ist nicht teilbar, sie kann es nicht in zwei Photonen aufspalten und es mit beiden Schemata messen.

Dieses System scheint zwei erfreuliche Vorzüge zu haben. Eve kann nicht sicher sein, daß sie die verschlüsselte Mitteilung korrekt gemessen hat, also hat sie keine Chance, sie zu entziffern. Allerdings gibt es ein schwerwiegendes und scheinbar unüberwindliches Problem – Bob geht es genauso wie Eve, da er ja ebenfalls nicht weiß, welches Polarisationsschema Alice für welches Photon verwendet hat, also wird auch er die Mitteilung falsch lesen. Jetzt liegt für Alice und Bob die Lösung nahe, sich auf ein Polarisationsschema für jedes Photon zu einigen. Beim obigen Beispiel würden sie eine Liste, also einen Schlüssel, austauschen, der + × + × × × + + × × lautet. Allerdings sind wir jetzt wieder auf das alte Problem der Schlüsselverteilung zurückgeworfen – Alice muß die Liste der Polarisations-Schemata auf irgendeinem sicheren Wege Bob übermitteln.

Natürlich könnte Alice die Liste mit einem Public-Key-Verfahren wie RSA verschlüsseln und sie dann an Bob senden. Stellen wir uns jedoch vor, sie lebten jetzt in einer Zeit, in der RSA geknackt worden ist, vielleicht aufgrund der Entwicklung mächtiger Quantencomputer. Bennetts und Brassards Verfahren muß eigenständig sein und darf sich nicht auf RSA stützen. Monatelang versuchten die beiden, einen Weg um das Problem der Schlüsselverteilung herum zu finden.

Eines Tages dann, im Jahr 1984, standen sie auf einem Bahnsteig in Croton-Harmon, in der Nähe ihres IBM-Forschungszentrums. Sie warteten auf den Zug, der Brassard nach Montreal zurückbringen sollte, und vertrieben sich die Zeit mit einem Plausch über Glück und Leid von Alice, Bob und Eve. Wäre der Zug ein paar Minuten früher angekommen, hätten sie sich verabschiedet, ohne in der Frage der Schlüsselverteilung weitergekommen zu sein. Doch statt dessen schufen sie, in einem Augenblick blitzartiger Einsicht, die Quantenkryptographie, die sicherste Form der Kryptographie, die je entwickelt wurde.

Das Rezept verlangt drei vorbereitende Schritte. Bei diesen Schritten wird keine verschlüsselte Mitteilung verschickt, sie ermöglichen jedoch den sicheren Austausch eines Schlüssels, der später für Mitteilungen eingesetzt werden kann.

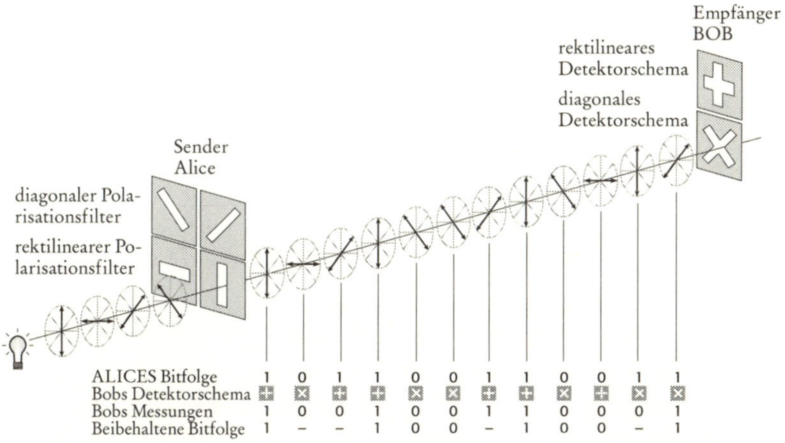

Abbildung 76: Alice übermittelt Bob eine Folge von Nullen und Einsen. Jede Null und jede Eins wird von einem polarisierten Photon dargestellt, entweder nach dem rektilinearen Schema (horizontal/vertikal) oder nach dem diagonalen Schema. Bob mißt jedes Photon entweder mit seinem rektilinearen oder mit seinem diagonalen Detektor. Er wählt den richtigen Detektor für das erste Photon von links und deutet es korrekt als 1. Daraufhin wählt er den falschen Detektor für das nächste Photon. Dennoch interpretiert er es korrekt als 0, doch dieses Bit wird später beiseitegelassen, weil Bob nicht sicher sein kann, daß er es richtig gemessen hat.

Phase 1. Alice übermittelt zunächst eine Zufallsfolge aus Nullen und Einsen (Bits), mit ebenfalls nach Zufallsprinzip gewählten rektilinearen (horizontal und vertikal) und diagonalen Polarisationsschemata. Abbildung 76 (s. o., S. 411) zeigt eine solche Folge von Photonen auf ihrem Weg zu Bob.

Phase 2. Bob muß die Polarisation dieser Photonen messen. Da er nicht weiß, welches Polarisationsschema Alice für das jeweilige Photon verwendet hat, wechselt er nach Zufallsprinzip zwischen dem +-Detektor und dem ×-Detektor hin und her. Manchmal nimmt er den richtigen Detektor, manchmal den falschen. Wenn er den falschen wählt, könnte er Alices Photon mißdeuten. Tabelle 27 zeigt alle Möglichkeiten. In der oberen Zeile beispielsweise verwendet Alice das rektilineare Schema, um 1 zu senden, damit also ↕; Bob nimmt den richtigen Detektor und stellt ↕ fest, dann notiert er zu Recht die 1 als erstes Bit der Folge. In der nächsten Zeile tut Alice das gleiche, doch Bob verwendet den falschen Detektor, also kann er ⤢ oder ⤡ beobachten und daraufhin korrekt die 1 oder fehlerhaft die 0 notieren.

Phase 3. Inzwischen hat Alice ihre Folge von Nullen und Einsen übermittelt und Bob hat einige davon richtig, andere falsch gelesen. Um die Sache zu klären, ruft Alice Bob an, wozu sie eine gewöhnliche, nicht abhörsichere Verbindung nimmt, und sagt ihm, welches Polarisationsschema sie für jedes Photon benutzt hat – doch nicht, wie sie jedes Photon polarisiert hat. So könnte sie etwa sagen, daß das erste Photon mit dem rektilinearen Schema übermittelt wurde, doch nicht, ob sie ↕ oder ↔ gesendet hat. Daraufhin teilt Bob Alice mit, in welchen Fällen er das richtige Polarisationsschema verwendet hat. Bei diesen Photonen hat er die Polarisation mit Sicherheit richtig gemessen und korrekt 1 oder 0 notiert. Schließlich lassen Alice und Bob alle Photonen außer acht, für die Bob das falsche Schema verwendet hat, und beziehen sich nur noch auf jene, für die er das richtige Schema genommen hat. Sie haben jetzt eine neue, kürzere Bitfolge zur Verfügung, die sich nur aus Bobs richtigen Messungen ergeben hat. Der gesamte Vorgang ist in der Tabelle in Abbildung 76 zusammengefaßt.

Alices Schema	Alices Bit	Alice sendet	Bobs Detektor	Richtiger Detektor?	Bob mißt	Bobs Bit	Ist Bobs Bit korrekt?
rektilinear	1	↕	+	Ja	↕	1	Ja
			×	Nein	⤢	1	Ja
					⤡	0	Nein
	0	↔	+	Ja	↔	0	Ja
			×	Nein	⤢	1	Nein
					⤡	0	Ja
diagonal	1	⤢	+	Nein	↕	1	Ja
					↔	0	Nein
			×	Ja	⤢	1	Ja
	0	⤡	+	Nein	↕	1	Nein
					↔	0	Ja
			×	Ja	⤡	1	Ja

Tabelle 27: Die verschiedenen Möglichkeiten in Phase 2 der Photonenübermittlung zwischen Alice und Bob.

Diese drei vorbereitenden Phasen haben es Alice und Bob ermöglicht, eine gemeinsame Folge von Nullen und Einsen zu erzeugen, etwa die Folge 11001001 wie in Abbildung 76. Das entscheidende Merkmal dieser Folge ist ihre Zufälligkeit, weil sie zum einen aus Alices ursprünglicher Folge herrührt, die selbst schon zufällig war. Zudem hat auch Bob nur zufällig den richtigen Detektor benutzt. Die so erzeugte Folge stellt daher noch keine Mitteilung dar, doch sie kann als Zufallsschlüssel dienen. Die eigentliche, die sichere Verschlüsselung, kann endlich beginnen.

Die vereinbarte Zufallsfolge kann jetzt als One time pad dienen. In Kapitel 3 wurde erläutert, wie mit dem One time pad, einer Zufallsfolge aus Buchstaben oder Zahlen, eine unüberwindliche Verschlüsselung hergestellt werden kann – unüberwindlich nicht aus praktischen, sondern aus prinzipiellen Gründen. Bislang hatte das One time pad nur den Nachteil, daß es schwierig war, die Zufallsfolgen auf sicherem Weg zu verteilen, doch Bennetts und Brassards Methode löst dieses Problem. Alice und Bob haben ein One time pad erstellt, und die Gesetze der Quantenphysik verwehren es Eve prinzipiell, den Einmalschlüssel abzufangen. Versetzen wir uns in Eves Lage, dann werden wir sehen, warum sie den Schlüssel nicht abfangen kann.

Während Alice die polarisierten Photonen überträgt, versucht Eve, sie zu messen, doch sie weiß nicht, ob sie den +-Detektor oder den ×-Detektor einsetzen soll. In der Hälfte der Fälle wählt sie den falschen Detektor. In genau derselben Lage ist auch Bob, denn auch er nimmt in der Hälfte der Fälle den falschen Detektor. Nach der Übertragung jedoch teilt Alice Bob mit, welches Schema er für jedes Photon hätte verwenden sollen, und sie vereinbaren, nur die Photonen zu verwenden, die Bob mit dem richtigen Detektor gemessen hat. Doch das hilft Eve nicht weiter, denn bei der Hälfte dieser Photonen wird sie den falschen Detektor verwendet haben und daher einige jener Polarisationen, die am Ende den Schlüssel erzeugen, falsch gelesen haben.

Man kann bei der Quantenkryptographie auch an einen Stapel Spielkarten statt an polarisierte Photonen denken. Jede Spielkarte hat einen Wert und eine Farbe, etwa Herzbube oder Kreuz Zehn, und normalerweise können wir bei einer Karte Wert und Farbe zugleich sehen. Stellen wir uns jedoch einmal vor, daß es nur möglich wäre, entweder den Wert oder die Farbe festzustellen, nicht beides zugleich. Alice nimmt eine Karte vom Stapel und muß entscheiden, ob sie den Wert oder die Farbe messen will. Nehmen wir an, sie mißt die Farbe und notiert »Pik«. Zufällig handelt es sich um Pik Vier, doch Alice weiß nur, daß es Pik ist. Dann übermittelt sie die Karte per Telefonleitung an Bob. Während dies geschieht, versucht Eve, die Karte zu messen, doch zu ihrem Pech entscheidet sie sich, den Wert, also »Vier«, festzustellen. Sobald die Karte bei Bob angekommen ist, beschließt er, ihre Farbe zu messen, nach wie vor »Pik«, und notiert das Ergebnis. Danach ruft Alice Bob an und fragt, ob er die Farbe gemessen hat, was der Fall ist, und Alice und Bob wissen jetzt, daß sie ein bestimmtes Wissen teilen – beide haben »Pik« auf ihre Notizblöcke geschrieben. Eve allerdings hat »Vier« notiert, und das nützt ihr überhaupt nichts.

Dann nimmt Alice eine weitere Karte vom Stapel, sagen wir Karo König, doch wiederum kann sie nur eine Eigenschaft messen. Diesmal entscheidet sie sich, den Wert zu messen, also »König«, und übermittelt die Karte per Telefonverbindung an Bob. Eve versucht die Karte zu messen, und auch sie entscheidet sich für den Wert, also »König«. Bob hat jetzt die Karte erhalten und beschließt, ihre Farbe zu messen, also »Karo«. Daraufhin ruft Alice an und fragt ihn, ob er den Wert der Karte gemessen hat, und Bob muß zugeben, daß er sich geirrt und die Farbe gemessen hat. Alice und Bob kümmert dies nicht weiter, denn sie können diese bestimmte Karte einfach außer acht lassen und es mit einer weiteren, frei gewählten Karte versuchen. Eve hatte hier zwar richtig geraten und dasselbe wie Alice gemessen, nämlich »König«, doch die Karte spielte keine weitere Rolle, weil Bob sie falsch gemessen hatte. Bob muß sich also nicht wegen seiner Fehler ärgern, denn er und Alice können sie einfach ignorieren, doch Eve bleibt auf ihren Irrtümern sitzen. Alice schickt Bob mehrere Karten, und so können sich beide auf eine Folge von Farben und Werten einigen, die als Basis für eine Art Schlüssel dienen kann.

Die Quantenkryptographie ermöglicht es Alice und Bob, einen Schlüssel zu vereinbaren, den Eve nicht abfangen kann, ohne Fehler zu machen. Das Verfahren hat auch noch einen weiteren Vorteil: Alice und Bob können nämlich feststellen, ob Eve die Leitung angezapft hat. Denn jedesmal, wenn Eve die Polarisation eines Photons mißt, läuft sie Gefahr, diese zu verändern, und diese Veränderungen müssen Alice und Bob auffallen.

Nehmen wir an, Alice schickt ⤡, und Eve mißt mit dem falschen, nämlich dem +-Detektor. Dieser +-Detektor zwingt das eintretende Photon, entweder als ↕ oder als ↔ Photon wiederauszutreten, denn das ist die einzige Möglichkeit für dieses Photon, durch Eves Detektor zu gelangen. Wenn Bob das in der Polarisation veränderte Photon mit seinem ×-Detektor mißt, kann er entweder ↘ beobachten, also das, was Alice geschickt hat, oder ↗, und dies wäre ein falsches Ergebnis. Alice und Bob würde dies auffallen, denn Alice hat ein diagonal polarisiertes Photon geschickt, Bob hat den richtigen Detektor verwendet und doch ein falsches Resultat erhalten. Kurz, wenn Eve den falschen Detektor wählt, wird sie ein paar Photonen »verdrehen«, weshalb Bob wahrscheinlich Fehler unterlaufen werden, selbst wenn er den korrekten Detektor verwendet. Alice und Bob können diese Fehler mit einer kurzen Testprozedur aufspüren.

Die Fehlerprüfung erfolgt nach den drei vorbereitenden Schritten, zu einem Zeitpunkt, da Alice und Bob, wenn alles mit richtigen Dingen zugegangen ist, eine identische Folge aus Nullen und Einsen zur Verfügung haben sollten. Nehmen wir an, sie haben eine Folge erstellt, die 1075 Binärzahlen lang ist. Eine Möglichkeit zu prüfen, ob die Folgen auf beiden Seiten identisch sind, bestünde darin, sie vorzulesen. Doch wenn Eve sie belauscht, kann sie den gesamten Schlüssel aufzeichnen. Die ganze Folge zu prüfen wäre also unklug, und es ist auch unnötig. Alice muß nur 75 Zahlen willkürlich herausgreifen und diese bei Bob abfragen. Wenn Bobs Zahlen damit übereinstimmen, ist es höchst unwahrscheinlich, daß Eve die ursprüngliche Übertragung abgehört hat. Die Wahrscheinlichkeit, daß Eve in der Leitung war und dennoch Bobs Messungen dieser 75 Zahlen nicht beeinflußt hat, ist kleiner als eins zu einer Milliarde. Weil Alice und Bob diese 75 Zahlen offen kontrolliert haben, müssen sie gestrichen werden, das One time pad verkleinert sich also von 1075 auf 1000 Binärzahlen. Wenn Alice und Bob jedoch eine Nichtübereinstimmung bei den 75 Zahlen finden, wissen sie, daß Eve gelauscht hat, das ganze One time pad ist wertlos geworden, und sie müssen eine andere Leitung nehmen und von vorne anfangen.

Die Quantenkryptographie ist also ein Verfahren, das die Sicherheit einer Mitteilung gewährleistet, indem sie es Eve erschwert, die Kommunikation zwischen Alice und Bob überhaupt richtig aufzuzeichnen. Zudem können Alice und Bob feststellen, ob Eve zu lauschen versucht hat. Die Quantenkryptographie erlaubt es Alice und Bob daher, unter vollkommener Geheimhaltung ein One time pad zu vereinbaren und mit diesem Einmalschlüssel eine Mitteilung zu chiffrieren. Das Verfahren besteht zusammengefaßt aus fünf Schritten:

(1) Alice übermittelt Bob eine Serie von Photonen, und Bob mißt sie.

(2) Alice teilt Bob mit, bei welchen dieser Photonen er die richtige Meßmethode verwendet hat. (Sie sagt ihm jedoch nicht, wie das Meßergebnis lauten muß, daher kann dieses Gespräch ohne Sicherheitsrisiko belauscht werden.)

(3) Alice und Bob streichen die Meßergebnisse, die Bob mit der falschen Methode erlangt hat, und lassen die richtigen Ergebnisse übrig, mit denen sich ein Paar identischer One time pads erstellen läßt.

(4) Alice und Bob kontrollieren die Übereinstimmung ihrer One time pads, indem sie ein paar Zahlen abfragen.

(5) Wenn die Kontrolle keinen Fehler ergibt, können sie das One time pad verwenden, um eine Mitteilung zu verschlüsseln; wenn Fehler auftauchen, wissen sie, daß die Photonen von Eve gemessen wurden, und müssen von vorne beginnen.

Vierzehn Jahre nachdem Wiesners Artikel zum Quantengeld von den Zeitschriften abgelehnt worden war, war seine Idee der zündende Funke für das Konzept eines vollkommen sicheren Kommunikationssystems. Wiesner, der heute in Israel lebt, freut sich, daß seine Arbeit endlich Anerkennung findet: »Rückblickend frage ich mich, ob ich nicht mehr daraus hätte machen können. Einige Leute haben mir vorgeworfen, ich hätte zuwenig getan, um meine Arbeit zu veröffentlichen, und die Flinte zu schnell ins Korn geworfen. Vielleicht haben sie recht, aber ich war ein junger Doktorand mit wenig Selbstvertrauen. Jedenfalls schien niemand an Quantengeld interessiert zu sein.«

Die Kryptographen nahmen Bennetts und Brassards Idee einer Quantenkryptographie begeistert auf. Allerdings meinten viele

Praktiker, das System würde theoretisch zwar gut funktionieren, in der Anwendung jedoch scheitern. Die Schwierigkeit, einzelne Photonen in den Griff zu bekommen, wäre nicht zu überwinden. Trotz der Kritik waren Bennett und Brassard überzeugt, daß die Quantenkryptographie eines Tages funktionieren würde. Tatsächlich waren sie so zuversichtlich, daß sie sich nicht erst die Mühe machten, eine entsprechende Anlage zu bauen. Bennett meinte nur: »Es hat keinen Sinn, zum Nordpol zu marschieren, wenn man weiß, daß er da ist.«

Die wachsende Skepsis veranlaßte Bennett schließlich doch, den Beweis zu führen, daß das System funktionierte. Im Jahr 1988 trug er die Komponenten zusammen, die er für eine quantenkryptographische Anlage brauchen würde, und begann gemeinsam mit dem Forschungsassistenten John Smolin den Apparat zu bauen. Nach einem Jahr Arbeit waren sie bereit für den ersten Versuch, eine quantenkryptographisch geschützte Mitteilung zu senden. Eines späten Abends zogen sie sich in ihr Labor zurück, einen stockdunklen Raum, der abgedichtet war gegen verirrte Photonen, die das Experiment stören würden. Nach einem herzhaften Abendessen waren sie soweit, eine ganze Nacht lang an ihrer Apparatur herumzubasteln. Sie hatten vor, polarisierte Photonen quer durch den Raum zu schikken und sie dann mit einem +-Detektor und einem ×-Detektor zu messen. Ein Computer namens Alice kontrollierte die Übertragung der Photonen, und ein Computer namens Bob entschied, welcher Detektor eingesetzt wurde, um die Photonen zu messen.

Nach stundenlanger Vorbereitung wurde Bennett um drei Uhr morgens Zeuge der ersten quantenkryptographischen Kommunikation. Alice und Bob schafften es, Photonen zu senden und zu empfangen, sie erörterten die Polarisationsschemata, die Alice eingesetzt hatte, ließen die Photonen beiseite, die Bob mit dem falschen Detektor gemessen hatte, und vereinbarten ein One time pad, das aus den verbliebenen Photonen bestand. »Wir hatten nicht den geringsten Zweifel, daß es funktionieren würde«, erinnert sich Bennett, »wir fürchteten nur, unsere Hände wären zu plump, um den Apparat zu bauen.« Bennetts Experiment hatte gezeigt, daß zwei Computer, Alice und Bob, vollkommen geheim kommunizieren können: ein historisches Experiment, auch wenn die Computer nur 30 Zentimeter voneinander entfernt standen.

Seit Bennetts Experiment ist das Rennen um ein quantenkryptographisches Verfahren eröffnet, das über brauchbare Entfernungen hinweg funktioniert. Dies ist keine leichte Aufgabe, denn Photonen fliegen nicht einfach unbehelligt in der Gegend herum. Wenn Alice ein Photon mit bestimmter Polarisation durch die Luft schickt, wirken die Luftmoleküle auf das Photon ein und verändern seine Polarisation, mit fatalen Folgen. Ein brauchbareres Medium zur Photonenübertragung ist die Glasfaserleitung, und in jüngerer Zeit ist es gelungen, quantenkryptographische Anlagen zu bauen, die über beachtliche Entfernungen hinweg arbeiten. Im Jahr 1995 gelang es Forschern an der Universität Genf, eine 23 Kilometer lange quantenkryptographische Glasfaserverbindung zwischen Genf und Nyon zu bauen.

Seit kurzem experimentiert eine Wissenschaftlergruppe im Los Alamos National Laboratory in New Mexico erneut mit der Quantenkryptographie in freier Luft. Ihr Ziel ist der Bau eines Systems, das mit Satelliten arbeitet. Wenn dies gelingt, wäre auch die absolut sichere globale Kommunikation möglich. Bislang ist es der Forschergruppe in Los Alamos gelungen, einen Quantenschlüssel über eine Distanz von einem Kilometer zu übertragen.

Sicherheitsexperten fragen sich inzwischen, wie lange es noch dauern wird, bis die Quantenkryptographie zur Anwendung kommt. Gegenwärtig wäre sie noch nicht nötig, weil die RSA-Verschlüsselung noch nicht zu knacken ist. Wenn der Quantencomputer jedoch eines Tages Wirklichkeit wird, dann werden RSA und alle anderen modernen Chiffren unbrauchbar, und die Quantenkryptographie wird zur Notwendigkeit. Das Rennen hat also begonnen. Die wirklich wichtige Frage lautet, ob die Quantenkryptographie noch rechtzeitig anwendungsfähig wird, um uns vor dem Quantencomputer zu retten, oder ob es eine Lücke in der Geheimhaltung geben wird, einen Zeitraum zwischen der Entwicklung des Quantencomputers und dem Aufkommen der Quantenkryptographie. Bislang ist die Quantenkryptographie die fortgeschrittenere Technologie. Das Schweizer Experiment mit den Glasfaserkabeln zeigt, daß es möglich wäre, eine System zu bauen, das den sicheren Datenverkehr zwischen den Finanzinstituten einer Stadt gewährleistet. Tatsächlich ist es heute schon möglich, eine quantenkryptographische Verbindung zwischen dem Weißen Haus und dem Pentagon zu bauen. Vielleicht gibt es sie schon.

Die Quantenkryptographie würde den Kampf zwischen Verschlüßlern und Entschlüßlern beenden; die Verschlüßler würden den Sieg davontragen. Die Quantenkryptographie ist ein nicht mehr zu überwindendes Verschlüsselungssystem. Das mag übertrieben klingen, besonders im Licht ähnlicher Behauptungen in der Vergangenheit. Die Kryptographen haben zu verschiedenen Zeiten geglaubt, die monoalphabetische, die polyalphabetische oder die maschinelle Verschlüsselung wie beispielsweise Enigma wäre nicht zu brechen. Jedesmal wurden sie eines Besseren belehrt, weil ihre Behauptungen nur auf der Tatsache beruhten, daß die Komplexität der Chiffren den Erfindungsgeist und die technischen Möglichkeiten der Kryptoanalytiker zur fraglichen Zeit in den Schatten stellte. Rückblickend sehen wir, daß die Kryptoanalytiker immer wieder imstande waren, eine Verschlüsselung doch noch zu knacken oder eine Technik zu entwickeln, welche diese Aufgabe für sie erledigte.

Die Behautung, die Quantenkryptographie sei absolut sicher, unterscheidet sich jedoch qualitativ von allen früheren Behauptungen. Die Quantenkryptographie ist nicht nur aus praktischen Gründen unschlagbar, sie ist absolut unschlagbar. Die Quantentheorie, die erfolgreichste Theorie in der Geschichte der Physik, behauptet, daß es für Eve unmöglich ist, den von Alice und Bob vereinbarten Einmalschlüssel, das One time pad, korrekt aufzuzeichnen. Eve kann nicht einmal den Versuch dazu unternehmen, ohne Alice und Bob auf sich aufmerksam zu machen. Sollte eine quantenkryptographisch geschützte Mitteilung tatsächlich eines Tages entschlüsselt werden, dann wäre die Quantentheorie falsch, was verheerende Folgen für die Physiker hätte; sie müßten ihr Verständnis der Gesetze des Universums auf tiefster Ebene umkrempeln.

Wenn quantenkryptographische Systeme hergestellt werden können, die über große Entfernungen funktionieren, wird die Evolution der Chiffren an ihr Ende gelangen. Das Verlangen nach Geheimhaltung wird erfüllt sein. Diese Technik wird den sicheren Nachrichtenverkehr für Staat, Militär, Wirtschaft und Öffentlichkeit gewährleisten. Offen bliebe einzig die Frage, ob der Staat uns erlauben würde, diese Technik zu verwenden. Wie könnte der Gesetzgeber die Quantenkryptographie so regulieren, daß sie das Informationszeitalter bereichert und nicht die Kriminellen schützt?

Der Krypto-Wettbewerb: In 10 Schritten zu 10 000 Pfund

Beim Krypto-Wettbewerb haben Sie die Chance, ihre Fähigkeiten als Codeknakker zu erproben und 10 000 Pfund zu gewinnen. Die Aufgabe besteht aus zehn Teilen. Der erste Text stellt eine vergleichsweise einfache monoalphabetische Verschlüsselung dar; mit jedem weiteren Teil gehen Sie einen Schritt weiter in der Geschichte der Kryptographie. Mit anderen Worten, der zweite Teil der Aufgabe ist ein Geheimtext, der mit einem der frühesten Verfahren verschlüsselt ist, der zehnte Teil ist mit einem der modernsten Verfahren chiffriert. Die Aufgabe wird also in der Regel mit jedem Schritt schwieriger.

Was müssen Sie tun, um teilzunehmen?
Die Entschlüsselung der zehn Geheimtexte ergibt jeweils eine Mitteilung. Zusätzlich zum Haupttext enthält jede Mitteilung ein klar gekennzeichnetes Codewort. Wenn Sie Anspruch auf den Preis erheben wollen, müssen Sie alle zehn Codewörter beisammen und daher alle zehn Texte entschlüsselt haben. Zwar können Sie in beliebiger Reihenfolge vorgehen, doch würde ich Ihnen empfehlen, sich an die vorgegebene Reihenfolge zu halten. In manchen Fällen wird die Entschlüsselung eines Textes Informationen liefern, die für die nächste Stufe wichtig sind.

Wie erheben Sie Anspruch auf den Preis?
Um den Preis einzufordern, senden Sie bitte die ersten beiden Buchstaben jedes Codeworts ein, dazu Name, Adresse und Telefonnummer. Wenn Sie die richtigen Buchstaben haben, werden wir innerhalb von 28 Tagen nach Eingang des Briefes Verbindung mit Ihnen aufnehmen und Sie bitten, die zehn vollständigen Codewörter einzusenden. Wenn Sie der erste sind, der alle zehn Codewörter herausgefunden hat, gewinnen Sie 10 000 britische Pfund.

Alle Einsendungen sind per Einschreiben an die folgende Adresse zu schicken: The Cipher Challenge, P. O. Box 23064, London W11 3GX, UK.

Entscheidend ist der Eingang der Postsendung. Es gibt kein Zufallselement, nur Ihre Fähigkeiten sind gefragt. Bitte beachten Sie, daß ich nur bei Eingang einer korrekten Lösung Verbindung mit dem Teilnehmer aufnehme. Ich kann keine weiteren Fragen zum Wettbewerb beantworten. Weitere Informationen zum Stand des Wettbewerbs finden Sie auf der Cipher Challenge Website, http://www.4thestate.co.uk/cipherchallenge.

Der jährliche Preis

Wenn der Preis nicht bis 1. Oktober 2000 vergeben wurde, gehen 1000 Pfund an den Teilnehmer, dem am schnellsten die größten Fortschritte gelungen sind, das heißt, der die meisten aufeinanderfolgenden Texte zum frühesten Termin entschlüsselt hat. Wenn Sie also die Teilaufgaben 1, 2, 3, 4 und 8 entschlüsselt haben, kommen nur die Teile 1–4 in die Wertung für den Preis. Bevor Sie Anspruch auf diesen Preis erheben, sehen Sie bitte auf der Cipher Challenge Website nach, wo der aktuelle Spitzenreiter und dessen jeweils erreichte Stufe verzeichnet ist. Wenn Sie glauben, bereits die nächste Stufe erreicht zu haben, senden Sie bitte die ersten beiden Buchstaben der Codewörter sämtlicher Teile ein, die Sie entschlüsselt haben, mit Name, Adresse und Telefonnummer. Wenn Ihre Buchstaben richtig sind, nehmen wir innerhalb von 28 Tagen nach Eingang Ihrer Sendung Verbindung mit Ihnen auf und bitten Sie, die vollständigen Codewörter einzuschicken. Wenn Ihre Codewörter stimmen, werden Sie auf der Webseite zum neuen Spitzenreiter gekürt. Wer am 1. Oktober 2000 Spitzenreiter ist, gewinnt 1000 Pfund. Dieser Preis ist völlig unabhängig von dem Preis von 10 000 Pfund, der an den Gesamtsieger geht.

Bitte senden Sie Ihre Lösungen per Einschreiben an die genannte Adresse. Beachten Sie bitte ein weiteres Mal, daß ich nur Teilnehmer mit richtigen Lösungen kontaktieren werde.

Bitte verfolgen Sie den Stand des Wettbewerbs auf der Webseite, auf der Sie auch weitere Informationen über das Buch und den Wettbewerb finden.

Die Preisvergabe

Der Preis wird der Person verliehen, die nach meinem Urteil alle zehn Stufen am schnellsten gelöst und damit das größte Talent bewiesen hat.

Wenn der Preis nicht bis zum 1. Januar 2010 vergeben wurde, werden die Lösungen veröffentlicht und der Preis demjenigen Einsender verliehen, der nach meinem Urteil die meisten aufeinanderfolgenden Teilaufgaben am schnellsten gelöst hat.

Der Rechtsweg ist ausgeschlossen.

Stufe 1: Einfache monoalphabetische Substitution

BT NXVRXGFXT RJUTNX XVRAPBXTXT NBX IBTWXV XBTXV LXTRAPXTPMTN UTN RAPVBXFXT WXWXTUXFXV NXL GXUAPJXV XJYMR MUI NBX YXBRRWXJUXTAPJX YMTN NXR HCXTBWGBAPXT QMGMRJXR. NXV HCXTBW RMP NXT VUXAHXT NXV PMTN, MGR RBX RAPVBXF. NM XVFGXBAPJX XV, UTN RXBTX WXNMTHXT XVRAPVXAHJXT BPT. RXBTX WGBXNXV YUVNXT RAPYMAP, UTN BPL RAPGCJJXVJXT NBX HTBX. NXV HCXTBW RAPVBX GMUJ, LMT RCGGX NBX YMPVRMWXV, APMGNMXXV UTN MRJVCGCWXT PCGXT. NMTT RMWJX XV OU NXT YXBRXT DCT FMFXG: YXV NBXRX RAPVBIJ GXRXT UTN LBV NXUJXT HMTT - YMR XV MUAP RXB: XV RCGG BT QUVQUV WXHGXBNXJ YXVNXT, XBTX WCGNXTX HXJJX UL NXT PMGR JVMWXT UTN MGR NXV NVBJJX BT LXBTXL VXBAP PXVVRAPXT. NM HMLXT MGGX YXBRXT NXR HCXTBWR PXVFXB; MFXV RBX YMVXT TBAPJ BLRJMTNX, NBX RAPVBIJ OU GXRXT CNXV NXL HCXTBW OU RMWXT, YMR RBX FXNXUJXJX. NMVUXFXV XVRAPVMH HCXTBW FXGRAPMOOMV TCAP LXPV, UTN RXBT WXRBAPJ YUVNX FGXBAP. MUAP RXBTX WVCRRXT WXVBXJXT BT MTWRJ. NM NBX VUIX NXR HCXTBWR UTN RXBTXV WVCRRXT FBR OUV HCXTBWBT NVMTWXT, HML RBX BT NXT IXRJRMMG UTN RMWJX: C HCXTBW, LCXWXRJ NU XYBW GXFXT. GMRR NBAP DCT NXBTXT WXNMTHXT TBAPJ XVRAPVXAHXT; NU FVMUAPRJ TBAPJ OU XVFGXBAPXT. BT NXBTXL VXBAP WBFJ XR XBTXT LMTT, BT NXL NXV WXBRJ NXV PXBGBWXT WCXJJXV YCPTJ. RAPCT OU NXBTXR DMJXVR OXBJXT IMTN LMT FXB BPL XVGXUAPJUTW UTN XBTRBAPJ UTN YXBRPXBJ, YBX TUV NBX WCXJJXV RBX PMFXT; NXRPMGF PMJ HCXTBW TXFUHMNTXOOMV, NXBT DMJXV, BPT OUL CFXVRJXT NXV OXBAPXTNXUJXV, YMPVRMWXV, APMGNMXXV UTN MRJVCGCWXT XVTMTTJ, NXBT XBWXTXV DMJXV, C HCXTBW! FXB NBXRXL NMTBXG MGRC, NXL NXV HCXTBW NXT TMLXT FXGJRAPMOOMV WXWXFXT PMJ, IMTN LMT MURRXVWXYCXPTGBAPXT WXBRJ RCYBX XVHXTTJTBR UTN XBTRBAPJ UTN NBX WMFX, JVMXULX MUROUGXWXT, VMXJRXG OU XVHGMXVXT UTN RAPYBXVBWX IVMWXT OU GCXRXT. NMVUL GMRR SXJOJ NMTBXG PXVVUIXT; XV YBVN NBX NXUJUTW WXFXT. NMR XVRJX ACNXYCVJ BRJ CJPXGGC.

Stufe 2: Caesar-Verschiebung

MHILY LZA ZBHL XBPZXBL MVYABUHL HWWPBZ JSHBKPBZ JHLJBZ
KPJABT HYJHUBT LZA ULBAYVU

Stufe 3: Monoalphabetische Verschlüsselung mit Homophonen

IXDVMUFXLFEEFXSOQXYQVXSQTUIXWF*FMXYQVFJ*FXEFQUQXJFPTUFX
MX*ISSFLQTUQXMXRPQEUMXUMTUIXYFSSFI*MXKFJF*FMXLQXTIEUVFX
EQTEFXSOQXLQ*XVFWMTQTUQXTITXKIJ*FMUQXTQJMVX*QEYQVFQTHMX
LFVQUVIXM*XEI*XLQ*XWITLIXEQTHGXJQTUQXSITEFLQVGUQX*GXKIE
UVGXEQWQTHGXDGUFXTITXDIEUQXGXKFKQVXSIWQXAVPUFXWGXYQVXEQ
JPFVXKFVUPUQXQXSGTIESQTHGX*FXWFQFXSIWYGJTFXDQSFIXEFXGJP
UFXSITXRPQEUGXIVGHFITXYFSSFI*CXC*XSCWWFTIXSOQXCXYQTCXYI
ESFCX*FXCKVQFXVFUQTPUFXQXKI*UCXTIEUVCXYIYYCXTQ*XWCUUFTI
XLQFXVQWFXDCSQWWIXC*FXC*XDI**QXKI*IXEQWYVQXCSRPFEUCTLIX
LC*X*CUIXWCTSFTIXUPUUQX*QXEUQ**QXJFCXLQX*C*UVIXYI*IXKQL
QCX*CXTIUUQXQX*XTIEUVIXUCTUIXACEEIXSOQXTITXEPVJQCXDPIVX
LQ*XWCVFTXEPI*IXSFTRPQXKI*UQXVCSSQEIXQXUCTUIXSCEEIX*IX*
PWQXQVZXLFXEIUUIXLZX*ZX*PTZXYIFXSOQXTUVZUFXQVZKZWXTQX*Z
*UIXYZEEIRPZTLIXTZYYZVKQXPTZXWITUZJTZXAVPTZXYQVX*ZXLFEU
ZTHZXQXYZVKQWFXZ*UZXUZTUIXRPZTUIXKQLPUZXTITXZKQZXZ*SPTZ
XTIFXSFXZ**QJVNWWIXQXUIEUIXUIVTIXFTXYFNTUIXSOQXLQX*NXTI
KNXUQVVNXPTXUPVAIXTNSRPQXQXYQVSIEEQXLQ*X*QJTIXF*XYVFWIX
SNTUIXUVQXKI*UQXF*XDQXJFVBVXSITXUPUUQX*BSRPQXBX*BXRPBVU
BX*QKBVX*BXYIYYBXFTXEPEIXQX*BXYVIVBXFVQXFTXJFPXSIWB*UVP
FXYFBSRPQFTDFTXSOQX*XWBVXDPXEIYVBXTIFXVFSOFPEIXX*BXYBVI
*BXFTXSILFSQXQXQRPBUIV

Stufe 4: Vigenère-Verschlüsselung

K Q O W E F V J P U J U U N U K G L M E K J I N M W U X F Q M K J B
G W R L F N F G H U D W U U M B S V L P S N C M U E K Q C T E S W R
E E K O Y S S I W C T U A X Y O T A P X P L W P N T C G O J B G F Q
H T D W X I Z A Y G F F N S X C S E Y N C T S S P N T U J N Y T G G
W Z G R W U U N E J U U Q E A P Y M E K Q H U I D U X F P G U Y T S
M T F F S H N U O C Z G M R U W E Y T R G K M E E D C T V R E C F B
D J Q C U S W V B P N L G O Y L S K M T E F V J J T W W M F M W P N
M E M T M H R S P X F S S K F F S T N U O C Z G M D O E O Y E E K C
P J R G P M U R S K H F R S E I U E V G O Y C W X I Z A Y G O S A A
N Y D O E O Y J L W U N H A M E B F E L X Y V L W N O J N S I O F R
W U C C E S W K V I D G M U C G O C R U W G N M A A F F V N S I U D
E K Q H C E U C P F C M P V S U D G A V E M N Y M A M V L F M A O Y
F N T Q C U A F V F J N X K L N E I W C W O D C C U L W R I F T W G
M U S W O V M A T N Y B U H T C O C W F Y T N M G Y T Q M K B B N L
G F B T W O J F T W G N T E J K N E E D C L D H W T V B U V G F B I
J G Y Y I D G M V R D G M P L S W G J L A G O E E K J O F E K N Y N
O L R I V R W V U H E I W U U R W G M U T J C D B N K G M B I D G M
E E Y G U O T D G G Q E U J Y O T V G G B R U J Y S

Stufe 5

109 182 6 11 88 214 74 77 153 177 109 195 76 37 188
166 188 73 109 158 15 208 42 5 217 78 209 147 9 81
80 169 109 22 96 169 3 29 214 215 9 198 77 112 8 30
117 124 86 96 73 177 50 161

Stufe 6

OCOYFOLBVNPIASAKOPVYGESKOVMUFGUWMLNOOEDRNCFORSOCVMTUUTY
ERPFOLBVNPIASAKOPVIVKYEOCNKOCCARICVVLTSOCOYTRFDVCVOOUEG
KPVOOYVKTHZSCVMBTWTRHPNKLRCUEGMSLNVLZSCANSCKOPORMZCKIZU
SLCCVFDLVORTHZSCLEGUXMIFOLBIMVIVKIUAYVUUFVWVCCBOVOVPFRH
CACSFGEOLCKMOCGEUMOHUEBRLXRHEMHPBMPLTVOEDRNCFORSGISTHOG
ILCVAIOAMVZIRRLNIIWUSGEWSRHCAUGIMFORSKVZMGCLBCGDRNKCVCP
YUXLOKFYFOLBVCCKDOKUUHAVOCOCLCIUSYCRGUFHBEVKROICSVPFTUQ
UMKIGPECEMGCGPGGMOQUSYEFVGFHRALAUQOLEVKROEOKMUQIRXCCBCV
MAODCLANOYNKBMVSMVCNVROEDRNCGESKYSYSLUUXNKGEGMZGRSONLCV
AGEBGLBIMORDPROCKINANKVCNFOLBCEUMNKPTVKTCGEFHOKPDULXSUE
OPCLANOYNKVKBUOYODORSNXLCKMGLVCVGRMNOPOYOFOCVKOCVKVWOFC
LANYEFVUAVNRPNCWMIPORDGLOSHIMOCNMLCCVGRMNOPOYHXAIFOOUEP
GCHK

Stufe 7

M C C M M C T R U O U U U R E P U C C T C T P C C C C U U P C M M P
R T C C R U P E C C M U U P C M P E P P U P U R U P P M E U P U C E
U U C U C C C M E M T U P E T P C M R C M C C U C C M P E C R T M R
U P M P M R C P M M C R U M C U U E U R P P C M O U U E U C C M U M
T U C U C U T M U U U P M U U C T C U P M M C C R P P P P M M M M E
E U M R C C C P U U E U P M U M M C C P E C U C U P C T C U E P M P
C U U E E U U U T P M M U C C T C C P P P C T P U C U C C C U R E U
T U C M E P C C E M U U U P R M M T M U C M M M C C C C C C M E P U
E C U M R E R U U U U M U R C C P M U U R U U P M U P R P P U U U U
M R C C P C P E U R M M M P U T C R U U E O U U U M C M U U R U P U
R U C M U C R U M M C U P U U M U C R E U U U P C C U R R C P R M C
T R C U U U R C T P P M U U C C U U U U M U U E P C R M E P M P U U
C C C U M M U U M C U C M C C C R T C C M E E U P T M U U M M M C C
P P T M C P T E O U U U M U U C R M C C C M C P R C R C E P M C M C
P U U C M C C O M T P R C M C P C P M C P C E R R E C C R R E C R U
P U E E P M U M T C U C E U U T P C E U M R C U U U R R U C R U U C
R P P T T C P C P C U C U M U M P E C E E R P M R M M U R U M E P M
R M M C P R U C R C P E E R P U U U U R E P C C M M E P P P R C C U
M P C C C M M E E U U P P E R U E C P U E M U C C U U C P U E P U C
M C M C U U C M M M C U P C C M M U U U C U O P U C U P M P U E C C
E U P M C E P R C T R M C C U U T E C E C C R M U C U R U C M U C R
C M P C C U O R U C T U C C M C U C M U M M T R U M C M M C P U U M
U P C C M P C U U E P C T E C T U U T C E E M T U C T E P P R U U M
U U E C M U M R U E P C U M P P O U R U C C U P U C U C U E P C M M
E C C U C E C P P C C C C O C R C R C R T U C P P T P U O C U O R U
C C C E U C P P M R R C E U U U R U R C C M T P P U R P P C T R R T
R U U P M T M U U E T R P R O E M P T P T E P R E R P T R U U U M T
R U M T P P P R U U P E O U T P T R O M U U E R M M E P U T T O T O
O M T P R M P P T M R E U R R U P M T R P P R E M U P R T R M M E O
U M M U P U U O U M E M O M E C P E U U U U C R U T T T R T U P T T
P E R E M U U R E E P E T R M P T R U U U O T R U U O O T T T O T T
E T E T O U P O M T U U O U T O E E T P T E M U U T U R C U O P T R
P O T E E M C O U U E P R M P T T T U P P R E T T R O E M U E T P O
P M T E R T E U U U P U P U U E M M O T O U M O R R C M U U U E T U

O T T E M T T C T M E T E R E U M U E E T U M E T P U T P U E T T M
P E E R T C P T O U U T R E R E T U T R E T R T R U T C M T C U U T
P O M T T P T P T O U M E O T T R P E P U T T T R T T O U M U U T P
E E C T M P P M U E C T R P U C T E U U E T P T O T P M T M C P U E
P P U P R M T P C R U R P R E M E R T U E E R O R O T O M M R C U U
E U T P T E P P E U U T P O T P P M E P E M T R E E U T U U T O T P
R E E R O P O R R M U U T M P R T T M E E E T E R U T M T O O C P E
P P M P M T P R R M E P R E U M M P R T R E E P U T T P E C T U R U
R C O P E E E O O U E M O M P T U E C E R M M M P P E P M U E M U R
T E U M R T T P U T C E R O E T M U U R O T U T T R M U E T E T T R
P R O U T U U P R E U T T R T P M T U P E E M E T E P T O E T U U T
E P T M U U E E P P T P M U P T E P R M U T T P M U M M E C R E T E
P T R T U R P M T O O U E E O T O U R U U R T U E U T P O M T P P U
R E O T C M C P R P R O O E E R U U E E R U M U U U C P P C P U E T
E R U R P O R P T P C T P E R E R M U T T R E U P R T M E C U R E P
P O U T M O T C T M P T P O E U U T O T P T O R E U E T U R M E T R
E P E E P R U C P E M M P T M U U T T E O E R M U R U U R U T P T T
E C E T O R T M T M E T T U E M U U C T O P E M U U E P U M C M U C
M T P O U C E C M T R E M C P C M C T P M M P P C M U U U U C M C C
C P T M M U C R E U U C T R R E U C U R E C P M R C E C U C E U C C
P M C T T P C R E U R M U T U P M P P M M C U T M C M C C E U U C T
U P U U U U U R C U M E P O T U U U C T E P C C P M C C T P C P U M
E R U C U M E M M R M U P C M U U C U C R U U U U C P C U P C E C M
C U U P O P C U U U U C U T T C P C M C U U C C E P U U P C M P U C
M M M P U U U E P M P P E C R C M P R E C R R U M C U E C P U P U C
E M P M U C R T U T U C R C C U P U U C U M M P U U U U E C U U C C
E C P P P R R M C M M E C C R M M R C C E C T U R M C E C C C P M M
M R P E C U U U C P P M M E C C M M R R C M U C M R C P C U C M U C
C C P C T R C U U E U C C M T E M C R C P E C C U U C U U C P E T P
C C P P T U M P C M P C M C E U C C C P C U C T C C C M T U M P T U
M E U C P P M U M P M M R E M C U M M M E R U C U C C M P U U E U C
P C E P P R U U C C U C T P U E T E R C M M M U R U U P U R P U E E
M U M U M R C U U C R M R C P T E M E C M M U C U C U U P P E T T T
M P C P M M U E M P P C U T P M C M U U P U C C P M P R C M C R P U
P M E M U U U R C O C P C U E P M R C P T M M M M C C E C U M C U U
C E C P P U C P M R M E P C U U R U C U C P R T U E R M C C R P M U

U R U U P M E U P C E C P T R U T U M C E C E P C U T C U C P E P C

C U U E T P P C P U U M C M M R O U C C P U C P P E P M E C R P C M

C U M P U C U U U E M M C U T M C U M C U E U C M U C C T P U R E U

P P C O P M P M U U M M M U U E T P U U U U U P P P P M U E C E R U

R P U R T P M P P P M E M C T U P C M E C P P C C E M U R M P T U U

R C U E P C U E C P U T C U R U C P R U M T C O C C M P U C M E P E

M P R U P P E C C P C U U C C C E U M R U U E U U E U C P C P M P U

C U M P U C U M P P R E U U U P E U P E U U C T P O T U P E T U O E

C O T T E M O T E U T E U M U P M U T P O U P E T E R P U T P R U U

U P O T T E P T R R M T C E T O R O P M T R E T R C O E T P R O E E

P T E P M M E U P E P E P U P U U R E E P E R T P E E C E P O R T U

E M E T T E P T E R M M T T E T T T P O R U M P T T E R P P U U R M

T T O M T M U M M U U T U O E P E U U O T C P E P T M R E R U R P E

T P P T T P C O R P T T T M U T R U P P T E R R E U R P R T R E T T

R C P R C U U M U P R U U U M T P R T R E T T U U U O C U M U U U U

M O T T P E M E T T E R P C T O E T U U R M E P E E O R C P E T M P

P R U T T R U U E T M O T M U U M T E R U T O T C R P M U R M U M R

M P M O O M O U O T P O R E M E M U P T O R T R R P O O U T P P P E

P M T P E O C T R R M E T O R T P E M M P E E E T R U U R U R P P U

P U R T R O U M T M R C U O T E T R C R P E E C P T E E U U E M T T

P U R U P E U O E U U M P E M U U T T E R E U M E R T T E T T T M E

U T M R T O R M E C U C U E U E P R U M T U U E R M U T R E U U P E

E M E E R C U U U T R M R T R M U U M M E P P T P R T E M T E M P E

U E T P O O O U U M O T O U T O O P E P R U U R T T T M U R T U T E

T P C O T E M T U O E T R M T E T E M M T U M O E E O O U M O P T P

R U T M R M T R T P T U U E P U U P U R R O E U E R U U O U P R T M

E T P E P P O T R M C M R U T T P U U E U R T T E E T E T U U E U E

E T U R R M E E M R E U R C T P E M U U R E P R U E O R U R U U P T

U M P E M T T P T U E M U P M O R T O O O U T P P M U U P U P E R E

R U U O U E E T U P E T E T P T T T E M R U U R T T T U T T M U P R

P R R U R U U T M T U R T C U E E O M R R T E T T M U T P P R P E P

T R E E O O T T E T R E T R U T P R U T M U U U T M U U C T U U P U

E R U E E M M U E E T T P E T M U M E T T E T T P M R E M R T P T E

T O U R T P P O E T T O M T P T E T E U T P U C U M U C U O E T U C

P E C U C M U P M U C U T T U C T U U M U C U R P U C P M C U U M U

C C E P C M M U C P T P U M U P U C M E C M P U M P P M U E M P P E

P U T E U M E P E P U P U U R M T P E M R P M M P T P O P R C R U E

P C M P P M R C C C P U C U P T U M U U P C P E M P T U U M C C C U

P C C U T U U U R C E M P E U C M R P P E P C C M M M U M P E C M T

R E R P U M P C C P T U C M C O P C U R U E C M T E C M M C C R P P

E P U U C U T M U U U C C T M C M E C P C U U U P U C U U U T C U C

C P T U U C C M M P P R E M C U U R U U M U E U U P P U C R P M R U

P C M U U E C U U C C U U R C E R R C U C P M P U U M T U U R C M P

E M U U U U C T U M T T T C U M P U M C M R T U U U C P P M E P U C

T O U P C M M C E C U M C P E C U P M T E P R U U R U R M P U P E R

C R U U C C C M P C U C M R M P M P E E P T P E M C U R C P C P U R

U T E U U E U U U P T C U C C C E M M T U T R E R E M P R R M U C C

R C U M U E P U P U E U E P M U T R U C C M U U C M M U U P M E C M

M E M U U U C M R P C M C U U C C E T P C P R R M U R R C T E C M C

M U U U U U U E C U U C U U T E P M U U R C C C U U R C U C E C P P

U C M U R C U U C R U C M C R C C C U C U M E M U U C P P P P R C R

U R U C M C P P C R M P U E P U M P O M U M M C U U U P C C C E C T

M R P U P M P O C C T P C M U U M C M C C T U C E C U U M C C M C U

E R T T R C M M U M T C P E R U U M M T R U E U M C M C C M C U U P

M U C C T P U M C U T P U M C U U U U C P P U C E T U P E R T R U U

U U M M C U M E E M C T C C P U R R U U R C P C U P C C U P M P M M

U R U U C C C E P R P U M M U T C M C M C C C U C P P C M E P C R E

M U U R C T P E M C M C C P R U C C U U U C C U U P C U U P U T R U

E E U U U E U C R P M R U U U O C P O C R P C M E C R C P C E C U U

E C P P U M P P E P C P R M P E U C P T U E M T U T T E O P R U E P

E P M T P U P T T R R E R P U E M M O P M U P R U U U M E M P P P U

T O U R O P R O P P M E T P R M T U U R P T P U U T O U U M T E P C

O E M C U U T P U U P T O T U U T T U U U R T P T R T T M O C T R U

T R O T T R O P T U M P P M U R T E U M T P E U M C M P R E P M R E

E E E U T T T E U U T M T P U R U E U U M T U P P U T T R E M T P T

R R U T U R T R U U T O T E R O T M U U U T M U P T P U U R T E R U

M M T M T T U P R P P P E M E P C M U M T R R E M U C E U P P T T T

T T P R U U U R T E E P U P U T M M T U P M R U O P E U E E T M M P

E M T P E C R E T M E O U T M E E P R E U M E M R T O T E M T O T P

T E C E P T U T R E E E M P P T P E E C P P T M U U T M U M P R M E

R E U U P T O E O P U E P T R T T E P M O U M P E U T M T T M U U U

T T P T E R M T R R U U R U U E U R T E E M U T T E P O U U E M E E

P C R U R M E T M E T O R E U U O T R T P R T T E U M M T P M M R P

E U U R E R T E O T U T R R O T O T E T T E O T U E U U E T U E T P

M U O O R T O U M C O T U E C E U U R E U U M T T E R U O T T M T E

T T E O T U T E P T R C T U U P P E R U T O U U E O R M U E M P R E

M U U P O P M O U O O T E C U O E T U C M T T P T T U U R T T M M O

P T P U C M T U U O M U M T T T O R T U P E T E T R O M T R E T T U

E U U T P P T M E U M U R U U U U R E T U T R U R R T T P P T T P O

E T E M U O T C O U E M T T M T U E U U P T U P U P T R O T U E E R

O E R O U E M C P T E R C P P T M U U M T O M C E M U T P T T T O U

T O E M T T P P C R E P O T E P P E R P O P P O T E U U U U R P U U

C P R P R M T R E U U E R M U C T O P T T U U T P M C T R M E T E M

M U O P T U U E T P P M M R M T U P R M U P R M O U P R T E U U U R

M M C O R T U M T O E T M U P M U T T P U T T E R M U U P C E T M T

U P T P P E T R U T T P O T M E C U R C P U O P M T P M C M P E P C

M M U O R R M P C M M O R C C U T C C O M C U U P R C P P P U C U U

E U P R U P M C E C T M C C U U R P P M U U E U U U U C E T U U R C

P U U R E U C E C U C C U E C U U U R C P P M C C C U P R M U C M U

C P R U P P U O M P U U U C M U U C P M U C R C P M M T C M M U O M

C M C C M U U P C C T U R U E U U U C U M T U C C M M U C T C R R U

R U M R P R U C U C E M U C C U U U E T U M C P C U R P U R C U U M

U P P C E M P P P U U M P P C C P R R C E C C R M C P P R C C R P P

M U U U R C M E P C P U C C C C U P R R U U P M C E M C U T M U C C

M E P M M P P M U U C C E M P R E U U T C P C U C M C C U C M R T P

M P C U C P P M R C M P C P E M P P P M R U U C C U U P R C E R T U

U P C U M U P U M P C R C C E P C U C C P M T R P C P C U U C R P P

R U R C C M E U U R U U M U R P E M R U C C M M U C R M C T M R P R

C U C M C U U C U M M U U U E M C T M C C M U C T C M U C M P M U T

R U R R E O C U C R C U P U C M P C E U C C E U U E P U M P T C C E

U R C U U C P U R C T P E U U M M U U U C C M M T U C R C R M R P O

U C U C U P C M P C U C T P M M U P U C U M U M C U T P P M E U U U

P U P C U U U U C M P U E M C U P C C R P P R U U M C C U C U P C P

C P C C U U U C U R C C P U R C U T U R E C R U U C M T C C C M U C

C P P P C M U C C U U U U U M M P U C R C U E C C T P C P M E E C M

U U C C C U U M C P C C C U U C U P C U P U T C M M C U M M M U M M

P U M M P T R M M P P P M R U U U C U U R E T U C P E C R P U R U R

C C C T P P M T P U P M P P M R M U R P U P U U U U U E P U C M P R

P P C C R O U U E C T U P C U P C C U U C P C P C M U E C M U T U U
P C U U T P P P C M M U P C C R U C E R T U C T E C M C U U E C R P
U M C U T C U E C C U P C U C C P U R P M M T U T P P O C U R C P C
P P M C M C C C P U P P M R U T E R M O T U M U U E M R C U U T P U
P P T T T M U O T T E R P R E T T R M T E M T E U U T T R P T T C U
T M T U P M R E U P M U E U U U U U P T E T C P U C E E C T E R M M
T M O T M P M E T R P E R O P E M E M M P R P T R U P T U O E U M P
P U R M U U E M M M P U C P U M U T M P E U U O P P U O M P T O T R
R M T P C P P P R E P E E R M R E M U T P O U E M P P E E R R M T R
T O M E P T E M U E P R T U R O O T O M U P P E R O T T P T T M P P
T P C U U U M T T U R E O P M T R E T T M E E U U O P M E R M P E T
E E R M U T T M M P E P O E T M E T E R U U O O R M E M M T R U U R
U O P R U P R P P U U U E E E T T T T P E U R E R R P U E T R U U E
O O O U E T E U U M U T U R U T R U U T O P O T U P M U R U U E R U
U U P U O O T T T P M E U E R T M O U M T P P P E O M T T U U U O E
U U E T U U E T U R P U M T M M E R R U U E T O T P T T T R P T M P
E E M T M E U U P O E T T P P P R U T E E C O U M E U U T T R T T T
R T T R T T M E P P T R T P O U T R T T O P E C R T P U T T C E M P
T O M R E T T T R E U C O T O T R P R U R P T U T E U U E P M E O T
M M U U U R R E T M O U M M P C P E T P T P R M T U P U E T E T E E
M C C T E R U R O E E P R R R R T P T U U M T P E E M C U O U U R E
C T U P P R T P P M T M U M C T T T P R R E O U T P E R U T M P U R
R U T U M O T T E E T M T R M R T O M T R R R T O P T T E R U O O M
U T P R M M P R P U E T M E U T T M P P R T P T P T T U U M R T E T
T R R O T U R U T R U U C M R C M T O C R U T P O T T P T M T E O R
R M R U E U R R T T O U R U P T U E C T E O T M T P R T P U M M R E
E E P O R P U R P R U M E M O T T R O P R U E T T U E T R O M T O U
E O P U T M T U R P T P R R T M O R E T C T M T M U E T T M R T T E
O R P C P P M M U M T T O U M T E U U R T R T R M E M U U T M T U T
R E T P M T P P M M

Stufe 8

Umkehr-walze			Walze 3			Walze 2			Walze 1			Stecker-brett		Tastatur
Y	A		B	A		E	A		A	A				A
R	B		D	B		K	B		J	B				B
U	C		F	C		M	C		D	C				C
H	D		H	D		F	D		K	D				D
Q	E		J	E		L	E		S	E				E
S	F		L	F		G	F		I	F				F
L	G		C	G		D	G		R	G				G
D	H		P	H		Q	H		U	H				H
P	I		R	I		V	I		X	I				I
X	J		T	J		Z	J		B	J				J
N	K	←	X	K	←	N	K	←	L	K	←		←	K
G	L		V	L		T	L		H	L		?		L
O	M		Z	M		O	M		W	M				M
K	N	→	N	N	→	W	N	→	T	N	→		→	N
M	O		Y	O		Y	O		M	O				O
I	P		E	P		H	P		C	P				P
E	Q		I	Q		X	Q		Q	Q				Q
B	R		W	R		U	R		G	R				R
F	S		G	S		S	S		Z	S				S
Z	T		A	T		P	T		N	T				T
C	U		K	U		A	U		P	U				U
W	V		M	V		I	V		Y	V				V
V	W		U	W		B	W		F	W				W
J	X		S	X		R	X		V	X				X
A	Y		Q	Y		C	Y		O	Y				Y
T	Z		O	Z		J	Z		E	Z				Z

K J Q P W C A I S R X W Q M A S E U P F O C Z O Q Z V G Z G W W
K Y E Z V T E M T P Z H V N O T K Z H R C C F Q L V R P C C W L
W P U Y O N F H O G D D M O J X G G B H W W U X N J E Z A X F U
M E Y S E C S M A Z F X N N A S S Z G W R B D D M A P G M R W T
G X X Z A X L B X C P H Z B O U Y V R R V F D K H X M Q O G Y L
Y Y C U W Q B T A D R L B O Z K Y X Q P W U U A F M I Z T C E A
X B C R E D H Z J D O P S Q T N L I H I Q H N M J Z U H S M V A
H H Q J L I J R R X Q Z N F K H U I I N Z P M P A F L H Y O N M
R M D A D F O X T Y O P E W E J G E C A H P Y F V M C I X A Q D
Y I A G Z X L D T F J W J Q Z M G B S N E R M I P C K P O V L T
H Z O T U X Q L R S R Z N Q L D H X H L G H Y D N Z K V B F D M
X R Z B R O M D P R U X H M F S H J

Schlüssel

```
0716150413020110
```

Schriftzeichen

```
begin 644 DEBUGGER.BIN
(-&>`_EU-_/$`
`

end
```

Stufe 9


```
begin 600 text.d
MM5P7)_8F_,H[JOF1C//L/W+)%QSK*Q37CJ-N 'W[_;CQSTW'UY0S2,\LQVG0
M@1&HY^1MHYI\>2P'F:6Y*E%X4A&$2'=L28$$..9["-ZIGA_VP(GIPK[CW3^L
M55+6OD^&=FS61(L96YG>  '59*1Q^)/C?$1/C&9PN35-HP;.>V8_/P(.:+R(
M61]'NG^UF:,#57MMQSKN[N7M>1NE;2(!RUA495Q16!;Q<*("[C*"A"@%A+=S
M8AR45+G$-#8A?29V_.6%7*6D$J_G4JX'JM^1? K@._#(B/N7-<YNU;/,JF8C
M6LD[90MVJ2'I*.G@>9U%!E(33!S^K# N7JH_Y5RYE&=J@S!>^<C3Y=PD%-RP
M9&++^"JLPOK%T)-5KI>IUA"W;7;&D(D-2/U'$3\C7 ?]B* 3*C/Y!%U >&V6
M%W85NJ:JPO(>#C1)CFEL&^H3YKR2.59XJVD??\MX+ [S?3X_F^/*1$NGH$B&
MI$L2-C'E/@OD*&5;6+P+G1S D49AO=#9\C!4D$/F;C(H#MX:\%G[K[OR+2RG
M@@SCSVG!A5%FEV!=$YD"V.2T06@>C-&)3H<:Y9BOR=V#S_>\:S8GZ.*A"$!T
MZOE=/4QWLLB<[:K8T TZ@C9_,( #D:/G4)P2>,S?%9: Q]MV0;?F9;F1VP'@
M=!XCI_M>2?F=' ;20):%Y61[.! -W8%7M3BJUX/&!-E@A7C\(>5SZXESA$LZ
MF\_U//JGV"KKHE259927962%P-9J!*J@ DPJF]M2/>DXHA?JT"^2C7;_-9B;
MBM'CFTYUR#DOA7.J4ZW8=+3(9O>#4A+^!=4IV_6A!(PNGZ:T$O)659KNGS=>
MN"?LQ3$6F*I43Q(3_U:64V/L9$<E%">*#A9P>@(66#XDS!)-'*\JZE.,=G29
MOJLH!9.Y#+=?]!"C?2/?H5O!A]<KW^H%J "&>+EXK;II6)N6JY$%UB'BN3'F
MMS[XKP#JY(:3@V);U2,5PG 6$!46;.B/K'E7$4'MKN1]* YX^R"Q?Q+;,"./
MPL((>]UF90L7[<]9^E0*:NMBI(Q+B'>-IHF+,J0&"G0F.5L8@"_)<Y$<ZRU=
M']&L9!WD1Y<V[D:/:4J(+#X(NIKKDFO@#:5O_3G%7]AG5H.? ,%;D)=7'HKE
M.(_E=(*(W5HO3RA5WP8<!ZM.K2T.:&#P\LV;!7W$ K3)/A7D&P8SVO3-?$U1
M2J10K3T>2)OVRA'Y;C<DZVV+'$VXI_ $JZ^)39,'.7MK,0*QOP9O6QRQ0F(*
M&8J9O!Z">N;S%MD%%A.SD?'^\K]"R_@XE6V# >&P.$L#$,%N"C[H:A_EPH$V
M\H)(;C0#3^C] T9Z0=,9UQ(3N^3D],9PVM<AJ.T:('(.=1FB;NBV_YS!\7ON
M?-T%5B;2J^TORBWA^Z$B'$K8LC;'A+>@87(6!8Q%FRS=^;Y*0$FC">;I!NI*
@#%0SNY_0_-EK1>;84QMT0/(KQQ2LL+R##K:I=NK7.OT

end
```

Stufe 10

Shorter message:

10052 30973 22295 13534 12990 66921 15454 81904 58209 26472 18119
11542 99190 01294 87266 20201 55809 80932 92390 96710 64341 91354
27685 27572 48495 78859 80627 33369 29356 36094 85523

Longer message:

```
begin 600 text.d
M.4#)>S I:R!!4)NA+\%T%V/(AW!7HHDPS$;T[\E!RWA?,J8:X#D[!:XF,A>K
MXT9$Q)37\IOMG6KL-$6?A!#FZ2Y)N+4%*.^2K!SP?Z2'8O7LZ]QP \T=QG-*
MAMJA;Q@3H[8^U/L<ILL%TA0J9M*F@8F?H:76%<33JOESAP=@3:(\:8NBGFM0
M,MP3B^CP%/D8DICZ$VO(7IS(DTJRZ&#Y- 7I\-#VI0">J@+O!CT.+6B9K$J%
4:EAB9%1#;(P+I>1!#<+2+;(7.W<

end
```

Hinweis: Übersetzer und Verlag haben die Aufgaben des Preisrätsels mit der größtmöglichen Sorgfalt in die deutsche Sprache übertragen. Dennoch übernehmen Übersetzer und Verlag keine Gewähr für die Richtigkeit der Aufgabenstellung. Verbindlich ist allein die englische Originalausgabe.

Anhang A

Die einleitenden Sätze von Georges Perec, *Anton Voyls Fortgang*, übersetzt von Eugen Helmlé (vgl. u. S. 37)

Kardinal, Rabbi und Admiral, als Führungstrio null und nichtig und darum völlig abhängig vom Ami-Trust, tat durch Rundfunk und Plakatanschlag kund, daß Nahrungsnot und damit Tod aufs Volk zukommt. Zunächst tat man das als Falschinformation ab. Das ist Propagandagift, sagt man. Doch bald schon ward spürbar, was man ursprünglich nicht glaubt. Das Volk griff zu Stock und zu Dolch. »Gib uns das täglich Brot«, hallts durchs Land, und »pfui auf das Patronat, auf Ordnung, Macht und Staat«. Konspiration ward ganz normal, Komplott üblich. Nachts sah man kaum noch Uniform. Angst hält Soldat und Polizist im Haus. In Mâcon griff man das Administrationslokal an. In Rocamadour gabs Mundraub sogar am Tag: man fand dort Thunfisch, Milch und Schokobonbons im Kilopack, Waggons voll Mais, obwohl schon richtig faulig. Im Rathaus von Nancy sahs schlimm aus, fünfundzwanzig Mann schob man dort aufs Schafott, vom Amtsrat bis zum Stadtvorstand, und, ruckzuck, ab war ihr Kopf. Dann kam das Mittagsblatt dran, da allzu autoritätshörig. Antipropaganda warf man ihm vor und Opposition zum Volk, darum brannt das Ding bald licht und loh. Ringsum griff man Docks an, Bootshaus und Munitionsmagazin.

Anhang B

Eine kleine Anleitung zur Häufigkeitsanalyse

(1) Zählen Sie zunächst die Häufigkeit jedes Buchstabens im Geheimtext aus. Etwa sechs Buchstaben sollten eine Häufigkeit von weniger als 1 Prozent aufweisen, wahrscheinlich p, v, j, y, x und q. Einer der Buchstaben sollte mit einer Häufigkeit von etwa 17 Prozent auftreten und stellt dann sehr wahrscheinlich das e dar. Wenn dies nicht der Fall ist, überlegen Sie, ob es sich um einen nichtdeutschen Text handeln könnte. Sie können die Sprache ausfindig machen, indem Sie die Häufigkeitsverteilung im Geheimtext analysieren. Im Italienischen beispielsweise treten drei Buchstaben mit einer Häufigkeit von mehr als 10 Prozent auf, und neun Buchstaben haben eine Häufigkeit von weniger als 1 Prozent. Im Englischen tritt ebenfalls der Buchstabe e mit etwa 12 Prozent am häufigsten auf, während alle anderen Buchstaben unter dieser Marge bleiben. Wenn Sie die Sprache ausfindig gemacht haben, verwenden Sie die entsprechende Häufigkeitstabelle für die weitere Analyse. Oft lassen sich damit auch Geheimtexte entschlüsseln, mit deren Sprache man weniger vertraut ist.

(2) Wenn die Häufigkeitsverteilung einer bestimmten Sprache entspricht, doch der Geheimtext sich, wie häufig der Fall, nicht sehr schnell aufdröseln läßt, achten Sie auf die Doppelbuchstaben. Im Deutschen sind die häufigsten Doppelbuchstaben ss, nn, ll, ee, rr. Im Englischen sind dies ss, ee, tt, ff, ll, mm und oo. Wenn der Geheimtext Buchstabenpaare enthält, können Sie davon ausgehen, daß es sich um diese handelt.

(3) Wenn der Geheimtext Leerzeichen zwischen den Wörtern enthält, versuchen Sie, die Wörter mit nur einem (für das Englische), zwei oder drei Buchstaben herauszufinden. Die häufigsten zweibuchstabigen Wörter im Deutschen sind am, in, zu, es. Die häufigsten dreibuchstabigen Wörter sind die, der, und, den, daß.
Die einzigen einbuchstabigen Wörter im Englischen sind a und I. Die Häufigkeitsreihenfolge der zweibuchstabigen Wörter im Englischen ist of, to, in, it, is, be, as, at, so, we, he, by, or, on, do, if, me, my, up, an, go, no, us, am. Die häufigsten dreibuchstabigen Wörter sind the und and.

(4) Falls möglich, wählen Sie eine spezielle Häufigkeitstabelle für die Art von Mitteilung, um die es sich handelt. In militärischen Mitteilungen beispielsweise werden Pronomina und Artikel häufig weggelassen, und damit reduziert sich auch die Häufigkeit einiger der gebräuchlichsten Buchstaben. Wenn Sie wissen, daß Sie es mit einer militärischen Mitteilung zu tun haben, sollten Sie eine Häufigkeitstabelle verwenden, die durch Auswertung solcher Texte erstellt wurde.

(5) Eine der nützlichsten Fähigkeiten von Kryptoanalytikern besteht darin, aufgrund von Erfahrung oder schlichter Intuition Wörter oder ganze Sätze zu erraten. Al-Khalīl, ein früher arabischer Kryptoanalytiker, bewies sein Talent, als er einen griechischen Geheimtext knackte. Er vermutete, daß der Text mit der Floskel »Im Namen Gottes« begann. Nachdem er festgestellt hatte, daß diese Buchstaben einem bestimmten Abschnitt des Geheimtextes entsprachen, benutzte er sie als Hebel, um den restlichen Text aufzubrechen. Ein solcher Anhaltspunkt wird als Crib bezeichnet.

(6) In manchen Fällen ist der häufigste Buchstabe E, der nächsthäufige vielleicht N und so weiter. Kurz gesagt, die Häufigkeit der Buchstaben im Geheimtext entspricht der Häufigkeitstabelle. Das E im Geheimtext scheint ein echtes E zu sein, und dasselbe gilt für die anderen Buchstaben, dennoch ist der Text ein einziges Durcheinander. In diesem Falle haben Sie es nicht mit einer Substitution zu tun, sondern mit einer Transposition. Alle Buchstaben stehen für sich selbst, befinden sich jedoch an der falschen Stelle.

Ein gutes weiterführendes Werk ist F. L. Bauer, *Entzifferte Geheimnisse. Methoden und Maximen der Kryptologie,* Berlin und Heidelberg 1997.

Anhang C

Der sogenannte Bibelcode

Im Jahr 1997 erregte das Buch *Der Bibelcode* von Michael Drosnin weltweit Aufsehen. Drosnin behauptet, die Bibel enthalte versteckte Botschaften, die enthüllt werden könnten, wenn man nach sogenannten abstandsgetreuen Buchstabenfolgen (equidistant letter sequences, EDLS) suche. Eine EDLS ergibt sich, wenn man einen beliebigen Text nimmt, einen bestimmten Buchstaben als Startpunkt auswählt und dann jeweils eine bestimmte Zahl von Buchstaben überspringt. In diesem Abschnitt könnte man beispielsweise beim »M« von Michael anfangen und fünf Stellen weiterspringen. Wenn wir jeden fünften Buchstaben notieren, erhalten wir die EDLS meseis ...

Diese EDLS bildet kein sinnvolles Wort, doch Drosnin beschreibt die Entdeckung einer erstaunlichen Zahl von biblischen EDLS, die nicht nur sinnvolle Wörter ergeben, sondern vollständige Sätze. Drosnin behauptet nun, diese Sätze seien biblische Vorhersagen. So sollen sich beispielsweise Hinweise auf die Ermordung von John F. Kennedy, Robert Kennedy und Anwar Sadat gefunden haben. In einer EDLS tauche der Name Newton neben dem Begriff der Schwerkraft auf, und in einem anderen werde Edison mit der Glühbirne in Verbindung gebracht. Zwar beruht Drosnins Buch auf einem Artikel von Doron Witzum, Eliyahu Rips und Yoav Rosenberg, doch stellt er weit anspruchsvollere Behauptungen auf und hat sich damit eine Menge Kritik eingehandelt. Der Haupteinwand lautet, daß die Textvorlage gewaltig ist: Bei einem so umfangreichen Text wird es kaum überraschen, daß sinnvolle Sätze erzeugt werden können, wenn man sowohl den Ausgangspunkt als auch die Sprungweite beliebig variieren kann.

Brendan McKay von der Australian National University hat die Schwäche von Drosnins Ansatz demonstriert, indem er in *Moby Dick* nach EDLS gesucht hat. Dabei fanden sich dreizehn Aussagen über Attentate auf berühmte Personen, darunter Trotzki, Gandhi und Robert Kennedy. Zudem sind hebräische Texte besonders reich an EDLS, weil die Vokale weitgehend fehlen. Das heißt, die Deuter können nach Belieben Vokale einfügen, und um so einfacher ist es, Voraussagen in die Texte hineinzulegen.

Anhang D

Die Freimaurerchiffre

Die monoalphabetische Substitution war jahrhundertelang in verschiedenen Varianten gebräuchlich. Beispielsweise verwendeten die Freimaurer im 18. Jahrhundert ein solches Chiffrierverfahren, um ihre Aufzeichnungen geheimzuhalten, und manche Kinder benutzen sie auch heute noch. Bei dieser Chiffre wird nicht ein Buchstabe durch einen anderen ersetzt, sondern ein Wort durch ein Symbol, und zwar nach dem folgenden Muster:

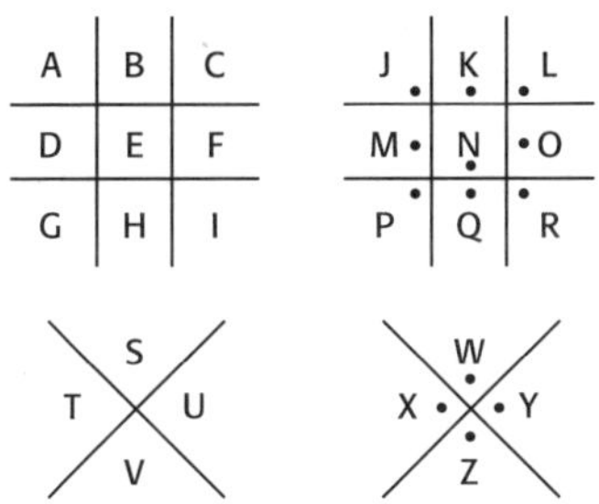

Um einen bestimmten Buchstaben zu verschlüsseln, wird seine Position in einem dieser vier Raster festgestellt und dann der entsprechende Teil des Rasters als Symbol für den Buchstaben verwendet:

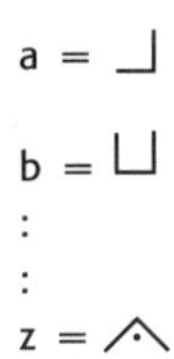

Wenn man den Schlüssel kennt, läßt sich die Freimaurerchiffre leicht auflösen. Wenn nicht, hilft ein gutes Rezept weiter:

Anhang E

Die Playfair-Verschlüsselung

Ihr Name geht auf Lyon Playfair zurück, den ersten Baron Playfair von St. Andrews, das Verfahren wurde jedoch von Sir Charles Wheatstone erfunden, einem der Pioniere des elektrischen Telegrafen im 19. Jahrhundert. Sie wohnten zu beiden Seiten der Londoner Hammersmith Brigde und trafen sich häufig, um über kryptographische Ideen zu diskutieren.

Bei dieser Chiffre wird jedes Buchstabenpaar im Klartext durch ein anderes Buchstabenpaar ersetzt. Um eine Mitteilung zu verschlüsseln und zu übermitteln, müssen Sender und Empfänger zunächst ein Schlüsselwort vereinbaren. Nehmen wir beispielsweise Wheatstones Vornamen, CHARLES, als Schlüsselwort. Vor der Verschlüsselung werden die Buchstaben des Alphabets in einem 5×5-Quadrat notiert. Begonnen wird mit dem Schlüsselwort, die Buchstaben I und J werden zusammengefaßt:

C	H	A	R	L
E	S	B	D	F
G	I/J	K	M	N
O	P	Q	T	U
V	W	X	Y	Z

Im nächsten Schritt wird die Mitteilung in Buchstabenpaare, sogenannte Digramme, aufgelöst. Die Buchstaben jedes Digramms sollten unterschiedlich sein, was im folgenden Beispiel durch die Einfügung eines x zwischen den beiden m von komm und von hammersmith erreicht wird. Ein weiteres x wird ans Ende gesetzt, falls die Anzahl der Buchstaben ungerade ist.

Klartext	komm heute abend auf die hammersmith bruecke
Klartext in Digrammen	ko-mx-mh-eu-te-na-ch-ta-uf-di-eh-am-xm-er-sm-it-hb-ru-ec-ke

Jetzt kann die Verschlüsselung beginnen. Alle Digramme lassen sich in zwei Gruppen einteilen: Die beiden Buchstaben liegen in derselben Zeile oder Spalte, oder keines von beidem ist der Fall. Wenn beide Buchstaben in derselben Zeile liegen, werden sie durch den Buchstaben ersetzt, der unmittelbar rechts von ihnen liegt; aus ch wird also HA. Wenn einer der Buchstaben am Ende einer Zeile liegt, wird er durch den Buchstaben am Anfang ersetzt. Wenn beide Buchstaben in derselben Spalte liegen, werden sie durch den jeweiligen Nachbarn darunter ersetzt; aus uf wird also NZ. Wenn sich einer der Buchstaben am Fuß einer Spalte befindet, wird er durch den obersten Buchstaben der Spalte ersetzt.

Wenn die Buchstaben eines Digramms weder in derselben Zeile noch in derselben Spalte liegen, folgt die Verschlüsselung einer anderen Regel. Um den ersten Buchstaben zu verschlüsseln, folgt man seiner Zeile, bis man die Spalte erreicht, die den zweiten Buchstaben enthält; der Buchstabe an diesem Schnittpunkt ersetzt dann den ersten Buchstaben. Für den zweiten Buchstaben folgt man seiner Zeile, bis man die Spalte mit dem ersten Buchstaben erreicht; der Buchstabe an diesem Schnittpunkt ersetzt dann den zweiten Buchstaben. Aus ko wird also GQ, und aus mx wird KY. Die gesamte Verschlüsselung sind dann wie folgt aus:

Klartext	ko	mx	mh	eu	te	na	ch	ta	uf	di	eh	am	xm	er	sm	it	hb	ru	ec	ke
in Digrammen	GQ	KY	IR	FO	OD	KL	HA	QR	ZN	SM	SC	RK	YK	DC	DI	MP	AS	LT	GE	GB
Geheimtext																				

Der Empfänger kennt das Schlüsselwort und kann den Geheimtext durch die Umkehrung dieses Verfahrens ohne weiteres entschlüsseln; beispielsweise werden Geheimbuchstaben in derselben Zeile einfach durch die jeweiligen Nachbarn zur Linken ersetzt.

Playfair war nicht nur Wissenschaftler, sondern auch eine bekannte Persönlichkeit des öffentlichen Lebens (Stellvertretender Sprecher des Unterhauses, Generalpostmeister und Beauftragter für das öffentliche Gesundheitswesen, der an der Schaffung eines modernen Kanalisationssystems mitwirkte). Er war entschlossen, Wheatstones Idee unter den ranghohen Politikern zu verbreiten. Erstmals erwähnte er sie bei einem Dinner in Anwesenheit von Prinz Albert und des künftigen Premierministers Lord Palmerston, später stellte er Wheatstone dem stellvertretenden Außenminister vor. Leider beschwerte sich dieser, das Verfahren sei zu kompliziert für den Einsatz im Krieg, während Wheatstone dagegenhielt, er könne seine Methode in 15 Minuten jedem Jungen aus der nächsten Grundschule beibringen. »Das ist gut möglich«, antwortete der stellvertretende Außenminister, »aber Sie könnten das nie einem Botschaftsattaché beibringen.«

Playfair ließ nicht locker, und schließlich übernahm das britische Kriegsministerium sein Verfahren, das wahrscheinlich im Burenkrieg erstmals eingesetzt wurde. Zwar erwies sich die Playfair-Chiffre eine Zeitlang als recht wirksam, doch war sie keineswegs uneinnehmbar. Eine Möglichkeit, sie zu knacken, besteht darin, nach den häufigsten Digrammen im Geheimtext zu suchen und darauf zu setzen, daß sie für die häufigsten Digramme im Deutschen (er, en, ch, de, ei, nd, te) bzw. Englischen (th, he, an, in, er re, es) stehen.

Anhang F

Die ADFGVX-Verschlüsselung

Das ADFGVX-System verwendet sowohl Substitution als auch Transposition. Die Verschlüsselung beruht zunächst auf einem 6×6-Quadrat, dessen 36 Kästchen nach Zufallsprinzip mit den 26 Buchstaben und zehn Ziffern gefüllt werden. Jede Zeile und jede Spalte der Tabelle wird mit einem der sechs Buchstaben A, D, F, G, V, und X markiert. Die Anordnung der Zeichen in der Tabelle bildet einen Teil des Schlüssel, daher muß der Empfänger sie kennen, um die Mitteilungen entschlüsseln zu können.

	A	**D**	**F**	**G**	**V**	**X**
A	8	p	3	d	1	n
D	l	t	4	o	a	h
F	7	k	b	c	5	z
G	j	u	6	w	g	m
V	x	s	v	i	r	2
X	9	e	y	0	f	q

Im ersten Verschlüsselungsschritt wird jeder Buchstabe bzw. jede Ziffer der Mitteilung in der Tabelle durch die Buchstaben ersetzt, die seine Zeile und seine Spalte bezeichnen. Die 8 beispielsweise würde durch AA ersetzt und das p durch AD. Hier ist eine kurze Mitteilung, die mit diesem Verfahren verschlüsselt wurde:

Mitteilung	angriff um 10 uhr													
Klartext	a	n	g	r	i	f	f	u	m	1	0	u	h	r
Geheimtext Stufe 1	DV	AX	GV	VV	VG	XV	XV	GD	GX	AV	XG	GD	DX	VV

Bislang handelt es sich um eine einfache monoalphabetische Verschlüsselung, und die Häufigkeitsanalyse würde genügen, um sie zu knacken. Die zweite Stufe von ADFGVX ist jedoch eine Transposition, welche die Analyse deutlich erschwert. Die Transposition beruht auf einem Schlüsselwort, in diesem Falle MARK, das der Empfänger ebenfalls kennen muß. Die Transposition geschieht nach folgendem Rezept. Erstens werden die Buchstaben des Schlüsselworts in die erste Zeile einer neuen Tabelle geschrieben. Dann wird der Geheimtext der Stufe 1 in die Zeilen darunter geschrieben, wie unten gezeigt. Die Spalten der Tabelle werden dann so umgestellt, daß die Buchstaben des Schlüsselworts sich in alphabetischer Reihenfolge befinden. Dies ergibt den endgültigen Geheimtext.

M	**A**	**R**	**K**
D	V	A	X
G	V	V	V
V	G	X	V
X	V	G	D
G	X	A	V
X	G	G	D
D	X	V	V

Die Spalten werden so umgestellt, daß die Buchstaben des Schlüsselworts alphabetisch geordnet sind →

A	**K**	**M**	**R**
V	X	D	A
V	V	G	V
G	V	V	X
V	D	X	G
X	V	G	A
G	D	X	G
X	V	D	V

Endgültiger Geheimtext: VXDAVVGVGVVXVDXGXVGAGDXGXVDV

Dieser Text wird anschließend im Morsecode gefunkt, der Empfänger kehrt die Verschlüsselung um und erhält den Klartext. Der gesamte Geheimtext ist aus sechs Buchstaben zusammengesetzt (A, D, F, G, V, X), den Bezeichnungen der Zeilen und Spalten des anfänglichen 6×6-Quadrats. Oft taucht die Frage auf, warum ausgerechnet diese Buchstaben gewählt wurden und nicht beispielsweise A, B, C, D, E und F. Die Antwort lautet, daß A, D, F, G, V und X sich als Punkt- und Strichfolgen im Morsecode deutlich voneinander unterscheiden und damit die Gefahr von Übermittlungsfehlern verringert wird.

Anhang G

Warum ein One time pad kein zweites Mal verwendet werden sollte

Wie in Kapitel 3 erläutert, sind Geheimtexte, die mit einem Einmalschlüssel, dem One time pad, chiffriert wurden, nicht zu knacken. Allerdings gilt dies nur, wenn ein One time pad wirklich nur ein einziges Mal verwendet wird. Wenn wir zwei verschiedene Geheimtexte abfangen könnten, die mit demselben One time pad verschlüsselt wurden, wären sie wie folgt zu dechiffrieren.

Wir können davon ausgehen, daß der erste Text mit großer Wahrscheinlichkeit das Wort die enthält, und die Kryptoanalyse beginnt mit dem Hilfskonstrukt, daß die gesamte Mitteilung aus einer ununterbrochenen Folge von die's besteht. Als nächstes stellen wir das One time pad zusammen, das erforderlich wäre, um diese Folge von die's in den Geheimtext zu verwandeln. Woher wissen wir nach diesem ersten Schritt, welche Teile des One time pad korrekt sind?

Wir können das erste Ergebnis auf den zweiten Geheimtext anwenden und prüfen, ob der sich ergebende Klartext irgendeinen Sinn macht. Wenn wir Glück haben, können wir einige Bruchteile von Wörtern im zweiten Klartext ausmachen, was darauf hindeutet, daß die entsprechenden Teile des One time pad korrekt sind. Dies wiederum zeigt uns, an welchen Stellen in der ersten Mitteilung das die stehen muß.

Wenn wir die Bruchteile, die wir im zweiten Geheimtext gefunden haben, zu Wörtern ergänzen, können wir weitere Stücke des One time pad erschließen, was wiederum neue Fragmente im ersten Klartext erkennen läßt. Diesen Vorgang können wir so lange wiederholen, bis wir beide Klartexte aufgedeckt haben.

Die Methode ähnelt deutlich der Entzifferung einer Mitteilung, die mit einem Vigenère-Quadrat und einer Wortfolge als Schlüssel chiffriert wurde, wie in dem Beispiel aus Kapitel 3, bei dem der Schlüssel NORWEGENAEGYPTENMALTA lautete.

Anhang H

Die Lösung des Kreuzworträtsels aus dem *Daily Telegraph*

WAAGRECHT	SENKRECHT
1. Troupe	1. Tipstaff
4. Short Cut	2. Olive oil
9. Privet	3. Pseudonym
10. Aromatic	5. Horde
12. Trend	6. Remit
13. Great deal	7. Cutter
15. Owe	8. Tackle
16. Feign	11. Agenda
17. Newark	14. Ada
22. Impale	18. Wreath
24. Guise	19. Right nail
27. Ash	20. Tinkling
28. Centre bit	21. Sennight
31. Token	23. Pie
32. Lame dogs	25. Scales
33. Racing	26. Enamel
34. Silencer	29. Rodin
35. Alight	30. Bogie

Anhang I

Woran Sie sich versuchen könnten ...

Einige der glänzendsten Entzifferungen der Geschichte sind den Amateuren gelungen. Georg Grotefend beispielsweise, der den entscheidenden Durchbruch zum Verständnis der Keilschrift geschafft hat, war Lehrer. Leser, die den Drang verspüren, in seine Fußstapfen zu treten, können sich noch an einigen Schriften versuchen, die bis heute rätselhaft geblieben sind. Linear A, eine minoische Schrift, hat allen Versuchen, sie zu entziffern, widerstanden, vor allem, weil die Textgrundlage spärlich ist. Vom Etruskischen kann man dies nicht sagen, immerhin gibt es über 10000 Inschriften, die Interessierten zugänglich sind, doch auch an dieser Schrift sind die besten Gelehrten gescheitert. Das Iberische, eine weitere Schrift aus der Zeit vor den Römern, und die skandinavischen Futhark-Runen sind gleichermaßen unzugänglich geblieben.

Die faszinierendste Schrift des alten Europa trägt jedoch der einzigartige Diskos von Phaistos, der 1908 in Südkreta entdeckt wurde. Es handelt sich um eine runde Scheibe aus der Zeit um 1700 v. Chr. mit einer spiralförmig verlaufenden Inschrift auf beiden Seiten. Die Zeichen sind nicht von Hand eingeritzt, sondern mit Stempeln geprägt und stellen daher die älteste bekannte Druckschrift dar. Erstaunlicherweise wurde nie ein ähnliches Dokument gefunden, daher muß sich die Entzifferung auf sehr spärliche Informationen stützen: 242 Zeichen, eingeteilt in 61 Gruppen. Eine Stempelschrift läßt jedoch auf einen verbreiteten Gebrauch schließen, und so besteht die Hoffnung, die Archäologen könnten eines Tages einen Vorrat an ähnlichen Scheiben finden, die Licht auf diese rätselhafte Schrift werfen.

Eine der größten Herausforderungen außerhalb Europas ist die Entzifferung der Schrift der Indus-Kultur aus der Bronzezeit. Sie findet sich auf Tausenden von Siegeln aus dem 3. Jahrtausend v. Chr. Jedes Siegel zeigt ein Tier zusammen mit einer kurzen Inschrift, doch deren Bedeutung blieb den Experten bislang verschlossen. Ein erstaunliches Beispiel für diese Schrift bietet ein langes Holzbrett mit mächtigen, 37 cm hohen Buchstaben. Es könnte sich um die weltälteste Reklametafel handeln. Jedenfalls läßt sie vermuten, daß die Kunst des Lesens nicht auf die Elite beschränkt war, und wirft die Frage auf, wofür sie Werbung machte. Die wahrscheinlichste Antwort ist, daß es sich um eine Propaganda-Kampagne für den König handelte, und wenn man herausfinden könnte, wer dieser König war, könnte die Werbetafel den Weg zum Rest der Schrift weisen.

Anhang J

Die Mathematik von RSA

Es folgt eine rein mathematische Funktionsbeschreibung der Ver- und Entschlüsselung mit dem RSA-Verfahren.

(1) Alice wählt zwei riesige Primzahlen, p und q. Die Primzahlen sollten sehr groß sein, doch der Einfachheit halber nehmen wir an, daß Alice $p=17$ und $q=11$ nimmt. Diese Zahlen muß sie geheimhalten.

(2) Alice multipliziert die Primzahlen miteinander und erhält eine weitere Zahl, N. In diesem Fall ist $N=187$. Jetzt wählt sie eine weitere Zahl, e, nehmen wir an, sie nimmt $e=7$.
(e und $(p-1)\times(q-1)$ sollten teilerfremd sein, doch das ist ein technisches Detail.)

(3) Jetzt kann Alice e und N in einem öffentlichen Verzeichnis abdrucken lassen. Da diese beiden Zahlen für die Verschlüsselung benötigt werden, müssen sie allen zugänglich sein, die eine Mitteilung an Alice verschlüsseln wollen. Sie bilden den sogenannten öffentlichen Schlüssel. (Die Zahl e ist nicht für Alice reserviert, sie kann auch Bestandteil aller anderen öffentlichen Schlüssel sein. Allerdings müssen sich die Werte von N, die von den jeweils gewählten p und q abhängen, bei allen Schlüsseln unterscheiden.)

(4) Damit eine Mitteilung verschlüsselt werden kann, muß sie zunächst in eine Zahl M verwandelt werden. Beispielsweise kann ein Wort gemäß ASCII in eine binäre Zahl verwandelt werden, die dann zu Verschlüsselungszwecken als Dezimalzahl M betrachtet werden kann. Dieses M wird verschlüsselt und ergibt den Geheimtext C nach folgender Formel:
$C=M^e \pmod N$

(5) Nehmen wir an, Bob wolle Alice nichts weiter als einen symbolischen Kuß mit dem Buchstaben X schicken. In ASCII wird er durch 1011000 dargestellt, was der Dezimalzahl 88 entspricht. Daher ist $M=88$.

(6) Um diese Mitteilung zu verschlüsseln, sucht Bob zunächst Alice' öffentlichen Schlüssel heraus, also $N=187$ und $e=7$. Diese Zahlen kann er in die Verschlüsselungsformel für die Mitteilung an Alice einsetzen. Bei $M=88$ ergibt die Formel

$C=88^7 \pmod{187}$

(7) Ein Taschenrechner eignet sich für diese Berechnung nicht, denn das Display kann derart astronomische Zahlen nicht anzeigen. Allerdings gibt es einen guten Kniff, um Potenzen in der Modul-Arithmetik zu berechnen. Da $7=4+2+1$, wissen wir, daß:

$88^7 \pmod{187} = [88^4 \pmod{187} \times 88^2 \pmod{187} \times 88^1 \pmod{187}] \pmod{187}$

$88^1 = 88 = 88 \pmod{187}$

$88^2 = 7744 = 77 \pmod{187}$

$88^4 = 59969536 = 132 \pmod{187}$

$88^7 = 88^1 \times 88^2 \times 88^4 = 88 \times 77 \times 132 = 894432 = 11 \pmod{187}$

Jetzt schickt Bob den Geheimtext, $C = 11$, an Alice.

(8) Wir wissen, daß die Exponenten in der Modul-Arithmetik Einwegfunktionen sind, es ist also sehr schwer, von $C=11$ aus den Weg zurückzugehen und die ursprüngliche Botschaft M zu erschließen. Eve kann die Mitteilung also nicht entschlüsseln.

(9) Alice jedoch kann die Botschaft entschlüsseln, weil sie eine bestimmte Information besitzt: die Werte von p und q. Sie berechnet eine besondere Zahl d, den Dechiffrierschlüssel, der als privater Schlüssel bezeichnet wird. Die Zahl d wird mit folgender Formel berechnet:

$e \times d = 1 \pmod{(p-1) \times (q-1)}$

$7 \times d = 1 \pmod{16 \times 10}$

$7 \times d = 1 \pmod{160}$

$d = 23$

(Den Wert von d bekommt man nicht auf direktem Wege, mit dem sogenannten euklidischen Algorithmus jedoch relativ einfach und schnell.)

(10) Um die Mitteilung zu entschlüsseln, benutzt Alice einfach die folgende Formel:

$M = C^d \pmod{187}$

$M = 11^{23} \pmod{187}$

$M = [11^1 \pmod{187} \times 11^2 \pmod{187} \times 11^4 \pmod{187} \times 11^{16} \pmod{187}] \pmod{187}$

$M = [11 \times 121 \times 55 \times 154] \pmod{187}$

$M = 88 = X$ in ASCII.

Rivest, Shamir und Adleman haben damit eine spezielle Einwegfunktion geschaffen, die nur umgekehrt werden kann, wenn man die geheimgehaltenen Werte von p und q kennt. Jeder Nutzer dieser Funktion kann sie mit der Wahl von p und q, die multipliziert N ergeben, für sich zurechtschneiden. Mit diesem persönlichen N können Mitteilungen verschlüsselt werden, die einzig der berechtigte Empfänger entschlüsseln kann, weil nur er p und q und daher auch den Dechiffrierschlüssel d kennt.

Glossar

ASCII American Standard Code for Information Interchange. Ein Standard zur Umwandlung von alphabetischen und anderen Zeichen in binäre Zahlen.

asymmetrische Verschlüsselung Eine Form der Kryptographie, bei welcher sich der zur Chiffrierung und der zur Dechiffrierung eingesetzte Schlüssel unterscheiden. RSA ist ein solches Verfahren, das auch als Public-Key-Kryptographie bezeichnet wird.

Caesar-Verschiebung, kurz Caesar. Zu Caesars Zeiten eine Verschlüsselung, bei der jeder Buchstabe der Mitteilung durch den Buchstaben ersetzt wurde, der drei Stellen weiter im Alphabet folgte. Allgemein gefaßt, handelt es sich um ein Substitutionsverfahren, bei dem jeder Buchstabe der Mitteilung durch den Buchstaben ersetzt wird, der x Stellen weiter im Alphabet folgt, wobei x eine Zahl zwischen 1 und 25 darstellt.

chiffrieren Einen Klartext mit einem Verschlüsselungsverfahren in einen Geheimtext verwandeln.

Chiffre Chiffrierter Text, Geheimtext.

Code Ein Verfahren zur Verschleierung des Inhalts einer Mitteilung, bei dem die Wörter oder Sätze des Klartexts durch andere Wörter oder Buchstabenfolgen ersetzt werden. Die Liste der Ersetzungen ist in einem Codebuch enthalten. (Eine andere Definition des Codes wäre: Jede Form der Verschlüsselung, die nicht flexibel ist, bei der also nur ein Schlüssel verwendet wird, nämlich das Codebuch.)

codieren Einen Klartext in einen codierten Text verwandeln (im engeren Sinne, siehe Code)

dechiffrieren Eine chiffrierte Mitteilung in den Klartext verwandeln.

decodieren Eine codierte Mitteilung in die ursprüngliche Mitteilung zurückverwandeln (im engeren Sinne, siehe Code).

DES Data Encryption Standard, ein von IBM entwickeltes Chiffrierverfahren, das 1976 offiziell als US-Standard übernommen wurde.

Diffie-Hellman-Merkle-Schlüsselaustausch Ein Verfahren, bei dem Sender und Empfänger in öffentlichem Gespräch einen geheimen Schlüssel vereinbaren können. Sobald der Schlüssel erstellt ist, kann der Sender ein Verfahren wie DES verwenden, um seine Mitteilung zu verschlüsseln.

digitale (elektronische) Unterschrift Ein Verfahren zum Nachweis der Urheberschaft eines elektronischen Dokuments. Häufig verschlüsselt der Autor das Dokument zu diesem Zweck mit seinem privaten Schlüssel.

entschlüsseln Eine verschlüsselte Mitteilung in die ursprüngliche Gestalt zurückverwandeln. Der Begriff bezeichnet sowohl die Tätigkeit des eigentlichen Empfängers, der den Schlüssel kennt und damit den Klartext wiederherstellt, als auch die Tätigkeit gegnerischer Kryptoanalytiker, die den Text ohne vorgängige Kenntnis des Schlüssels entschlüsseln. Allgemeinbegriff für decodieren und dechiffrieren.

Geheimtext Die Mitteilung (der Klartext) nach der Verschlüsselung.

Geheimtextalphabet Ein umgestelltes gewöhnliches oder Klartextalphabet, mit dem festgelegt wird, wie die Buchstaben der ursprünglichen Mitteilung verschlüsselt werden. Das Geheimtextalphabet kann auch aus Ziffern oder beliebigen anderen Zeichen bestehen.

homophone Substitution Ein Verschlüsselungsverfahren, bei dem für jeden Klarbuchstaben mehrere Ersetzungsmöglichkeiten vorhanden sind. Entscheidend ist jedoch: Zwar mag es beispielsweise sechs mögliche Zeichen für den Buchstaben a geben, doch diese Zeichen sind ausschließlich für diesen Buchstaben vorgesehen. Es handelt sich um eine Form der monoalphabetischen Verschlüsselung.

Klartext Die ursprüngliche Mitteilung vor der Verschlüsselung.

Kryptoanalyse Die Wissenschaft von der Erschließung des Klartextes aus dem Geheimtext ohne Kenntnis des Schlüssels.

Kryptographie Die Wissenschaft von der Verschlüsselung einer Mitteilung oder von der Verschleierung des Inhalts einer Mitteilung. Manchmal wird der Begriff allgemeiner gebraucht im Sinne von Kryptologie und bezeichnet alles, was mit Ver- und Entschlüsselung zu tun hat.

Kryptologie Die Wissenschaft von der Verschlüsselung in allen ihren Formen, Oberbegriff für Kryptographie und Kryptoanalyse.

monoalphabetische Verschlüsselung Ein Substitutionsverfahren, bei dem das Geheimtextalphabet während der Verschlüsselung unverändert bleibt.

National Security Agency (NSA) Eine dem amerikanischen Verteidigungsministerium unterstellte Behörde mit der Aufgabe, den Informationsverkehr in den USA zu sichern und in den Informationsverkehr anderer Länder einzubrechen.

öffentlicher Schlüssel Wird in der Public-Key-Kryptographie vom Sender verwendet, um die Mitteilung zu verschlüsseln. Der öffentliche Schlüssel ist allen zugänglich.

One time pad Die einzige Form der Verschlüsselung, die nicht zu knacken ist. Sie beruht auf einem Zufallsschlüssel, der dieselbe Länge hat wie die Mitteilung selbst. Jeder Schlüssel darf nur ein einziges Mal verwendet werden.

polyalphabetische Verschlüsselung Ein Substitutionsverfahren, bei dem das Geheimtextalphabet während der Verschlüsselung wechselt, wie etwa bei der Vigenère-Verschlüsselung. Der Wechsel wird durch einen Schlüssel festgelegt.

Pretty Good Privacy (PGP) Ein von Phil Zimmermann auf der Basis des RSA-

Verfahrens entwickelter Verschlüsselungsalgorithmus für die computergestützte Verschlüsselung.

privater Schlüssel Wird in der Public-Key-Kryptographie vom Empfänger verwendet, um die Mitteilung zu entschlüsseln. Der private Schlüssel muß geheimgehalten werden.

Public-Key-Kryptographie Mit diesem kryptographischen Verfahren wurde das Problem der Schlüsselverteilung gelöst. Es beruht auf einer asymmetrischen Verschlüsselung, bei der jeder Anwender einen öffentlichen Chiffrier-Schlüssel und einen privaten Dechiffrierschlüssel erzeugt.

Quantencomputer Ein besonders leistungsfähiger Computer, für den quantentheoretische Erkenntnisse genutzt werden sollen, vor allem die Hypothese, daß ein Gegenstand in vielen Zuständen (Superposition) oder aber in verschiedenen Universen zugleich sein kann. Wäre es möglich, einen Quantencomputer von brauchbarer Größe zu bauen, würde er die Sicherheit aller gegenwärtigen Verschlüsselungsverfahren mit Ausnahme des One time pad gefährden.

Quantenkryptographie Ein nicht zu knackendes Verschlüsselungsverfahren, bei dem Erkenntnisse der Quantentheorie genutzt werden, vor allem das Unschärfeprinzip, wonach es unmöglich ist, alle Eigenschaften eines Objekts zugleich mit absoluter Genauigkeit zu messen. Die Quantenkryptographie gewährleistet den sicheren Austausch einer Zufallsfolge aus Bits, die dann als Grundlage für ein One time pad dienen kann.

RSA Das erste Verfahren, das die Anforderungen an die Public-Key-Kryptographie erfüllte. Erfunden wurde es 1977 von Ron Rivest, Adi Shamir und Leonard Adleman.

Schlüssel Dient dazu, den allgemeinen Verschlüsselungsalgorithmus für eine bestimmte Verschlüsselung verwendbar zu machen. Der Gegner kann daher den von Sender und Empfänger gebrauchten Algorithmus erfahren, der Schlüssel jedoch muß geheim bleiben.

Schlüsselhinterlegung Ein Verfahren, bei dem die Nutzer Kopien ihrer privaten Schlüssel bei einer vertrauenswürdigen dritten Partei hinterlegen, die den Schlüssel nur unter bestimmten Bedingungen, beispielsweise bei richterlicher Anordnung, einer Ermittlungsbehörde aushändigt.

Schlüssellänge Bei der computergestützten Verschlüsselung werden Zahlenschlüssel verwendet. Die Anzahl der Nullen und Einsen, also der Bits, bestimmt die Schlüssellänge. Damit ist zugleich die größte Zahl festgelegt, die als Schlüssel verwendet werden kann, und auch die Zahl der möglichen Schlüssel. Je länger der Schlüssel (bzw. je größer die Zahl der möglichen Schlüssel), desto länger dauert es, bis ein Kryptoanalytiker alle Schlüssel durchgetestet hat.

Schlüsselverteilung Der Vorgang, der gewährleistet, daß Sender und Empfänger den Schlüssel zur Verfügung haben und damit überhaupt arbeiten können. Dabei muß sichergestellt sein, daß der Schlüssel nicht in gegnerische Hände gelangt. Die Schlüsselverteilung war vor der Erfindung der Public-Key-Kryptographie ein ernstes logistisches und Sicherheitsproblem.

Steganographie In dieser Disziplin geht es um die Frage, wie eine Mitteilung als solche versteckt werden kann, im Gegensatz zur Kryptographie, der Wissenschaft von der Verschleierung des Inhalts einer Mitteilung.

Substitutionsverfahren Ein Verschlüsselungsverfahren, bei dem jeder Buchstabe der Mitteilung durch einen anderen Buchstaben (oder ein anderes Zeichen) ersetzt wird, bei dem die Buchstaben jedoch ihre Position in der Mitteilung behalten.

symmetrische Kryptographie Eine Form der Kryptographie, bei der zur Ver- und Entschlüsselung derselbe Schlüssel verwendet wird. Der Begriff umfaßt alle traditionellen Verschlüsselungsverfahren, die bis zu den siebziger Jahren in Gebrauch waren.

Transposition Ein Verschlüsselungsverfahren, bei dem jeder Buchstabe innerhalb der Mitteilung seinen Platz wechselt, doch selbst unverändert bleibt.

verschlüsseln Einen Klartext in einen Geheimtext verwandeln, allgemein gebräuchlich für chiffrieren und codieren.

Verschlüsselungsalgorithmus Jeder allgemeine Verschlüsselungsprozeß, der durch die Wahl eines Schlüssel spezifiziert werden kann.

Verschlüsselungsverfahren (Chiffrierverfahren) Ein System zur Verschleierung des Inhalts einer Mitteilung, bei dem jeder Buchstabe der ursprünglichen Mitteilung durch einen anderen Buchstaben ersetzt wird. Das System sollte eine gewisse Flexibilität besitzen, für die der veränderliche Schlüssel sorgt.

Vigenère-Verschlüsselung Eine um 1500 entwickelte polyalphabetische Verschlüsselung. Das Vigenère-Quadrat enthält 26 verschiedene Geheimtextalphabete, die gegeneinander caesar-verschoben sind. Mit einem Schlüsselwort wird festgelegt, welches Geheimtextalphabet für den jeweiligen Buchstaben des Klartextes verwendet wird.

Danksagung

Während der Arbeit an diesem Buch hatte ich das Vergnügen, viele der besten lebenden Kryptographen und Kryptoanalytiker der Welt kennenlernen zu dürfen, angefangen bei jenen, die einst in Bletchley Park gearbeitet haben, bis hin zu den Entwicklern der neuen Chiffrierverfahren, die das Informationszeitalter bereichern werden. Ich möchte Whitfield Diffie und Martin Hellman danken, die sich während meines Aufenthalts im sonnigen Kalifornien die Zeit genommen haben, mir ihre Arbeit zu erläutern. Auch Clifford Cocks, Malcolm Williamson und Richard Walton haben mir bei meinem Besuch im wolkenverhangenen Cheltenham großzügig geholfen. Besonders dankbar bin ich der Information Security Group am Londoner Royal Holloway College, die es mir gestattete, am Master of Science-Kurs zur Informationssicherheit teilzunehmen. Professor Fred Piper, Simon Blackburn, Jonathan Tuliani und Fauzan Mirza haben mir wertvollen Unterricht zu Codes und Chiffren erteilt.

Während meines Aufenthalts in Virginia hatte ich das Glück, von dem Experten Peter Viemeister persönlich auf dem Beale-Schatz-Pfad begleitet zu werden. Auch das Bedford County Museum und Stephen Cowart von der Beale Cypher and Treasure Association haben mir bei meinen Forschungen zu diesem Thema geholfen. Ich danke auch David Deutsch und Michele Mosca vom Oxford Centre for Quantum Computation, Charles Bennett und seiner Forschungsgruppe an den Thomas J. Watson Laboratories der IBM, Stephen Wiesner, Leonard Adleman, Ronald Rivest, Paul Rothemund, Jim Gillogly, Paul Leyland und Neil Barrett.

Derek Taunt, Alan Stripp und Donald Davies waren so freundlich, mir zu erklären, wie Bletchley Park die Enigma geknackt hat. Unterstützung fand ich auch beim Bletchley Park Trust, dessen Mitglieder regelmäßig interessante Vorträge zu verschiedenen Themen halten. Dr. Mohammed Mrayati und Dr. Ibrahim Kadi waren an der Entdeckung früher Erfolge der arabischen Kryptoanalyse beteiligt und waren so freundlich, mir einschlägige Dokumente zu schicken. Die Zeitschrift *Cryptologia* brachte ebenfalls Artikel über die arabischen Kryptoanalytiker sowie über viele andere einschlägige Themen, und ich bin Brian Winkel dafür dankbar, daß er mir ältere Hefte dieser Zeitschrift zugeschickt hat.

Ich kann den Leserinnen und Lesern nur empfehlen, das National Cryptologic Museum in der Nähe von Washington und die Cabinet War Rooms in London zu besuchen, und ich hoffe, Sie werden es dort genauso spannend finden wie ich.

Mein Dank gilt den Kuratoren und Bibliothekaren dieser Museen, die mir bei meinen Recherchen geholfen haben. (Auch das Deutsche Museum in München zeigt in der Abteilung Informatik eine Sammlung kryptographischer Geräte, Anm. d. Übers.) Als mir die Zeit davonlief, halfen mir James Howard, Bindu Mathur, Pretty Sagoo, Anna Singh und Nick Shearing, wichtige und interessante Artikel, Bücher und Dokumente zu recherchieren, und ich danke ihnen für ihre Mühen. Mein Dank gilt auch Antony Buonomo bei www.vertigo.co.uk, der mir half, meine Webseite einzurichten.

Ich habe nicht nur mit Fachleuten gesprochen, sondern auch aus zahlreichen Büchern und Artikeln Nutzen gezogen. Die Liste der weiterführenden Literatur nennt einige dieser Quellen, doch ist sie weder ein vollständiger Literaturnachweis noch eine umfassende Bibliographie zum Thema. Sie enthält nur Empfehlungen für näher interessierte Leser. Von allen Büchern, auf die ich bei meinen Recherchen gestoßen bin, möchte ich eines besonders hervorheben: *The Codebreakers* von David Kahn. Dieses Buch dokumentiert fast jede wichtige kryptographische Entwicklung der Geschichte und ist als solches eine unschätzbar wertvolle Quelle.

Verschiedene Bibliotheken, Institutionen und Personen haben mir Fotos zur Verfügung gestellt. Im Fotonachweis sind alle Quellen genannt, doch besonders danken möchte ich Sally McClain, die mir Fotos von den Navajo-Codesprechern geschickt hat; Professor Eva Brann für die Entdeckung des einzigen Fotos von Alice Kober; Joan Chadwick für ein Foto von John Chadwick; und Brenda Ellis, die mir freundlicherweise Fotos von James Ellis geliehen hat. Ich danke auch Hugh Whitemore für die Erlaubnis, ein Zitat aus seinem Stück *Breaking the Code* zu verwenden, das auf Andrew Hodges' Buch *Alan Turing, The Enigma* beruht.

Mein herzlicher Dank gilt meinen Freunden und meiner Familie, die es während der zwei Jahre, in denen ich an diesem Buch gearbeitet habe, mit mir ausgehalten haben. Neil Boynton, Dawn Dzedzy, Sonya Holbraad, Tim Johnson, Richard Singh und Andrew Thompson haben mir geholfen, kühlen Kopf zu bewahren, während ich mich mit komplizierten kryptographischen Ideen abmühte. Namentlich Bernadette Alves hat mir eine unschätzbare Mischung aus moralischer Unterstützung und luzider Kritik zuteil werden lassen. Rückblickend möchte ich auch all jenen Menschen und Institutionen danken, die meinen Lebensweg geprägt haben, darunter die Wellington School, das Imperial College und die High Energy Physics Group an der Universität Cambridge; Dana Purvis von der BBC, die mir die erste Chance beim Fernsehen gewährte; und Roger Highfield vom *Daily Telegraph*, der mich ermutigte, meinen ersten Artikel zu schreiben.

Schließlich hatte ich das gewaltige Glück, mit einigen der Besten im Verlagswesen zusammenzuarbeiten. Patrick Walsh ist ein Agent, der die Naturwissenschaften liebt, sich um seine Autoren kümmert und unerschöpfliche Begeisterung versprüht. Er hat mich mit äußerst freundlichen und kompetenten Verlegern bekanntgemacht, vor allem bei Fourth Estate, wo man meine endlosen Anfragen mit ausgesprochener Großzügigkeit ertragen hat. Last not least haben mir meine Lektoren Christopher Potter, Leo Hollis und Peternelle van Arsdale geholfen, Licht in ein Thema zu bringen, das sich auf verschlungenen Pfaden durch drei Jahrtausende windet. Dafür bin ich ihnen grenzenlos dankbar.

Weiterführende Literatur

Diese Liste ist für die allgemein am Thema interessierten Leser bestimmt. Ich habe nur wenige fachwissenschaftliche Arbeiten aufgenommen, doch einige der angeführten Titel enthalten umfassende Bibliographien. Wenn Sie beispielsweise mehr über die Entzifferung von Linear B (Kapitel 5) erfahren wollen, empfehle ich *Linear B. Die Entzifferung der mykenischen Schrift* von John Chadwick. Wenn Ihnen auch dieses Buch nicht ausführlich genug ist, ziehen Sie bitte die darin enthaltene Bibliographie zu Rate.

Im Internet findet sich eine Menge interessantes Material zum Thema Kryptographie. Neben den Büchern habe ich deshalb auch einige der Webseiten aufgelistet, die einen Besuch lohnen. (Mit * gekennzeichnete Titel wurden für die deutsche Ausgabe hinzugefügt.)

Allgemeine Einführungen

*Bauer, Friedrich L., *Entzifferte Geheimnisse.* Berlin und Hamburg 1995.

Beutelspacher, Albrecht, *Kryptologie.* Braunschweig und Wiesbaden 1993.

Eine vorzügliche Einführung in das Thema von der Caesar-Verschiebung bis zur Public-Key-Kryptographie, mit eher mathematischem als historischem Schwerpunkt. Dies ist auch das Kryptographiebuch mit dem besten Untertitel: *Eine Einführung in die Wissenschaft vom Verschlüsseln, Verbergen und Verheimlichen. Ohne alle Geheimniskrämerei, aber nicht ohne hinterlistigen Schalk, dargestellt zum Nutzen und Ergötzen des allgemeinen Publikums.*

Kahn, David, *The Codebreakers.* New York 1996.

Eine 1200seitige Geschichte der Verschlüsselung. Das Standardwerk in Sachen Kryptologie bis in die fünfziger Jahre.

*Kippenhahn, Rudolf, *Verschlüsselte Botschaften.* Reinbek 1997.

Newton, David E., *Encyclopedia of Cryptology.* Santa Barbara 1997.

Ein nützliches Nachschlagewerk mit klaren und präzisen Erläuterungen der meisten Aspekte der klassischen und modernen Kryptologie.

Smith, Lawrence Dwight, *Cryptography.* New York 1943.

Eine exzellente Einführung in die Kryptographie mit mehr als 150 Problemstellungen. Der Verlag (Dover) bringt viele Bücher zum Thema Kryptographie heraus.

Kapitel 1

Gaines, Helen Fouché, *Cryptanalysis*. New York 1956.
Eine Untersuchung von Geheimschriften und deren Entschlüsselung. Eine hervorragende Einführung in die Kryptoanalyse mit vielen nützlichen Häufigkeitstabellen im Anhang.

Kadi, Ibraham A., »The origins of cryptology: The Arab contributions«, in: *Cryptologia* 16/2 (April 1992), S. 97–126.
Eine Diskussion der jüngst entdeckten arabischen Manuskripte und des Werks von al-Kindī.

Fraser, Lady Antonia, *Maria Stuart, Königin der Schotten.* Herrsching 1989.
Eine gut lesbare Darstellung des Lebens der Maria Stuart.

Smith, Alan Gordon, *The Babington Plot.* London 1936.
Dieses Buch stellt das Geschehen in zwei Teilen dar, einmal vom Standpunkt Babingtons, das andere Mal aus der Sicht Walsinghams.

Steuart, A. Francis, Hg., *The Trial of Mary Queen of Scots.* London 1951.
Ein Buch aus der Reihe »Notable British Trials«.

Kapitel 2

Standage, Tom, *The Victorian Internet.* London 1998.
Die erstaunliche Geschichte der Entwicklung des elektrischen Telegrafen.

Franksen, Ole Immanuel, *Mr Babbage's Secret.* London 1985.
Mit einer Erörterung von Babbages Arbeit an der Entschlüsselung der Vigenère-Chiffre.

Franksen, Ole Immanuel, »Babbage and cryptography. Or, the mystery of Admiral Beaufort's cipher«, in: *Mathematics and Computer Simulation* 35 (1993), S.327–67.
Eine detaillierte Auseinandersetzung mit dem kryptologischen Werk von Babbage und seiner Beziehung zu Konteradmiral Sir Francis Beaufort.

Rosenheim, Shawn, *The Cryptographic Imagination.* Baltimore 1997.
Eine wissenschaftliche Auseinandersetzung mit den kryptographischen Schriften von Edgar Allan Poe und deren Einfluß auf Literatur und Kryptographie.

Poe, Edgar Allan, *Werke I.* Olten 1966 (und weitere Ausgaben).
Enthält »Der Goldkäfer« in der Übersetzung von Hans Wollschläger.

Viemeister, Peter, *The Beale Treasure: History of a Mystery.* Bedford, Virginia, 1997.
Eine ausführliche Darstellung der Beale-Chiffren von einem angesehenen Lokalhistoriker. Enthält den gesamten Text der Beale-Schrift und ist am einfachsten direkt von den Herausgebern zu beziehen: Hamilton's, P.O. Box 932, Bedford, VA, 24523, USA.

Kapitel 3

Tuchman, Barbara W., *Die Zimmermann-Depesche.* Bergisch Gladbach 1982.
Spannende Schilderung der folgenreichsten Entschlüsselung im Ersten Weltkrieg.

Yardley, Herbert O., *The American Black Chamber.* Laguna Hills, CA, 1931.
Eine packende Geschichte der Kryptographie, damals ein umstrittener Bestseller.

Kapitel 4

Hinsley, F.H., *British Intelligence in the Second World War: Its Influence on Strategy and Operations.* London 1975.
Das Standardwerk über die britischen Geheimdienste im Zweiten Weltkrieg einschließlich der Rolle der »Ultra«-Aufklärung.

Hodges, Andrew, *Alan Turing, Enigma.* Wien 1994.
Leben und Werk von Alan Turing. Eine der besten wissenschaftlichen Biographien überhaupt.

Kahn, David, *Seizing the Enigma.* London 1996.
Darstellung der entscheidenden Rolle der Kryptographie in der Atlantikschlacht. Kahn beschreibt, auf welch dramatische Weise Dokumente aus den U-Booten erbeutet wurden, die daraufhin den Codebrechern von Bletchley Park auf die Sprünge halfen.

Hinsley, F.H., und Stripp, Alan (Hg.), *The Codebreakers: The Inside Story of Bletchley Park.* Oxford 1992.
Eine Sammlung interessanter Arbeiten über eine der größten kryptoanalytischen Leistungen der Geschichte.

Smith, Michael, *Station X.* London 1999.
Das Buch beruht auf einer gleichnamigen Fernsehserie und erzählt von den Menschen in Bletchley Park, auch als Station X bekannt.

Harris, Robert, *Enigma.* München 1995.
Ein Roman um die Codeknacker von Bletchley Park.

Kapitel 5

Paul, Doris A., *The Navajo Code Talkers.* Pittsburgh 1973.
Ein Buch zur Erinnerung an die Leistung der Navajo-Codesprecher.

McClain, S., *The Navajo Weapon.* Boulder 1994.
Eine packende und umfassende Darstellung der Geschichte der Codesprecher, geschrieben von einer Frau, die lange Gespräche mit den Männern geführt hat, die den Navajo-Code entwickelt und eingesetzt haben.

Pope, Maurice, *Das Rätsel der alten Schriften.* Herrsching 1990.
Eine allgemeinverständliche Darstellung verschiedener Schriftentzifferungen von den hethitischen Hieroglyphen bis zur ugaritischen Keilschrift.

Davies, W.V., *Reading the Past: Egyptian Hieroglyphs.* London 1997.
Aus einer Reihe mit vorzüglichen einführenden Schriften, die das Britische Museum herausgibt. Andere Autoren haben für diese Serie Arbeiten über die

Keilschrift, das Etruskische, griechische Inschriften, Linear B, Maya-Hieroglyphen und Runen vorgelegt.
Chadwick, John, *Linear B. Die Entzifferung der Mykenischen Schrift.* Göttingen 1959. Eine brillante Darstellung der Entzifferung.
*Haarmann, Harald, *Universalgeschichte der Schrift.* Frankfurt/Main und New York 1991.

Kapitel 6

Data Encryption Standard, FIPS Pub. 46-1, Washington, D.C. National Bureau of Standards, 1987.
Das offizielle DES-Dokument.
Diffie, Whitfield, und Hellman, Martin, »New directions in cryptography«, in: *IEEE Transactions on Information Theory,* IT-22 (November 1976), S.644–54.
Der klassische Aufsatz, der den Diffie-Hellman-Schlüsselaustausch vorstellte und der Public-Key-Kryptographie den Weg bahnte.
Gardner, Martin, »A new kind of cipher that would take millions of years to break«, in: *Scientific American* 23/7 (August 1997), S.120–24.
Gardner stellt mit diesem Artikel RSA der Öffentlichkeit vor.
Hellman, M.E., »The mathematics of public-key cryptography«, in: *Scientific American* 24/1 (August 1979), S.130–39.
Eine exzellente Darstellung der verschiedenen Formen der Public-Key-Kryptographie.
Diffie, Whitfield, »The first ten years of public-key cryptography«, in: *Proceedings of the IEEE* 76/5 (Mai 1988), S.560–77.
Ebenfalls eine hervorragende Übersicht zur Public-Key-Kryptographie.

Kapitel 7

Zimmermann, Philipp R., *Pretty Good Privacy: Das Verschlüsselungsprogramm für Ihre private Post.* Bielefeld 1997.
Eine gute Einführung in PGP vom Entwickler selbst.
Garfinkel, Simson, *PGP: Pretty Good Privacy.* Bonn 1996.
Eine sehr gute Einführung in PGP und die Probleme im Umfeld der modernen Kryptographie.
Bamford, James, *The Puzzle Palace.* London 1983.
Im Innern der National Security Agency, des geheimsten Geheimdienstes der USA.
Koops, Bert-Jaap, *The Crypto Controversy.* Boston, MA, 1998.
Eine exzellente Untersuchung der Auswirkungen der Kryptographie auf die Privatsphäre, die bürgerlichen Freiheiten, die Strafverfolgung und den Handel.
Diffie, Whitfield, und Landau, Susan, *Privacy on the Line.* Cambridge, MA, 1998.
Abhören und Verschlüsseln in der politischen Diskussion.

Kapitel 8

Deutsch, David, *Die Physik der Welterkenntnis.* Basel 1996.
Deutsch verbindet in diesem Versuch die Quantenphysik mit den Erkenntnistheorien, der Computerwissenschaft und der Evolutionstheorie und widmet auch ein Kapitel den Quantencomputern.

Bennett, C. H., Brassard, C., und Ekert, A., »Quantum Cryptography«, in: *Scientific American* 269 (Oktober 1992), S.26–33.
Eine klare Erläuterung der Entwicklung der Quantenkryptographie.

Deutsch, D. und Ekert, A., »Quantum computation«, in: *Physics World* 11/3 (März 1998), S.33–56.
Einer von vier Artikeln in einer Sonderausgabe der *Physics World.* Die anderen drei Artikel, ebenfalls von führenden Wissenschaftlern auf diesen Gebieten, behandeln die Quanteninformation und die Quantenkryptographie. Die Arbeiten wenden sich an Physikstudenten und geben einen exzellenten Überblick über den Stand der Forschung.

Webseiten im Internet

Das Geheimnis des Beale-Schatzes:
http://www.roanokeva.com/ttd/stories/beale.html.
Eine Sammlung von Webseiten mit dem Thema Beale-Chiffren. Die Beale Cypher and Treasure Association wird gegenwärtig umgestaltet, man hofft jedoch, im Jahr 2000 die Aktivitäten wiederaufnehmen zu können.

Bletchley Park:
http://www.cranfield.ac.uk/ccc/bpark/
Die offizielle Webseite mit Öffnungszeiten und Informationen.

The Alan Turing Homepage:
http://www.turing.org.uk/turing/

Enigma-Emulatoren:
http://www.attlabs.att.co.uk/andyc/enigma/enigma_j.html
http://www.izzy.net/~ian/enigma/applet/index.html
Zwei vorzügliche Emulatoren, die zeigen, wie die Enigma-Maschine arbeitet. Der erste ermöglicht die Änderung der Maschineneinstellung, doch es ist nicht möglich, den Weg des elektrischen Stroms durch die Walzen zu verfolgen. Der zweite hat nur eine Einstellung, doch ein zweites Fenster, das die Walzen in Bewegung zeigt und die entsprechende Wirkung auf den Weg des Stroms.
*ftp://ftp.informatik.uni-hamburg.de/pub/virus/crypt/enigma/simulators/enigma22.exe

Phil Zimmermann und PGP:
http://www.nai.com/products/security/phil/phil.asp

Electronic Frontier Foundation:
http://www.eff.org/
Eine Organisation zum Schutz der Rechte und zur Verteidigung der Freiheit im Internet.
Centre for Quantum Computation:
http://www.qubit.org/
Information Security Group, Royal Holloway College:
http://isg.rhbnc.ac.uk/
National Cryptologic Museum:
http://www.nsa.gov:8080/museum/
American Cryptogram Association (ACA):
http://www.und.nodak.edu/org/crypto/crypto/
Ein Verein, der sich mit der Entwicklung und Lösung von Krypto-Rätseln befaßt.
Cryptologia:
http://www.dean.usma.edu/math/resource/pubs/cryptolo/index.htm
Eine vierteljährlich erscheinende Zeitschrift, die sich allen Aspekten der Kryptographie widmet.
Cryptography, Frequently Asked Questions:
http://www.cis.ohio-state.edu/hypertext/faq/usenet/cryptography-faq/top.html
RSA Laboratories' Frequently Asked Questions About Today's Cryptography:
http://www.rsa.com/rsalabs/faq/html/questions.html
Yahoo! Security and Encryption Page:
http://www.yahoo.co.uk/Computers_and_Internet/Security_and_Encryption/
Krypto-Links:
http://www.ftech.net/~monark/crypto/web.htm

Bildnachweis

Zeichnungen von Miles Smith-Morris.

Abdruck der Hieroglyphen mit freundlicher Erlaubnis von British Museum Press.

Abdruck der Linear-B-Zeichen mit freundlicher Erlaubnis von Cambridge University Press.

Abbildung 1 Scottish National Portrait Gallery, Edinburgh; Abbildung 6 Ibrahim A. Al-Kadi und Mohammed Mrayati, King Saud University, Riad; Abbildung 9 Public Record Office, London; Abbildung 10 Scottish National Portrait Gallery, Edinburgh; Abbildung 11 Cliché Bibliothèque Nationale de France, Paris, France; Abbildung 12 Science und Society Picture Library, London; Abbildungen 20 und 25 *The Beale Treasure – History of a Mystery* von Peter Viemeister; Abbildung 26 David Kahn Collection, New York; Abbildung 27 Bundesarchiv, Koblenz; Abbildung 28 National Archive, Washington DC, Abbildung 29 General Research Division, The New York Public Library, Astor, Lenox and Tilden Foundations, Abbildungen 31 und 32 Luis Kruh Collection, New York; Abbildung 38 David Kahn Collection; Abbildungen 39 und 40 Science und Society Picture Library, London; Abbildungen 41 und 42 David Kahn Collection, New York; Abbildung 43 Imperial War Museum, London; Abbildungen 44 und 45 Privatsammlung Barbara Eachus; Abbildung 47 Godfrey Argent Agency, London; Abbildung 50 Imperial War Museum, London; Abbildung 51 Telegraph Group Limited, London; Abbildungen 52 und 53 National Archive, Washington DC; Abbildungen 54 und 55 British Museum Press, London; Abbildung 56 Louvre, Paris © Photo RMN; Abbildung 58 Department of Classics, University of Cincinnati; Abbildung 59 Privatsammlung Eva Brann; Abbildung 60 Quelle unbekannt; Abbildung 61 Privatsammlung Joan Chadwick; Abbildung 62 Sun Microsystems; Abbildung 63 Stanford, University of California; Abbildung 65 RSA Data Security, Inc.; Abbildung 66 Privatsammlung Brenda Ellis; Abbildung 67 Privatsammlung Clifford Cocks; Abbildungen 68 und 69 Privatsammlung Malcolm Williamson; Abbildung 70 Network Associates, Inc.; Abbildung 72 Penguin Books, London; Abbildung 75 Thomas J. Watson Laboratories, IBM.

Personen- und Sachregister

Siehe zu den Sachbegriffen auch das Glossar